東北ずん子で覚える！ アニメキャラクターモデリング

榊 正宗

はじめに

　本書は、統合3DCGソフトウェアの「Blender」の基本操作を、東北復興支援キャラクターである「東北ずん子」の制作を通して学んでいく内容になっています。

　2DCGと比べると3DCGのアプリケーションソフトは覚えることも多く、さらに独特なインターフェースや直感的に操作できないことが、入門者を遠ざけているのではないかと思います。そこで、Blenderには便利な機能がたくさんありますが、できるだけ必要最低限の機能でキャラクターモデルを完成させることを心がけました。

　また本書では、近年のTVアニメにも用いられている2DCGに見える3DCGモデルを作成していきます。絵が描ける方も描けない方も、3DCGにおけるの2DCG表現を楽しんでいただければと思います。

　初めて3DCGソフトをさわる方がつまずきそうなポイントは説明を多くし、難解なBlenderの敷居をできるだけ下げたつもりです。ソフトウェアは習うよりも慣れろと言いますから、「東北ずん子」を作った後は、ぜひ自分の好きなキャラクターを作ってみてください。

　本書が、これから3DCGを学ぼうと考えている方、そして今までBlenderや3DCGに挫折してきた方のお役に立てれば幸いです。

2016年5月
榊　正宗

作例素材のダウンロード

https://dl.borndigital.jp/books/8290/data.zip

Blenderについて
○ Blenderはオープンソースの統合型3DCGアプリケーションソフトです。
○ Blenderの公式サイトは「https://www.blender.org/」です。

モデリングするときによく使うショートカット

Blenderはショートカットキーを使って作業することが多いのですが、これからソフトの使い方を学ぼうとするときにショートカットキーを率先して覚えるようなことは稀です。そこで本書では、他の一般的なソフトの入門書と同様に、作業効率よりもBlenderの画面構成や作業の流れを覚えることを優先し、できる限りショートカットキーを使わない方法で解説しています。

ただ、Blenderの機能の中にはショートカットキーを使わないと実行できない操作や、メニューから選択すると非常に操作しにくい機能もあります。そこで、これだけは覚えておきたいというものをここにピックアップしました。操作時の参考にしてください。

ショートカット一覧

	操作	ショートカットキー	メニュー
編集	移動	[G] キー	[3Dビュー・エディター] ヘッダー⇒ [メッシュ] ⇒ [トランスフォーム] ⇒ [移動]
	回転	[R] キー	[3Dビュー・エディター] ヘッダー⇒ [メッシュ] ⇒ [トランスフォーム] ⇒ [回転]
	拡大縮小	[S] キー	[3Dビュー・エディター] ヘッダー⇒ [メッシュ] ⇒ [トランスフォーム] ⇒ [拡大縮小]
	押し出し	[E] キー	[3Dビュー・エディター] ヘッダー⇒ [メッシュ] ⇒ [押し出し] ⇒ [領域]
	ループカットとスライド	[Ctrl] + [R] キー	[ツールシェルフ]
	ナイフ	[K] キー	[ツールシェルフ]
	複製	[Shift] + [D] キー	[3Dビュー・エディター] ヘッダー⇒ [メッシュ] ⇒ [複製を追加]
	削除 [編集モード]	[X] ／ [Delete] キー	[3Dビュー・エディター] ヘッダー⇒ [メッシュ] ⇒ [削除]
	削除 [オブジェクトモード]	[X] ／ [Delete] キー	[3Dビュー・エディター] ヘッダー⇒ [オブジェクト] ⇒ [削除]
	頂点をつなげる	[J] キー	[3Dビュー・エディター] ヘッダー⇒ [メッシュ] ⇒ [頂点] ⇒ [頂点の経路を連結]
	頂点をそろえる	[S] キー⇒ [X] ／ [Y] ／ [Z] キー⇒ [0] キー⇒ [Enter] ／ [Return] キー	―
	頂点を一箇所にそろえる	[S] キー⇒ [0] キー⇒ [Enter] ／ [Return] キー	―
	90度回転する	[R] キー⇒ [X] ／ [Y] ／ [Z] キー⇒ [9] [0] キー⇒ [Enter] ／ [Return] キー	―
選択	全選択←→全選択解除	[A] キー	[3Dビュー・エディター] ヘッダー⇒ [選択] ⇒ [全てを選択 (解除)]
	矩形選択	[B] キー	[3Dビュー・エディター] ヘッダー⇒ [選択] ⇒ [矩形選択]
	円選択	[C] キー	[3Dビュー・エディター] ヘッダー⇒ [選択] ⇒ [円選択]
	リンク選択 (一つの頂点を選択後にリンクで選択)	[Ctrl] + [L] キー	[3Dビュー・エディター] ヘッダー⇒ [選択] ⇒ [リンク]
	リンク選択 (3Dカーソルを頂点に移動してリンクで選択)	[L] キー	―
表示・非表示	すべてを表示させる	[Atl] + [H] キー (win) ／ [Option] + [H] キー (Mac)	[3Dビュー・エディター] ヘッダー⇒ [メッシュ] ⇒ [表示／隠す] ⇒ [隠したものを表示]
	選択しているものを非表示にする	[H] キー	[3Dビュー・エディター] ヘッダー⇒ [メッシュ] ⇒ [表示／隠す] ⇒ [選択しているものを隠す]
	選択していないものを非表示にする	[Shift] + [H] キー	[3Dビュー・エディター] ヘッダー⇒ [メッシュ] ⇒ [表示／隠す] ⇒ [選択していないものを隠す]
メニュー表示	オブジェクトモード←→編集モード	[Tab] キー	[3Dビュー・エディター] ヘッダー
	ツールシェルフの表示・非表示	[T] キー	[3Dビュー・エディター] ヘッダー⇒ [ビュー] ⇒ [ツールシェルフ]
	プロパティシェルフの表示・非表示	[N] キー	[3Dビュー・エディター] ヘッダー⇒ [ビュー] ⇒ [プロパティシェルフ]
ビュー	カメラ	テンキー [0]	[3Dビュー・エディター] ヘッダー⇒ [ビュー] ⇒ [カメラ]
	透視投影←→平行投影	テンキー [5]	[3Dビュー・エディター] ヘッダー⇒ [ビュー] ⇒ [透視投影／平行投影]
	正面向き	テンキー [1]	[3Dビュー・エディター] ヘッダー⇒ [ビュー] ⇒ [前]
	右向き	テンキー [3]	[3Dビュー・エディター] ヘッダー⇒ [ビュー] ⇒ [右]
	上から	テンキー [7]	[3Dビュー・エディター] ヘッダー⇒ [ビュー] ⇒ [右]
	XY平面の反対側	テンキー [9]	[3Dビュー・エディター] ヘッダー⇒ [ビュー] ⇒ [視点の操作] ⇒ [XY平面の反対側]
	選択部分を表示	テンキー [.] (ピリオド)	[3Dビュー・エディター] ヘッダー⇒ [ビュー] ⇒ [視点を揃える] ⇒ [選択部分を表示]

Contents

Blender? モデリング?

はじめまして！
東北ずん子と申します！
ふるさと女学院高等部2年生です！
趣味はずんだ餅作りです！
今日は**Blender**というソフトについて、ふるさと女学園の同級生のめたんちゃんと一緒に勉強したいと思います！

わたくしの名は『漆黒の』めたん！
将来の夢はメタンハイドレートの採掘を成功させて一攫千金すること！
今日は闇の盟約により『混沌より来たる者——Blender——』とやらの技術を極めに来たわよ！

（めたんちゃんの本名は四国めたんなんだよ。中二病なので少し変わった言葉を使うんだけど、あまり気にしないであげてね）

ところで、ずん子！
『混沌より来たる者——Blender——』って何よ？

Blenderは3DCGモデルを作ったり、3DCGモデルにアニメーションをつけたりできるアプリケーションソフトです！

『立体魔法陣——3DCG——』とは、なかなかおもしろそうね。
でも、それなりの『お布施——お値段——』するんでしょ！
わたし、お金は持ってないわよ！

（めたんちゃんは貧乏なのです……）
大丈夫！ ブレンダーはオープンソースと言って、誰でも無料で使うことができるソフトなんだよ！
しかも高価なソフトに匹敵する高機能なのです！

な、なんですって？！
『神の恵み——フリー——』ですって？！
それは、すぐに覚えるしかなわね！
今すぐ、そのすべてを教えなさいよ！
さあ！ すぐにっ！！
わたくしには時間がないのっ！

めたんちゃん落ち着いて！
たくさんの機能を一度に習っても使いこなせないと意味ないから、まずは基本操作とモデリングを中心に勉強しようね！

……しかたないわね
ところで、モデリングってなにかしら？
聞いたことのない魔法ね

魔法じゃなくて、科学…というか、CG用語です！
モデリングできるようになることが、3DCGの最初の一歩なんだよ！

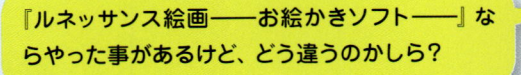
『ルネッサンス絵画——お絵かきソフト——』ならやった事があるけど、どう違うのかしら？

絵を描くというよりも、パソコンの中で積み木や粘土細工、プラモデル、フィギュアなんかをつくるイメージかな？

『ご神体——フィギュア——』ですって！
（ずん子のフィギュアなら高値で売れそうね…）

（今、めたんちゃんの目があやしく光ったような…）
それじゃ、まずは基本操作から勉強しましょう！

Chapter 1 Blenderを さわってみよう!

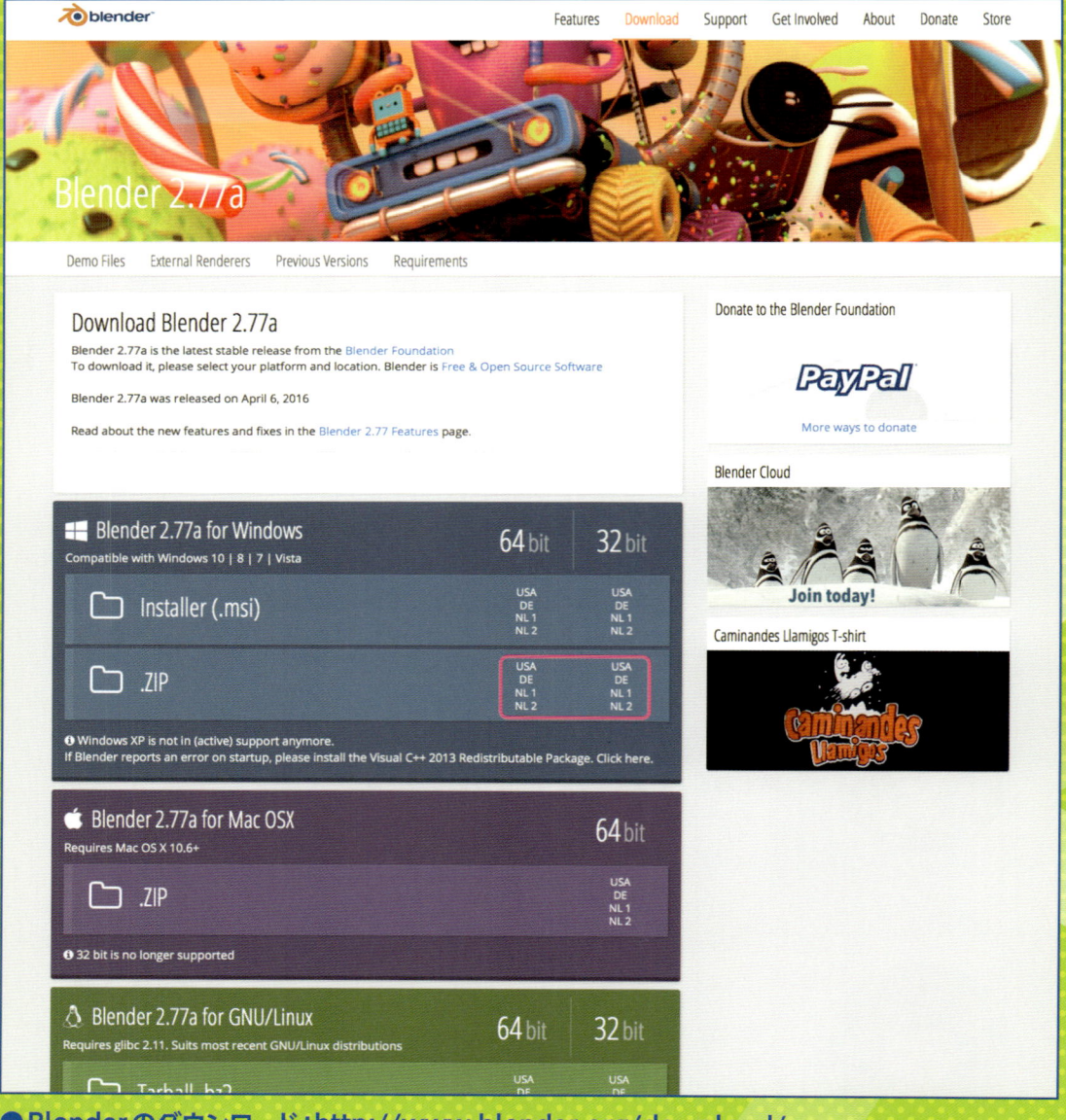

●Blenderのダウンロード：http://www.blender.org/download/

Blenderは公式サイトから
ダウンロードできます。
Windows版の場合は64ビット版と
32ビット版があるので、
OSと同じバージョンを選んでください。
任意の国名をクリックすると
ダウンロードが開始されますよ!

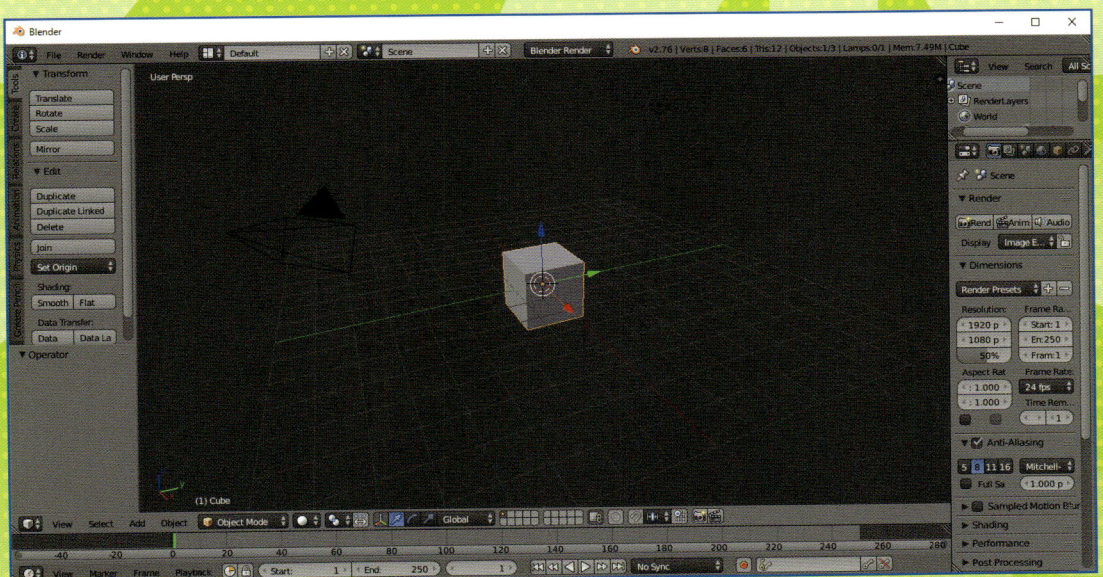

01 インターフェースの日本語化

Blenderの基本言語は英語です。メニュー名を日本語に変更するときは、このページの手順で設定を変更します。本書では日本語のメニュー名で操作を解説しています。Blenderをインストールしたらすぐに行いましょう!

❶ Blenderを起動する

初期設定のインターフェースは英語になっています。日本語に変更する場合は、[Info] ヘッダーの [File] ⇒ [User Preferences] をクリックします。

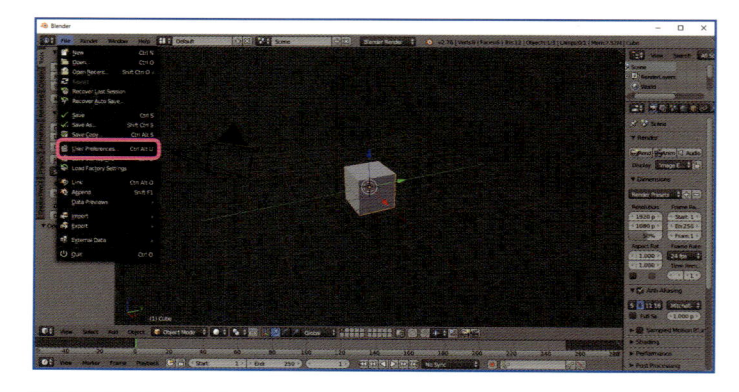

❷ タブを切り替える

表示された画面で [System] タブをクリックします。次に、右下にある [International Fonts] にチェックを入れます。

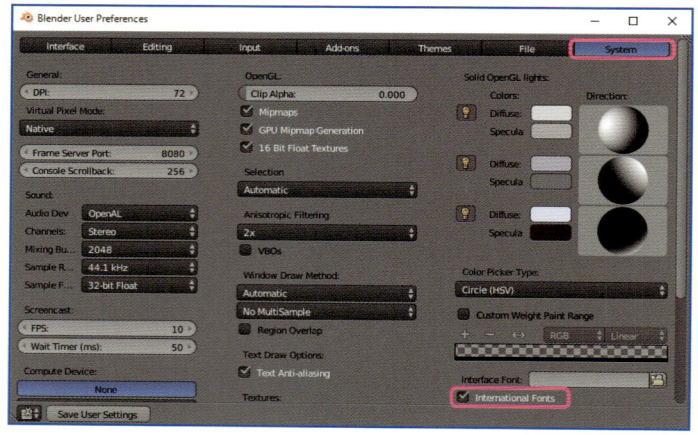

❸ フォントをチェックする

[International Fonts] の下に詳細項目が表示されます。

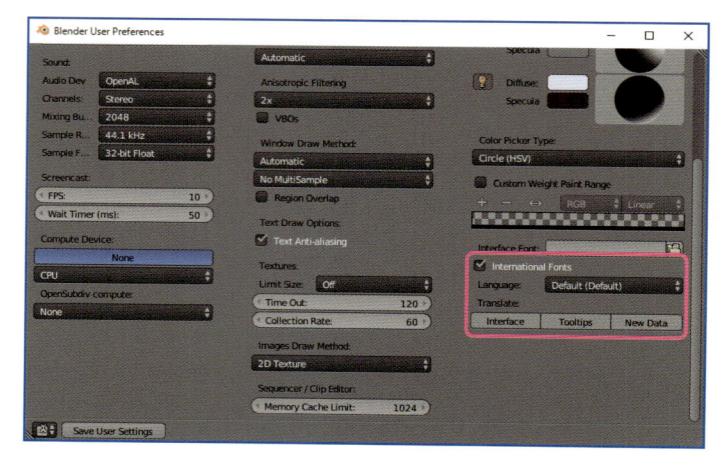

❹ 言語を選択する

[Language] の [Default] をクリックし、表示されたメニューから [Japanese] を選びます。
次に、日本語化する部分を選択します。[Translate] の [Interface] と [Tooltips] をクリックします。

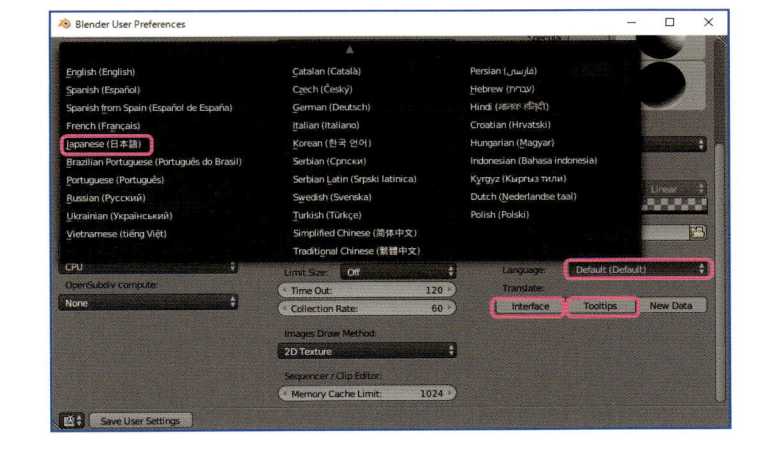

❺ 設定を保存する

日本語に切り替わったら左下の [ユーザー設定の保存] をクリックします。

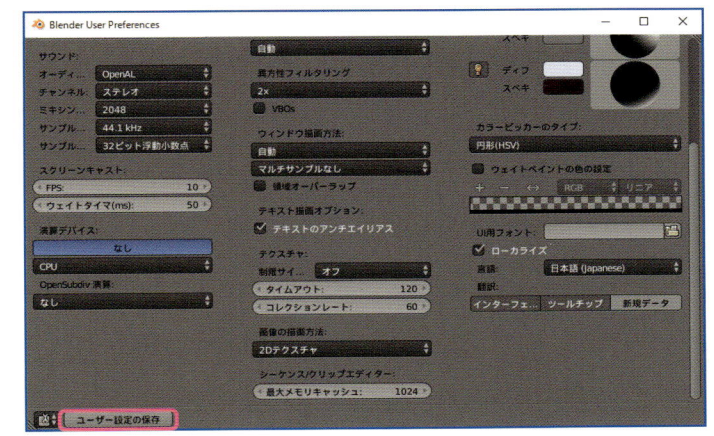

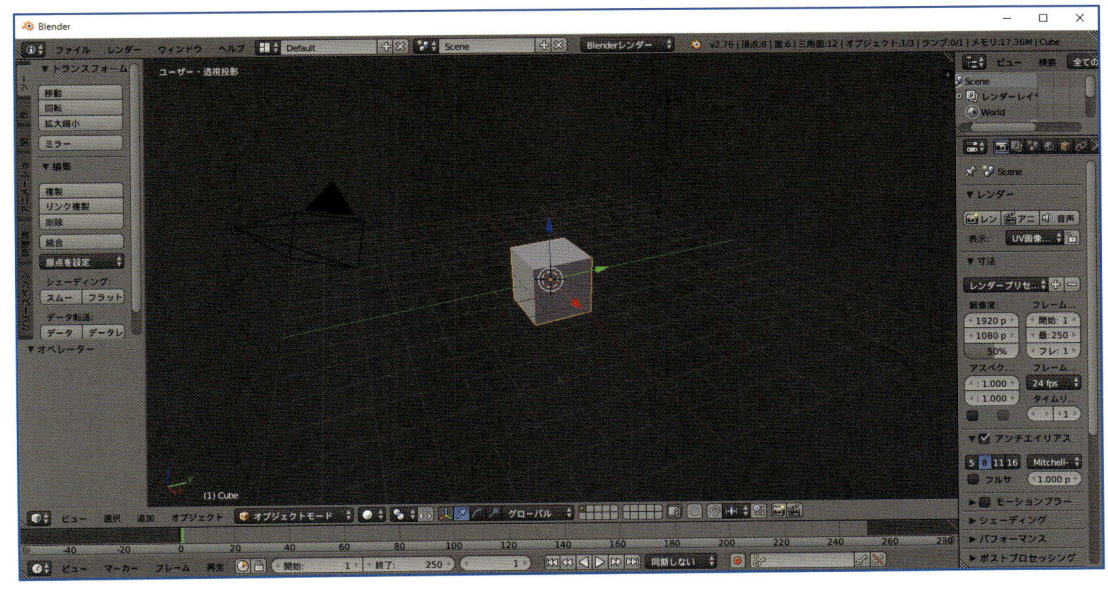

❻ Blenderを再起動する

設定が保存されているので、再起動後も日本語で起動するようになります。

02 インターフェースの基本

起動時は5つのウィンドウが表示されており、それぞれウィンドウには異なるエディターが表示されています。エディターとは、目的・機能別のワークスペースのことです。全部で17タイプあり、各ウィンドウに表示させるエディターは自由に変更することができます。

●情報・エディター（情報）

起動時の上部のウィンドウには**[情報]**が表示されています。一般的なアプリケーションソフトのメニューバーに該当するメニューです。

●アウトライナー・エディター（アウトライナー）

起動時の右上のウィンドウには**[アウトライナー]**が表示されています。オブジェクトの表示・非表示の切り替えなど、主にデータを管理するときに使います。

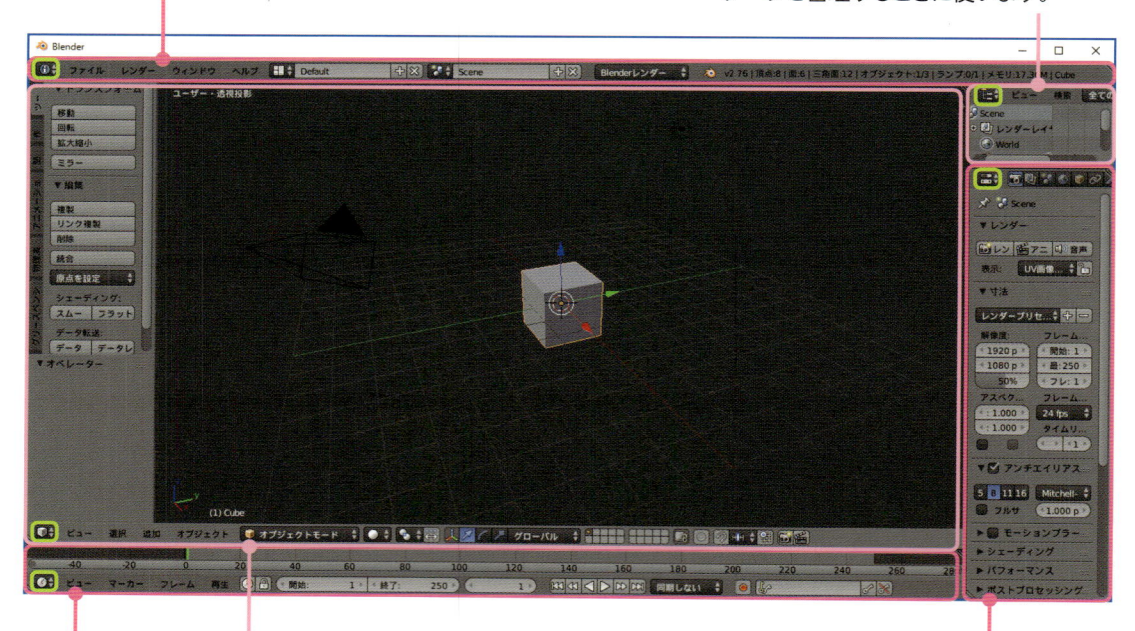

●3Dビュー・エディター

起動時の中央のウィンドウには**[3Dビュー]**が表示されています。主にモデリングを行うときに使います。

●タイムライン・エディター

起動時の下部のウィンドウには**[タイムライン]**が表示されています。主にアニメーションを再生するときに使います。

●プロパティ・エディター

起動時の右下のウィンドウには**[プロパティ]**が表示されています。オブジェクトに効果を設定するためのさまざまな機能が収納されています。

●パネル
ウィンドウ内に表示されている [▼] で開閉できるメニューです。

●コンテキストボタン
ヘッダーの位置に並んだボタンです。パネルに表示させるメニューを切り替えます。

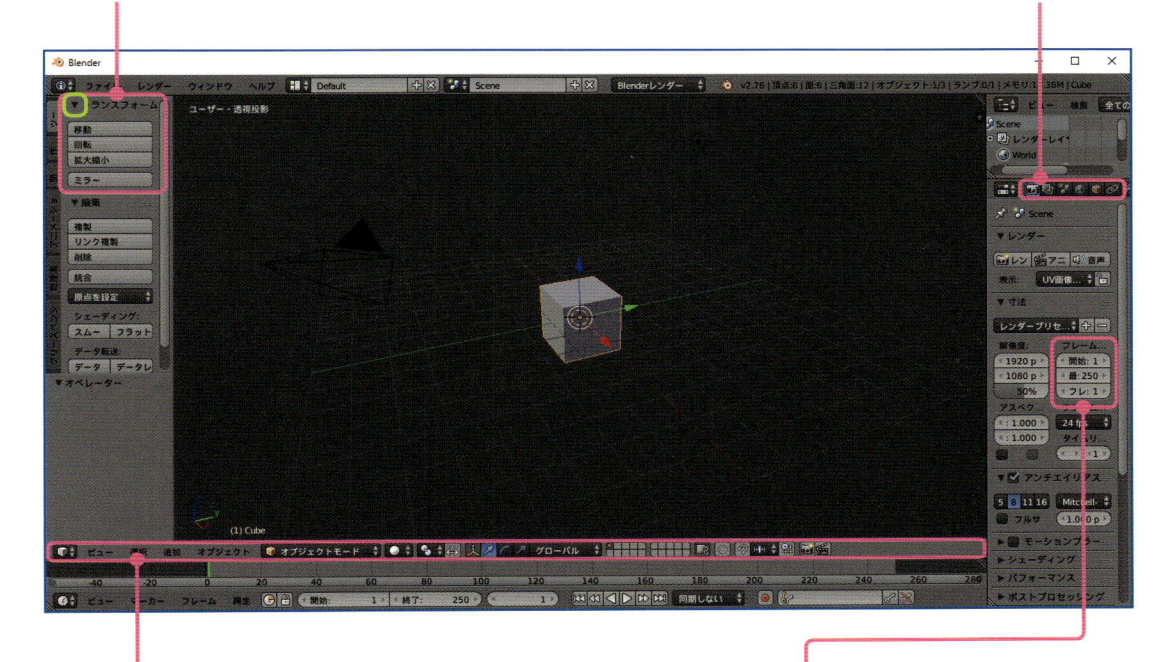

●ヘッダー
操作メニューが格納されています。通常ヘッダーは、各ウィンドウの上部または下部に表示されています。

●コントロール
各メニューの数値の入力欄です。

Memo

各ウィンドウに表示させるエディターは変更できる

　5つの各ウィンドウのヘッダーの左端にある [エディタータイプ] をクリックすると、17種類のエディターのメニューが表示されます。メニューから他のエディターを選択すると画面が切り替わります。誤って他のエディターに変更してしまった場合は、あわてずに左ページの通りにエディターを選択し直しましょう。

03 インターフェースのリセット

Blenderは作業時のインターフェースが一緒にファイルに保存される仕組みなっています。インターフェースを初期状態に戻したい場合は、このページの手順の通りにファイルを開きましょう。意図せずインターフェースが変わってしまった場合にも有効です。

❶ ファイルを保存する

まずは作業中のデータを保存します。[情報・エディター]ヘッダーの[ファイル]⇒[名前をつけて保存]をクリックします（18ページ参照）。保存が完了したらBlenderを終了し、再起動します。保存の必要がなければ終了してしまってかまいません。その場合は警告画面が表示されるので[OK]を押してBlenderを終了します。

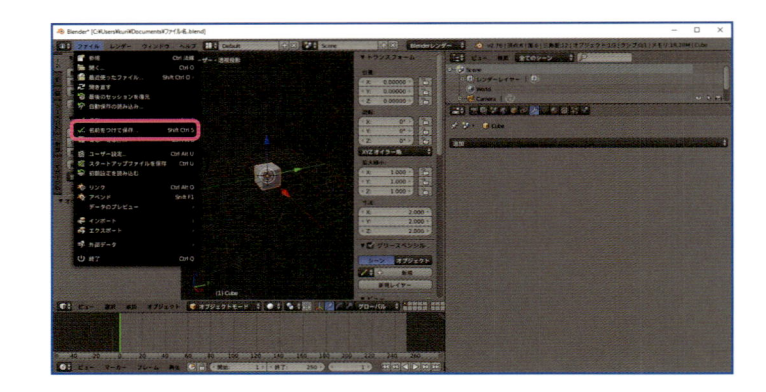

❷ ファイルを開くを選択する

保存したファイルをダブルクリックして開くのではなく、Windwosのアプリケーションから Blender を起動させます。Blenderが起動したら[情報・エディター]ヘッダーの[ファイル]⇒[開く]をクリックします。

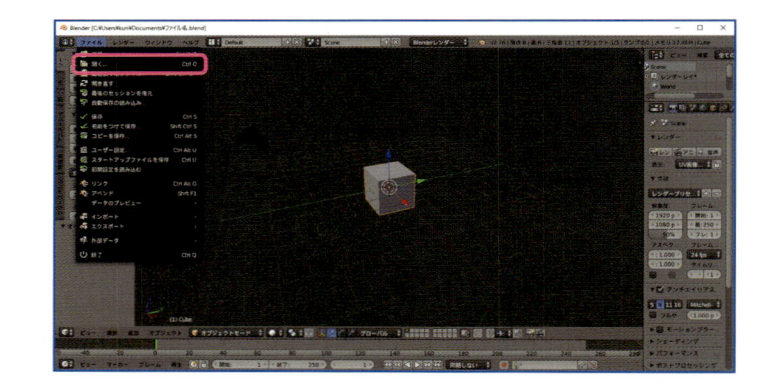

❸ UIをロードを外す

[ファイルブラウザー・エディター]に切り替わるので、まず[Blenderファイルを開く]パネルの[UIをロード]のチェックを外します。これでファイルに保存されたUIの設定が起動しなくなります。次に目的のファイルを選択し、最後に右上の[Blenderファイルを開く]をクリックします。

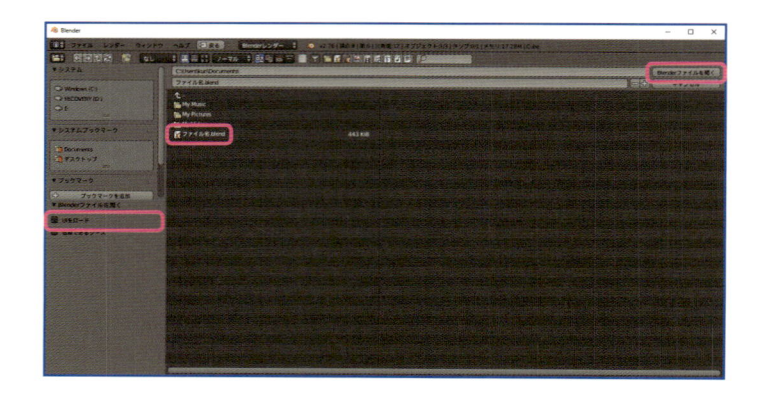

❹ ファイルが開く

インターフェースが初期化された状態でファイルが開きました。ここで言う初期化の状態とは、ユーザー設定に保存されたインターフェースのことを指します（11ページ参照）。Blenderのインストール時のインターフェースではありません。

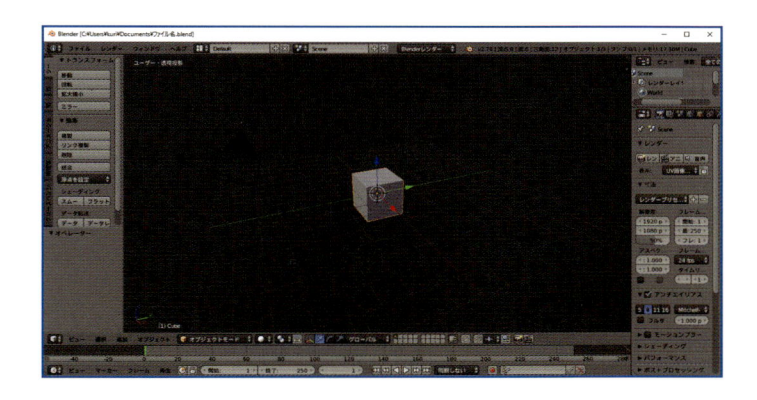

インターフェースの初期化

Blenderには、インターフェースの設定を個別に初期化する機能がほとんどありません。誤って[**スタートアップファイル**]を保存してしまった場合や、ユーザー設定がぐちゃぐちゃになってしまってリセットしたい場合には、ここで紹介する方法でBlenderのインストール時の状態に戻すことができます。

ただし、Blenderの全設定が初期化されてしまうので、少し注意してください。また、インターフェースを初期化したからと言って、次回から初期化された状態で起動されるわけではありません。初期化したインターフェースで毎回起動したい場合は、10ページの方法でユーザー設定として保存する必要があります。

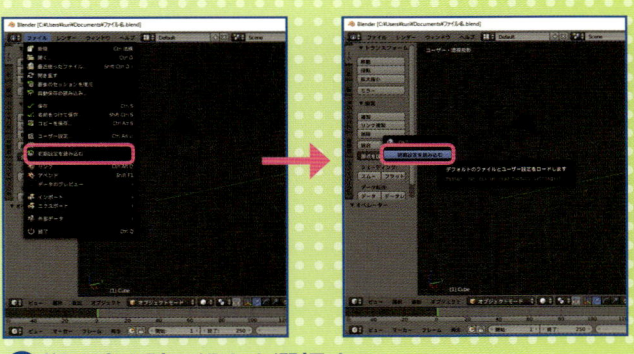

❶ 期設定を読み込むを選択する

[**情報・エディター**]ヘッダーの[**ファイル**]⇒[**初期設定を読み込む**]をクリックします。マウスポインターの近くに確認メニューが表示されるので、[**初期設定を読み込む**]をクリックします。

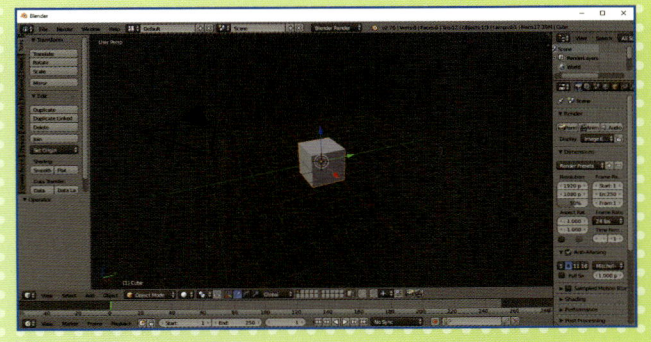

❷ インストール時のインターフェースが表示される

英語のインターフェースが起動します。10ページの手順で日本語に変更してユーザー設定に保存します。

04 3Dビュー・エディターの基本

最もよく使うウィンドウは中央に表示されている3Dビュー・エディターです。起動時の3Dビュー・エディターのインターフェースを紹介します。3Dビューポートの左右に表示されているツールシェルフやプロパティシェルフは、表示・非表示の切り替えが可能です。

●ツールシェルフ
ウィンドウの左側に表示されているメニューです。

●X軸Y軸Z軸
赤の線がX軸、緑の線がY軸、青の線がZ軸を示しています。

●3Dビューポート
オブジェクトが表示される領域です。

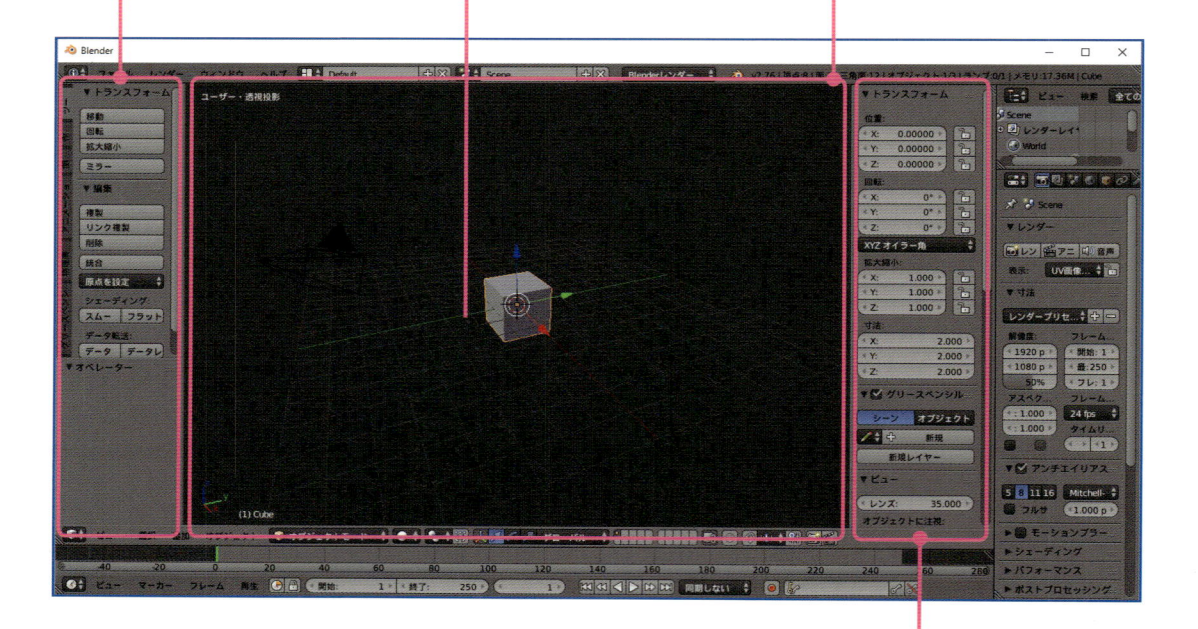

●プロパティシェルフ
右側に表示される[**プロパティシェルフ**]は、起動時は表示されていません。[**プロパティシェルフ**]は、[**3Dビュー・エディター**]ヘッダーの[**ビュー**]⇒[**プロパティ**]をクリックして表示させます。

●カメラのオブジェクト

下絵の配置やレンダリング時の視点の位置を決めるときに使います。

●ランプ

二重破線で囲まれた黒い小さな円は照明です。初期設定では全方向性点光源の [ポイントランプ] になっています。

●オブジェクト

3Dビューポート内に表示されているものをオブジェクトと呼びます。起動時には立方体が表示されます。カメラもオブジェクトの一つです。

●原点

X軸Y軸Z軸の交点であり、3Dビューポート全体の原点です。グローバル原点と呼ばれることもあります。

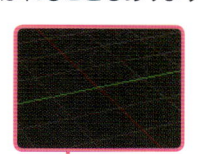

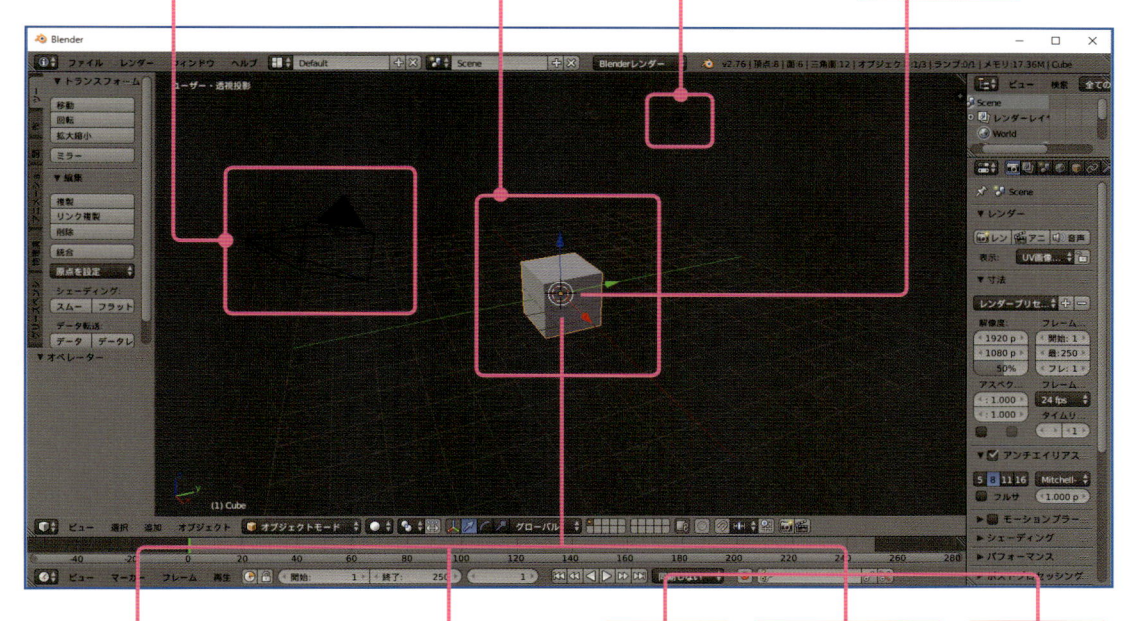

● 3Dカーソル

赤と白の破線の円はマウスカーソルと同じです。クリックした位置に移動します。オブジェクトを移動するときや追加するときの基準点として使います。他の3DCGソフトにはないBlender独自の機能です。

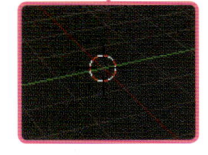

●オブジェクトの原点

色のついた小さな点は、オブジェクトごとにある基準点です。初期設定ではオブジェクトの中心にあります。3Dモデルにアニメーションをつけるときなどに使います。

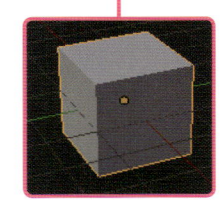

●マニピュレーター

色のついた矢印は方向を示すガイドです。赤がX軸、緑がY軸、青がZ軸方向を示しています。回転（中央）や拡大縮小（右）するとき用のマニピュレーターもあります。

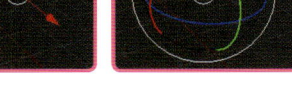

05 ファイルの作成と保存

Blender は OS のインターフェースに準じていないため、他のアプリケーションソフトと比べると少し見た目が変わっていますが、ファイルの作成と保存の基本的な流れは同じです。Blender の標準ファイル形式は「.blend」になります。

❶ 保存を選択する

Blender はソフトの起動と同時に新規ファイルが自動作成されます。このファイルを [**スタートアップファイル**] と呼びます。

ファイルを保存するときは、[**情報・エディター**] ヘッダーの [**ファイル**] ⇒ [**名前をつけて保存**] をクリックします。

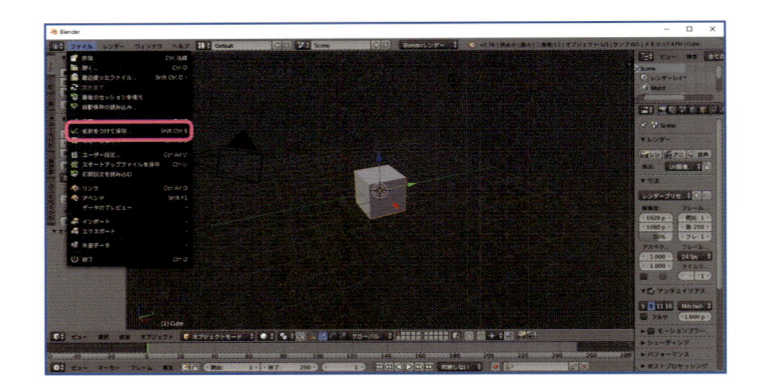

❷ 保存する場所を選択する

[**ファイルブラウザー・エディター**] が表示されるので、左側の [**システム**] パネルや [**システムブックマーク**] パネルから保存場所を選択します。

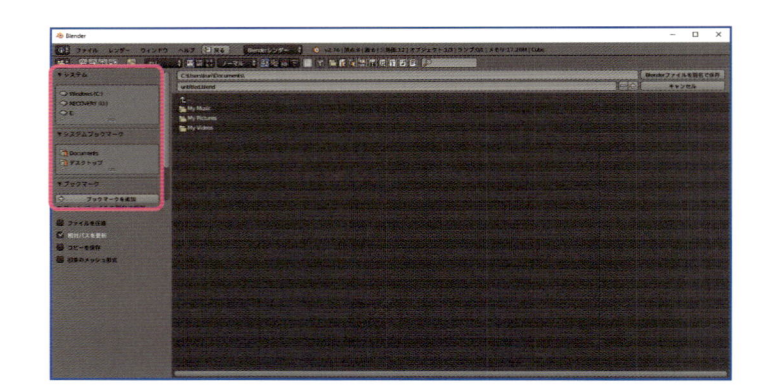

❸ ファイルを保存する

上部にファイル名を入力して [**Enter**] または [**Return**] キーを押します。最後に、[**Blender ファイルを別名で保存**] をクリックすると、[**ファイルブラウザー・エディター**] のウィンドウが閉じられてファイルが保存されます。

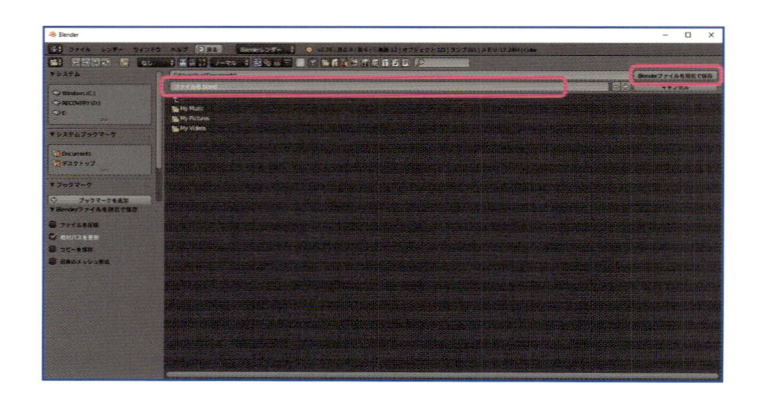

❹ 上書き保存をする

上書き保存は、一般的なソフトと同様に [Ctrl] + [S] キーまたは [Command] + [S] キーで操作できます。ただし、マウスポインターの近くに確認メニューが表示されます。この保存場所をクリックして保存を完了させます。保存場所をクリックしないとデータは保存されないので注意してください。

なお、[情報・エディター] ヘッダーの [ファイル] ⇒ [保存] をクリックしても上書き保存できます（下画像）。

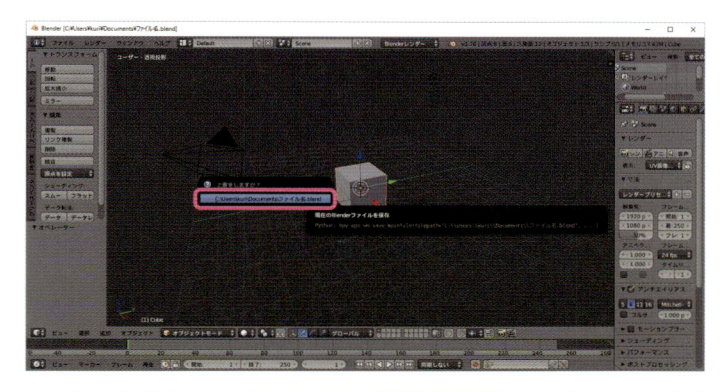

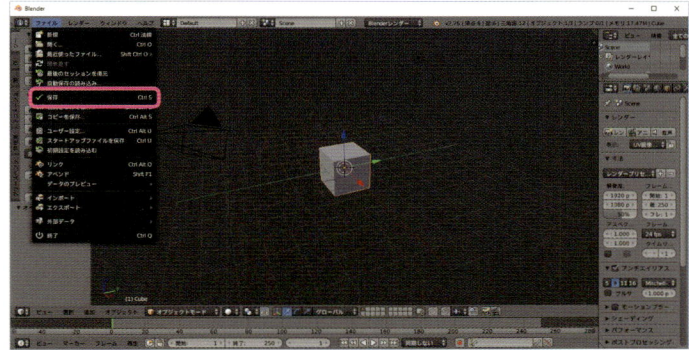

❺ 保存せずに閉じる

データを保存せずに終了する場合は一般のソフトと同様にウィンドウを閉じます。その際、警告画面が表示されるので [OK] をクリックします。

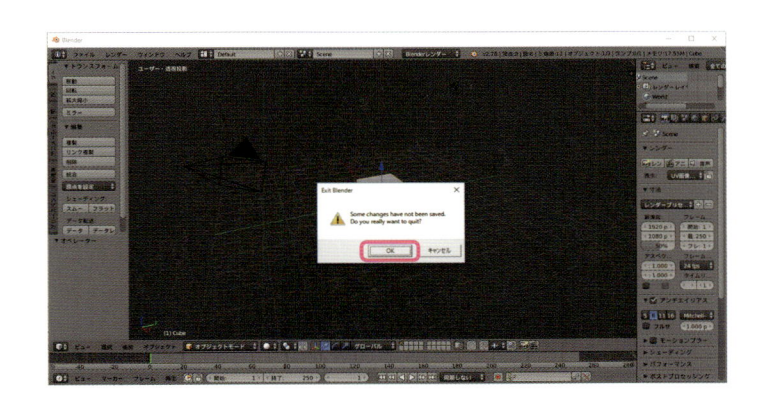

❻ 他の形式で保存する

Blenderの標準形式以外のファイル形式で保存する場合は、[情報・エディター] ヘッダーの [ファイル] ⇒ [エクスポート] をクリックし、目的の保存形式を選択します。

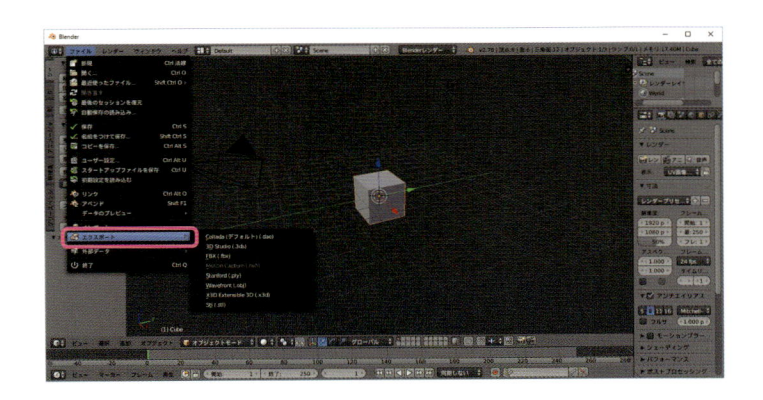

06 ビューの切り替え

オブジェクトを見る位置を変更するときは、テンキーとマウスホイールを使います。ただしテンキーを使う場合は、マウスポインターが3Dビューポートにないと操作できません。3Dビューポート内の任意の位置をクリックしてからテンキーを押すようにしてください。

I テンキーを使って視点を変更する

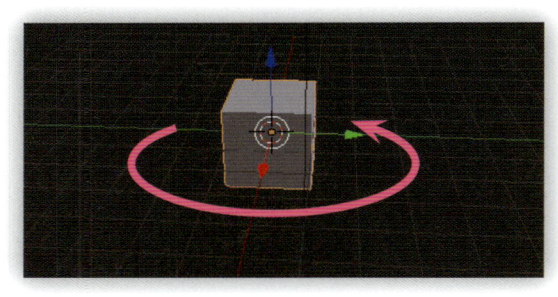

●右に15度ずつ回転させる
テンキーの [6] を押します。

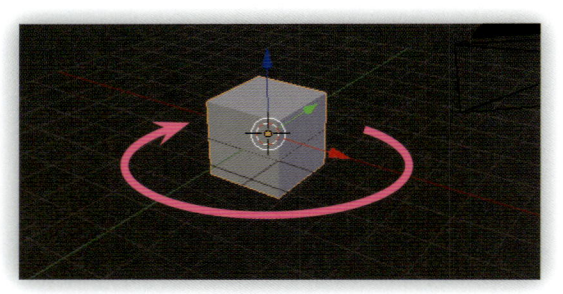

●左に15度ずつ回転させる
テンキーの [4] を押します。

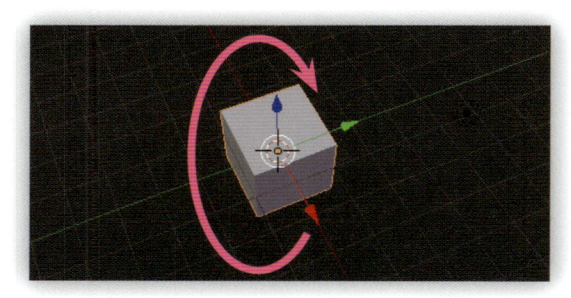

●上に15度ずつ回転させる
テンキーの [8] を押します。

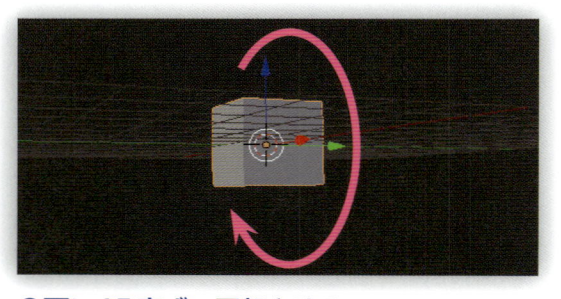

●下に15度ずつ回転させる
テンキーの [2] を押します。

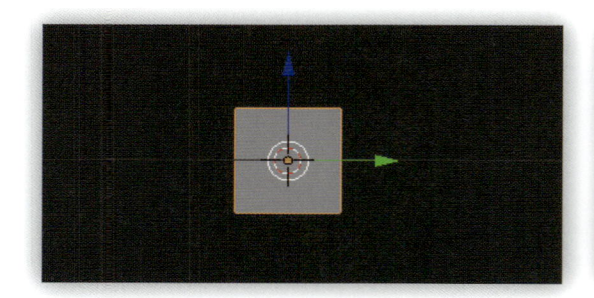

●右から見る
テンキーの [3] を押します。

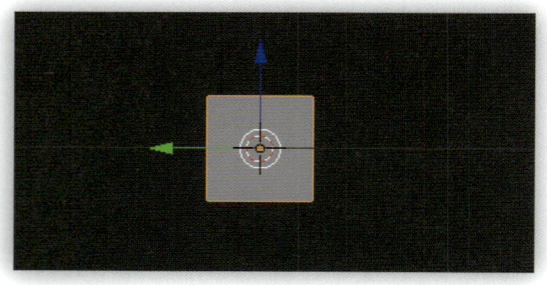

●左から見る
[Ctrl] または [Control] キーを押しながらテンキーの [3] を押します。

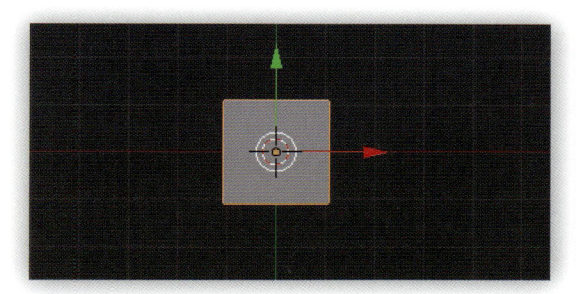

●前から見る

テンキーの [1] を押します。

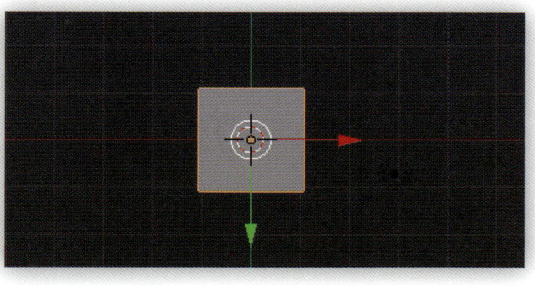

●後ろから見る

[Ctrl] または [Control] キーを押しながらテンキーの [1] を押します。

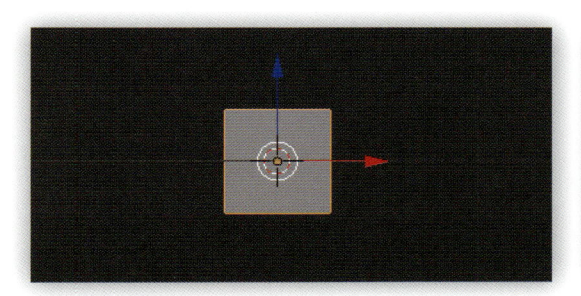

●上から見る

テンキーの [7] をクリックします。

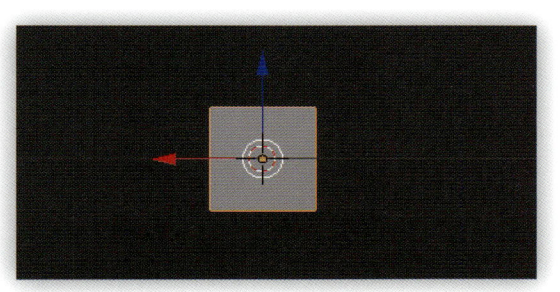

●下から見る

[Ctrl] または [Control] キーを押しながらテンキーの [7] を押します。

II オブジェクトを中心に視点を回転する

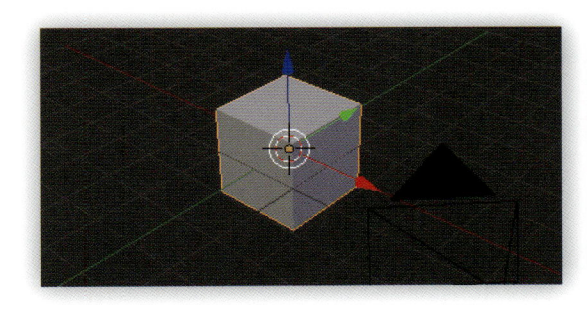

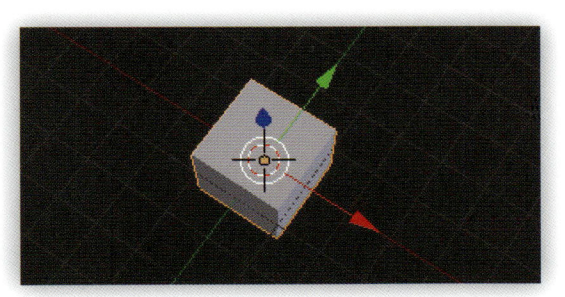

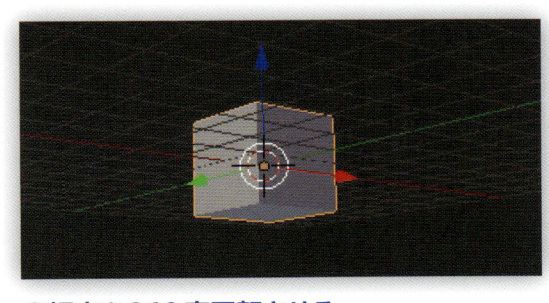

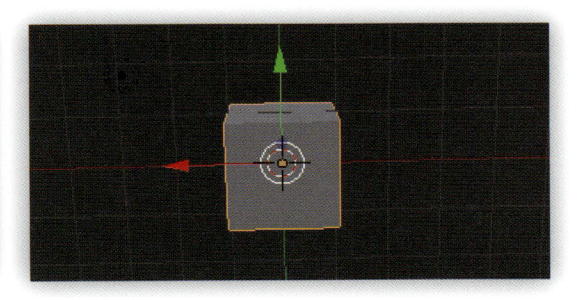

●視点を360度回転させる

マウスホイールを押したままドラッグすると、さまざまな方向から見ることができます。

Ⅲ 前後に視点を移動する（ズーム）

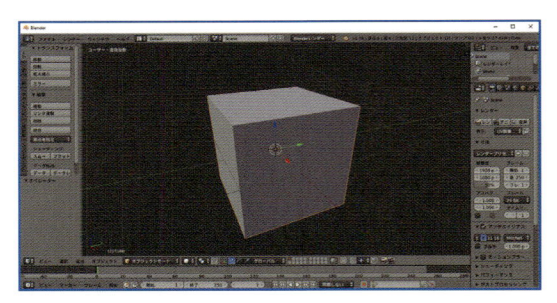

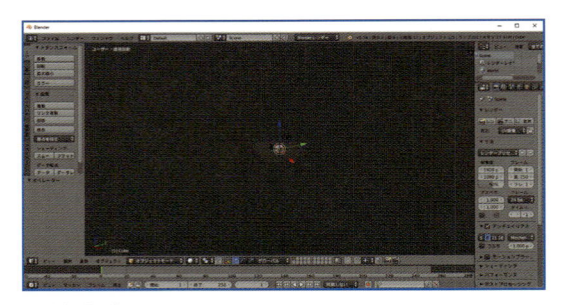

●拡大表示する

マウスホイールを上にスクロールします。もしくは、[Ctrl] キーとマウスホイールを押したまま上にドラッグします。

●縮小表示する

マウスホイールを下にスクロールします。もしくは、[Ctrl] キーとマウスホイールを押したまま下にドラッグします。

Ⅳ 平行に視点を移動する（パン）

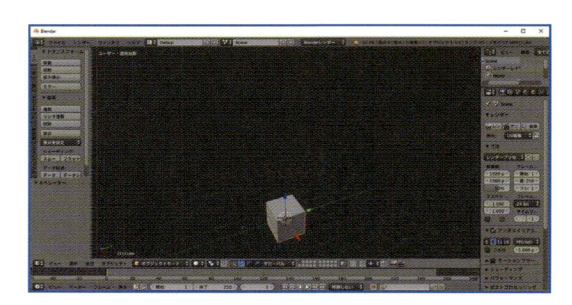

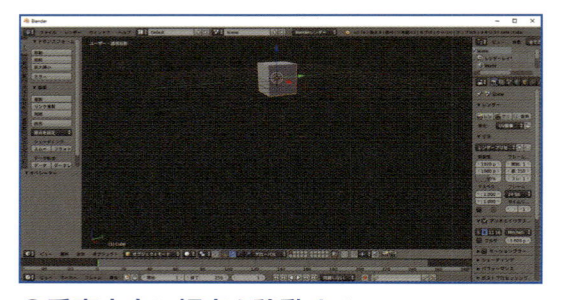

●水平方向に視点を移動する

[Ctrl] キーを押しながらマウスホイールを上下にスクロールします。もしくは、[Shift] キーとマウスホイールを押しながらドラッグします。

●垂直方向に視点を移動する

[Shift] キーを押しながらマウスホイールを上下にスクロールします。もしくは、[Shift] キーとマウスホイールを押しながらドラッグします。

Ⅴ 全体を表示する／選択部分を表示する

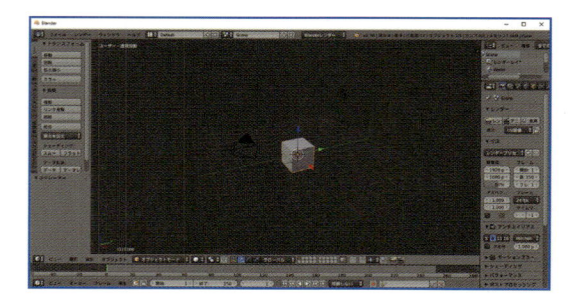

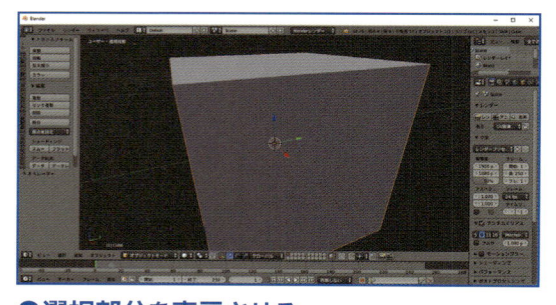

●全てを表示させる

[home] キーを押します。

●選択部分を表示させる

テンキーの [.]（ピリオド）を押します。

Ⅵ 透視投影と平行投影を切り替える

[**透視投影**] は、絵を描くときのパースのついた表示です。[**平行投影**] は、製図するときのパースを無視した表示です。

[**透視投影**] と [**平行投影**] は、テンキーの [**5**] を押すことで交互に切り替えることができます。現在の表示は [**3Dビューポート**] の左上で確認できます。

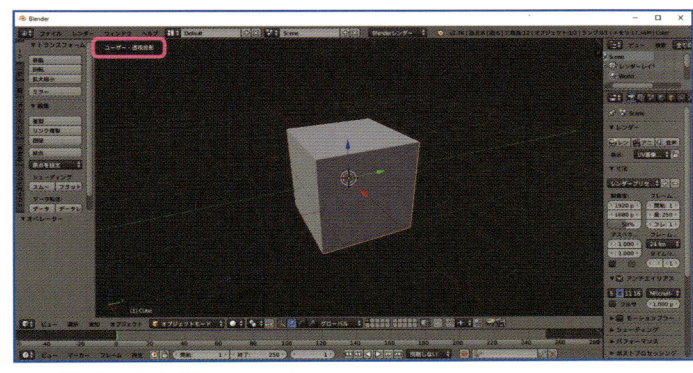

●透視投影（パースあり）
奥に行くほど小さくなるように表示されます。

平行投影は、地図、案内図、建築製図、服の型紙などで見かける平面図と同じ表示方法です

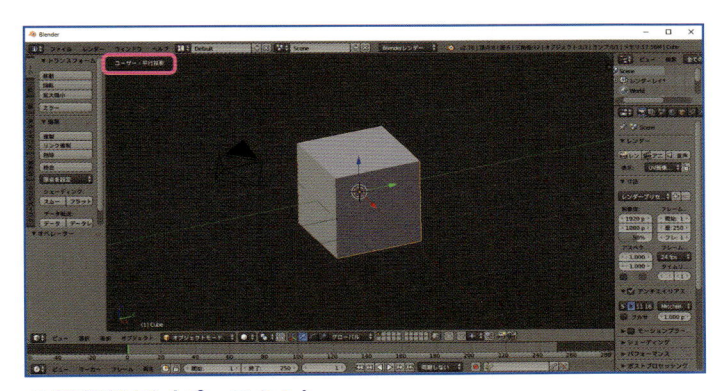

●平行投影（パースなし）
手前も奥も同じ長さで表示されます。

Ⅶ カメラの位置にビューを合わせる

カメラの位置にビューを合わせるときは、テンキーの [**0**] を押します。もう一度テンキーの [**0**] を押すと、もとのビューに戻ります。

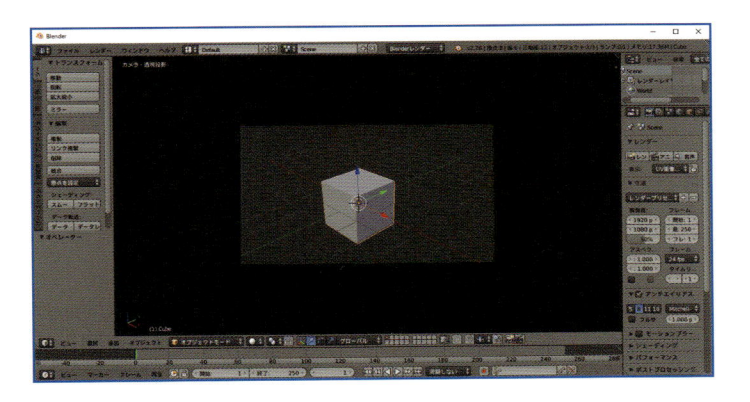

07 シェーディングの切り替え

オブジェクトの表示を切り替える方法を紹介します。これをシェーディングと言います。シェーディングは［3Dビュー・エディター］ヘッダーのメニューから変更できます。全部で6つのタイプがあり、初期設定では［ソリッド］で表示されるようになっています。

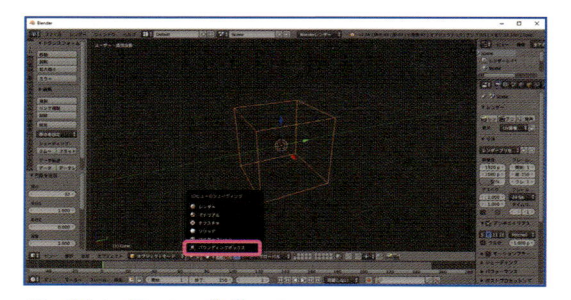

●バウンティングボックス
オブジェクトを囲む直方体が表示されます。

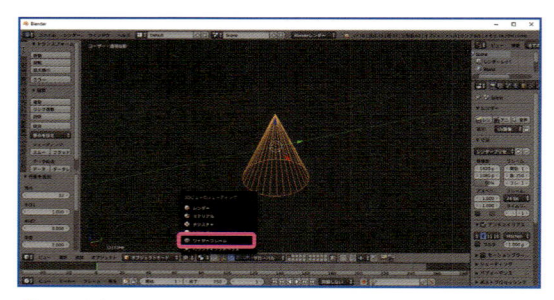

●ワイヤーフレーム
オブジェクトを構成する線が表示されます。

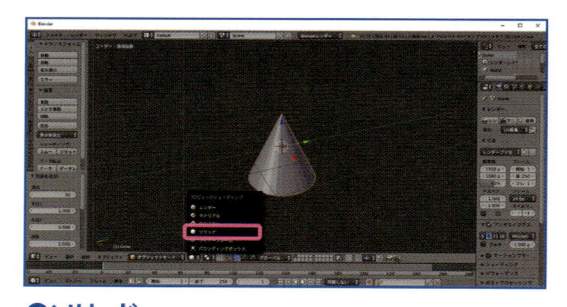

●ソリッド
オブジェクトに陰がついた状態で表示されます。

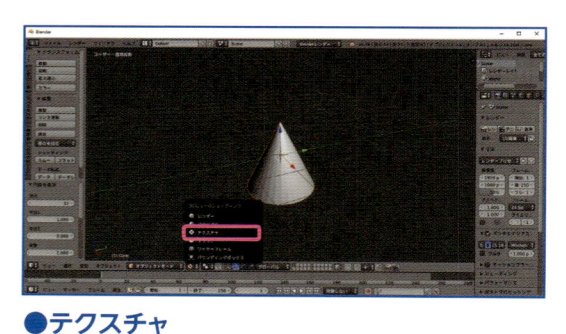

●テクスチャ
オブジェクトにテクスチャが貼られた状態で表示されます。

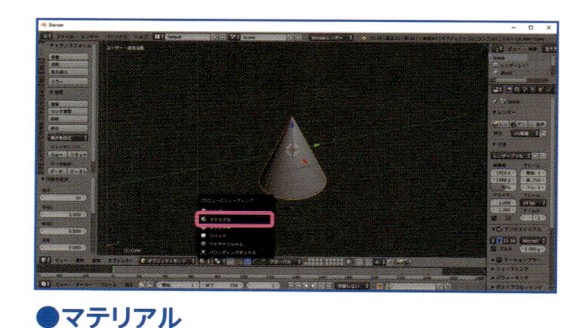

●マテリアル
オブジェクトにマテリアルを設定した状態で表示されます。

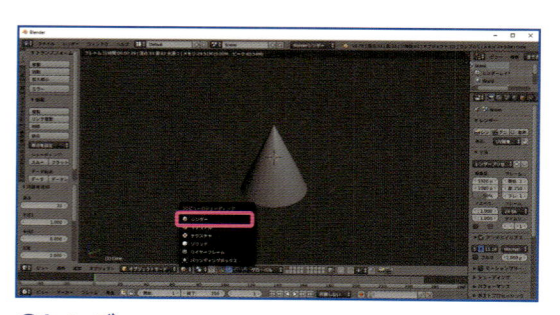

●レンダー
静止画として書き出すときの状態で表示されます。

08 陰面処理の切り替え

シェーディングを［ワイヤーフレーム］に変更することでも隠れている辺が見えるようになりますが、［陰面処理］をオンにすることでも隠れている辺を表示できます。［陰面処理］の場合は、線の太さが変わります。状況によって使い分けていきましょう。

❶ 後ろの辺を表示しない

［3Dビュー・エディター］ヘッダーで［編集モード］になっていることを確認します。面で隠れている辺を表示しないときは、[3Dビュー・エディター］ヘッダーで［陰面処理］をクリックしてオンにします。初期設定ではこの状態になっています。

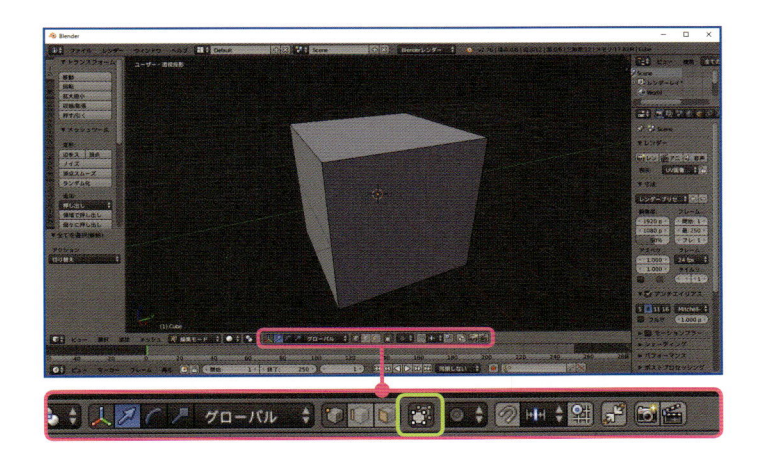

❷ 後ろの辺を表示する

［3Dビュー・エディター］ヘッダーで［編集モード］になっていることを確認します。面で隠れている辺を表示するときは、[3Dビュー・エディター］ヘッダーで［陰面処理］をクリックしてオフにします。隠れている辺は細く表示されます。

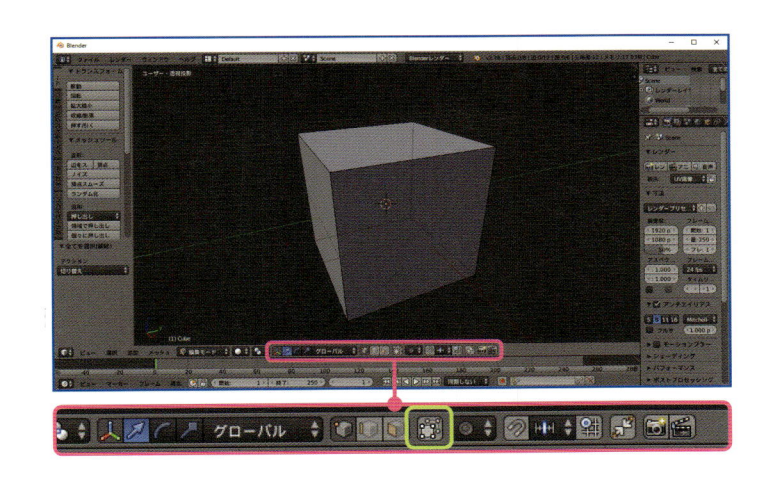

手前の部分を作業しつつ奥の部分も選択したいときに便利です!
ただ、余計なところを選択してしまうこともあるので、切り替えて使いましょう!

09 3Dカーソルの原点への移動

3Dカーソルはクリックした任意の場所に移動します。ここでは3DカーソルをXYZ軸の交点である原点に移動する方法を紹介します。3Dカーソルの原点への移動は、[オブジェクトモード]で操作しても[編集モード]で操作しても、どちらでも結果は同じです。

I オブジェクトモードのときに3Dカーソルを原点に移動する

❶ カーソルを移動する

[3Dビュー・エディター]ヘッダーで[オブジェクトモード]になっていることを確認します。[3Dビューポート]の任意の場所をクリックして[3Dカーソル]を移動します。

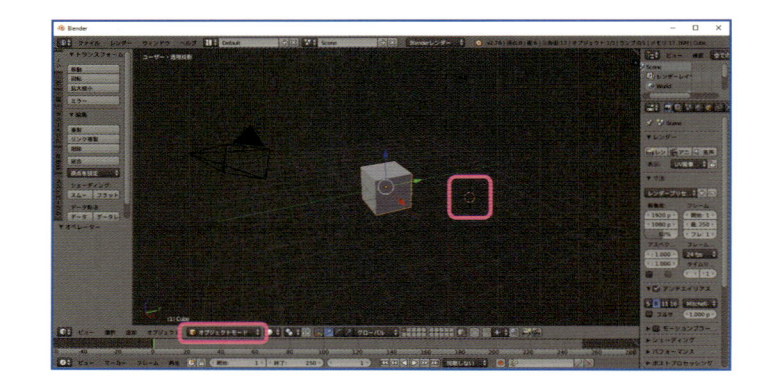

❷ メニューを選択する

[3Dビュー・エディター]ヘッダーの[オブジェクト]⇒[スナップ]⇒[カーソル→原点]をクリックします。

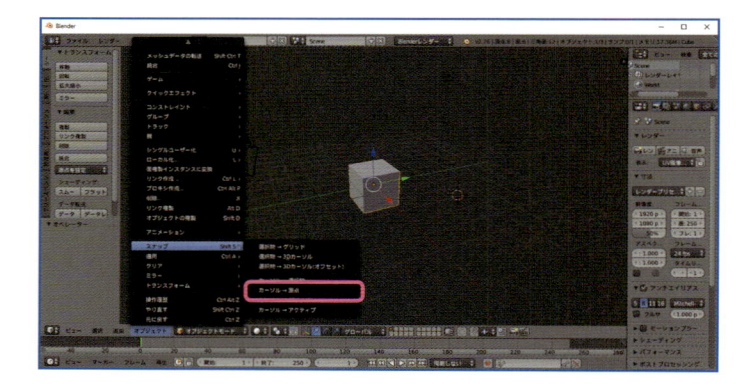

❸ カーソルが原点に移動する

[3Dカーソル]がXYZ軸の原点に移動しました。

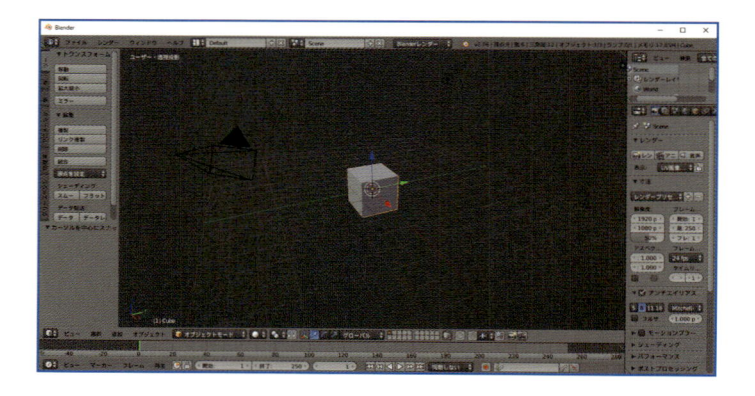

Ⅱ 編集モードのときに 3D カーソルを原点に移動する

❶ カーソルを移動する

[3D ビュー・エディター] ヘッダーで [編集モード] になっていることを確認します。[3D ビューポート] の任意の場所をクリックして [3Dカーソル] を移動します。

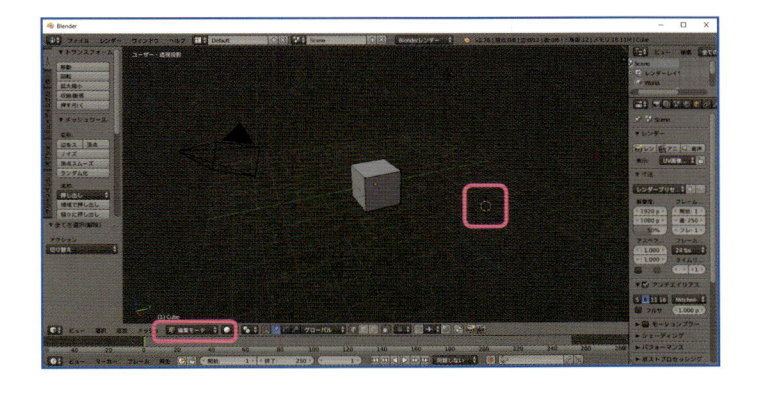

❷ メニューを選択する

[3D ビュー・エディター] ヘッダーの [メッシュ] ⇒ [スナップ] ⇒ [カーソル→原点] をクリックします。

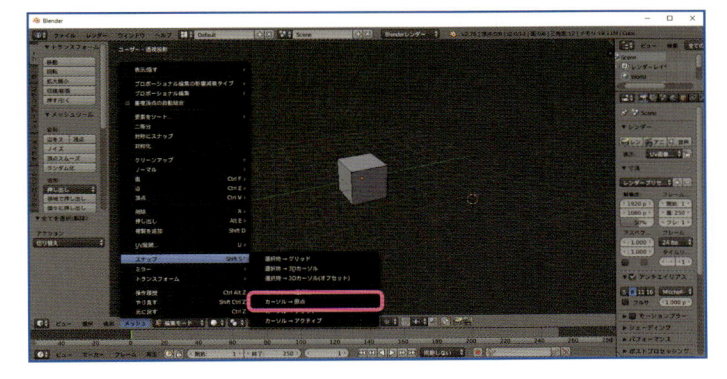

❸ カーソルが移動する

[3Dカーソル] が XYZ 軸の原点に移動しました。
ちなみに、下図はオブジェクトを削除したときの画面です（44 ページ参照）。[3Dカーソル] が原点にあることがはっきり分かります。

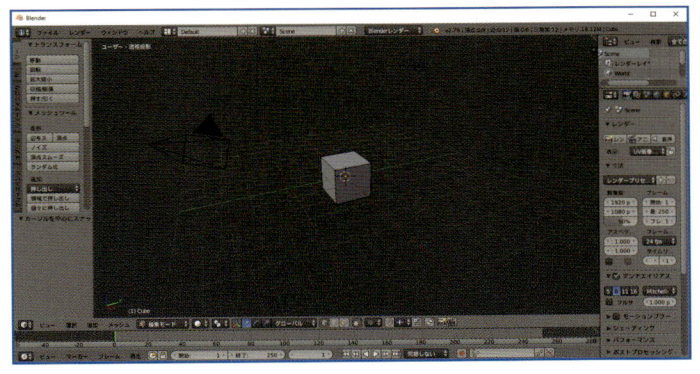

10 作業モードの切り替え

［3Dビュー・エディター］には、作業する内容に応じて6つのモードが用意されています。モードを切り替えると、［ヘッダー］や［ツールシェルフ］などに表示されているメニューも切り替わります。よく使用するのは［オブジェクトモード］と［編集モード］の2つです。

●オブジェクトモード
主に3DCGモデルをレイアウトしたりアニメーションさせたりするときに使います。

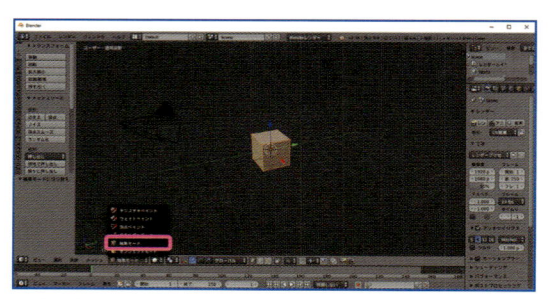

●編集モード
3DCGモデルを作成するときに使います。最もよく使うモードです。

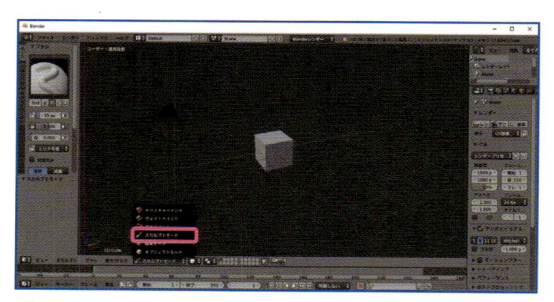

●スカルプトモード
粘土をこねるように3DCGを作成するときに使います。

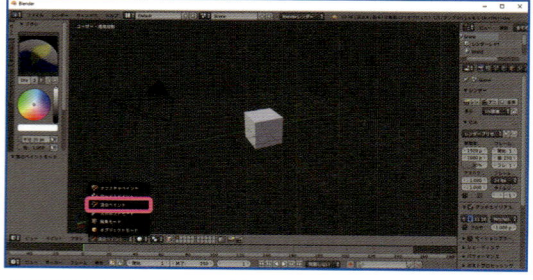

●頂点ペイントモード
3DCGモデルに色をつけるときに使います。

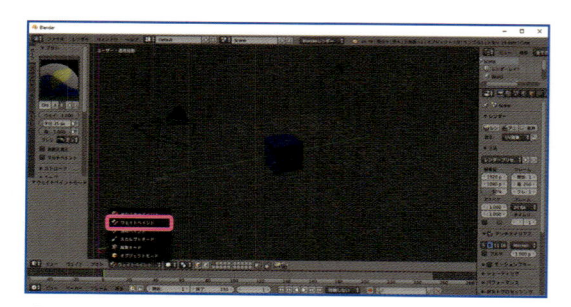

●ウェイトペイントモード
ウエイト値を変更するときに使います。

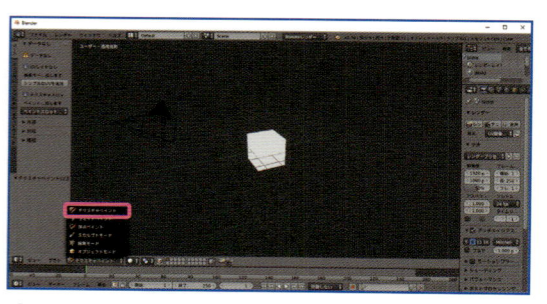

●テクスチャペイントモード
テクスチャに色を塗るときに使います。

Attention!!

モードを間違えて作業すると地獄を見る?!

［オブジェクトモード］と［編集モード］には、似たような名前の操作メニューがあります。この中には、どちらのモードで操作しても同じ結果になる機能もあれば、同じ結果にならない機能もあります。また同じ結果にならないにもかかわらず、画面上では同じように結果が見えるという場合があります。

例えば、図形を追加したり、オブジェクトを変形したりする機能は、メニューの名前や見かけの結果はほぼ同じです。しかし、［オブジェクトモード］と［編集モード］のどちらで作業するかで、データの構造が違ってきます。そのため、モードを気にせずに作業を進めてしまうと、最初からやり直しという事態が発生することもあります。

というのも3DCGの場合は、絵を描くときように「途中経過やデータの中身がどうあれ、仕上がりの見た目のクオリティがすべて」ではないためです。ポーズをつけたり、アニメーションしたりするためには、造形だけでなくデータの構造も重要になってきます。後でやり直しにならないためにも、モデリングするときは常に［編集モード］になっているかどうかを確認しましょう。

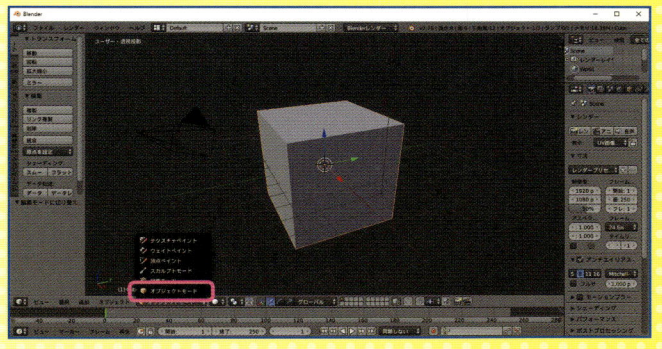

●オブジェクトモード
［オブジェクトモード］の編集機能は3Dモデルに動きをつけるためのものです。［オブジェクトモード］のときにオブジェクトを変形した場合は、見かけの形が変わるだけで実体は変形されません。

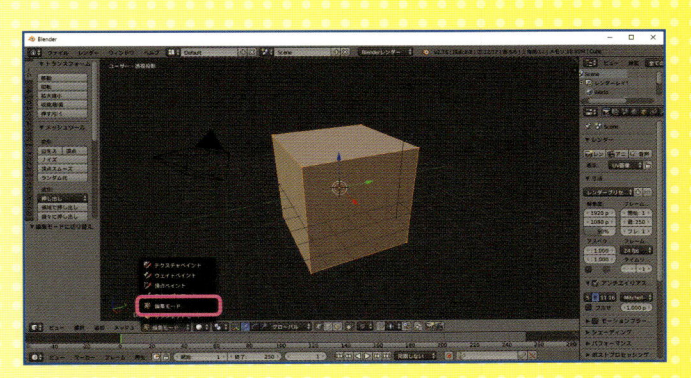

●編集モード
［編集モード］の編集機能は3Dモデルを作成するためのものです。［編集モード］のときにオブジェクトを変形した場合は、実体が変形されます。

オブジェクトモードと編集モードは、インターフェースがよく似てるけど、同じじゃないのよ！

11 オブジェクトの選択と移動

同じ［移動］でも［オブジェクトモード］と［編集モード］では操作の意味が異なります。レイアウトやアニメーションさせるときは［オブジェクトモード］で移動させます。モデリング中に移動するときは［編集モード］で行います。

Ⅰ オブジェクトモードで選択して移動する

❶ オブジェクトを選択する

［**3Dビュー・エディター**］ヘッダーで［**オブジェクトモード**］になっていることを確認し、オブジェクトを右クリックして選択します。選択中のオブジェクトはアウトラインがオレンジ色になります。複数選択の場合は［**Shift**］キーを押しながらクリックします。

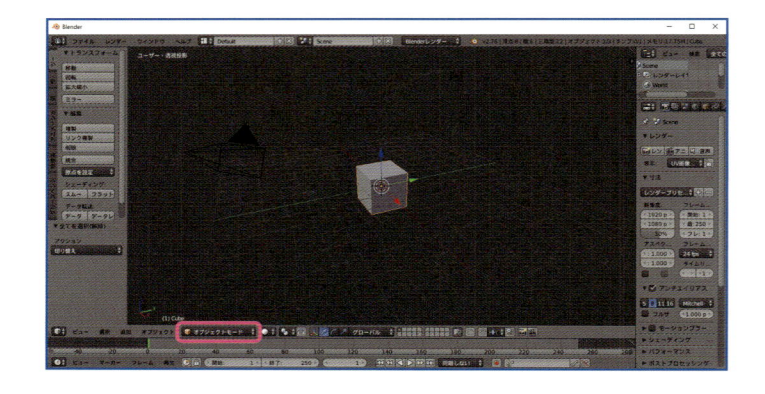

❷ 自由に移動するi

右クリック＆ドラッグで任意の場所に移動し、左クリックで移動を確定させます。なお、確定前に右クリックすると移動がキャンセルされます。

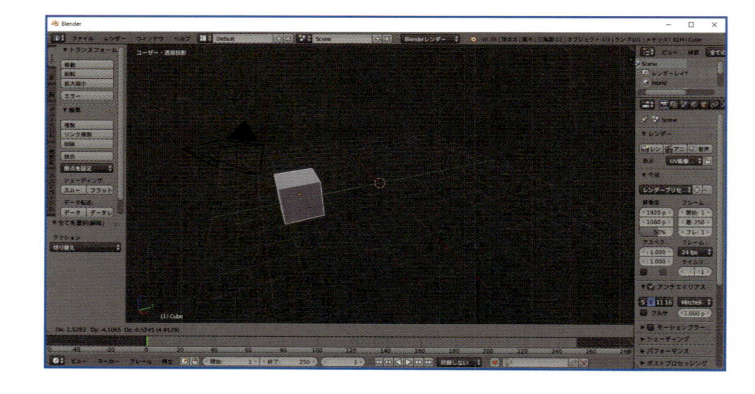

❸ 自由に移動するii

［**マニピュレーター**］を使っても自由に移動できます。全体を選択している状態で、［**マニピュレーター**］の中央の白い円上をクリック＆ドラッグします。このときは右クリックではありません。

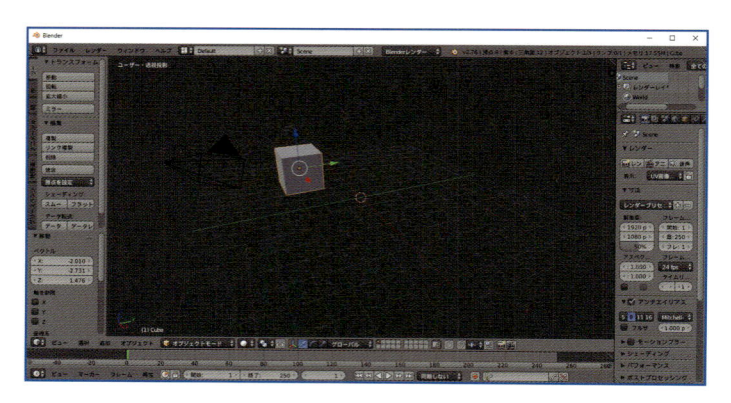

❹ 平行に移動する

[マニピュレーター] を使うと、XYZ軸に沿った平行移動ができます。オブジェクトを右クリックして選択し、任意の矢印をクリック&ドラッグして移動します。このときは右クリックではありません。

赤の矢印をドラッグするとX軸方向に移動できます。緑の矢印をドラッグするとY軸方向に移動できます。青の矢印をドラッグするとZ軸方向に移動できます。平行移動を行っているときは、オブジェクトの中心に赤または青または緑の線が表示されます。

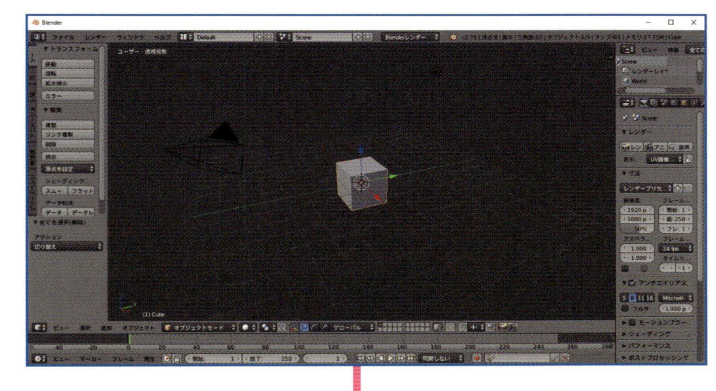

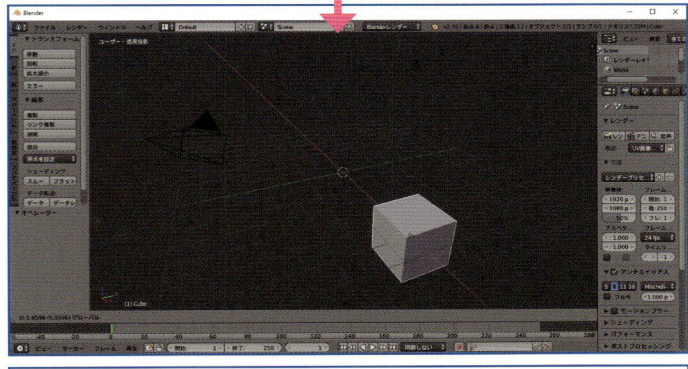

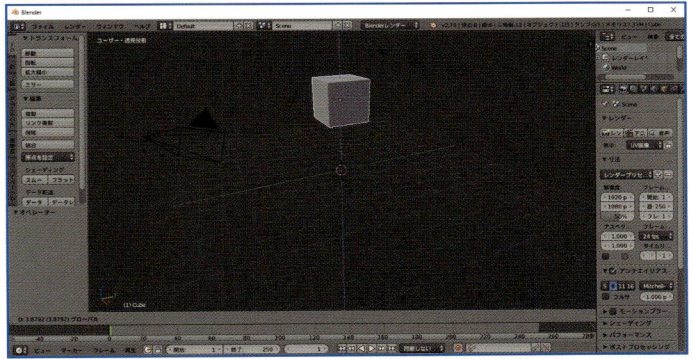

Ⅱ 編集モードで選択して移動する

❶ オブジェクトを選択する

まずは [3Dビュー・エディター] へッダーで [オブジェクトモード] になっていることを確認し、目的のオブジェクトを右クリックして選択します。一つしかオブジェクトがない場合は、自動的にそれが選択されます。

なお、[編集モード] に切り替えると、他のオブジェクトは選択できないようになるので注意してください（47ページ参照）。

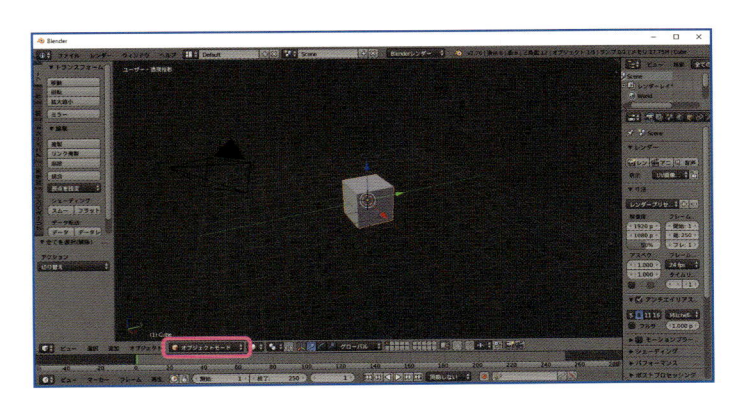

❷ 編集モードに変更する

[3Dビュー・エディター] ヘッダーで [編集モード] に変更します。ここでオブジェクト全体が選択されなかった場合は、[3Dビュー・エディター] ヘッダーの [選択] ⇒ [全てを選択 (解除)] を繰り返して全体を選択します。

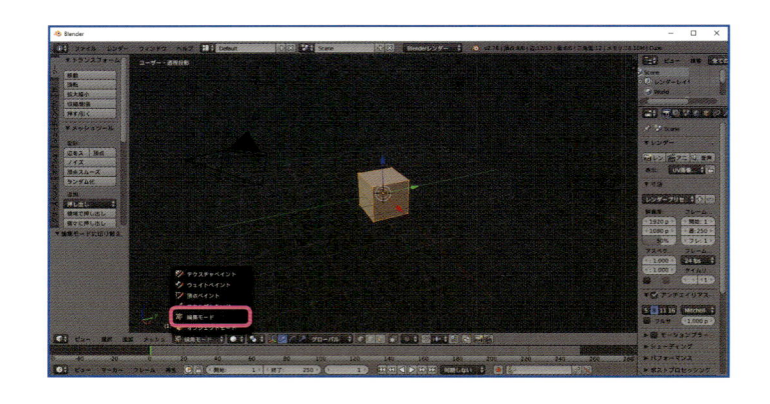

❸ 自由に移動するi

オブジェクトから離れた空間を右クリック&ドラッグします。好みの位置で左クリックして移動を確定します。確定前に右クリックすると移動がキャンセルされます。

[編集モード] のときは、[オブジェクトモード] のときと違って、オブジェクトの近くで右クリックしてしまうと、別の頂点、辺、面が選択されてしまいます。必ずオブジェクトから離れた場所を右クリック&ドラッグしてください。離れた場所とは、[マニピュレーター] の矢印の領域よりも外側です。

オブジェクトがない場所を右クリック&ドラッグ

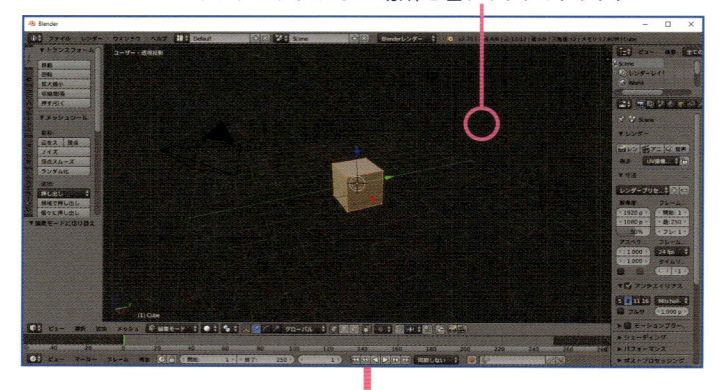

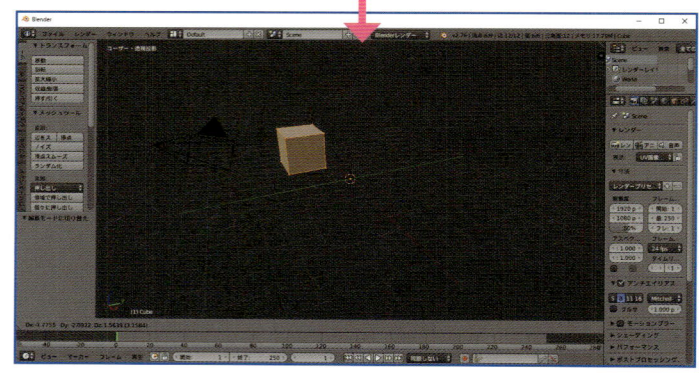

❹ 自由に移動するii

[マニピュレーター] を使っても自由に移動できます。全体を選択している状態で、[マニピュレーター] の中央の白い円上をクリック&ドラッグします。このときは右クリックではありません。

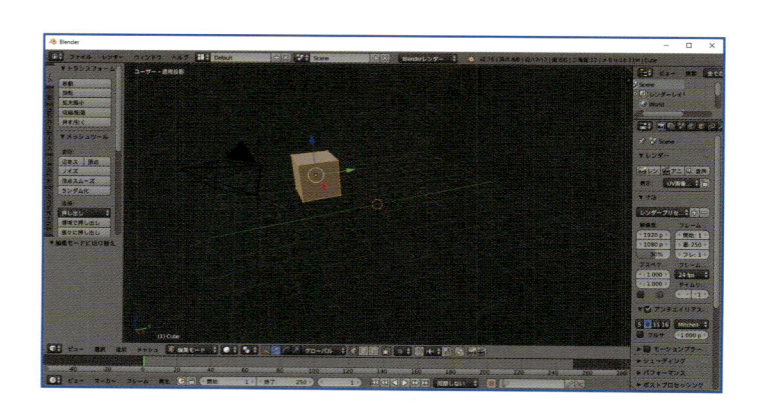

❺ 自由に移動するⅲ

[3Dビュー・エディター]ヘッダー
の[メッシュ]⇒[トランスフォーム]
⇒[移動]をクリックします。ドラッ
グで任意の場所に移動し、左クリッ
クで移動を確定します。確定前に
右クリックすると移動がキャンセル
されます。

あるいは、[ツールシェルフ]の[ト
ランスフォーム]パネルの[移動]
をクリックしても同じです。ショート
カットキーを使う場合は、[G]キー
を押します。

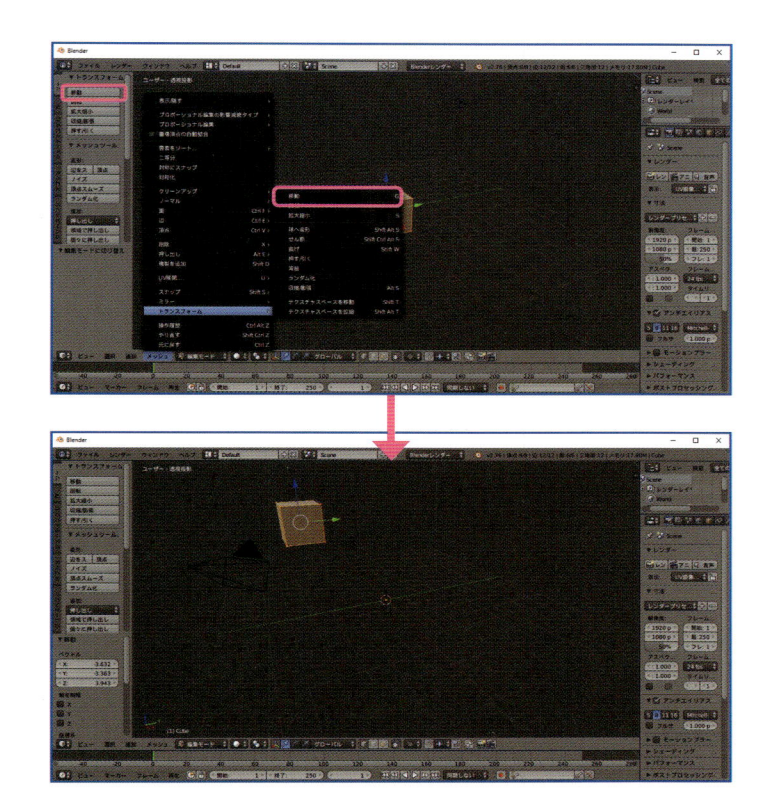

❻ 平行に移動する

[マニピュレーター]を使うと、XYZ
軸に沿った平行移動ができます。
操作は[オブジェクトモード]のと
きと同じです。任意の矢印をクリッ
ク&ドラッグして移動します。このと
きは右クリックではありません。
赤の矢印をドラッグするとX軸方向
に移動できます。緑の矢印をドラッ
グするとY軸方向に移動できます。
青の矢印をドラッグするとZ軸方向
に移動できます。平行移動を行って
いるときは、オブジェクトの中心に
赤または青または緑の線が表示さ
れます。

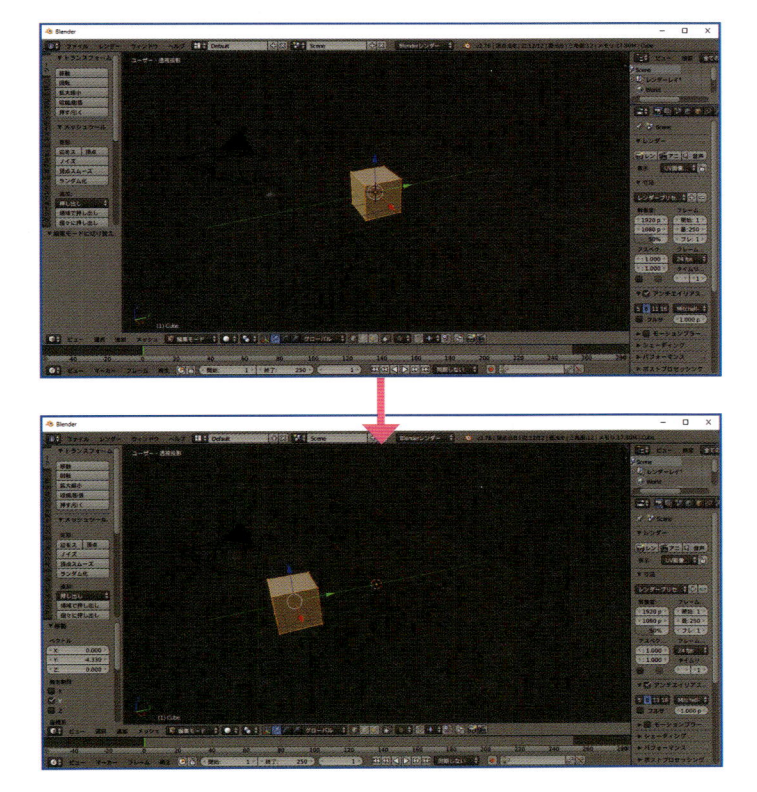

12 全選択と全解除

[オブジェクトモード] と [編集モード] では、全選択の結果が異なります。[オブジェクトモード] のときは、すべてのオブジェクトが選択されます。[編集モード] のときは、モデリング中のオブジェクト全体が選択されます。

I オブジェクトモードで全選択・全解除を行う

[3Dビュー・エディター] ヘッダーで [オブジェクトモード] になっていることを確認し、同じくヘッダーの [選択] ⇒ [全てを選択（解除）] をクリックします。このメニューで選択と解除が切り替えできます。

[オブジェクトモード] のときに全選択を行うと、カメラのオブジェクトも選択されます。

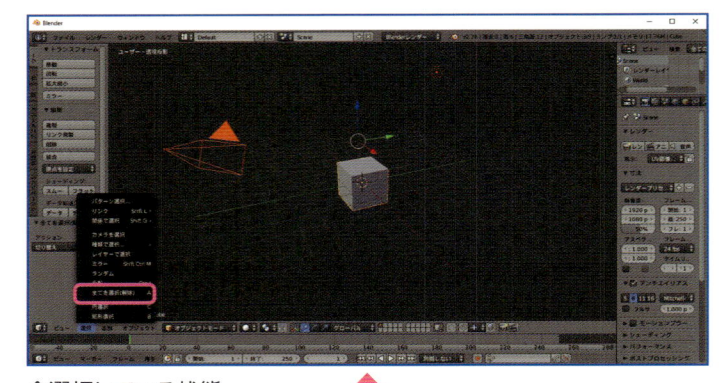

全選択している状態

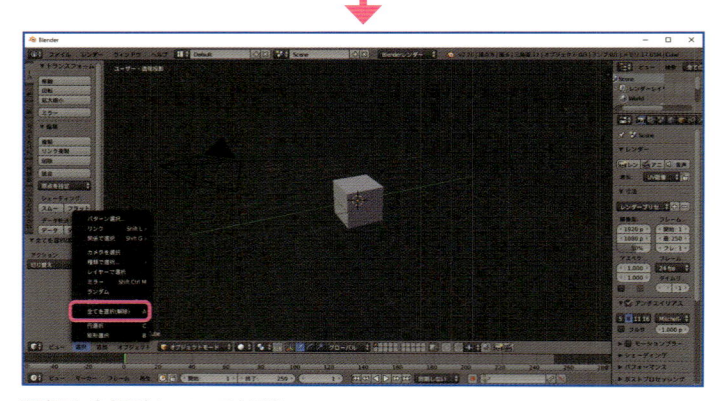

選択を全解除している状態

全選択と全解除の切り替えは [A] キーでもできるわよ。
ただし、ショートカットキーを使うときは、3Dビューポート内にマウスカーソルを移動しないと、有効にならないから注意してね！

Ⅱ 編集モードで全選択・全解除を行う

[3Dビュー・エディター] ヘッダーで [編集モード] になっていることを確認し、同じくヘッダーの [選択] ⇒ [全てを選択 (解除)] をクリックします。このメニューで選択と解除が切り替えできます。

[編集モード] のときに全選択を行うと、モデリング中のオブジェクトのみが全選択されます。[オブジェクトモード] のときと違って、カメラのオブジェクトは選択されません。なお、[編集モード] のときは、複数のオブジェクトを同時に選択することはできません。複数のオブジェクトの定義については、48 ページを参照してください。

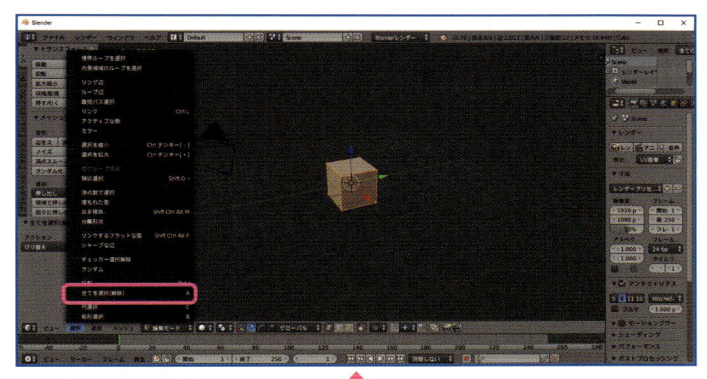

全選択している状態

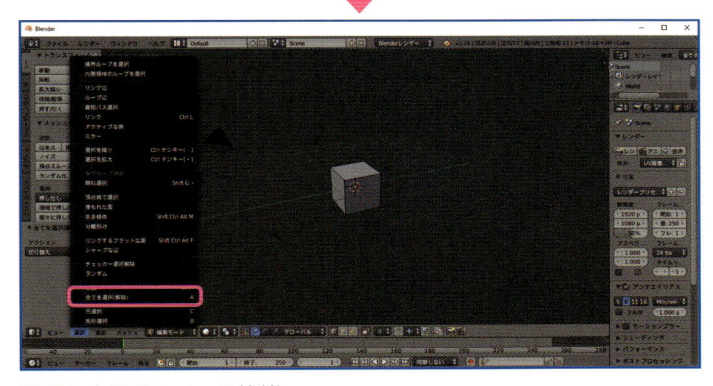

選択を全解除している状態

Memo

手前と奥の頂点・辺・面を一気に選択する

[編集モード] のときに、手前の見えている部分と、奥に隠れている部分を、一気に選択したい場合は、[3Dビュー・エディター] の [陰面処理] をクリックしてオフにしてから、[円選択] や [矩形選択] を使って選択します。[円選択] と [矩形選択] については40ページを参照してください。

13 オブジェクトの選択と変形

オブジェクトを変形するための選択と移動について紹介します。変形して3Dモデルを作ることを「モデリング」と言います。モデリングは[編集モード]で行います。ここでは[編集モード]のときの選択と変形についてのみ紹介します。

I 頂点を移動して変形する

❶ 頂点を選択する

まず、[3Dビュー・エディター]へ
ッダーで[編集モード]に変更しま
す。
次に、同じくヘッダーの[頂点選択]
をクリックします。これで頂点を選
択できるようになりました。[Shift]
キーを押しながら頂点を右クリック
して選択します。選択から除外した
いときは[Shift]キーを押しながら
再度クリックします。

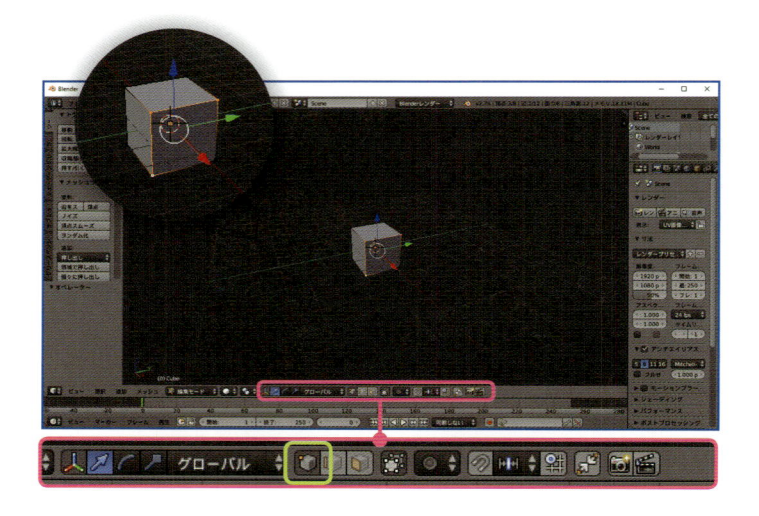

❷ 自由に変形するi

オブジェクトから離れた空間を右ク
リック&ドラッグすると変形できます。
最後に、好みの位置で左クリックし
て移動を確定します。
[編集モード]のときは、オブジェク
トの近くで右クリックしてしまうと、
別の頂点や辺や面が選択されてし
まいます。必ずオブジェクトから離
れた場所を右クリック&ドラッグして
ください。離れた場所とは、[マニ
ピュレーター]の矢印の領域よりも
外側です。

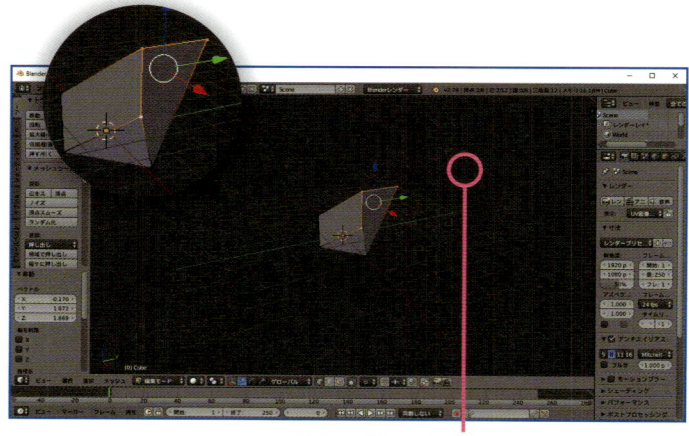

任意の離れた場所を右クリック&ドラッグ

❸ 自由に変形するⅱ

[**マニピュレーター**] を使っても自由に移動できます。

頂点を右クリックで選択したら、[**マニピュレーター**] の中央の白い円上をクリック&ドラッグします。このときは右クリックではありません。

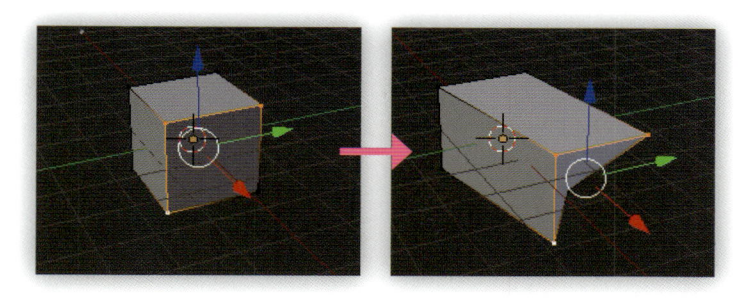

❹ 自由に変形するⅲ

[**移動**] のメニューを使っても自由な変形が可能です。

頂点を右クリックで選択したら、[**3Dビュー・エディター**] ヘッダーの [**メッシュ**] ⇒ [**トランスフォーム**] ⇒ [**移動**] を選択し、ドラッグします。確定前に右クリックすると移動がキャンセルされます。

あるいは、[**ツールシェルフ**] の [**トランスフォーム**] パネルの [**移動**] をクリックしても同じです。ショートカットキーを使う場合は、[**G**] キーを押します。

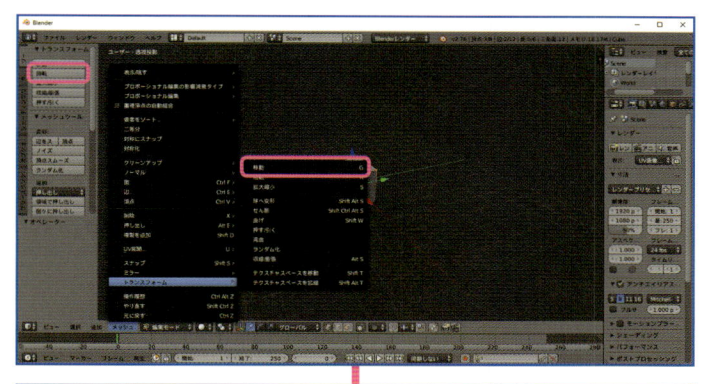

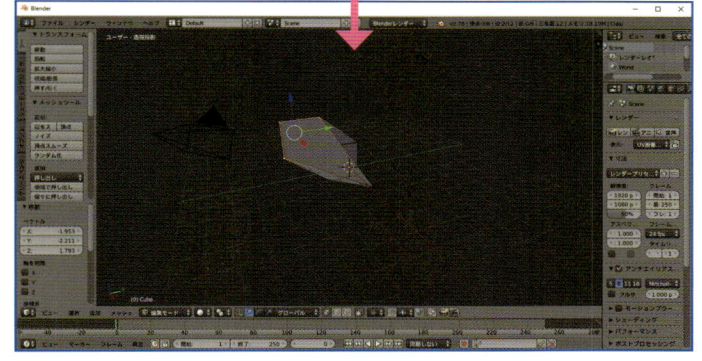

❺ 平行方向に変形する

[**マニピュレーター**] を使うと、XYZ軸に沿った方向に変形できます。

頂点を右クリックで選択したら、[**マニピュレーター**] の矢印を左クリック&ドラッグします。赤がX軸、緑がY軸、青がZ軸の方向の矢印です。変形中にオブジェクトを貫く色のついた直線が表示され、軸の方向を確認できます。

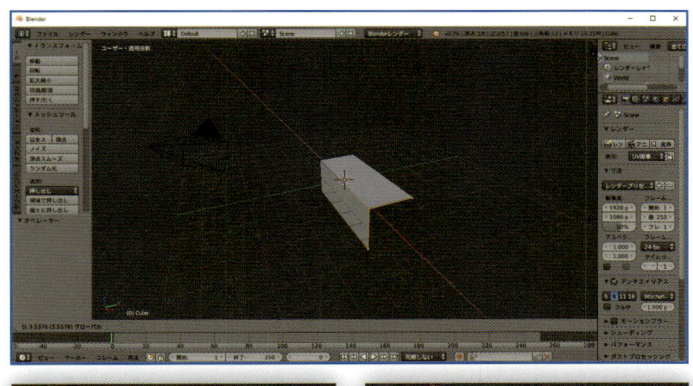

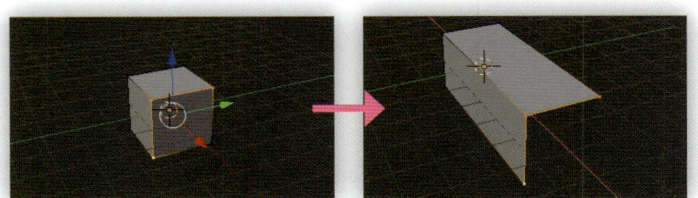

Ⅱ 辺を移動して変形する

❶ 辺を選択する

[3Dビュー・エディター] ヘッダー
で [編集モード] であることを確認
します。

次に、同じくヘッダーの [辺選択]
をクリックします。これで辺を選択
できるようになりました。[Shift]
キーを押しながら辺を右クリックし
て選択します。選択から除外したい
ときは [Shift] キーを押しながら再
度クリックします。

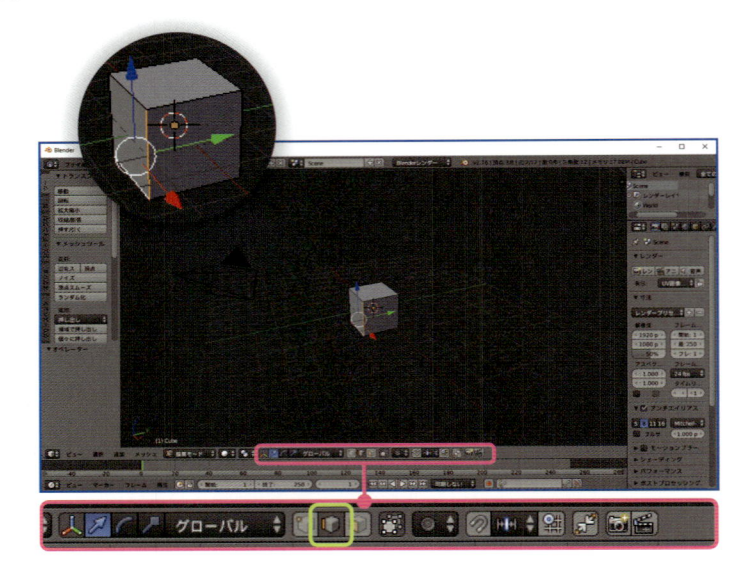

❷ 自由に変形する

自由な形に変形する方法には、[右
クリック&ドラッグ]、[マニピュレー
ター]、[移動] の3通りがあります。
操作は「頂点を移動して変形する」
で紹介した方法と同じです (36 ペ
ージ参照)。

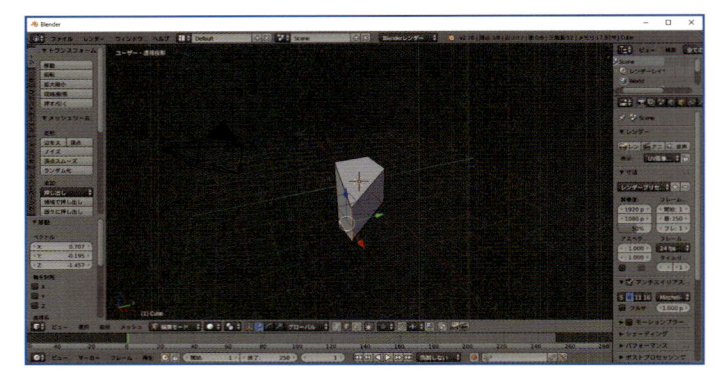

❸ 平行方向に変形する

[マニピュレーター] を使うと、XYZ
軸に沿った方向に変形できます。操
作は「頂点を移動して変形する」で
紹介した方法と同じです (36 ペー
ジ参照)。

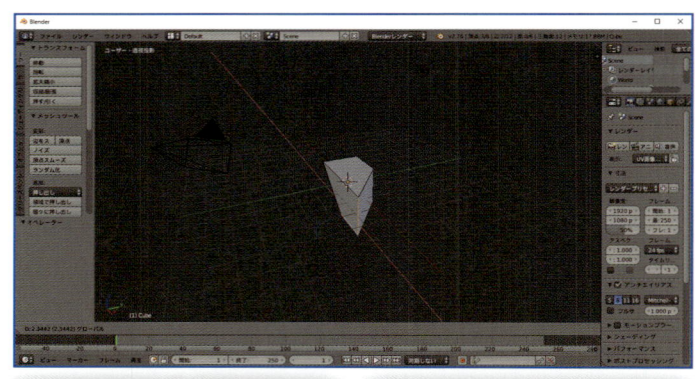

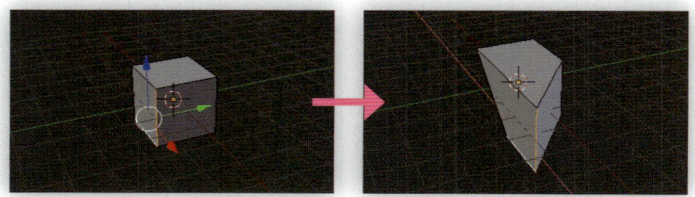

Ⅲ 面を移動して変形する

❶ 辺を選択する

[**3Dビュー・エディター**] ヘッダーで [**編集モード**] であることを確認します。

次に、同じくヘッダーの [**面選択**] をクリックします。これで面を選択できるようになりました。[**Shift**] キーを押しながら面を右クリックして選択します。選択から除外したいときは [**Shift**] キーを押しながら再度クリックします。

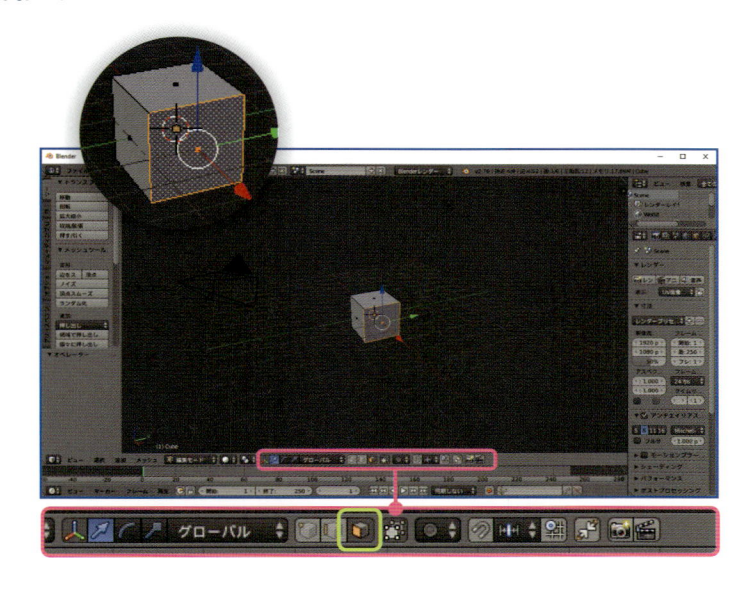

❷ 自由に変形する

自由な形に変形する方法には、[**右クリック&ドラッグ**]、[**マニピュレーター**]、[**移動**] の3通りがあります。操作は「頂点を移動して変形する」で紹介した方法と同じです（36ページ参照）。

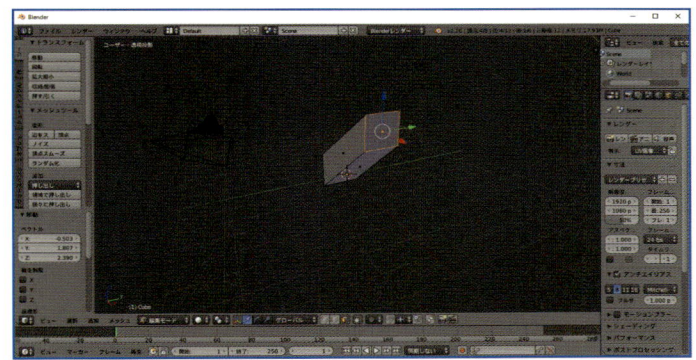

❸ 平行に変形する

[**マニピュレーター**] を使うと、XYZ軸に沿った方向に変形できます。操作は「頂点を移動して変形する」で紹介した方法と同じです（36ページ参照）。

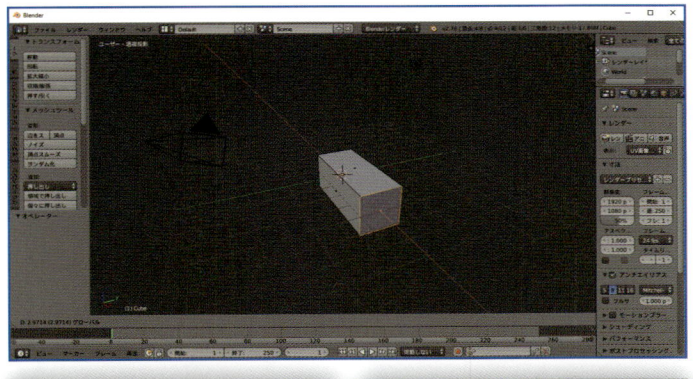

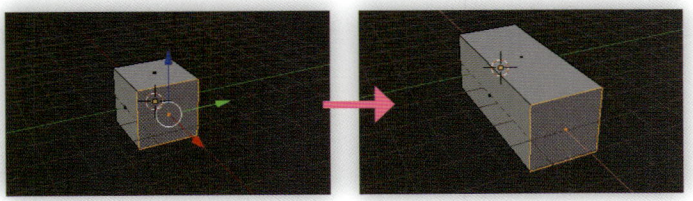

Ⅳ 広い範囲をクリックで選択して変形する

❶ 選択方法を選ぶ

[3Dビュー・エディター] ヘッダーで [編集モード] であることを確認します。オブジェクトが全選択されている場合は、同じくヘッダーの [選択] ⇒ [全てを選択（解除）] で選択を解除します。

次に、同じくヘッダーで [頂点選択] または [辺選択] または [面選択] を選びます。

❷ 円選択を選ぶ

[3Dビュー・エディター] ヘッダーの [選択] ⇒ [円選択] をクリックします。

なお、[円選択] を中止したいときは [3Dビューポート] 内を右クリックします。

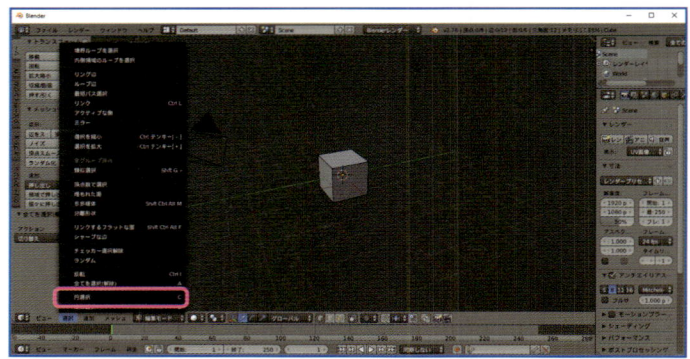

❸ 目的の部分を選択する

マウスカーソルが円になったらクリックして選択します。

選択から外したいときは [Shift] キーを押しながらクリックすると除外できます。

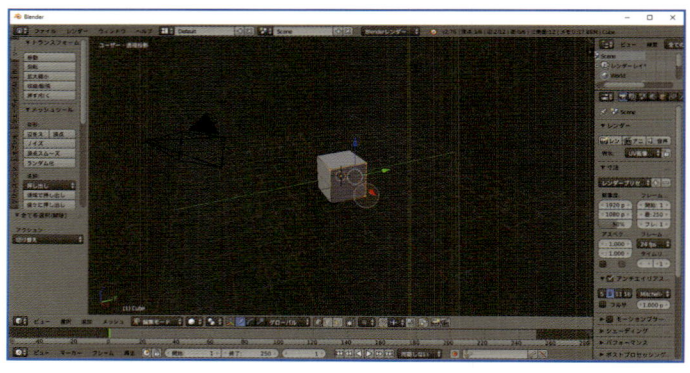

❹ 変形する

選択し終わったら右クリックして [円選択] を終了し、右クリック&ドラッグで変形します。自由な形に変形する方法、および平行に変形する方法は、「頂点を移動して変形する」で紹介した手順を参考にしてください（36ページ）。

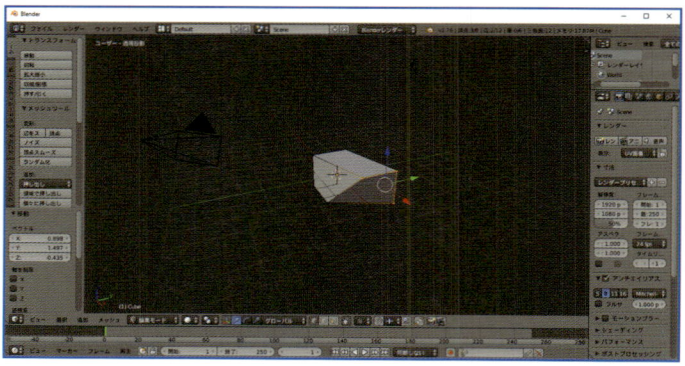

Ⅴ 広い範囲をドラッグで選択して変形する

❶ 矩形選択を選ぶ

[3Dビュー・エディター]ヘッダーで[編集モード]であることを確認します。オブジェクトが全選択されている場合は、同じくヘッダーの[選択]⇒[全てを選択(解除)]で選択を解除します。
次に、同じくヘッダーで[頂点選択]または[辺選択]または[面選択]を選びます。

❷ 矩形選択を選ぶ

[3Dビュー・エディター]ヘッダーの[選択]⇒[矩形選択]をクリックします。
[矩形選択]を中止したいときは[3Dビューポート]内を右クリックします。

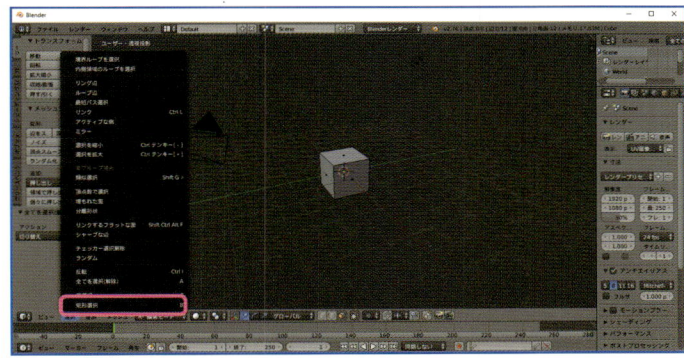

❸ 目的の部分を選択する

マウスカーソルが破線になったらドラッグして選択します。
選択から外したいときは、メニューから[矩形選択]を選んだ後で、[Shift]キーを押しながらドラッグすると除外できます。

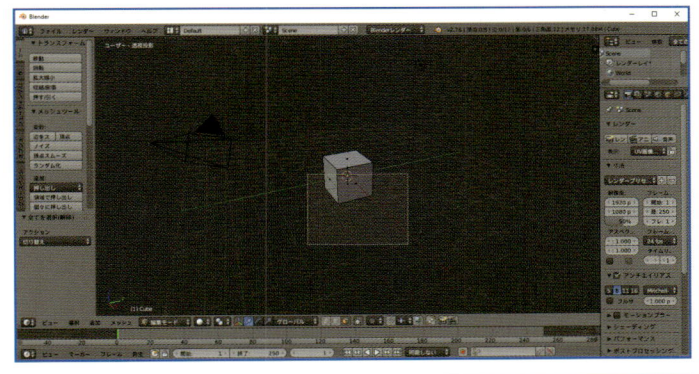

❹ 変形する

選択し終わったら右クリック&ドラッグで変形します。自由な形に変形する方法、および平行に変形する方法は、「頂点を移動して変形する」で紹介した手順を参考にしてください(36ページ)。

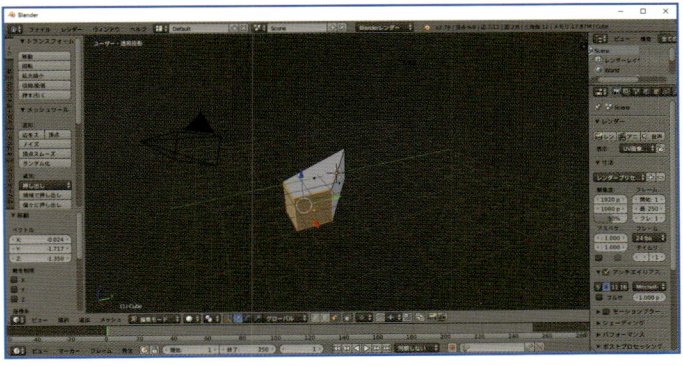

Ⅵ 選択して回転する

❶ 目的の部分を選択する

[3Dビュー・エディター]ヘッダー
で[編集モード]になっていること
を確認します。

次に、同じくヘッダーの[頂点選択]
または[辺選択]または[面選択]
をクリックします。

最後に、回転したい部分を[Shift]
キーを押しながら右クリックで選択
します。全体を選択してもOKです。

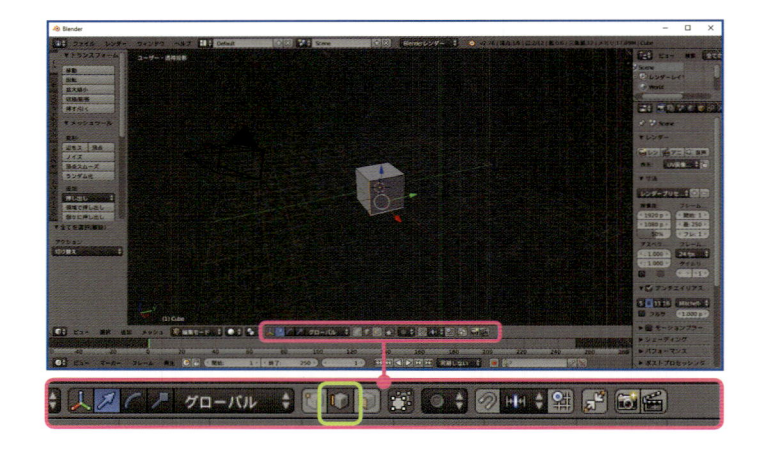

❷ マニピュレーターを変更する

[3Dビュー・エディター]ヘッダー
で[マニピュレーター：回転]を選
択します。[マニピュレーター]の
形が球体に変わります。

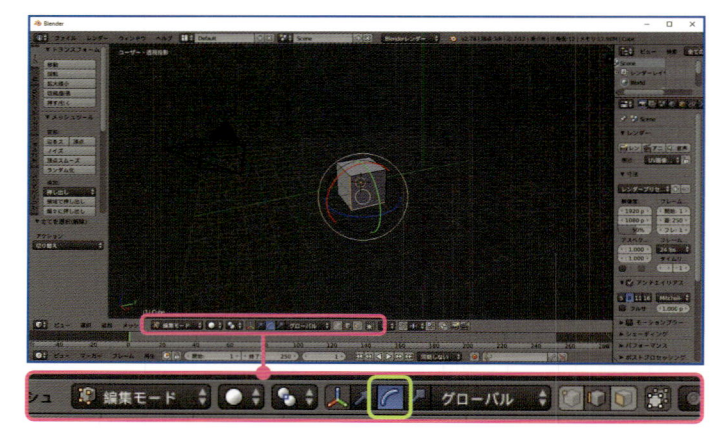

❸ 回転する

[マニピュレーター]の中央もしく
は外側の白い円を左クリックし、ド
ラッグすると回転できます。ただし、
選択部分によっては回転できない
場合もあります。

回転を完了したら、[3Dビュー・エ
ディター]ヘッダーの[マニピュレ
ーター：移動]を選択して矢印に戻
します。

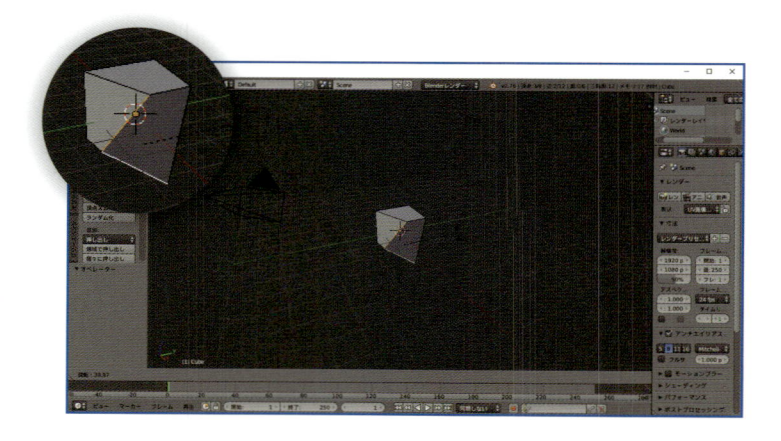

Ⅶ 選択して拡大縮小する

❶ 全体を選択する

[3Dビュー・エディター] ヘッダー
で [編集モード] になっていること
を確認し、同じくヘッダーの [選択]
⇒ [全てを選択 (解除)] をクリック
してオブジェクト全体を選択します。
すでに全体を選択している場合は、
この操作は不要です。

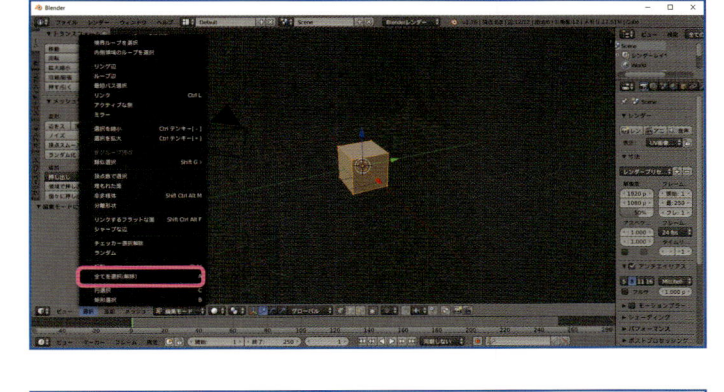

❷ マニピュレーターを変更する

[3Dビュー・エディター] ヘッダー
で [マニピュレーター：拡大縮小]
を選択します。マニピュレーターの
先端の形が矢印から円に変わりま
す。

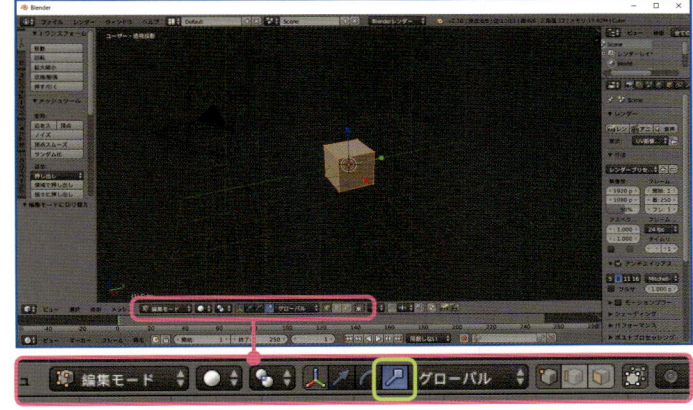

❸ 拡大縮小する

同じ比率のまま全体を拡大縮小す
るときは、[マニピュレーター] の中
央の白い円をドラッグします (上
図)。
一方向に拡大縮小するときは、[マ
ニピュレーター] の任意の方向線を
ドラッグします (下図)。

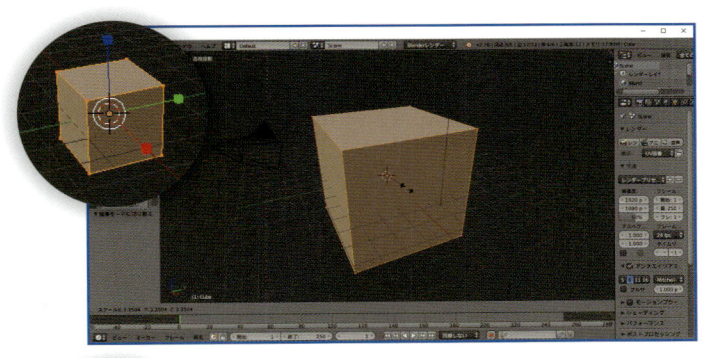

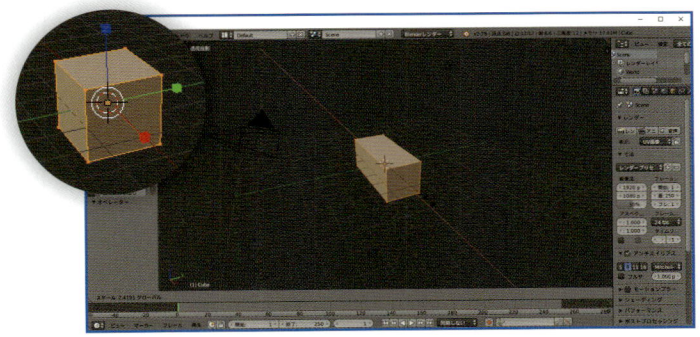

14 オブジェクトの選択と削除

一つのオブジェクトをまるっと削除したいときは［オブジェクトモード］で削除を行います。オブジェクトの一部を削除、つまり3Dモデルの面を削除して変形したいときは［編集モード］で削除を行います。

Ⅰ オブジェクト全体を選択して削除する

❶ オブジェクトを選択する

［3Dビュー・エディター］ヘッダーで［オブジェクトモード］に変更し、削除したいオブジェクトを右クリックして選択します。

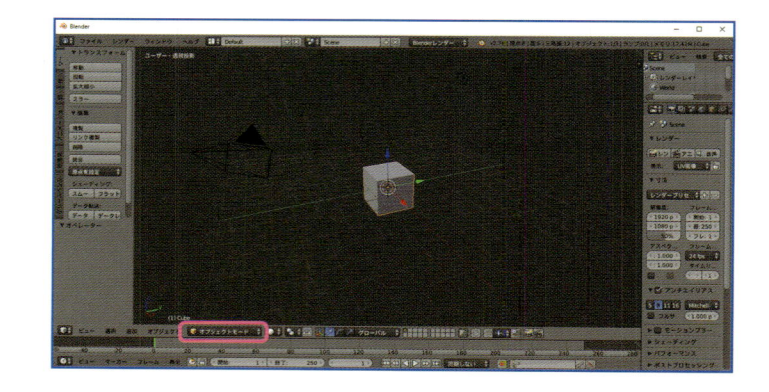

❷ 削除を選択する

［3Dビュー・エディター］ヘッダーの［オブジェクト］⇒［削除］をクリックします。または［ツールシェルフ］にある［削除］をクリックしてもOKです。あるいは、［X］キーまたは［Delete］キーを押します。

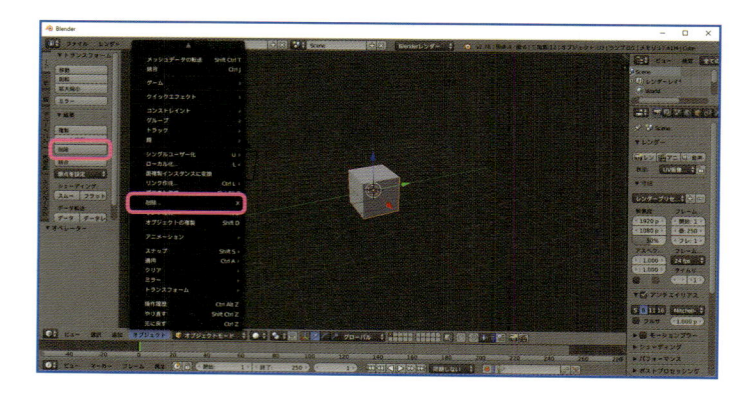

❸ 削除を完了する

確認メニューが表示されるので、［削除］をクリックして削除を完了させます。

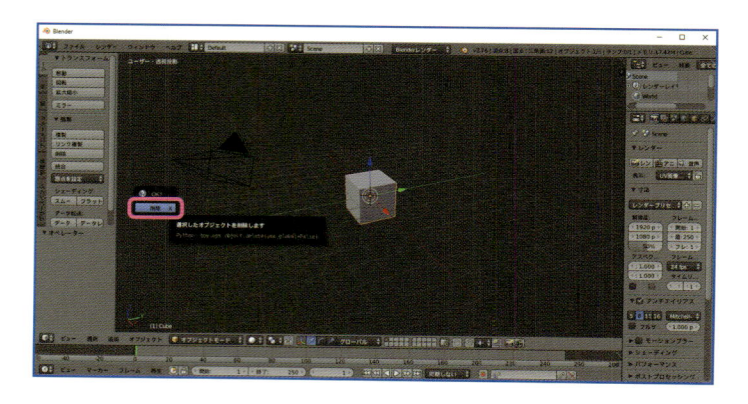

Ⅲ オブジェクトの頂点・辺・面を選択して削除する

❶ オブジェクトを選択する

[3Dビュー・エディター] ヘッダー
で [オブジェクトモード] にし、目的
のオブジェクトを右クリックで選択
したら、同じくヘッダーで [編集モ
ード] に切り替えます。

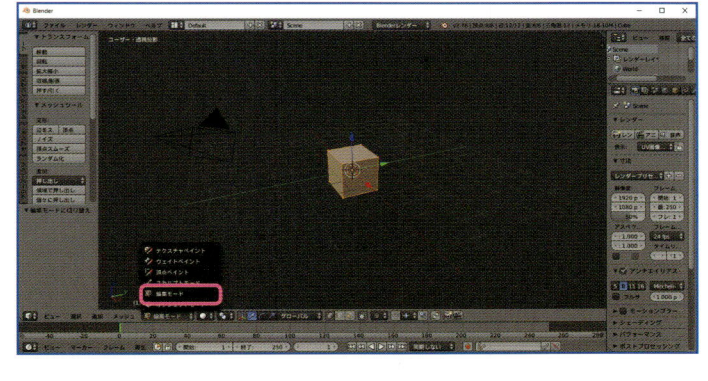

❷ 削除する部分を選択する

[3Dビュー・エディター] ヘッダー
で [頂点選択] または [辺選択] ま
たは [面選択] を選び、オブジェク
トの削除したい部分を右クリックで
選択します。ちなみにここでは [辺
選択] を選びました。

❸ 削除する

[3Dビュー・エディター] ヘッダー
で [メッシュ] ⇒ [削除] の中にあ
る目的のメニューを選択します。こ
こでは [面] を選択しました。
なお、[オブジェクトモード] のとき
と違って、削除前に確認メニューは
表示されません。

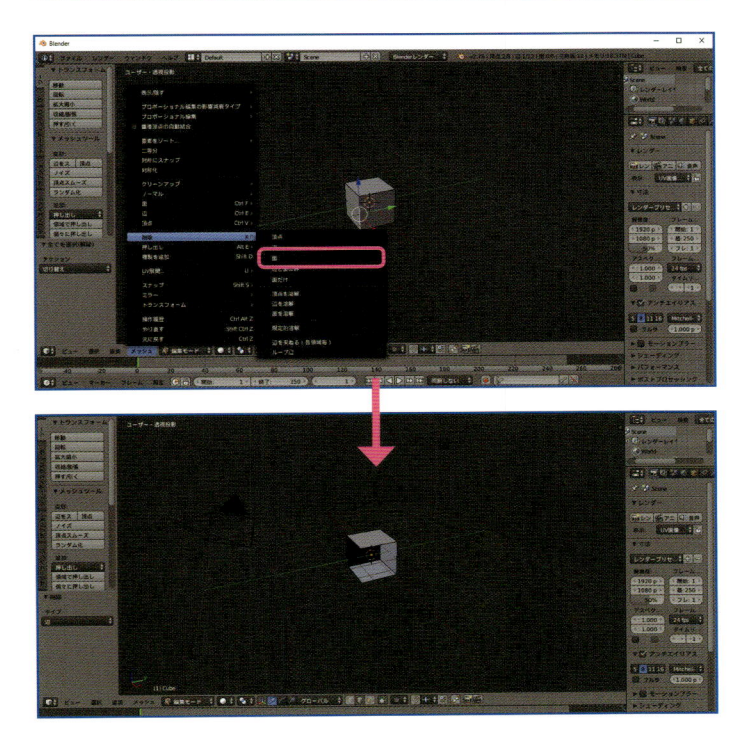

オブジェクトの選択の罠

アレ？アレ？へんね？！おかしわ！！

めたんちゃん、どうしたの？

こっちの『物体──オブジェクト──』を選びたいんだけど、右クリックしても選択できないの！壊れたのかしら？！

あっ！ 編集モードになってるよ！
オブジェクトモードに変更しないと選択できないよ！

どういうこと？

編集モードでは、オブジェクトの選択の切り替えができないんだよ！
いくつもオブジェクトがあるときは、一旦オブジェクトモードにして選択を切り替える必要があるの……

なんですって──？！

詳しくは右のページを見てね！

Attention!!

複数のオブジェクトがある場合、編集モードでは オブジェクトの選択の切り替えができません！

オブジェクトが一つしかない場合は、[オブジェクトモード] でも [編集モード] でも自動的にそれが選択されますが、オブジェクトが複数ある場合の選択は、少し複雑です。というのも [編集モード] になっているときは、別のオブジェクトを選択できないようになっているからです。[編集モード] では、現在選択中のオブジェクト以外は、自動的にロックがかかります。

つまり、[編集モード] で操作できるオブジェクトは常に一つだけということです。仮に [オブジェクトモード] で複数選択して [編集モード] に切り替えたとしても、最後に選択したオブジェクトのみが編集可能な状態になります。

[編集モード] のときに別のオブジェクトを選択したいと思ったら、一度 [オブジェクトモード] に変更し、目的のオブジェクトを選択して、もう一度 [編集モード] に戻る必要があります。具体的な手順は右の通りです。

オブジェクトの選択を切り替えるだけのために、いちいちモードを切り替えるのは面倒だなと思うかもしれませんが、誤って他のものをモデリングしないように、3DCG ソフトではこのような仕様になっています。

なお、複数のオブジェクトが存在する状態が具体的にどういう場合を指すのかは、48 ページを参照してください。

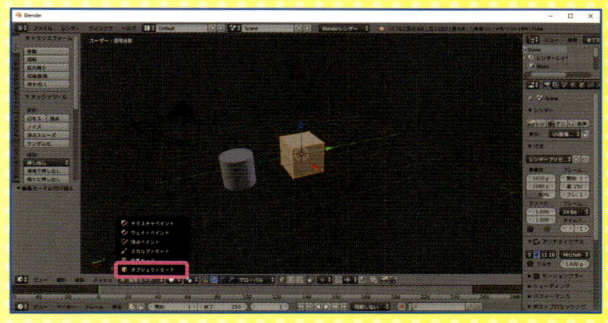

❶ オブジェクトモードに変更する
オブジェクトが複数あるときに、他のオブジェクトを選択するときは、[3D ビュー・エディター] ヘッダーで [編集モード] から [オブジェクトモード] に変更します。

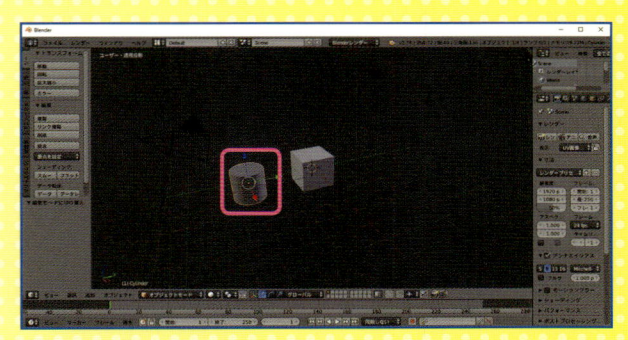

❷ オブジェクトを選択する
目的のオブジェクトを右クリックで選択します。

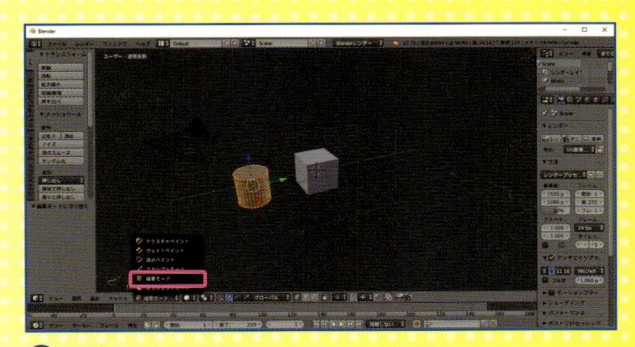

❸ 編集モードに戻す
[3D ビュー・エディター] ヘッダーで [オブジェクトモード] から [編集モード] に変更します。これで選択の切り替えができました。

15 基本図形の追加

立方体や球体などの基本図形をプリミティブと呼びます。図形を［オブジェクトモード］で追加する場合と［編集モード］で追加する場合とでは、見かけは同じように見えますが、データ構造が異なります。［オブジェクトモード］と［編集モード］の追加の違いも説明します。

Ⅰ オブジェクトモードで図形を追加する

❶ 3Dカーソルを移動する

［3Dビュー・エディター］ヘッダーで［オブジェクトモード］になっていることを確認します。

今回は説明を分かりやすくするためにXYZ軸の原点ではない場所に図形を追加します。起動時の立方体から離れた位置で左クリックして［3Dカーソル］を移動してください。

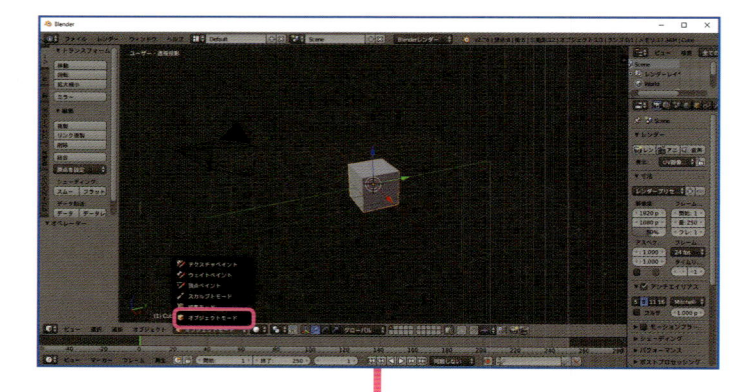

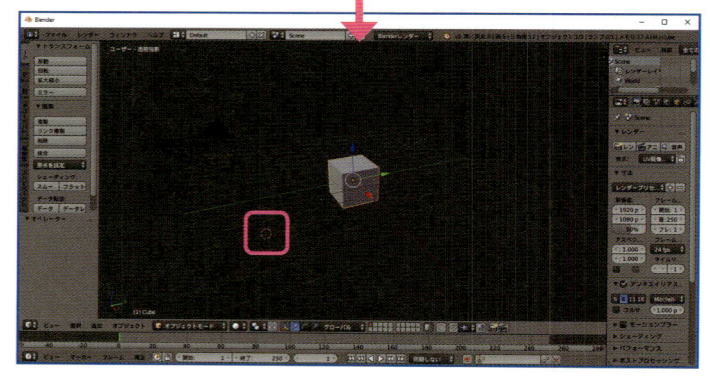

❷ 円柱を選択する

［3Dビュー・エディター］ヘッダーの［追加］⇒［メッシュ］⇒［円柱］をクリックします。他の図形を選択してもOKです。

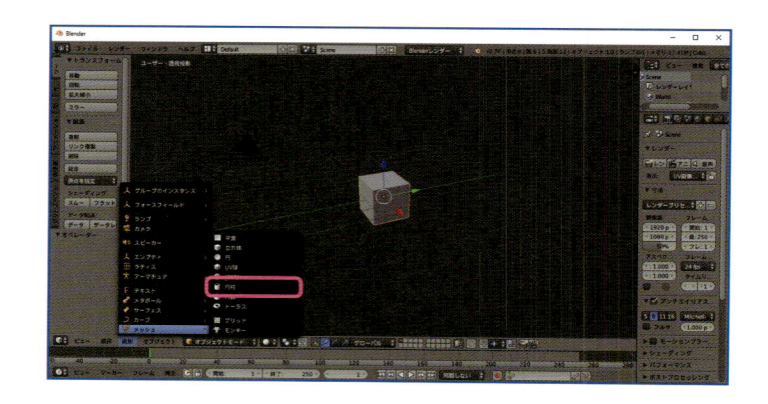

❸ 円柱が追加される

[3Dカーソル] の位置に円柱が追加されました。

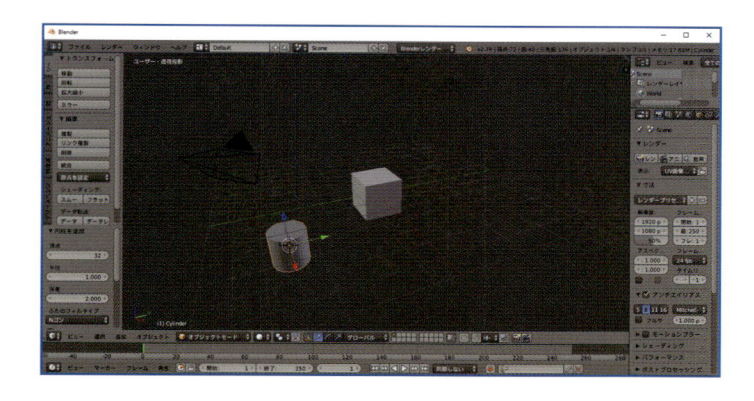

❹ オブジェクトを移動する

2つの図形が独立して存在しています。それを確認するために、立方体または円柱を移動してみましょう。まず、円柱を右クリックで選択し、ドラッグで移動したら、左クリックで移動を確定させます。次に、立方体を右クリックで選択し、ドラッグで移動したら、左クリックで移動を確定させます。

立方体と円柱は別々に動かすことができます。あたりまえのように思えますが、ここが [編集モード] の [追加] と大きく違うところです。

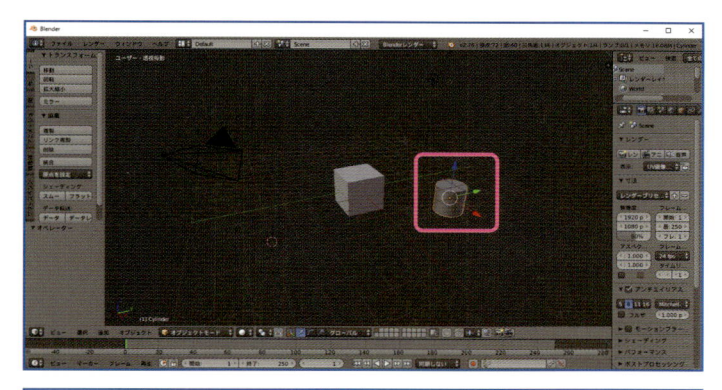

❺ 情報を確認する

[アウトライナー・エディター] を見てみましょう。「cube」と「cylinder」の2つのオブジェクトがあるのが分かります。「cube」は立方体、「cylinder」は追加した円柱です。これは、立方体と円柱が別々のオブジェクトになっているということです。画像編集ソフトで例えるなら、別々のレイヤーにそれぞれ図形があるというような状態です。

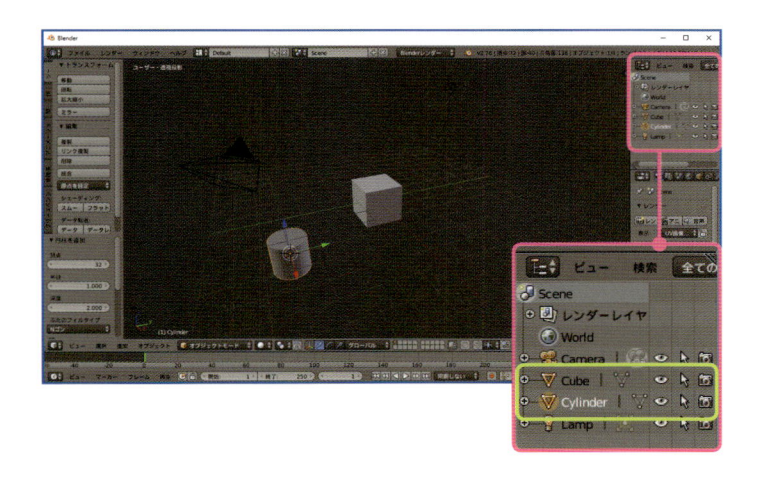

Ⅱ 編集モードで図形を追加する

❶ 3Dカーソルを移動する

[3Dビュー・エディター] ヘッダーで [編集モード] になっていることを確認します。

今回は説明を分かりやすくするためにXYZ軸の原点ではない場所に図形を追加します。起動時の立方体から離れた位置で左クリックして [3Dカーソル] を移動してください。なお、通常のモデリングでは原点に図形を追加します。

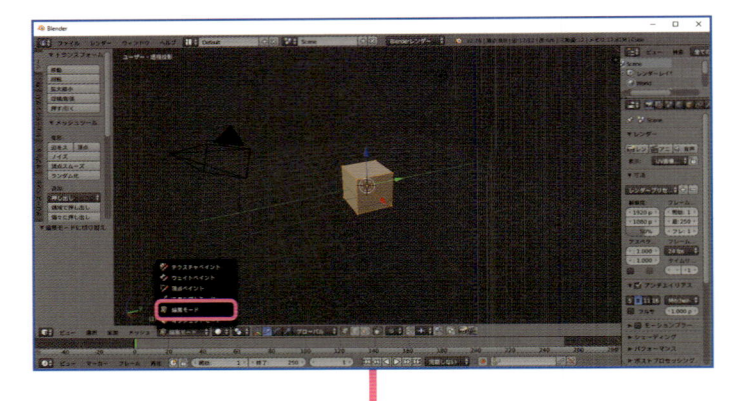

❷ 円柱を追加する

[3Dビュー・エディター] ヘッダーで [追加] ⇒ [円柱] をクリックします。他の図形を選択してもOKです。

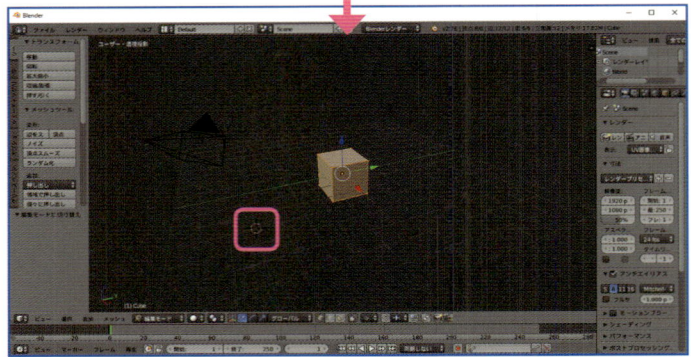

❸ 円柱が追加される

[3Dカーソル] がある位置に円柱が追加されました。

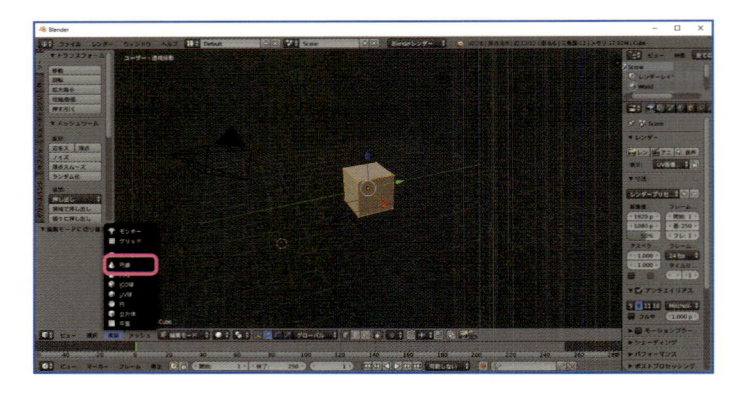

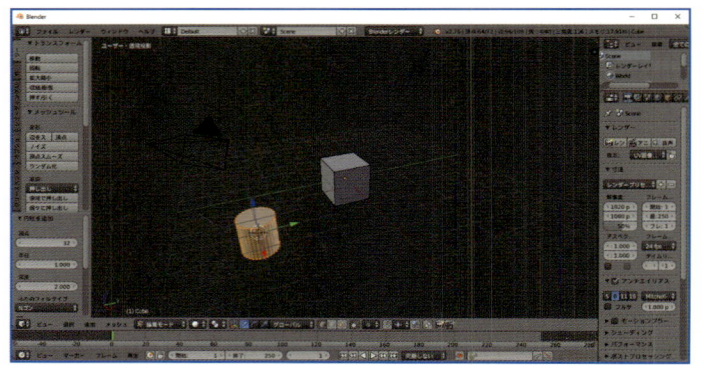

❹ 図形を移動して確認する

見かけは2つの図形があるように見えますが、実体としては一つです。それを確認するために、図形を移動してみましょう。

[3Dビュー・エディター] ヘッダーで **[オブジェクトモード]** に変更します。

まず、円柱を右クリックで選択し、ドラッグで移動したら、左クリックで移動を確定させます。次に、立方体を右クリックで選択し、ドラッグで移動したら、左クリックで移動を確定させます。

立方体と円柱を個別に動かすことができません。ここが **[オブジェクトモード]** の **[追加]** と大きく違うところです。

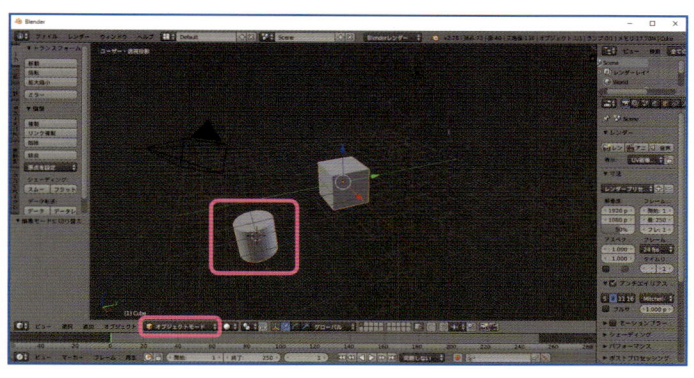

❺ 情報を確認する

[アウトライナー・エディター] を見てみましょう。円柱を追加したにもかかわらず、**[オブジェクトモード]** のときと違って「cube」しかありません。これは、一見バラバラにあるように見えていても、データとしては一つになっているということです。画像編集ソフトで例えるなら、同一レイヤー上に図形を描いたというような状態です。

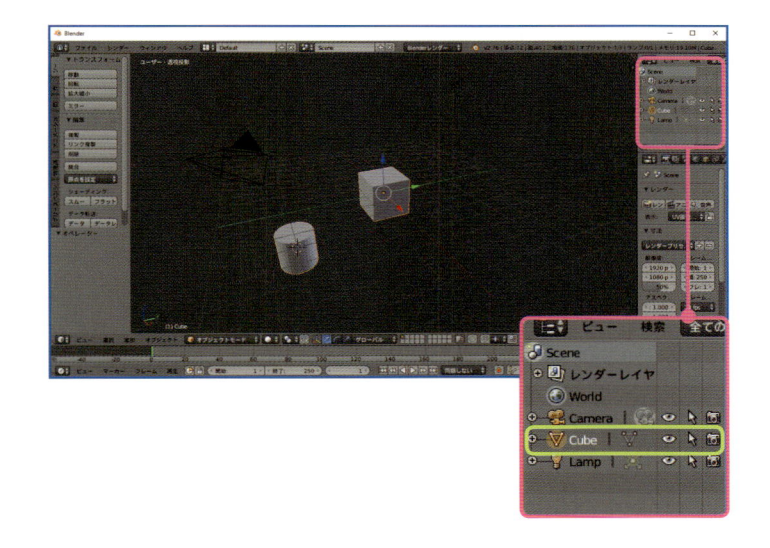

[オブジェクトモード] で図形を追加すると別々のオブジェクトになって、**[編集モード]** で図形を追加すると一つのオブジェクトになります！追加の意味が違うから注意してね！

16 オブジェクトの統合と分離

複数のオブジェクトを一つに統合する方法を紹介します。モデリング中に誤って［オブジェクトモード］で図形を追加してしまった場合は、一つのオブジェクトに統合してください。逆に、一つのオブジェクトから別々のオブジェクトとして切り離す方法も紹介します。

Ⅰ 複数のオブジェクトを一つに統合する

❶ オブジェクトを選択する

まずは統合するオブジェクトをすべて選択します。［3Dビュー・エディター］ヘッダーで［オブジェクトモード］になっていることを確認し、［Shift］キーを押しながら右クリックして、目的のオブジェクトをすべて選択します。

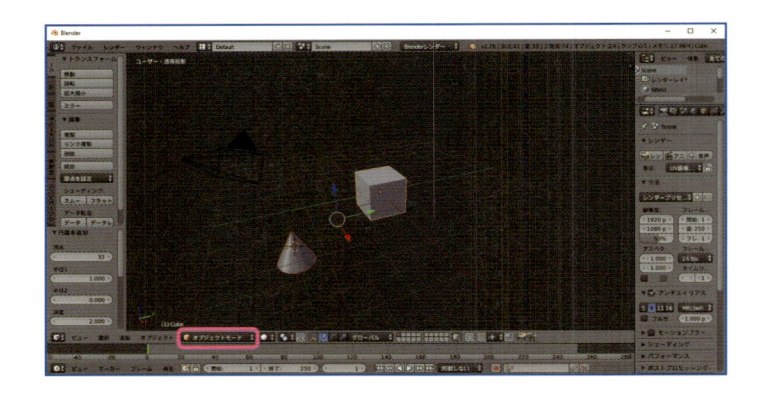

❷ オブジェクトを統合する

［3Dビュー・エディター］ヘッダーの［オブジェクト］⇒［統合］をクリックします。これで一つのオブジェクトになりました。

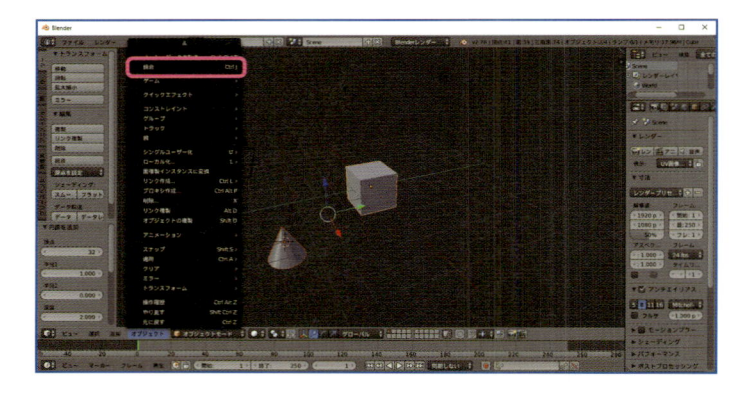

❸ 統合を確認する

［アウトライナー・エディター］で、オブジェクトが一つになったかどうかを確認します。

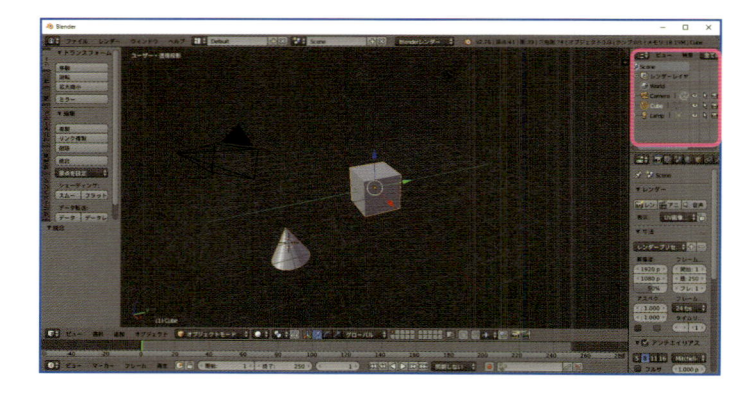

Memo

さまざまな機能が収納された便利なツールシェルフ

[ツールシェルフ]には、[3Dビュー・エディター]ヘッダーから呼び出す機能の中で、よく使われるものが収納されています。

例えば、[編集モード]のときに[3Dビュー・エディター]ヘッダーの[メッシュ]⇒[トランスフォーム]⇒[回転]から操作する[回転]と、[編集モード]のときの[ツールシェルフ]の[トランスフォーム]パネルにある[回転]は、同じ機能です。

また、[ツールシェルフ]の左側に並んでいるタブをクリックすると、収納されているメニューを切り替えることができます。

ただし、[ツールシェルフ]に表示される機能は、作業モードと一緒に切り替わります。[オブジェクトモード]のときに表示されている[ツールシェルフ]の機能と、[編集モード]のときに表示されている[ツールシェルフ]の機能は、別物です。似ているメニューもありますが、同じ機能ではないので注意してください。

[ツールシェルフ]には、[3Dビュー・エディター]ヘッダーに収納されているメニューが並んでいます。[ツールシェルフ]のメニューを使うと素早く操作できます。

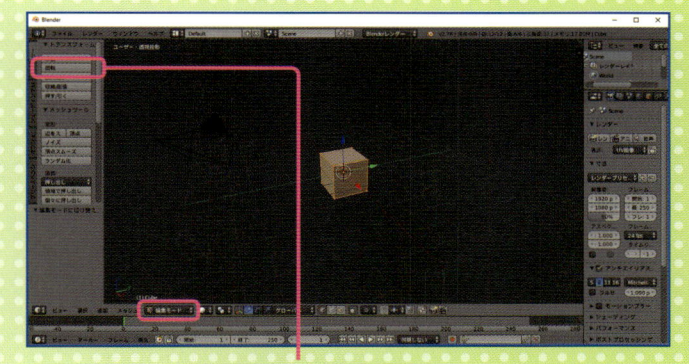

どちらも同じ[回転]機能

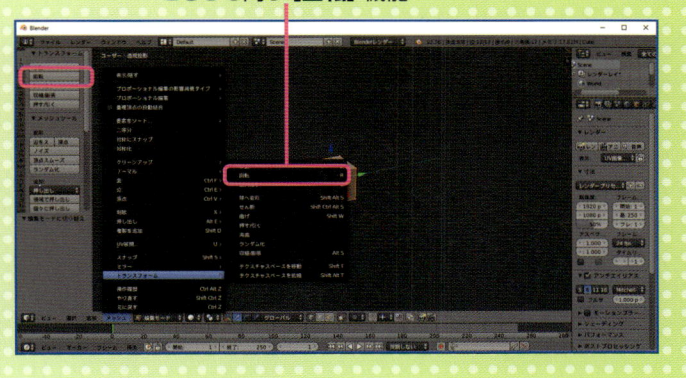

Ⅱ 一つのオブジェクトから別のオブジェクトに分離する

❶ オブジェクトを選択する

分離するオブジェクトを選択します。[3Dビュー・エディター] ヘッダーで [オブジェクトモード] になっていることを確認し、目的のオブジェクトを右クリックして選択します。

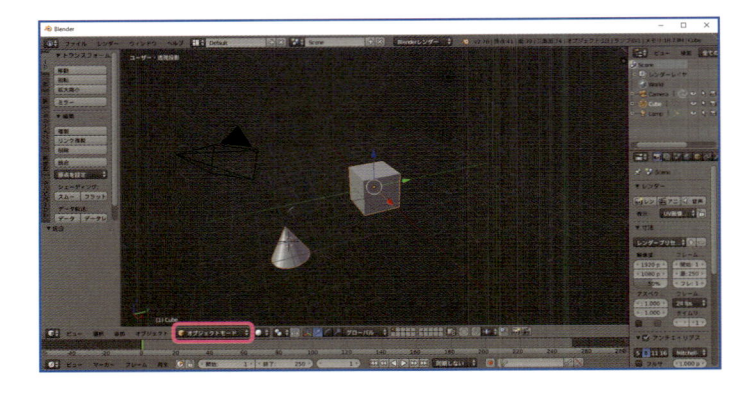

❷ 編集モードにする

[3Dビュー・エディター] ヘッダーで [編集モード] に変更します。オブジェクトが全選択されている場合は、[3Dビュー・エディター] ヘッダーの [選択] ⇒ [全てを選択（解除）] で選択を解除します。

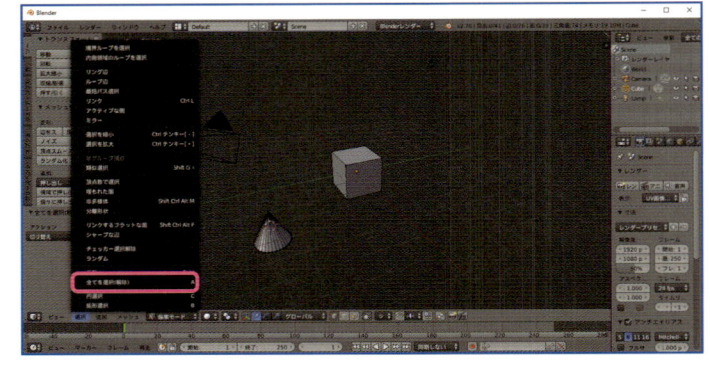

❸ ワイヤーフレームで表示する

選択しやすいようにオブジェクトの [シェーディング] を変更します。[3Dビュー・エディター] ヘッダーで [ワイヤーフレーム] を選択します。

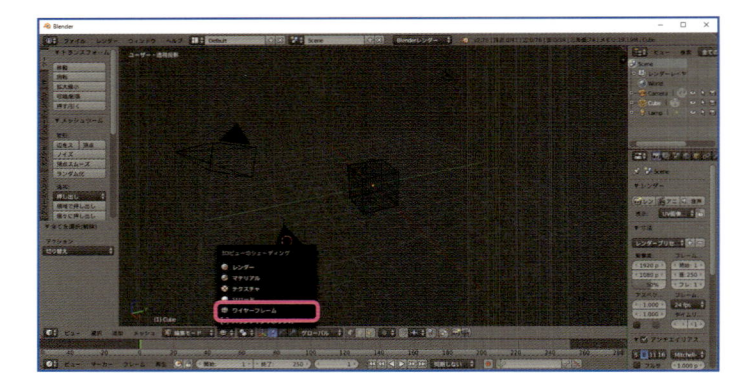

❹ 分離する部分を選択する

[3Dビュー・エディター] ヘッダーの [頂点選択] または [辺選択] または [面選択] を選び、分離する部分を [Shift] キーを押しながら右クリックで選択します。[円選択] や [矩形選択] などを使ってもOKです。

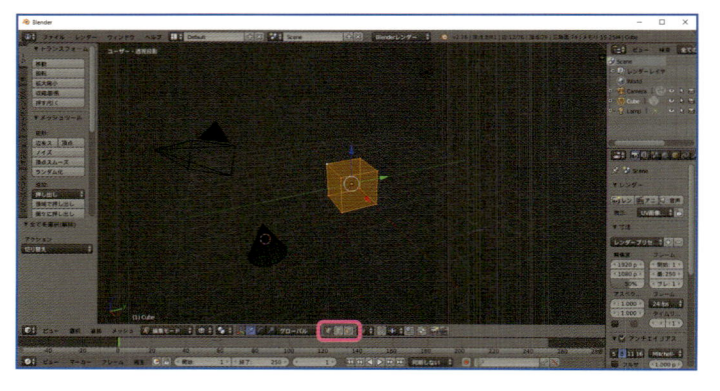

❺ 分離する

[3Dビュー・エディター] ヘッダーの [メッシュ] ⇒ [頂点] ⇒ [別オブジェクトに分離] ⇒ [選択物] をクリックします。これでオブジェクトを分離できました。

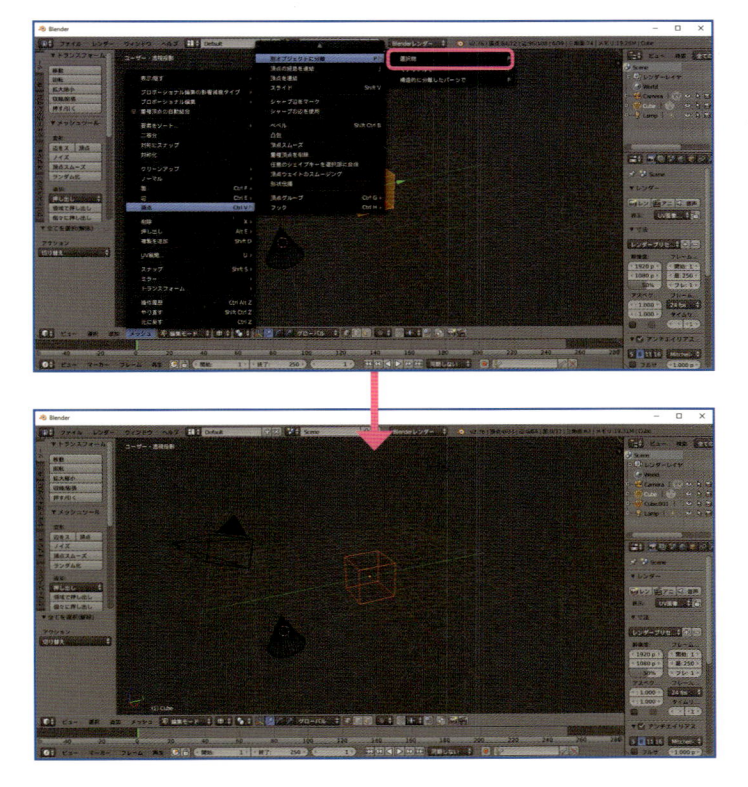

❻ ソリッドで表示する

オブジェクトの [シェーディング] を変更します。[3Dビュー・エディター] ヘッダーで [ソリッド] を選択します。

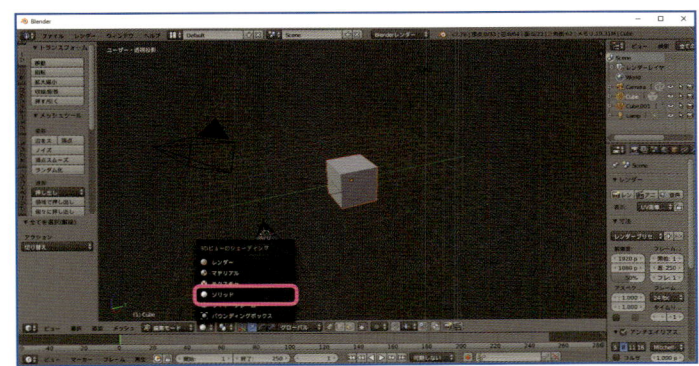

❼ 分離を確認する

[アウトライナー・エディター] で、オブジェクトが別々になったかどうかを確認します。この例では、もとのオブジェクトである [Cube] の下に、[Cube001] という名前の新たなオブジェクトができました。これが分離した部分です。

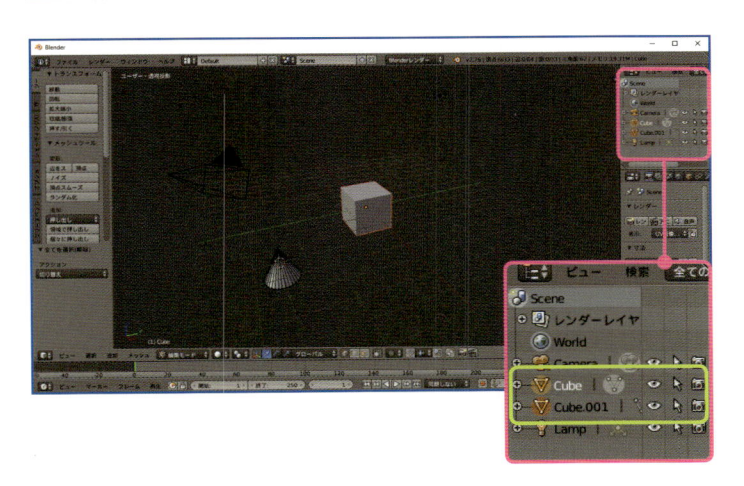

Attention!!

オブジェクトモードで変形した状態を
実際のモデリング結果に反映させるには?!

[編集モード] のときの変形は、実際にオブジェクトが変形されますが、[オブジェクトモード] のときの変形は、見かけが変わるだけで実際には変形されません。そのため、モデリングは必ず [編集モード] で行う必要があります。

とはいえ、[オブジェクトモード] と [編集モード] は、似たような名前のメニューが多く、気をつけていても、ついうっかり [オブジェクトモード] で変形していたという場合もあるでしょう。

誤って [オブジェクトモード] でモデリングしてしまったかどうかは、[オブジェクトモード] の [プロパティシェルフ] で確認することができます。[位置] の [X] [Y] [Z] が0、[回転] の [X] [Y] [Z] が0、[拡大縮小] の [X] [Y] [Z] が1になっていれば問題ありません。

もしも数値が変わっていたら、[オブジェクトモード] で変形してしまったサインです。その場合は、ここで紹介する方法で [オブジェクトモード] の結果を [編集モード] の結果に変換してください。

なお、これは基本的に緊急時の処置だと思ってください。モデリングは [編集モード] でしか行わないようにしましょう。

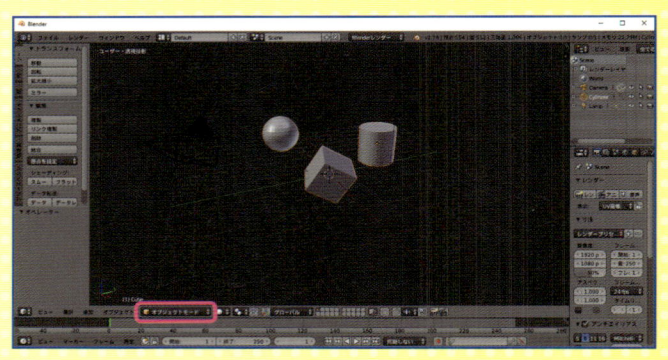

❶ オブジェクトを選択する

[3Dビュー・エディター] ヘッダーで [オブジェクトモード] になっていることを確認し、オブジェクトを右クリックで選択します。ちなみに、複数のオブジェクトを一つに統合する場合は52ページを参照してください。

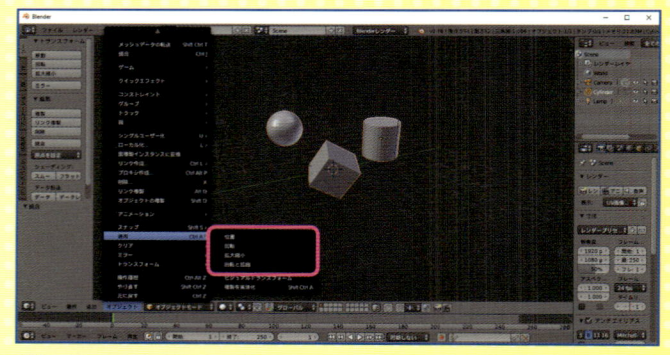

❷ 適用を選択する

[オブジェクトモード] のまま、[3Dビュー・エディター] ヘッダーの [オブジェクト] ⇒ [適用] ⇒ [回転] または [拡大縮小] を選択します。いつから [オブジェクトモード] で操作していたのかが分からない場合は、[位置] と [回転と拡縮] を適用しておきましょう。

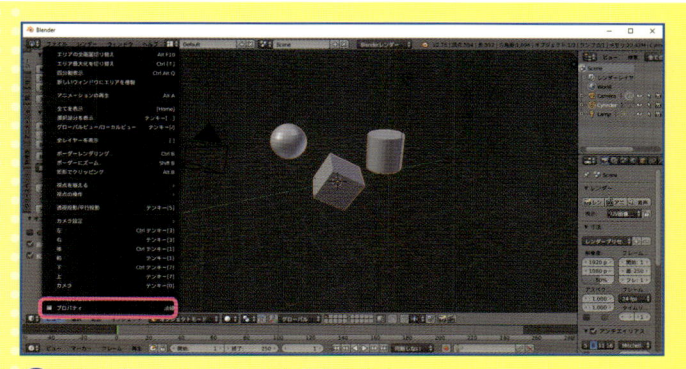

❸ プロパティシェルフを表示する

[3Dビュー・エディター] ヘッダーの [ビュー] ⇒ [プロパティ] を
クリックし、[プロパティシェルフ] を表示させます。

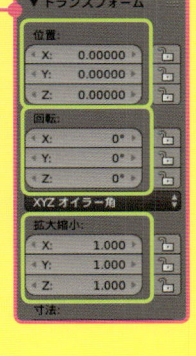

❹ 数値を確認する

[プロパティシェルフ] の [トランスフォーム] パネルにある [位置]
の [X] [Y] [Z] が 0、[回転] の [X] [Y] [Z] が 0、[拡大縮小]
の [X] [Y] [Z] が 1 になっているかどうかを確認します。もしなっ
ていれば、実際のモデリング結果として反映できています。

❺ 編集モードにする

[3Dビュー・エディター] ヘッダーで [編集モード] に変更し、モデ
リング作業を続行します。

間違ってオブジェクトモード
のときに移動や変形してし
まったかどうかは、プロパ
ティシェルフの [X] [Y] [Z]
で確認できるのね!

17 オブジェクトの原点の移動

[オブジェクトの原点] は主にアニメーションに使うもので、モデリング中はXYZ軸の原点に固定します。ここでは、[オブジェクトの原点] がXYZ軸の原点からずれてしまったときの対処法を紹介します。[オブジェクトモード] のときでも [編集モード] のときでも、どちらでも操作可能です。

I オブジェクトモードでオブジェクトの原点を移動する

❶ オブジェクトモードにする

[3Dビュー・エディター] ヘッダーで [オブジェクトモード] に変更し、目的のオブジェクトを右クリックで選択します。

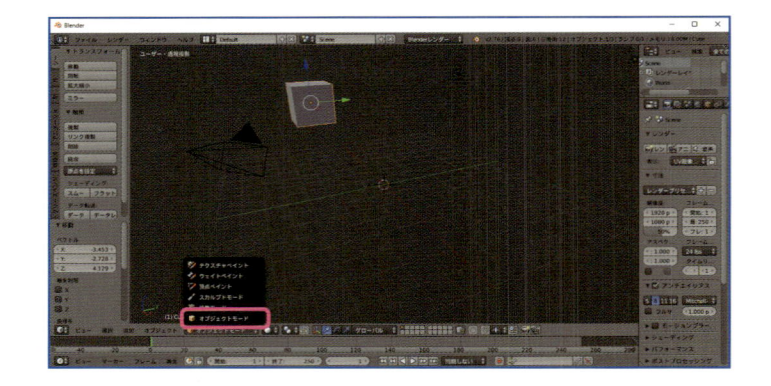

❷ 位置を選択する

[3Dビュー・エディター] ヘッダーの [オブジェクト] ⇒ [クリア] ⇒ [位置] をクリックします。
このクリア機能は、座標の位置情報を初期値 (X, Y, Z＝0, 0, 0) にリセットする機能です。

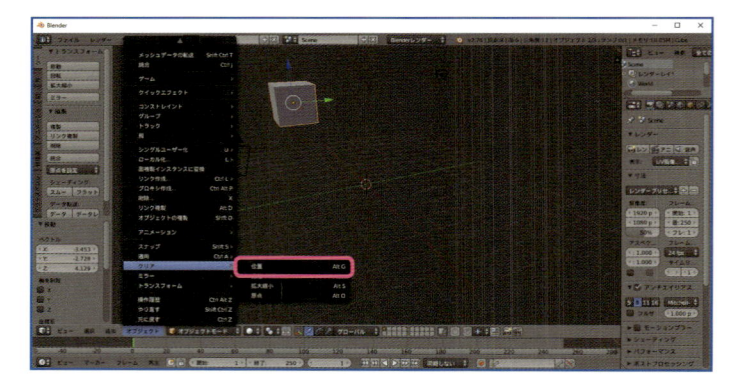

❸ 原点に移動する

[オブジェクトの原点] がXYZ軸の原点に移動します。このときオブジェクトも一緒に移動します。オブジェクトはそのままにして、[オブジェクトの原点] だけを移動したいときは、60ページの方法で移動します。

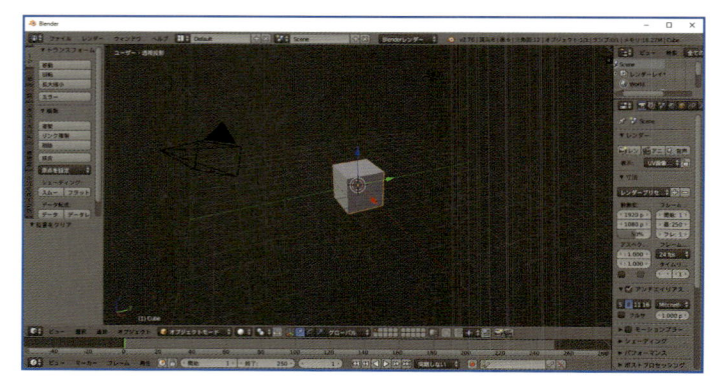

Ⅱ 編集モードでオブジェクトの原点を移動する

❶ 編集モードにする

[3Dビュー・エディター] ヘッダー
で [オブジェクトモード] にして目
的のオブジェクトを右クリックで選
択します。次に、同じく [3Dビュ
ー・エディター] ヘッダーで [編集
モード] に変更します。

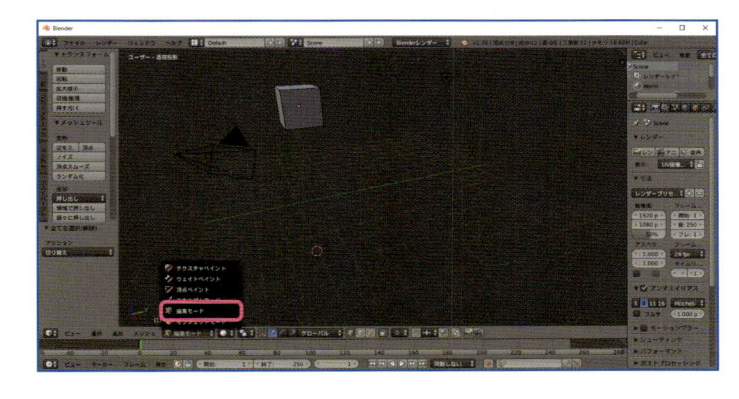

❷ オブジェクトを全選択する

オブジェクトを全選択します。[3D
ビュー・エディター] ヘッダーの [選
択] ⇒ [全てを選択 (解除)] を繰
り返して全選択します。すでに全選
択されている場合は、この操作は
不要です。

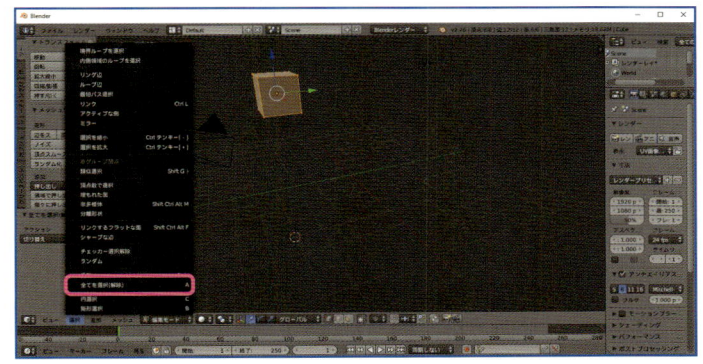

❸ 3Dカーソルを移動する

[3Dビュー・エディター] ヘッダー
の [メッシュ] ⇒ [スナップ] ⇒ [カ
ーソル→原点] をクリックし、[3D
カーソル] を原点に移動します。

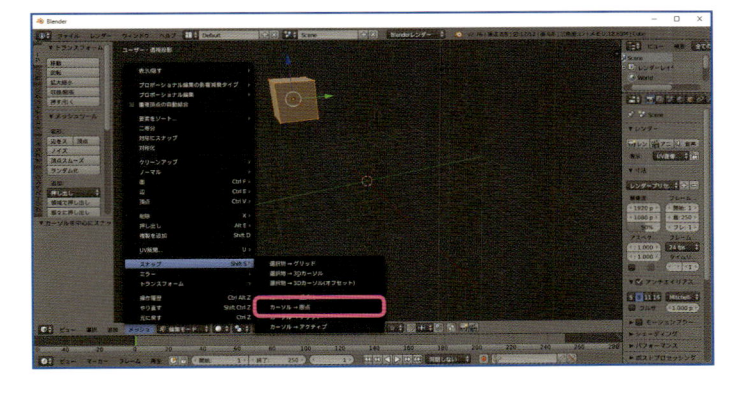

❹ 原点に移動する

[3Dビュー・エディター] ヘッダー
の [メッシュ] ⇒ [スナップ] ⇒ [選
択物→3Dカーソル (オフセット)]
をクリックします。オブジェクトと [オ
ブジェクトの原点] が、XYZ軸の
原点に移動します。[オブジェクト
の原点] だけを移動したいときは、
60ページの方法で移動します。

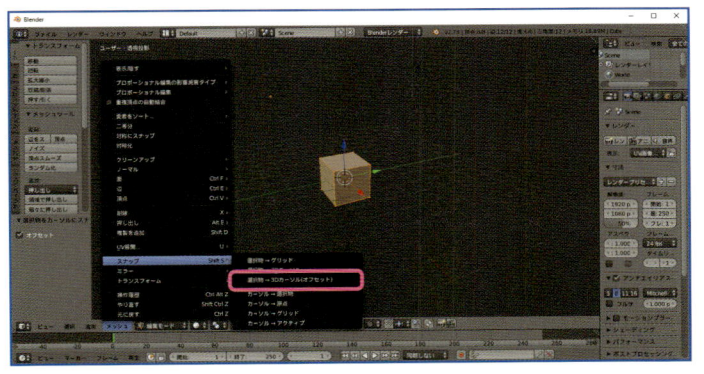

Ⅲ オブジェクトはそのままでオブジェクトの原点を移動する

❶ オブジェクトモードにする

オブジェクトの位置は動かさずに、[オブジェクトの原点] のみをXYZ軸の原点に移動するときの方法を紹介します。この操作は [オブジェクトモード] で行います。[編集モード] ではできません。

[3Dビュー・エディター] ヘッダーで [オブジェクトモード] に変更し、目的のオブジェクトを右クリックで選択します。

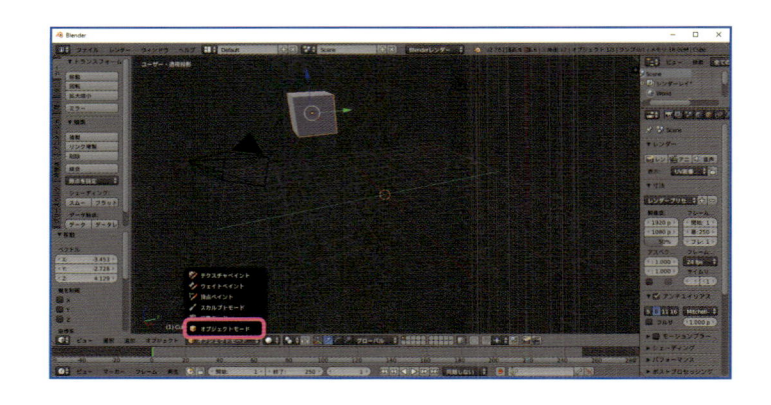

❷ 位置を選択する

[3Dビュー・エディター] ヘッダーの [オブジェクト] ⇒ [適用] ⇒ [位置] をクリックします。

この機能は、[オブジェクトモード] での操作結果を、[編集モード] の操作結果に反映させる機能です（56ページ参照）。

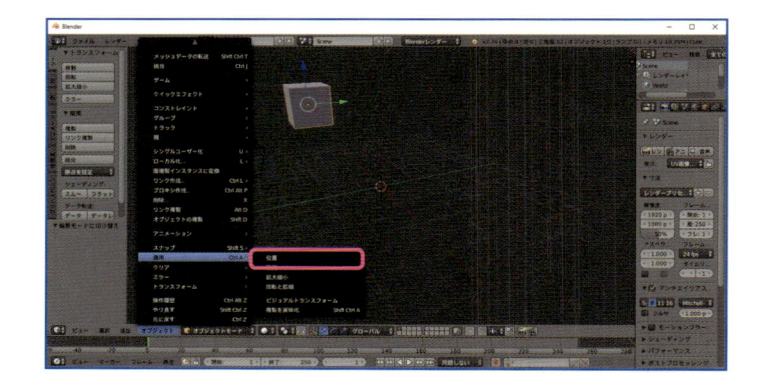

❸ 原点に移動する

[オブジェクトの原点] はXYZ軸の原点に移動しましたが、オブジェクトそのものは移動せず、そのままの位置に残っています。

最後に、[3Dビュー・エディター] ヘッダーで [編集モード] に変更し、モデリングを続行します。

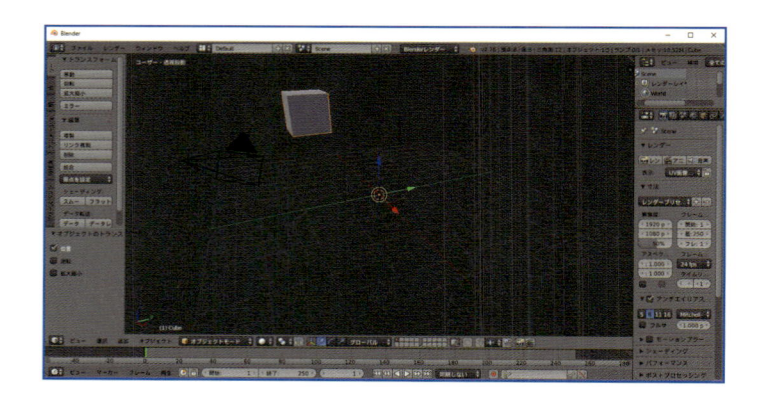

この操作は、誤ってオブジェクトモードのときに、オブジェクトを移動や変形してしまったときの緊急対処法に使えます！

XYZ軸の原点？ オブジェクトの原点？

めたんちゃん！
モデリングするときは、オブジェクトを真ん中に置いてから作業を開始してね！

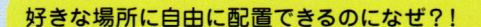

好きな場所に自由に配置できるのになぜ？！

基準点を決めて作っていかないと、形がずれて修正が大変になるよ
基準点はどこでもいいんだけど、XYZ軸の原点なら間違わないし、原点を使う機能も豊富だから一番効率的なの

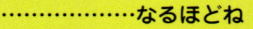

………………なるほどね

ただBlenderの場合はちょっとややこしくて、オブジェクトの原点というものもあるの
こっちの原点は、主にアニメーションの動きをつけるときに使う基準点よ

つまり……**モデリングのときはオブジェクトの原点を使わないってこと？！**

そうです！
XYZ軸の原点とオブジェクトの原点がバラバラだと後で面倒なことになるから、モデリングするときは2つの原点を一致させてからスタートしてね！

2つの原点を重ねるのね！
わかったわ！

18 操作を元に戻す（履歴）

一般的なソフトと同様に、[Ctrl] + [Z] キーで操作をやり直すことができます。ただし、[オブジェクトモード] のときの操作は [編集モード] では戻せません。逆に、[編集モード] のときの操作は [オブジェクトモード] のときには戻せません。作業モードごとに独立管理されています。

I オブジェクトモードの操作を戻す

❶ 操作を元に戻す

[3Dビュー・エディター] ヘッダーで [オブジェクトモード] になっていることを確認し、同じくヘッダーの [オブジェクト] ⇒ [元に戻す] をクリックします。
一般的な [Ctrl] + [Z] キーまたは [Command] + [Z] キーでも元に戻せます。

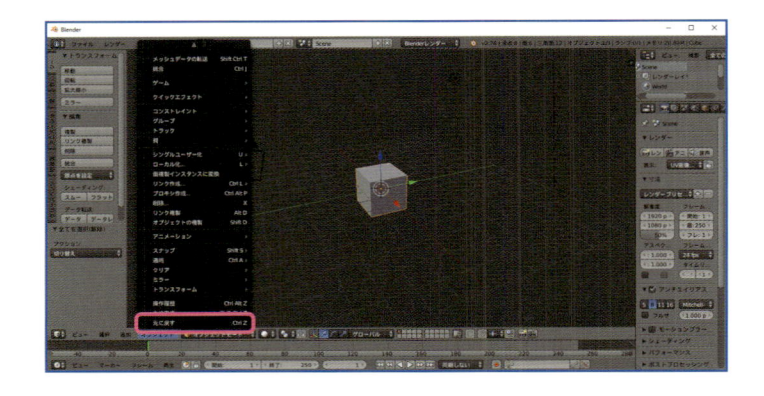

❷ 履歴から操作を元に戻す

[3Dビュー・エディター] ヘッダーの [オブジェクト] ⇒ [操作履歴] をクリックします。履歴一覧が表示されるので、戻りたいところの操作をクリックします。

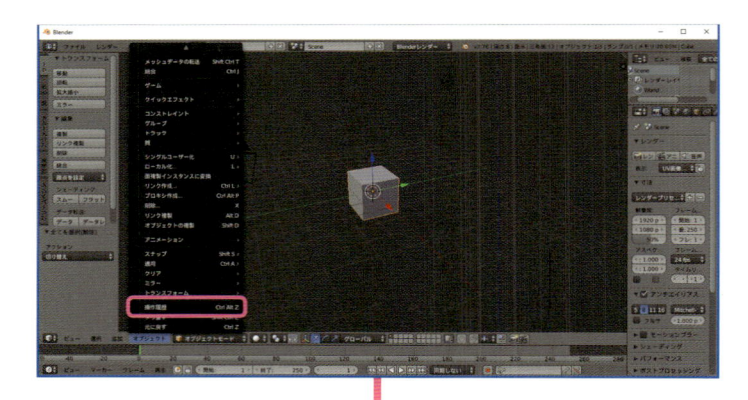

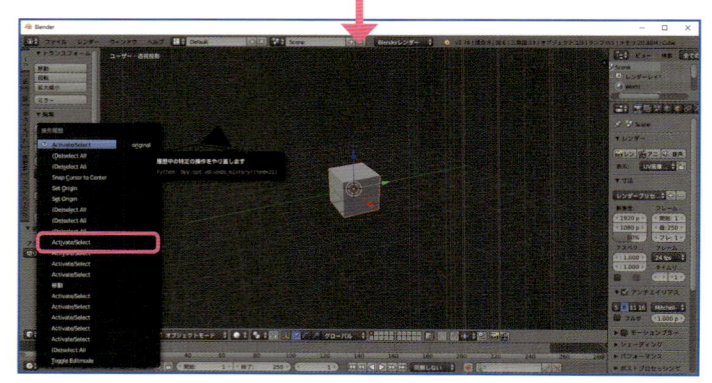

Ⅱ 編集モードの操作を戻す

❶ 操作を元に戻す

[3Dビュー・エディター] ヘッダーで [編集モード] になっていることを確認し、同じくヘッダーの [メッシュ] ⇒ [元に戻す] をクリックします。

一般的な [Ctrl] + [Z] キーまたは [Command] + [Z] キーでも元に戻せます。

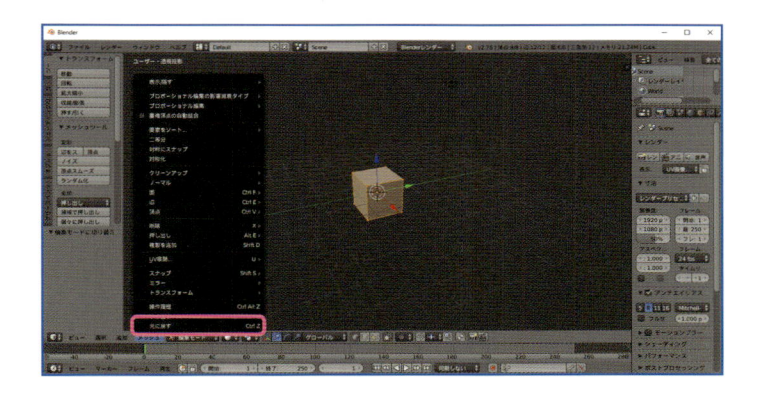

❷ 履歴から操作を元に戻す

[3Dビュー・エディター] ヘッダーの [メッシュ] ⇒ [操作履歴] をクリックします。履歴一覧が表示されるので、戻りたいところの操作をクリックします。

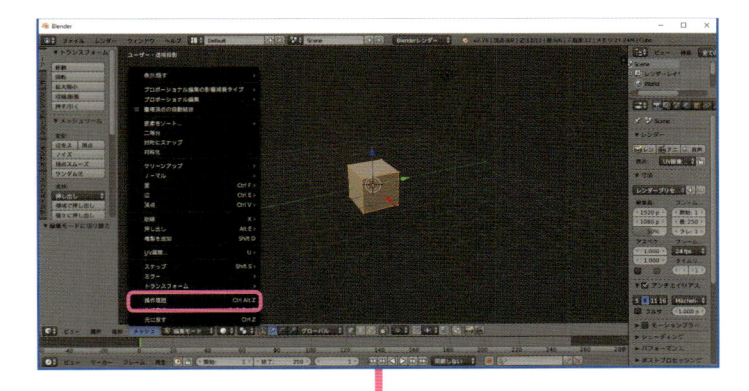

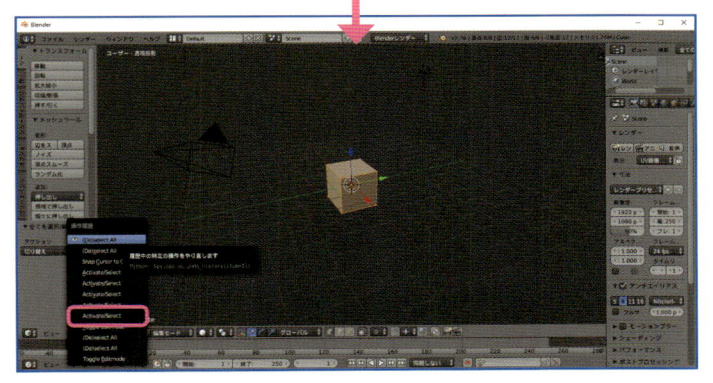

どうして履歴が分かれてるのかって疑問に思うわよね？
オブジェクトモードの機能と、編集モードの機能は、別々のソフトのようなものなの
別々のソフトが、一つのインターフェース内で行き来できるようになったと考えてね！

19 オブジェクトの管理

Blenderにも一般的な画像編集ソフトと同様のレイヤー機能がありますが、データの階層や表示・非表示、ロックなどの機能は［アウトライナー・エディター］として独立しています。［アウトライナー・エディター］は頻繁に使うので覚えておきましょう。

▐ アウトライナー・エディターを使ったオブジェクトの管理

❶ 階層を表示する

［アウトライナー・エディター］には、すべてのオブジェクトが表示されています。［+］や［−］マークをクリックすると、オブジェクトの階層表示を開閉できます。

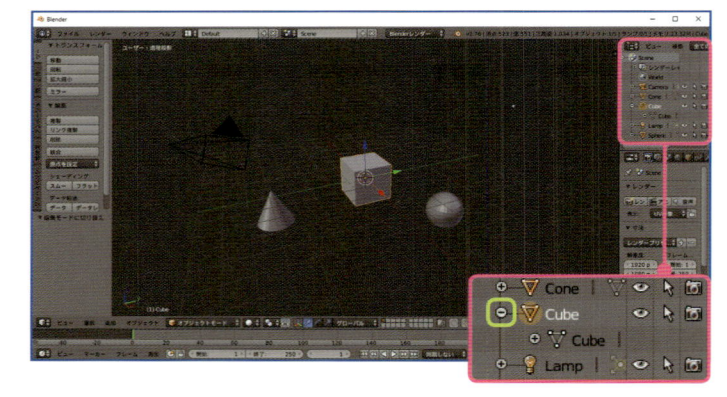

❷ 表示・非表示の切り替え

目のマークをクリックすると、オブジェクトの表示・非表示を切り替えることができます。

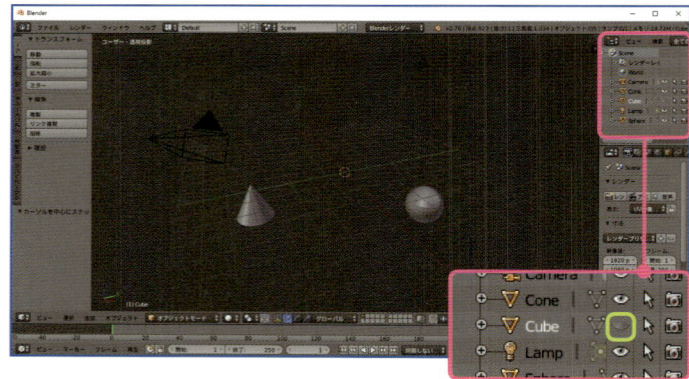

❸ オブジェクトのロック

矢印のマークをクリックすると、オブジェクトのロックとロック解除を切り替えることができます。

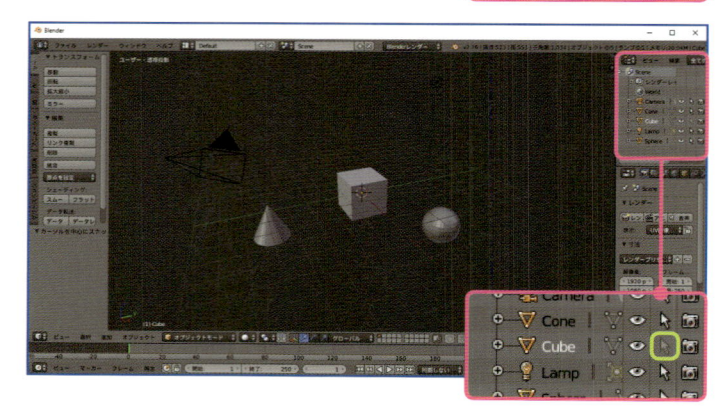

❹オブジェクトを選択する

オブジェクトの選択は、[**アウトライナー・エディター**] の階層のアイコンをクリックすることでも行うことができます。ただし、[**アウトライナー・エディター**] を使う場合は、[**オブジェクトモード**] と [**編集モード**] が自動的に切り替わることに注意してください。

まず、[**+**] マークをクリックしてオブジェクトの階層を表示させます。次に、下の階層にあるアイコンをクリックします。

[**編集モード**] で選択されているときは、アイコンに丸いマークが表示されます。一方、[**オブジェクトモード**] で選択されているときは、アイコンに丸いマークは表示されません。アイコンをクリックすることで、選択と作業モードを切り替えることができます。

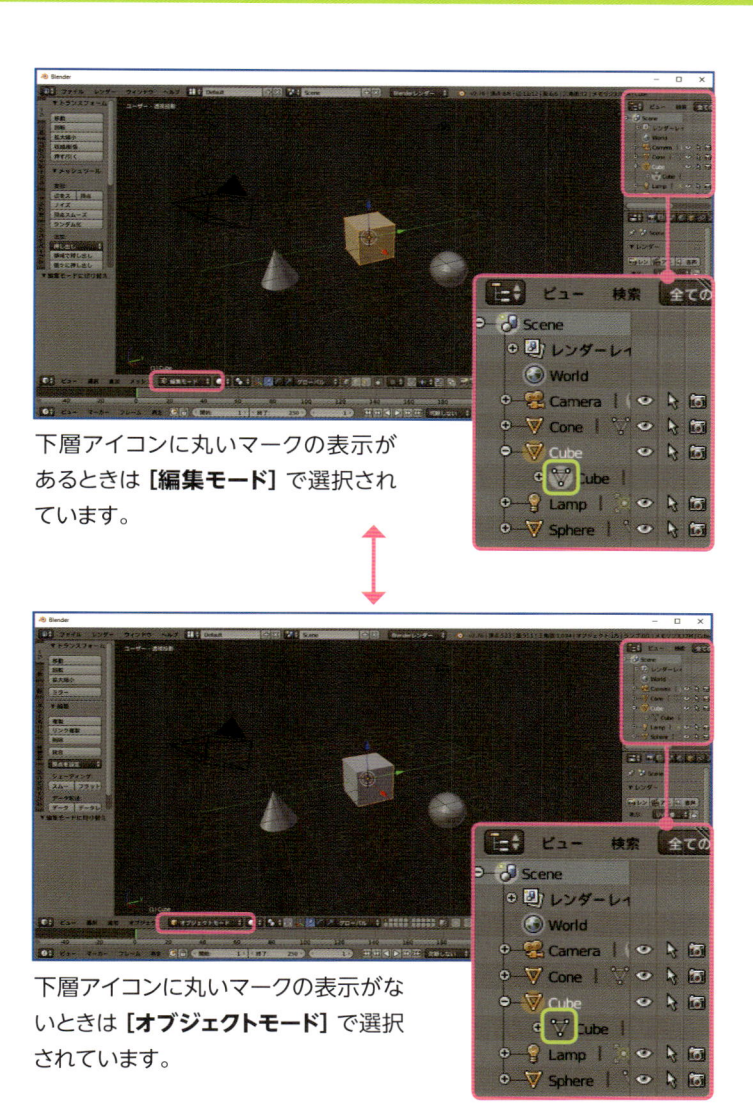

下層アイコンに丸いマークの表示があるときは [**編集モード**] で選択されています。

下層アイコンに丸いマークの表示がないときは [**オブジェクトモード**] で選択されています。

Ⅱ オブジェクトの名前の変更

[**アウトライナー・エディター**] に表示されているオブジェクトの名前をダブルクリックすると、文字を入力できる状態になります。日本語で名前をつけることもできますが、文字化けなどの原因にもなるので、アルファベットで名前をつけておくのがおすすめです。

Ⅲ 右クリックメニューを使ったオブジェクトの削除

[アウトライナー・エディター] でオ
ブジェクトの名前を右クリックする
と、メニューが表示されます。この
右クリックメニューを使って、オブジ
ェクトを [削除] することもできます。

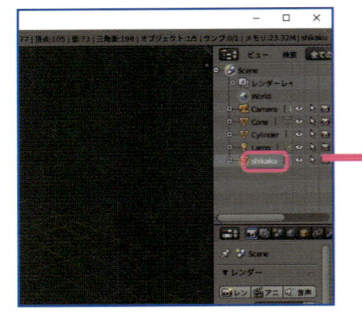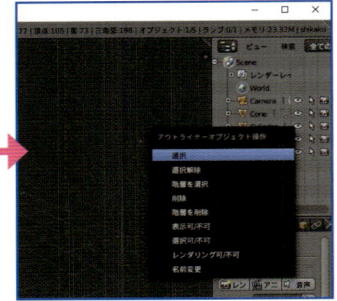

Ⅳ レイヤーを使ったオブジェクトの管理

❶ オブジェクトモードにする
レイヤーは [オブジェクトモード] の
ときに表示されます。[編集モード]
では表示されません。
[3Dビュー・エディター] ヘッダー
の右側に並んでいる小さな四角形
がレイヤーです。Blenderにはあら
かじめ20枚のレイヤーが用意され
ています。

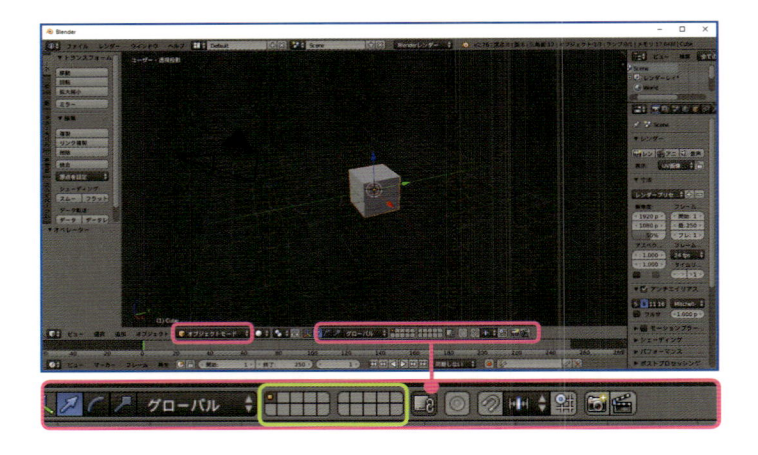

Memo

レイヤーにオブジェクトが何もないときは?

　レイヤー上からすべてのオブジェ
クトが削除され、何もない状態のと
きは、[3Dビュー・エディター] ヘ
ッダーでは [オブジェクトモード] し
か表示されません。他の作業モード
はすべて非表示になり、選択できな
くなります。[編集モード] を使うと
きは、必ず何かのオブジェクトが必
要です。

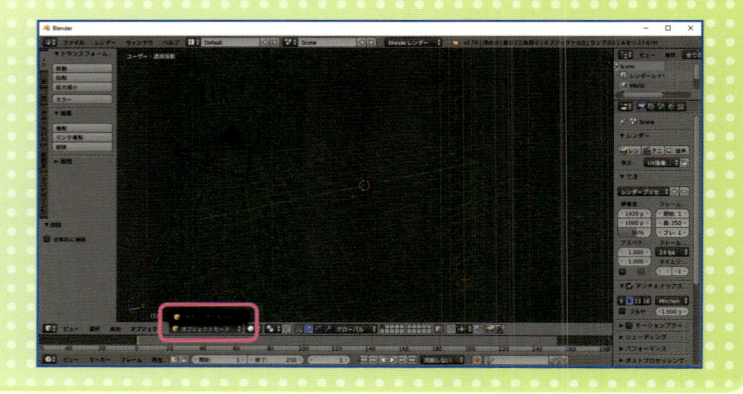

❷ レイヤーを切り替える

レイヤーを切り替えるときは小さな四角形をクリックします。レイヤーを切り替えると、自動的に他のレイヤーは非表示になります。

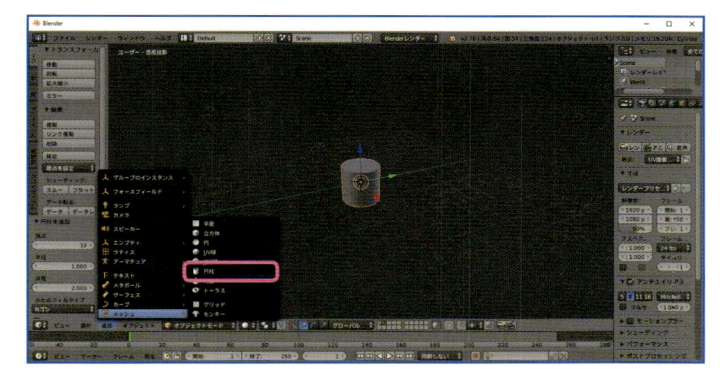

❸ オブジェクトを追加する

選択したレイヤーにオブジェクトを追加してみます。
[**3D ビュー・エディター**] ヘッダーの [**追加**] ⇒ [**メッシュ**] ⇒ [**円柱**] をクリックします。

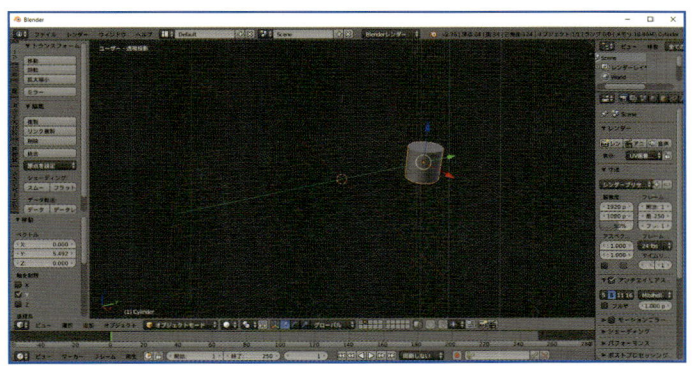

❹ オブジェクトを移動する

円柱を右クリックで選択し、ドラッグで移動したら、左クリックで位置を確定します。

❺ レイヤーを同時表示させる

複数のレイヤーを同時に表示させるときは、[**Shift**] キーを押しながら目的のレイヤーをすべてクリックします。

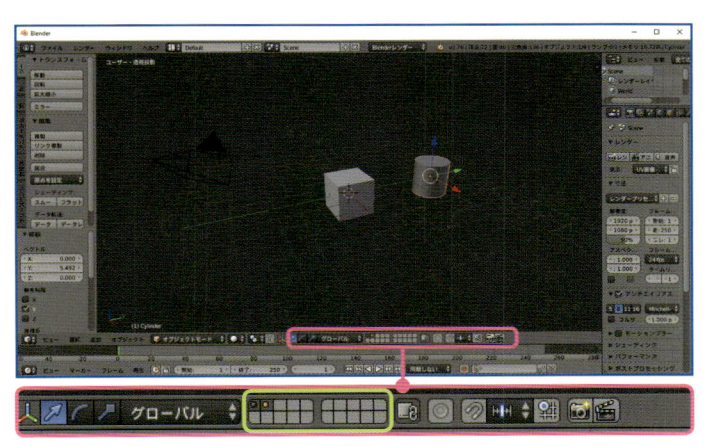

オブジェクトモード？ 編集モード？

めたんちゃん、**オブジェクトモードと編集モード**の違いがわかった？

わかったような……？
わからないような……？
ややこしいことだけはわかったわ！

そ、そうね、確かにややこしいわね……
実はこれが Blender が **3DCG 統合ソフト**と呼ばれる所以なの

『キメラー統合ソフトー』とは……手強そうね！

3D モデルを作る機能と、作った 3D モデルをレイアウトしたりアニメーションしたりする機能が、一つのソフトの中に収まっているということよ
2DCG で例えるなら、Adobe Photoshop® と Adobe Illustrator® が合体したようなものね

二つが一つに？！
とっても便利そうじゃない！

ところが、これがハードルを上げている原因なの。
本来なら独立したソフトであってもいいくらいに、それぞれが高機能なのよ
それを一つにまとめてしまったから、メニューが多くなって操作が難しくなってしまったの

そうよ！全然やさしくないわ！
『エベレスト ── 高機能 ──』のように険しいわ！！

さらにややこしくしているのが起動時のモードよ
起動時は**オブジェクトモード**になっているの

それがどうしたの？！

モデリングは**編集モード**で行うのが基本よ
つまり、Blenderを起動したら、**オブジェクトモード**から**編集モード**に毎回切り替える必要があるというわけ

なんですって──？！
めんどうな！！

そうなんだけど、**オブジェクトモード**で変形しちゃった場合、最悪もう一度始めからやり直しなんてこともあるからね……

それはイヤだわ！

でしょう？
だから常に3Dビュー・エディターのヘッダーで、モードを確認するようにしてね
モデリングするときは**編集モード**にするのよ！

モデリングするときは**編集モード**ね？！
よくわからないけど、わかったわ！

…………（大丈夫かな）

Chapter 2 モデリングの基本機能を使ってみよう!

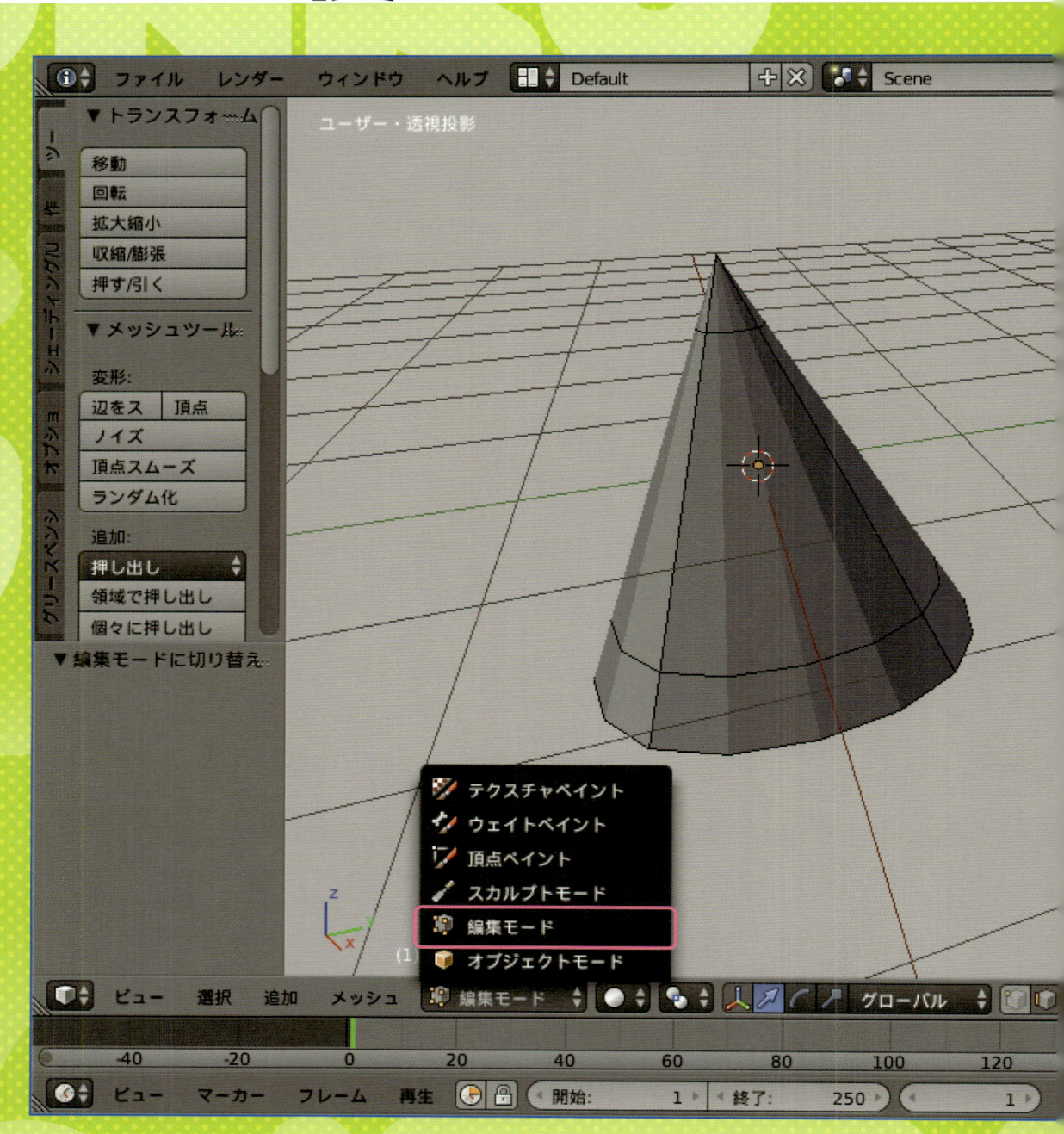

起動時の立方体を使って
オブジェクトを変形する練習をしてみましょう!
難しいことをやっているように見えますが、
実はモデリングで使う機能は、それほど多くなく、
意外と同じ作業の繰り返しです。
それでは早速、編集モードに変更して
モデリングしてみましょう!

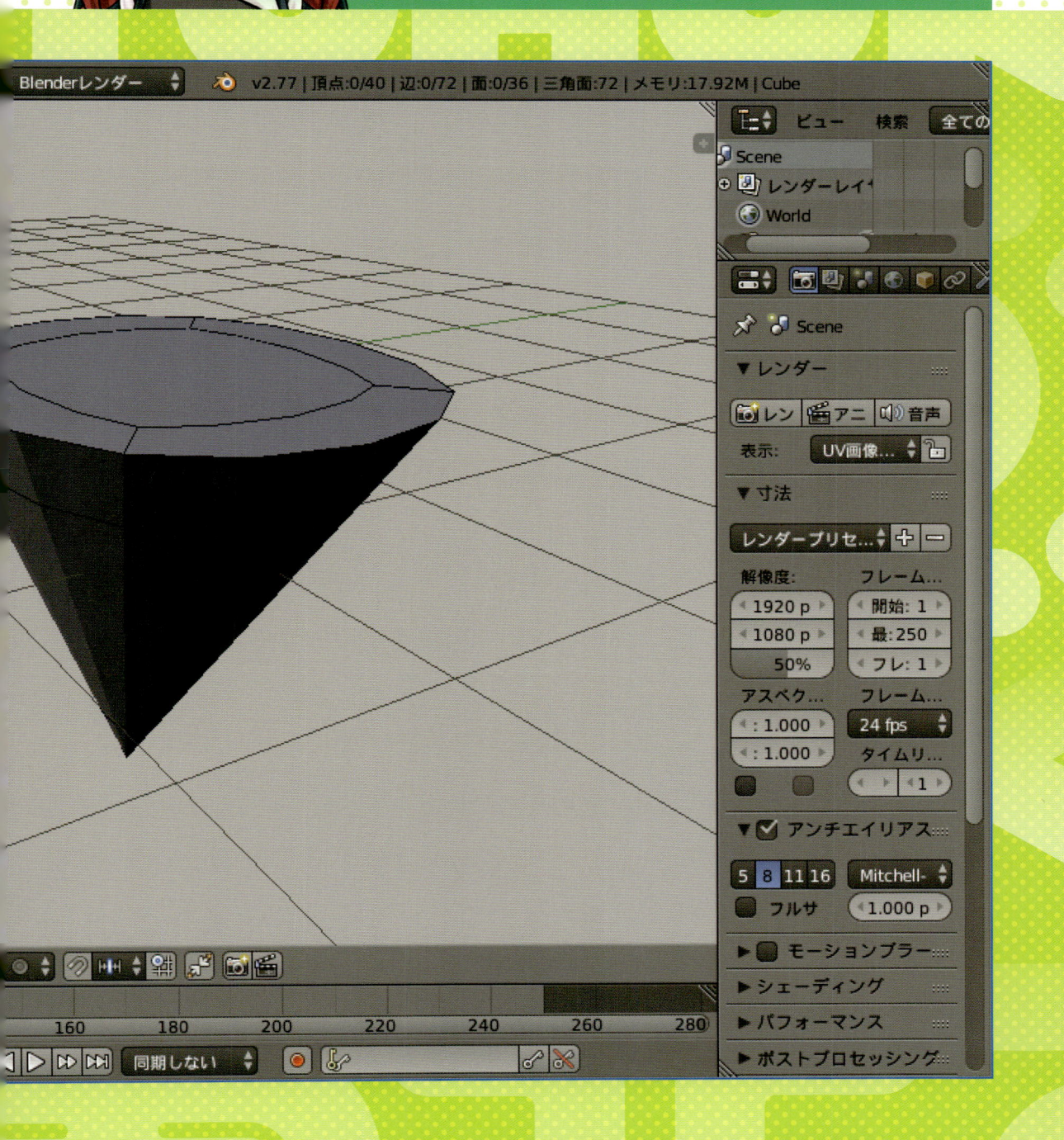

I 辺上に頂点を増やす ～細分化～

❶ 辺を選択する

頂点を増やしたいときは、[細分化] の機能を使います。

[3Dビュー・エディター] ヘッダーで [頂点選択] をクリックし、2つの頂点を右クリックで選択します。もしくは、[辺選択] をクリックし、辺を右クリックで選択します。

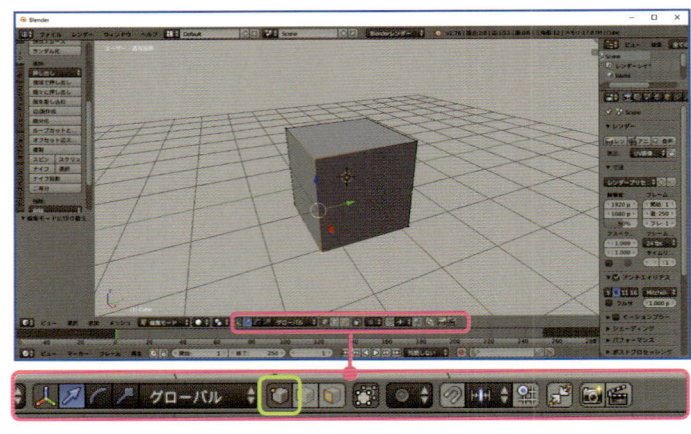

❷ 細分化を選択する

[ツールシェルフ] の [メッシュツール] パネルの [追加] の中にある [細分化] をクリックします。辺の中心に頂点が追加されます。

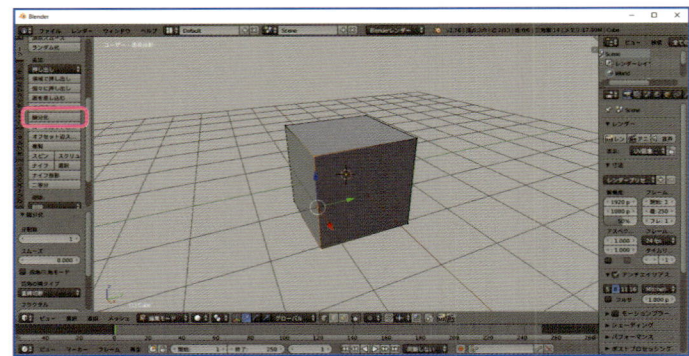

❸ 分割数を変更する

[ツールシェルフ] の下に [細分化] パネルが表示されます。[分割数] の数値を変更すると、追加する頂点の数を変更することができます。頂点は、辺を均等に分割した位置に追加されます。

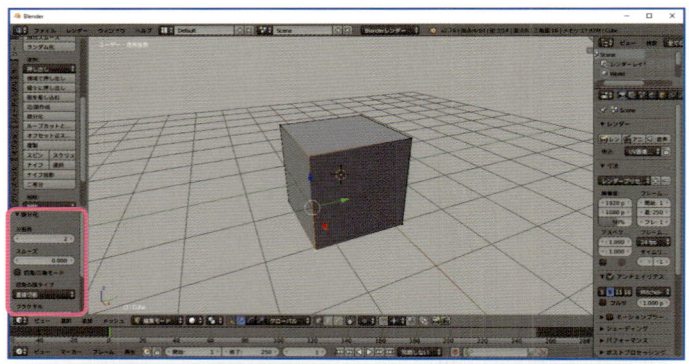

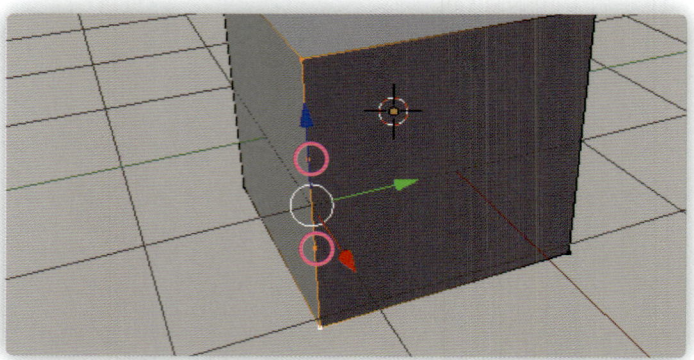

Ⅱ 頂点をつなげる〜頂点の経路を連結・頂点の連結〜

❶ 頂点を選択する

[頂点の経路を連結] の機能を使った頂点のつなげ方を紹介します。[3Dビュー・エディター] ヘッダーで [頂点選択] をクリックします。次に、[Shift] キーを押しながら、つなげる頂点を経路順に右クリックして選択します。

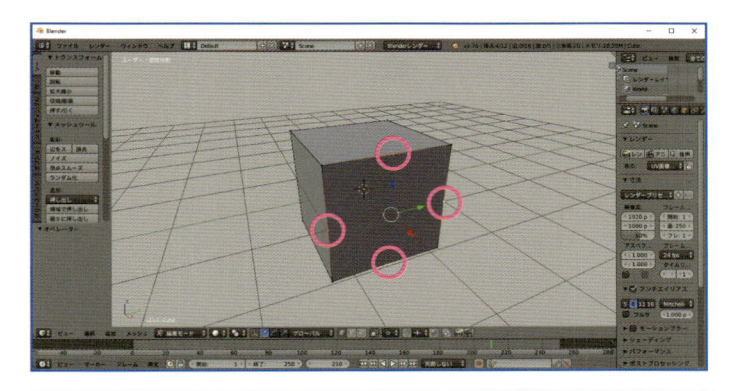

❷ 頂点をつなげる

[3Dビュー・エディター] ヘッダーの [メッシュ] ⇒ [頂点] ⇒ [頂点の経路を連結] または [頂点の連結] をクリックします。選択した頂点の経路に辺が作成されました。なお、[頂点の経路を連結] のショートカットキーは [J] キーです。

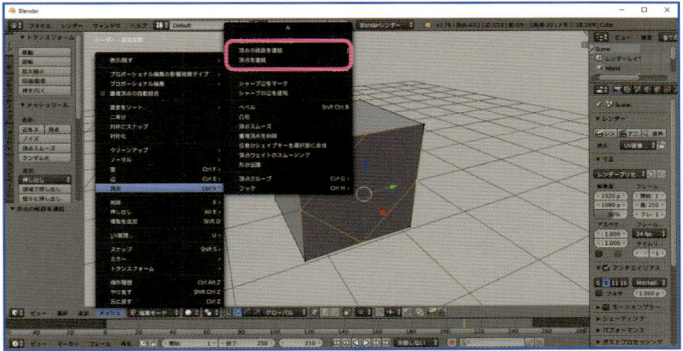

Attention!!

頂点をつなげるときは使わない辺/面作成

頂点と頂点をつなげて面を分割する場合は、[ツールシェルフ] の [メッシュツール] パネルの [追加] の中にある [辺/面作成] は使えません。[辺/面作成] を使うと右図のように、面が作成されずに、辺のみが作成されてしまいます。頂点をつなげて面上に辺を作るときは、[頂点の経路を連結] または [頂点の連結] を使用しましょう。

なお、辺ではなく面を作成する場合は [辺/面作成] を使用します。

左図が [頂点の経路を連結] を使って、右図が [辺/面作成] を使って頂点をつなげた場合です。結果が異なるので注意してください。

Ⅲ 面を分割する〜ナイフ〜

❶ ナイフを選択する

任意の位置で面を分割するときは[**ナイフ**]の機能を使います。[**ツールシェルフ**]の[**メッシュツール**]パネルの[**追加**]の中にある[**ナイフ**]をクリックします。

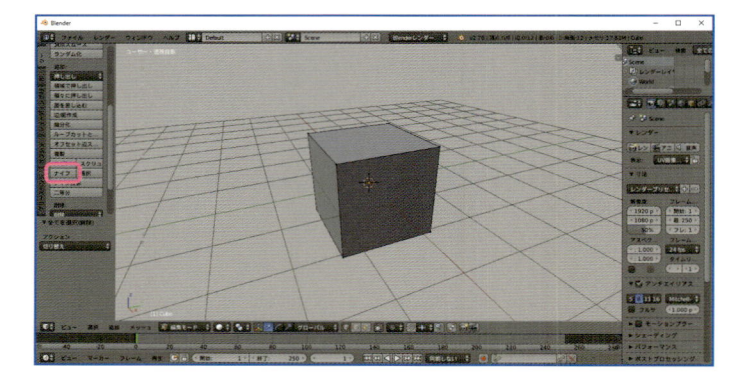

❷ 始点を決める

マウスポインターを辺の上に近づけると、緑の四角形が表示されます。右クリックして始点の位置を決めます。このとき、[**Ctrl**]キーを押しながらクリックすると、辺の中心に始点を持ってくることができます。

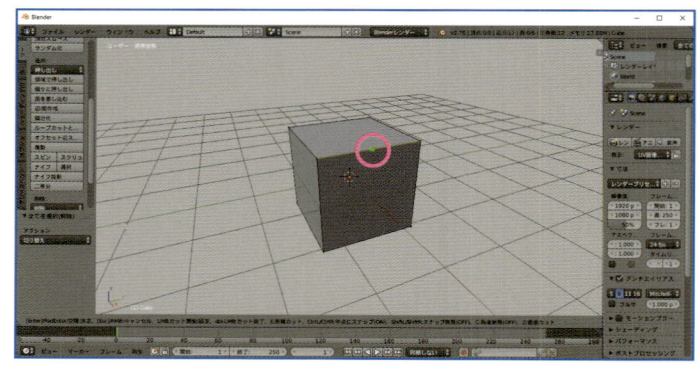

❸ 終点を決める

中間点から終点までの頂点を、右クリックで決めていきます。四角形の色が赤に変わります。このとき、必ず辺の上を右クリックするようにしてください。

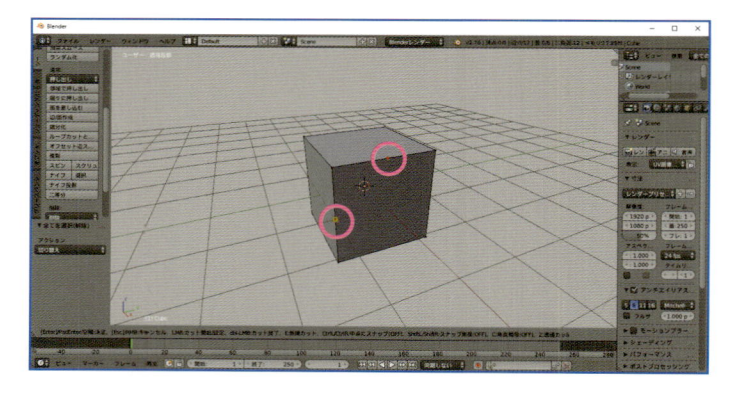

❹ 分割を確定する

[**Enter**]または[**Return**]キーを押して分割を確定します。途中で操作をキャンセルするときは[**Esc**]キーを押します。

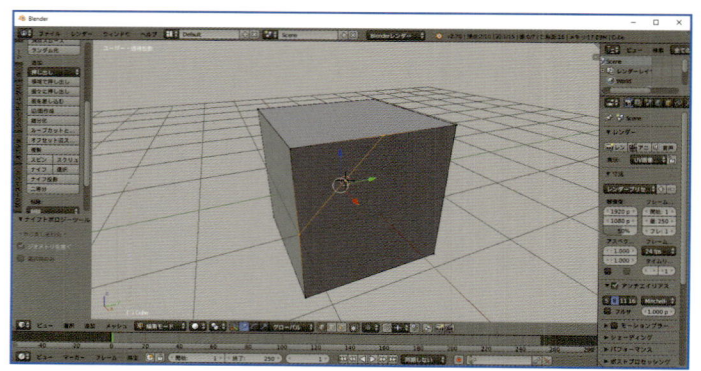

Ⅳ 面を分割する～4辺からの細分化～

❶ 面を選択する

面を4つに均等に分割するときは、**[細分化]** の機能を使います。
[3Dビュー・エディター] ヘッダーで **[頂点選択]** をクリックします。次に、**[Shift]** キーを押しながら面を囲む4つの頂点を右クリックで選択します。もしくは、**[面選択]** を使ってもOKです。

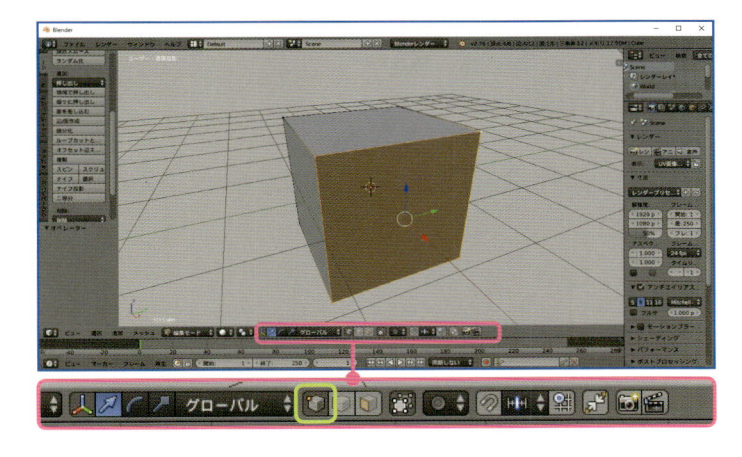

❷ 細分化を選択する

[ツールシェルフ] の **[メッシュツール]** パネルの **[追加]** の中にある **[細分化]** をクリックします。4つの面に分割されました。

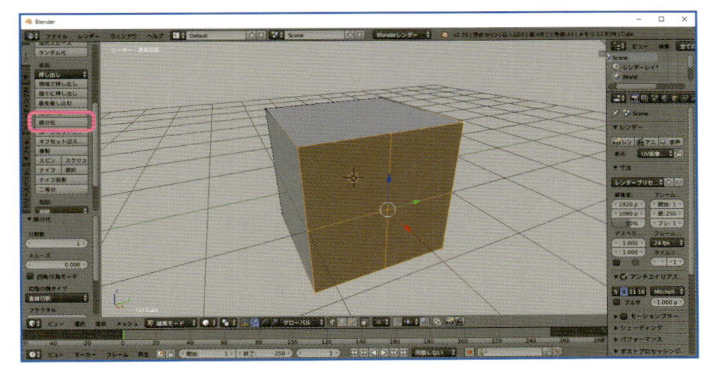

❸ 分割数を変更する

[ツールシェルフ] の下に **[細分化]** パネルが表示されます。**[分割数]** の数値を変更すると、面の数を変更することができます。
なお、**[分割数]** の数値は、1辺上に追加する頂点の数です。分割される面の数ではないので注意してください。

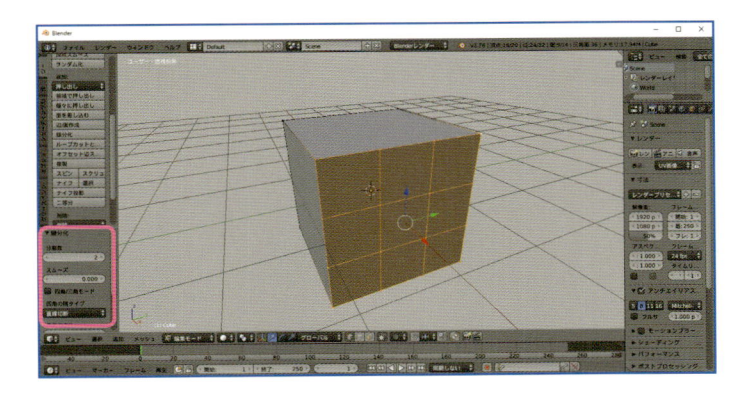

選択する頂点や辺によって分割の仕方が変わってくるわ!
76～77ページの分割方法も覚えておいてね!

V 面を分割する〜2辺からの細分化〜

❶ 面を選択する

面を2つに均等に分割するときは、[辺選択] と [細分化] の機能を使います。

[3Dビュー・エディター] ヘッダーで [辺選択] をクリックします。次に、[Shift] キーを押しながら2つの辺を右クリックで選択します。

なお、面を2分割する場合は、[頂点選択] と [面選択] は使えません。頂点あるいは面を選択すると、75ページの結果になります。

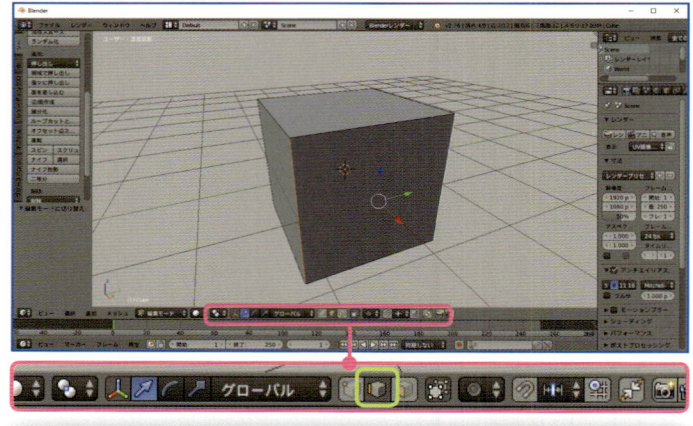

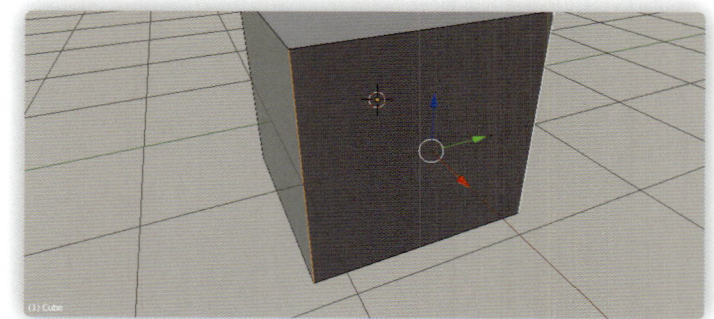

❷ 細分化を選択する

[ツールシェルフ] の [メッシュツール] パネルの [追加] の中にある [細分化] をクリックします。2つの面に分割されました。

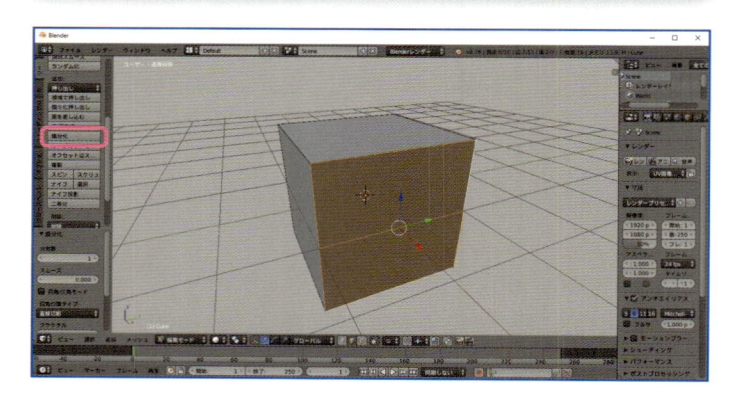

❸ 分割数を変更する

[ツールシェルフ] の下に [細分化] パネルが表示されます。[分割数] の数値を変更すると、面の数を変更することができます。

なお、[分割数] の数値は、1辺上に追加する頂点の数です。分割される面の数ではないので注意してください。

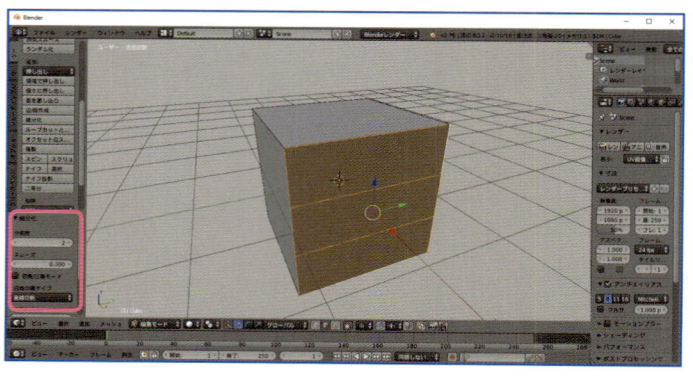

Ⅵ 面を分割する〜十字辺からの細分化〜

❶ 面を選択する

十字辺の中心のまわりに、面を4つに均等に分割するときは、[細分化]の機能を使います。

[3Dビュー・エディター]ヘッダーで[辺選択]をクリックします。次に、[Shift]キーを押しながら十字の2つの辺を右クリックで選択します。もしくは、[頂点選択]を使ってもOKです。

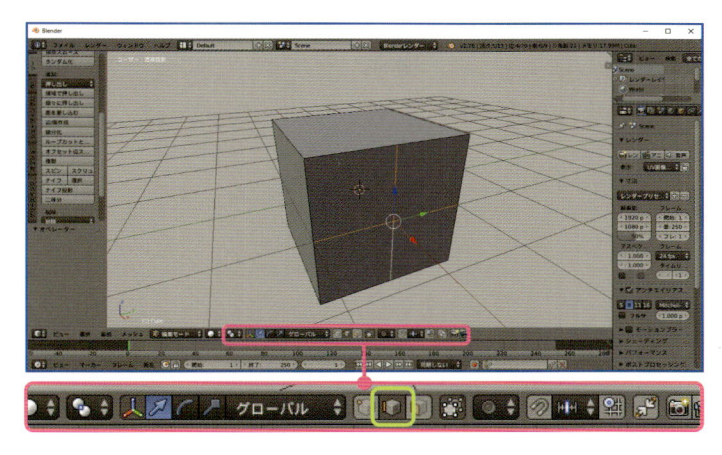

❷ 細分化を選択する

[ツールシェルフ]の[メッシュツール]パネルの[追加]の中にある[細分化]をクリックします。4つの面に分割されました。

75ページの4分割と分割される形が違うので使い分けましょう。

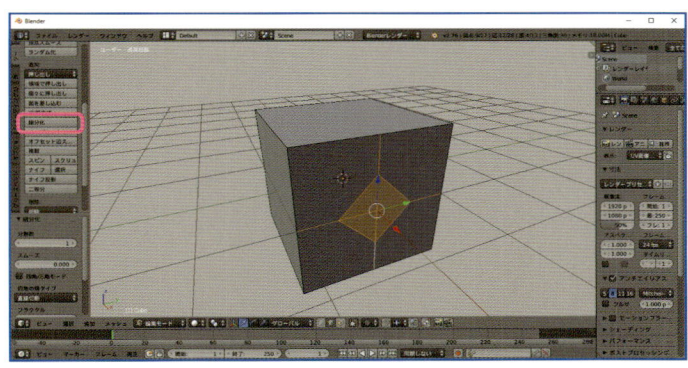

❸ 分割数を変更する

[ツールシェルフ]の下に[細分化]パネルが表示されます。[分割数]の数値を変更すると、面の数を変更することができます。

なお、[分割数]の数値は、1辺上に追加する頂点の数です。分割される面の数ではないので注意してください。

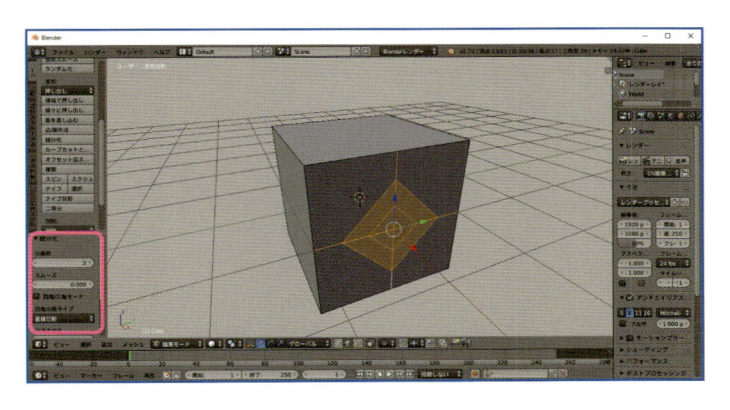

分割するのは楽しいけど、
分割のしすぎに注意してね！

Ⅶ 頂点の位置を水平にそろえる〜拡大縮小〜

❶ 頂点を選択する

複数の頂点を水平にそろえるときは、[拡大縮小]の機能を使います。[3Dビュー・エディター]ヘッダーで[頂点選択]をクリックします。次に、[Shift]キーを押しながら目的の頂点を右クリックで選択します。

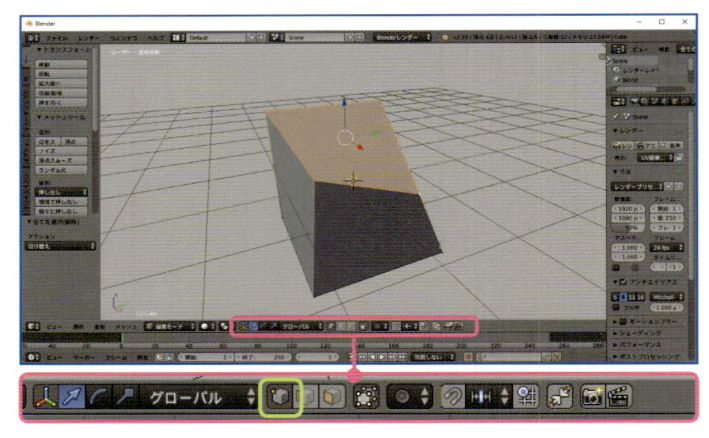

❷ 拡大縮小を選択する

[ツールシェルフ]の[トランスフォーム]パネルにある[拡大縮小]をクリックします。または[S]キーを押します。[拡大縮小]をクリックした後にマウスポインターを[3Dビューポート]内に移動すると、選択している部分が変形しますが、気にせず次へ。

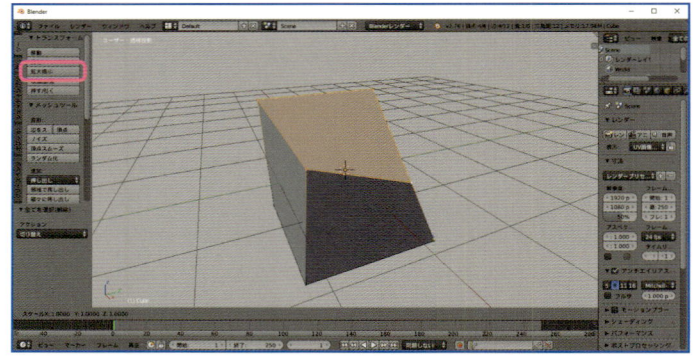

❸ 軸の方向を決める

軸と水平に移動させます。軸の方向をキーボードで指定します。ここでは[Z]キーを押しました。Z軸を示す青い線が表示されます。

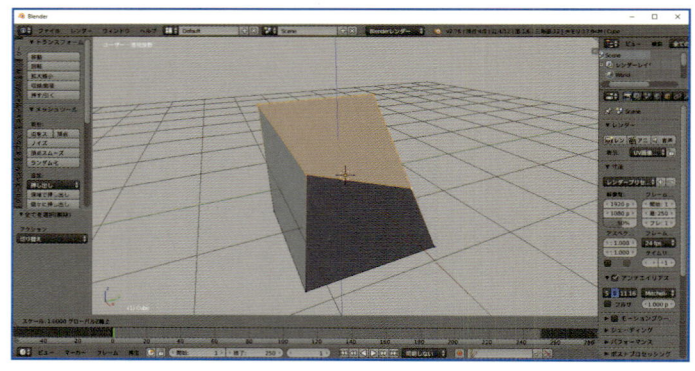

❹ そろえる位置を決める

頂点のそろえる位置をテンキーで指定します。ここではテンキーの[0]を押しました。

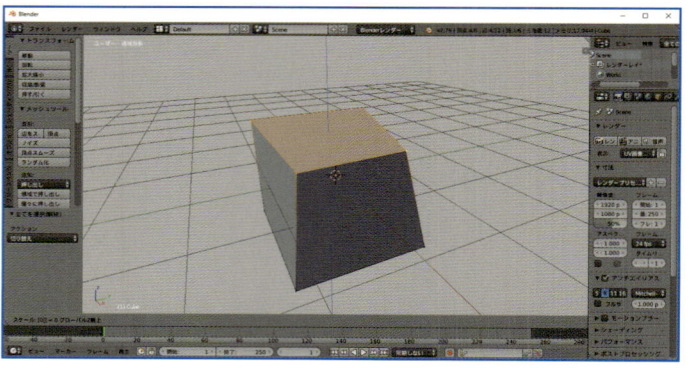

❺ 頂点の移動を確定する

最後に、クリックして確定します。もしくは、**[Enter]** または **[Return]** キーを押して確定します。4つの頂点が、4つの頂点の中間の高さにそろいました。
なお、確定前に右クリックすると操作をキャンセルできます。

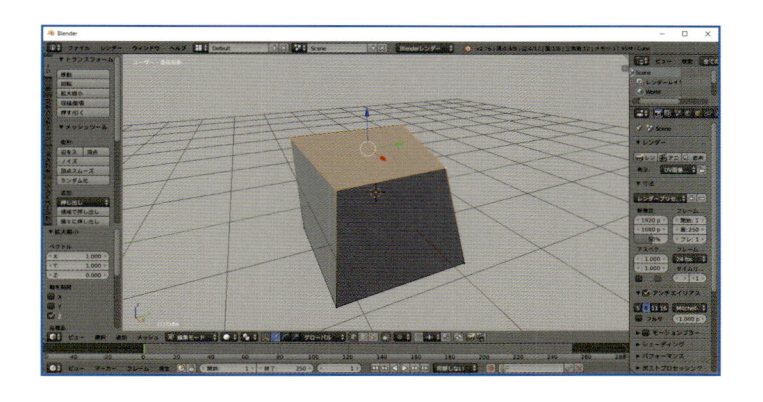

Ⅷ 頂点の位置を1箇所にそろえる〜拡大縮小〜

❶ 頂点を選択する

複数の頂点を1箇所にそろえるときは、**[拡大縮小]** の機能を使います。**[3Dビュー・エディター]** ヘッダーで **[頂点選択]** をクリックします。次に、**[Shift]** キーを押しながら目的の頂点を右クリックで選択します。

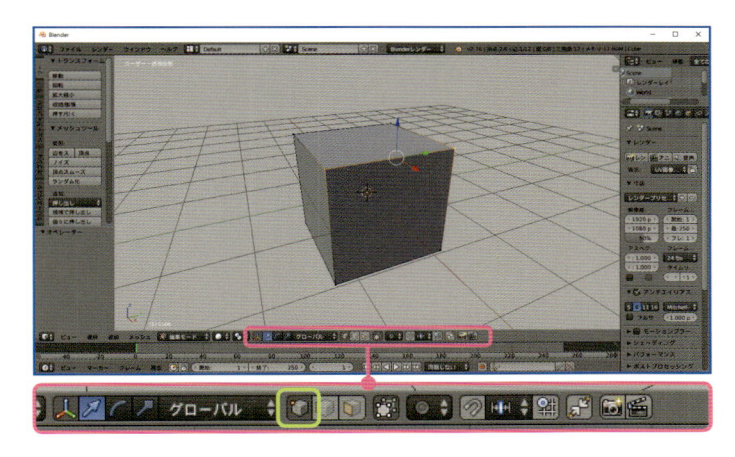

❷ 頂点をそろえる

[ツールシェルフ] の **[トランスフォーム]** パネルにある **[拡大縮小]** をクリックし、テンキーの **[0]** キーを押して、**[Enter]** または **[Return]** キーを押します。ショートカットキーで操作を行う場合は、**[S]** キー⇒ **[0]** キー⇒ **[Enter]** または **[Return]** キーです。

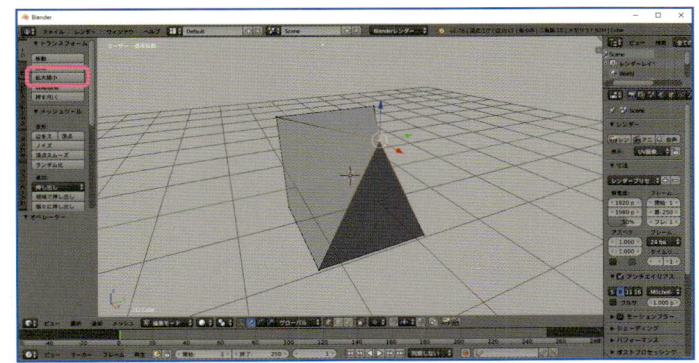

❸ 頂点を結合する

1箇所にそろえるのではなく、一つに結合したい場合は、目的の頂点を選択し、**[ツールシェルフ]** の **[メッシュツール]** パネルにある **[削除]** の中の **[結合]** をクリックし、表示されたメニューで **[中心に]** をクリックします。

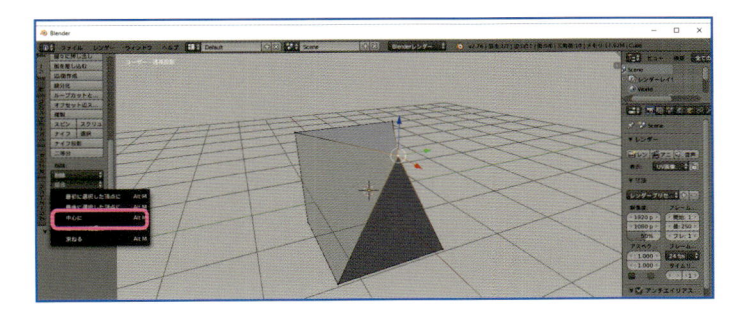

Ⅸ 先端を尖らせる〜ループカットとスライド〜

❶ モディファイアーを選択する

[細分割曲面]のモディファイアーを設定している状態で、オブジェクトを尖らせる方法を紹介します。まずは、立方体に[細分割曲面]を設定します。

[3Dビュー・エディター]ヘッダーで[編集モード]に変更します。[プロパティ・エディター]ヘッダーの[モディファイアー]ボタンをクリックし、[追加]をクリックします。

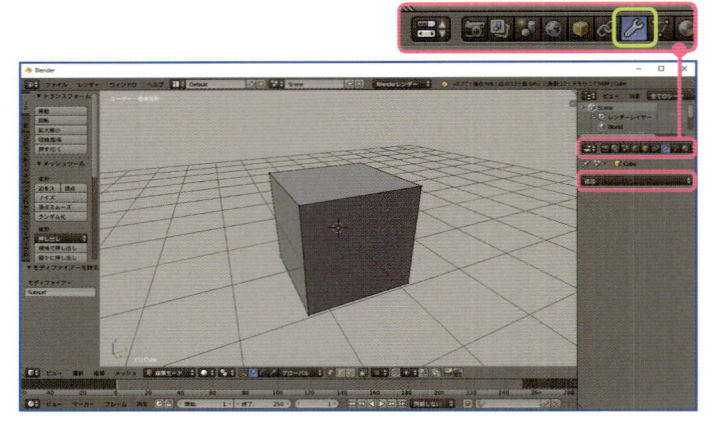

❷ 細分割曲面を選択する

表示されたメニューの[細分割曲面]をクリックします。

❸ 見かけが曲面に変わる

モディファイアースタックに[細分割曲面]のモディファイアーパネルが追加されます。また、立方体が滑らかな曲面になりました。これは見かけが曲面になっているだけで、実体は四角いままです。外側の立方体が実体です。

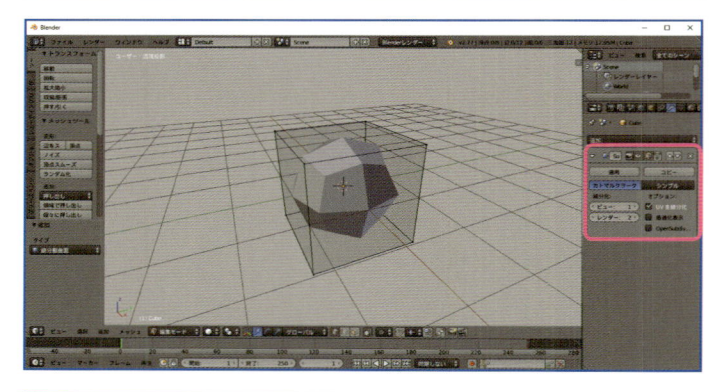

❹ 頂点を選択する

尖らせる部分の頂点を選択します。[3Dビュー・エディター]ヘッダーで[頂点選択]をクリックします。次に、[Shift]キーを押しながら、上面の4つの頂点を右クリックで選択します。

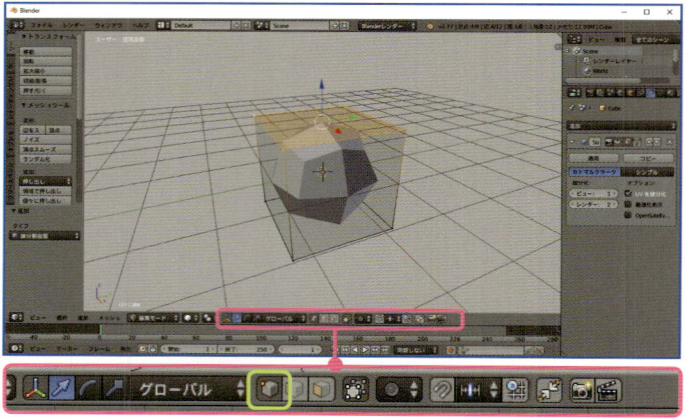

❺ 拡大縮小を選択する

[拡大縮小]の機能を使って複数の頂点を1箇所に集めます。これは[結合]と異なり、単に頂点が同じ場所にあるだけで、それぞれ独立した頂点になっています。

まずは、[ツールシェルフ]の[トランスフォーム]パネルにある[拡大縮小]をクリックします。

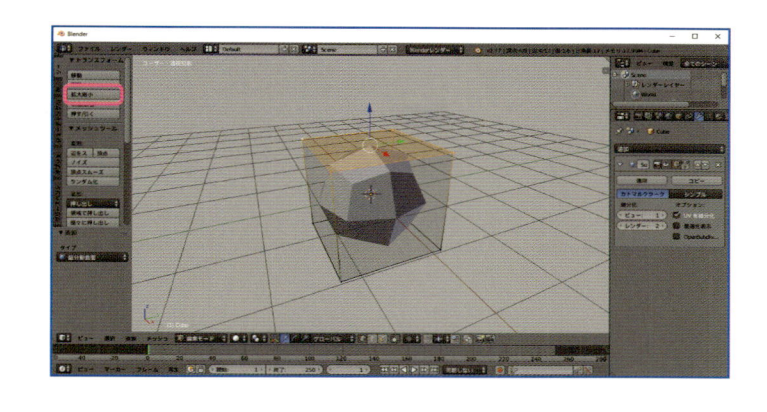

❻ 選択部分を拡大縮小する

マウスポインターを[3Dビューポート]内に移動し、任意の場所をクリックして一旦形を決めます。次の手順で大きさを変更するので、ここでは適当な大きさでかまいません。

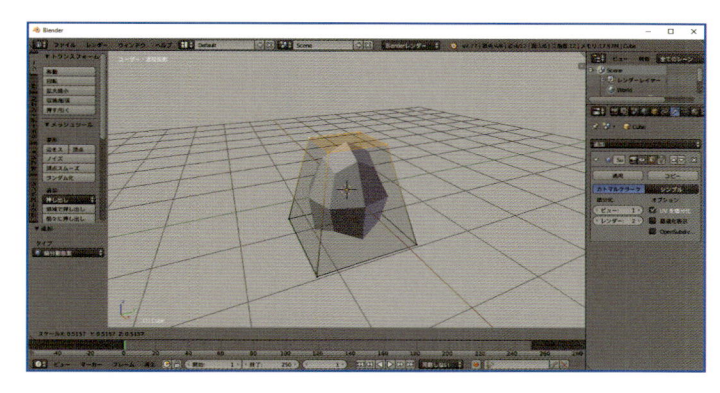

❼ 拡大縮小の数値を入力する

大きさを一旦確定すると、[ツールシェルフ]の下に[拡大縮小]パネルが表示されます。[ベクトル]の[X][Y][Z]に、それぞれ0を入力します。先端が少し尖りました。

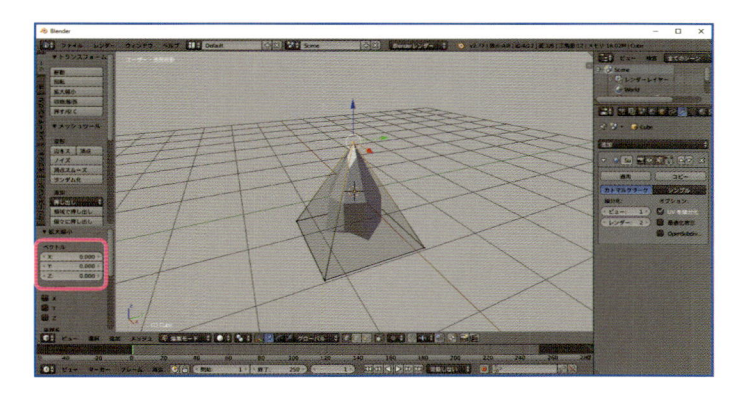

❽ 先端を鋭利にする

[ループカットとスライド]の機能を使って尖らせていきます。まずは先端を鋭利にしていきます。

[ツールシェルフ]の[メッシュツール]パネルの[追加]の[ループカットとスライド]をクリックします。

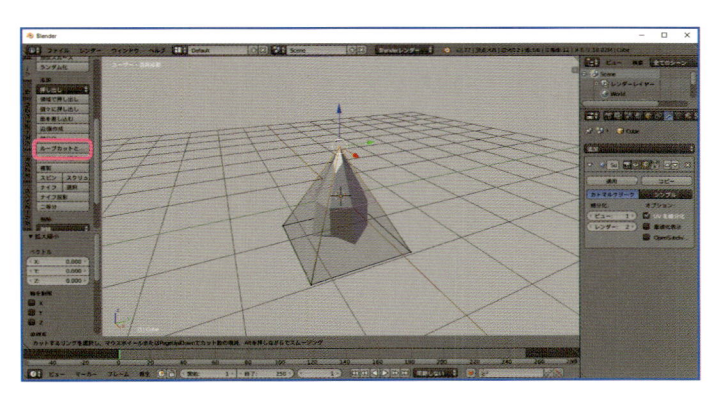

❾ 断面の方向を決める

マウスポインターを辺に近づけると、紫色のガイド線が表示されるので、マウスポインターを動かして横の方向にガイド線を表示させます。そしてクリックして方向を確定します。

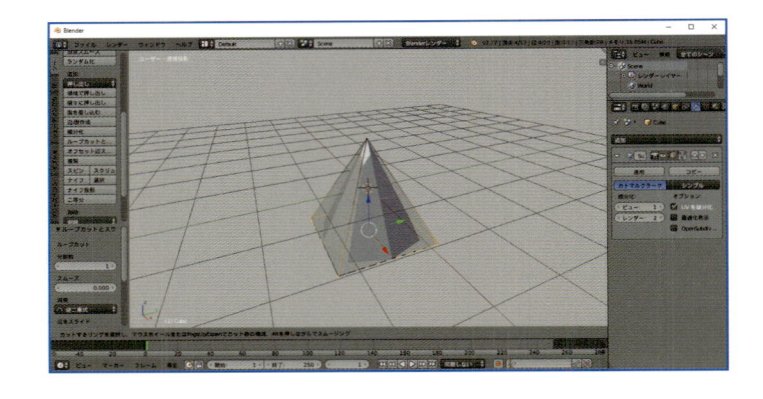

❿ 断面の位置を決める

方向を確定すると、今度はオレンジのガイド線が表示されるので、マウスポインターを一番上まで移動し、クリックして確定します。

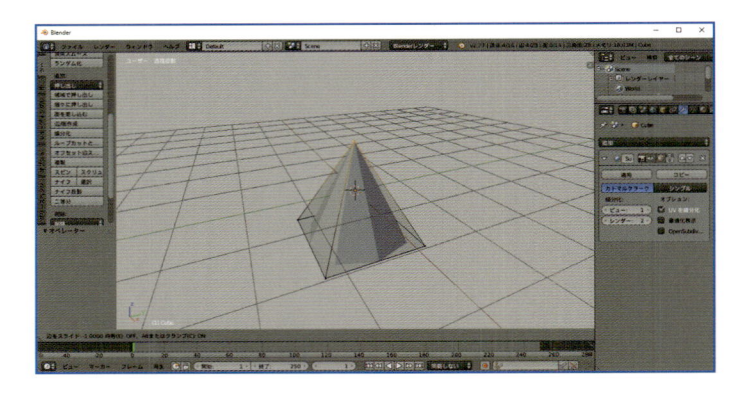

⓫ 断面の方向を決める

次に、底面を平らにしていきます。[ツールシェルフ] の [メッシュツール] パネルの [追加] の [ループカットとスライド] をクリックします。マウスポインターを辺に近づけて紫色のガイド線を横の方向に表示させます。そしてクリックして方向を確定します。

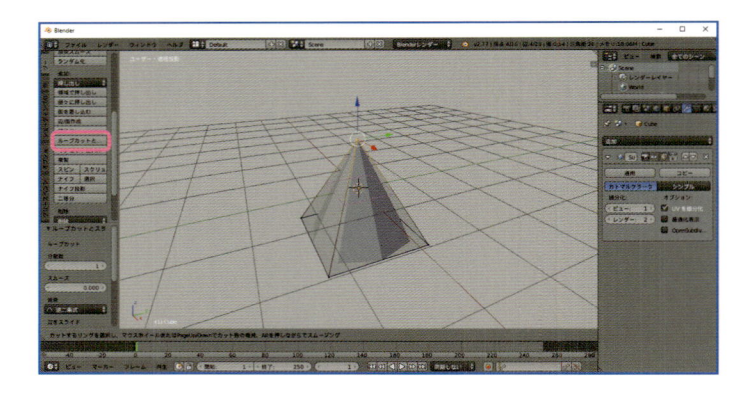

⓬ 断面の位置を決める

オレンジのガイド線が表示されたら、マウスポインターを一番下まで移動し、クリックして確定します。

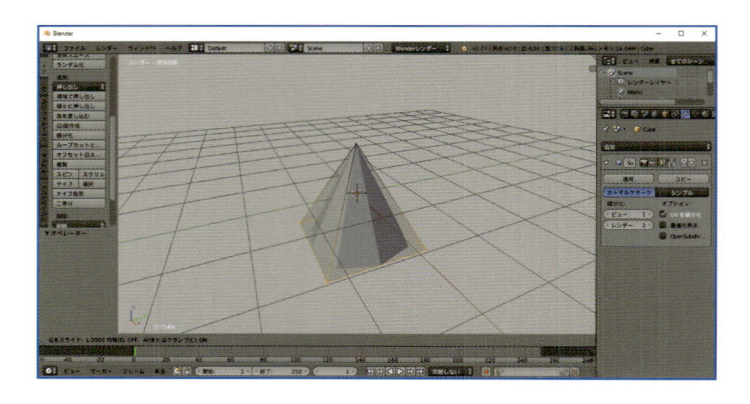

⑬ 底面の角を角張らせる

じっくり見ると、底面の角に若干の丸みがついています。そこで、もう一度 [ループカットとスライド] を使って、きっちり角張らせます。

まず、[ツールシェルフ] の [メッシュツール] パネルの [追加] の [ループカットとスライド] をクリックします。

次に、マウスポインターを辺に近づけます。紫色のガイド線を横の方向に表示させたら、クリックして確定します。続いて、オレンジのガイド線が表示されたら、マウスポインターを一番下まで移動し、クリックして確定します。

これで底面の角の丸みが消えて鋭角的になりました。70ページのオブジェクトの形になっています。

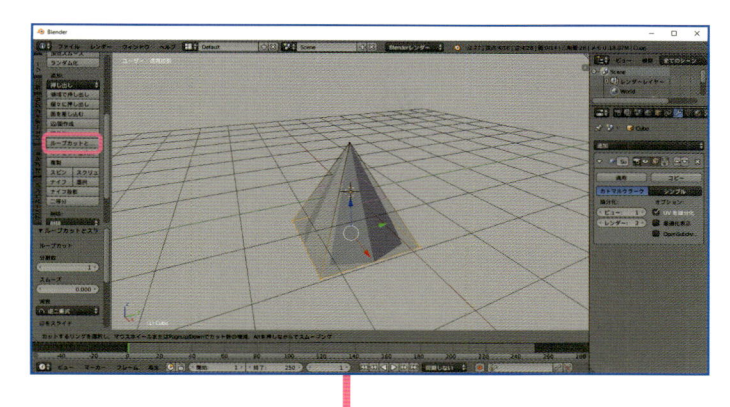

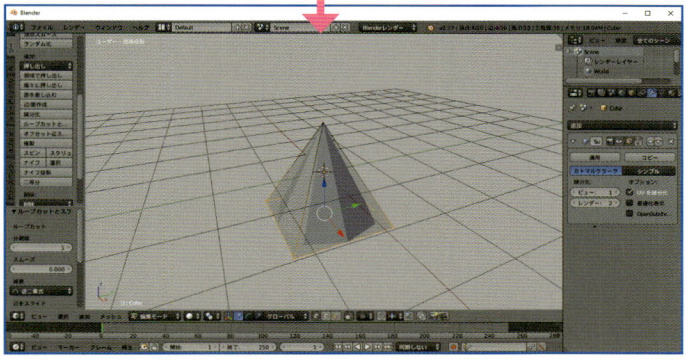

Memo

辺のクリースによる細分割曲面の鋭角化

細分割曲面で丸みをつけた3Dモデルの一部を鋭角的にする手段の一つに [辺のクリース] の機能を使う方法があります。[辺のクリース] を使うとポリゴン数を増やさずに簡単に鋭角化ができます。ただし、細かい調整などには向いていません。細かい調整をしたい場合は、[ループカットとスライド] を使って鋭角的にするのがオススメです!

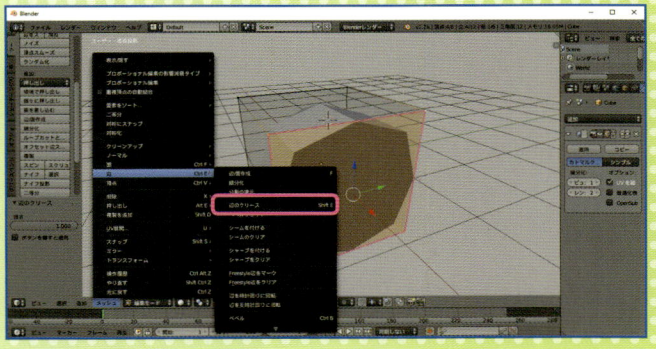

● 辺のクリース

[3Dビュー・エディター] ヘッダーの [メッシュ] ⇒ [辺] ⇒ [辺のクリース] に収納されています。

X トポロジーを変える（線の流れを変える）

❶ 6辺の集まり

1つの頂点に5つ以上の辺が集まっている場合は、辺を減らし、4つ以下になるように再構成します。まずはどの辺を残し、どの辺を消すかを考えます。トポロジーには正解がないので、頂点や辺を消したり足したりしながら、試行錯誤していきましょう。

ここでは［ナイフ］を使って新たな辺を作成し、面の数は変えずに頂点を減らしてみます。

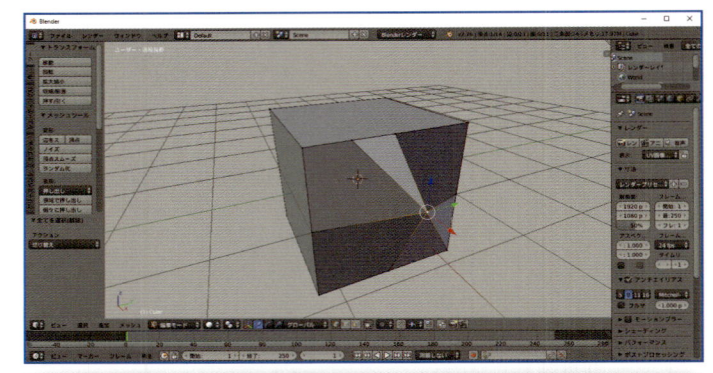

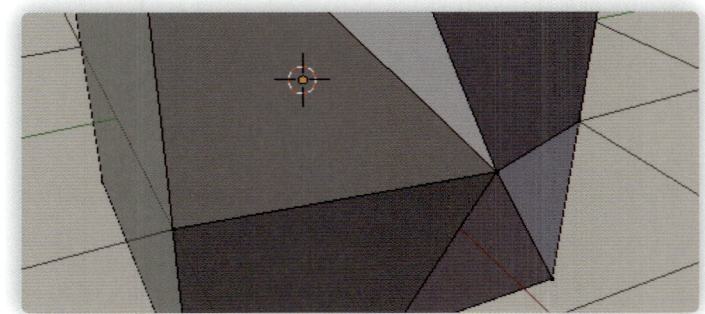

❷ ナイフを選択する

まず、［ツールシェルフ］の［メッシュツール］パネルの［追加］の中にある［ナイフ］をクリックします。次に、マウスポインターを辺の上に近づけると、緑の四角形が表示されます。右クリックして始点の位置を決めます。

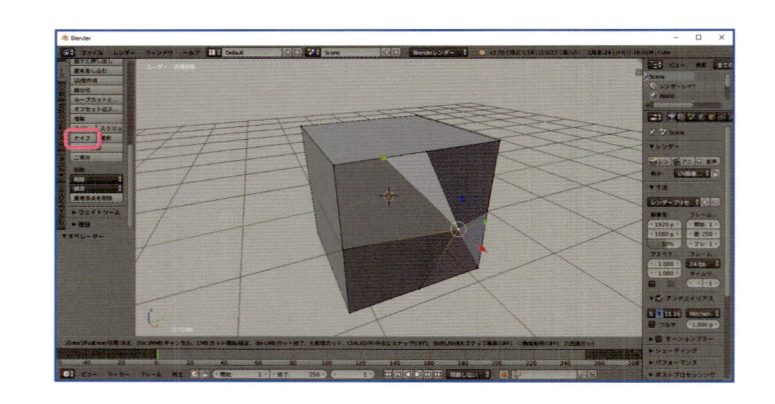

❸ 終点までの頂点を決める

中間点から終点までの頂点を、右クリックで決めていきます。四角形の色が赤に変わります。

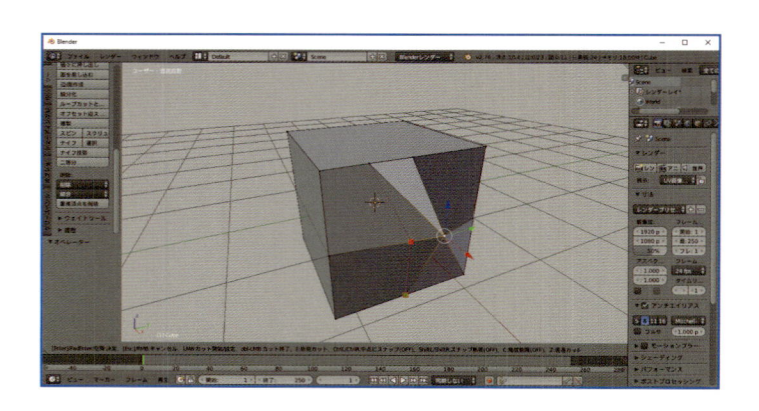

❹ 分割を確定する

[Enter] または [Return] キーを
押して分割を確定します。
なお、[ナイフ] の操作は 74 ページ
も参照してください。

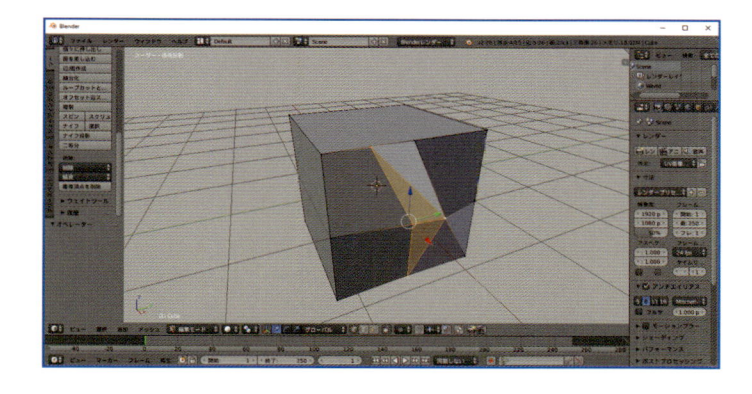

❺ 辺を選択する

消す辺を選択します。[3D ビュー・
エディター] ヘッダーで [辺選択]
をクリックします。次に、[Shift] キ
ーを押しながら目的の辺を右クリッ
クで選択します。もしくは、[頂点選
択] を使っても OK です。

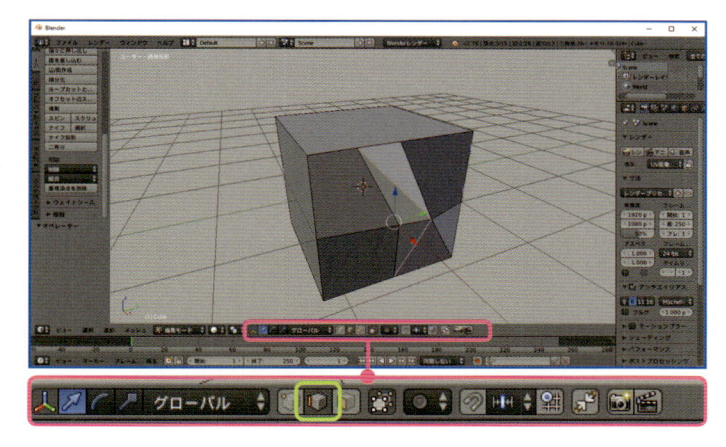

❻ 削除メニューを選択する

[ツールシェルフ] の [メッシュツー
ル] パネルの [削除] の中にある
[削除] をクリックします。表示され
たメニューで [辺を溶解] を選択し
ます。

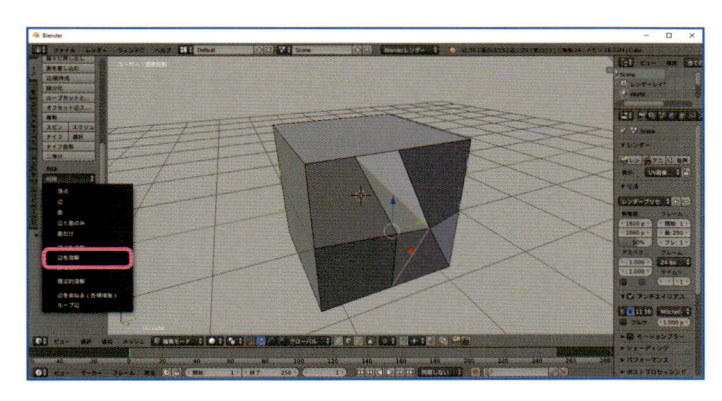

❼ 選択した辺が消える

辺が消えて、頂点を通る辺が 4 つ
になりました。
トポロジーを変えると、当然オブジ
ェクトの形が変わります。その結果、
辺を減らした頂点の周辺だけでな
く、時には全体的な形の調整が必
要になる場合もあります。

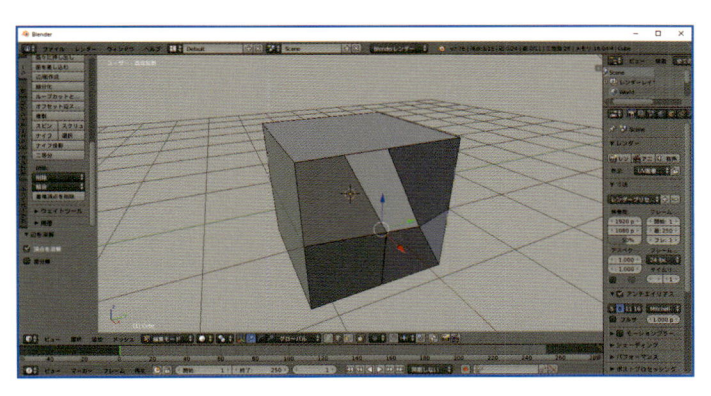

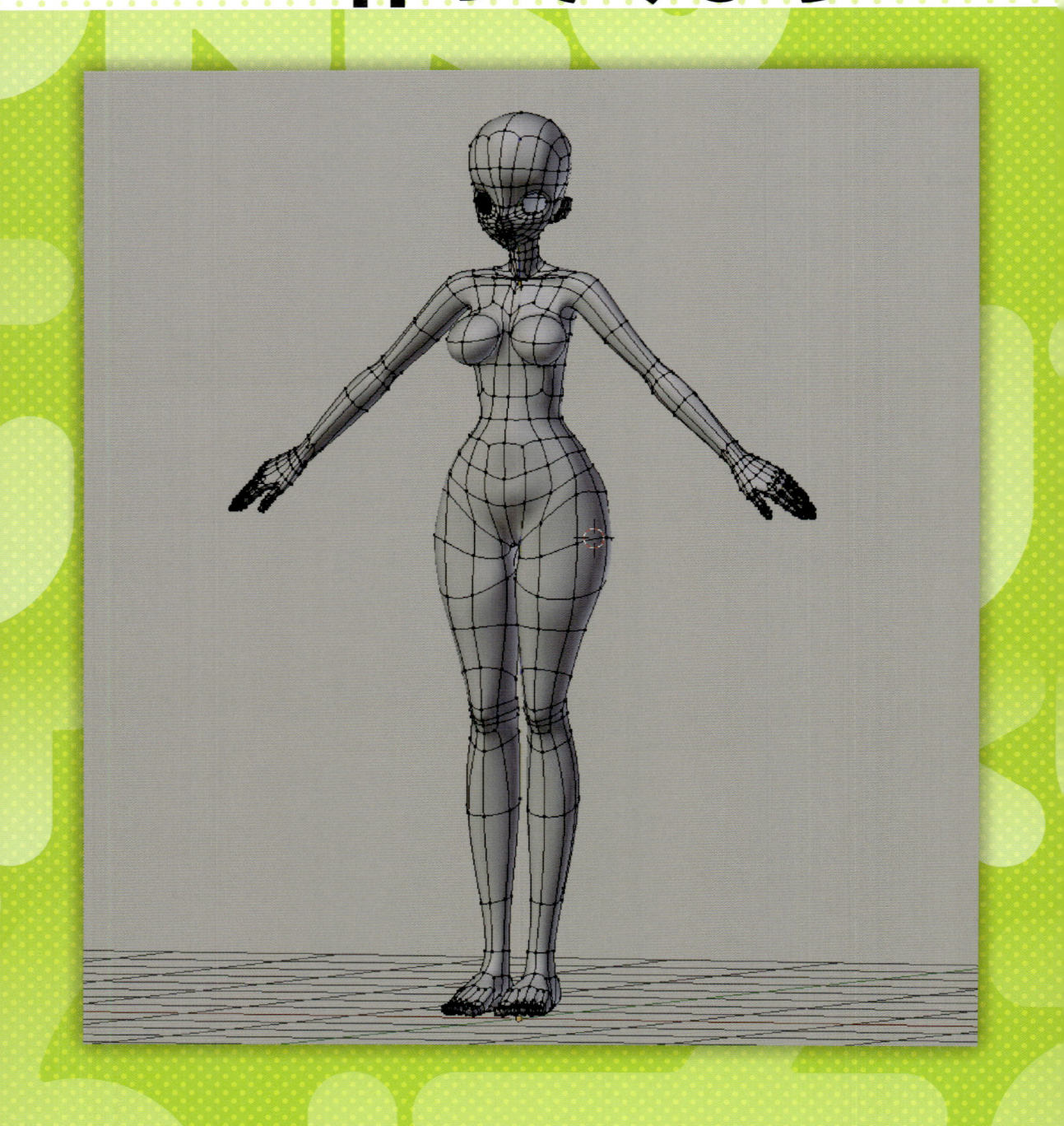

3DCGではキャラクターの裸体を
素体と呼んでいます。
キャラクターを作るときは、
いきなり服を着た完成形を作るのではなく、
デッサン人形のようなものから作り始めます。
絵を描くときと同じように、
全体から細部へと形を作っていきましょう！

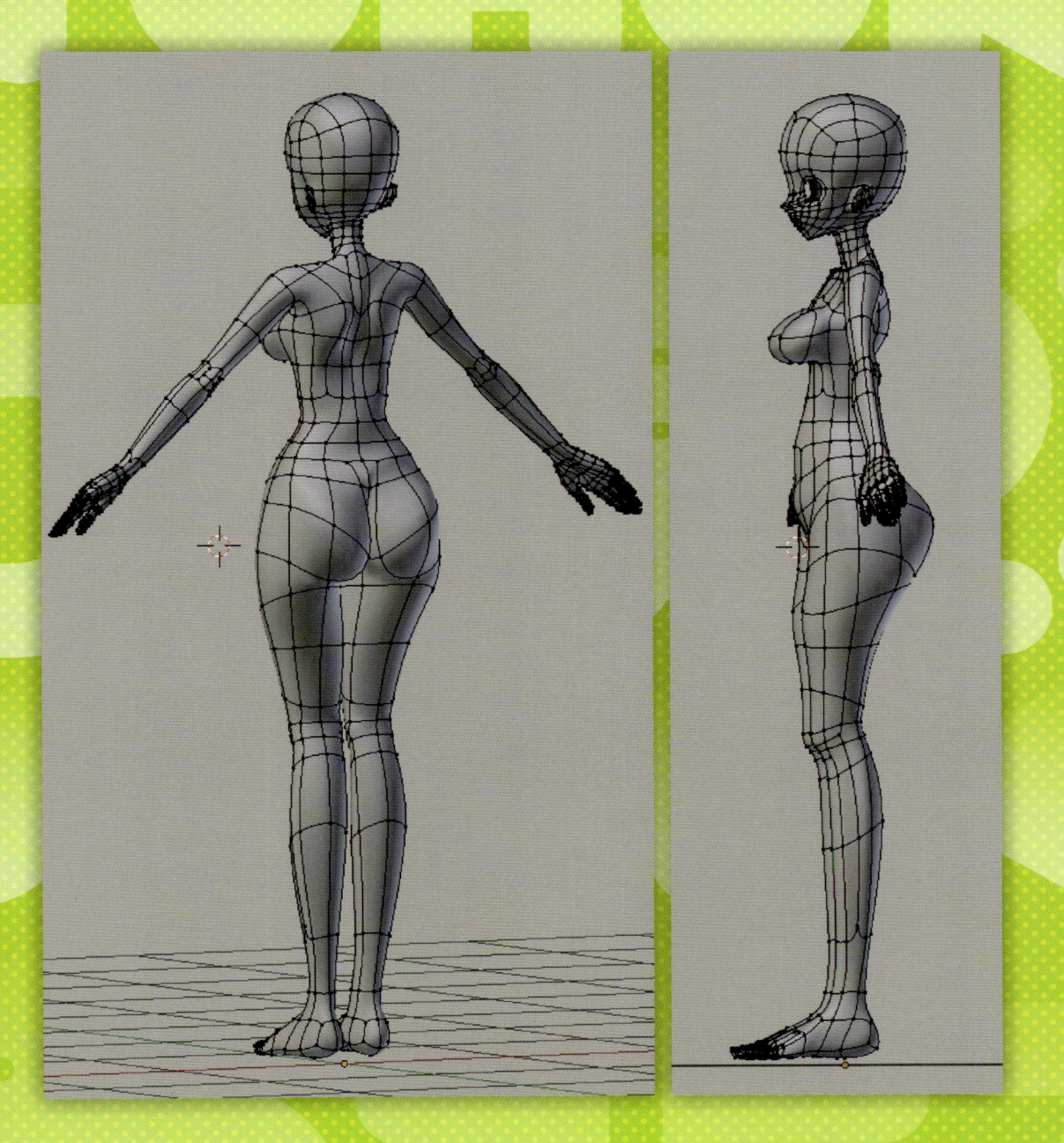

01 下絵の配置

本書では、平行投影ではなく透視投影のビューで下絵を配置します。平行投影にしない理由は、キャラクターの平面図を描くのが難しく、また図面化していないキャラクターの下絵を平行投影で配置すると、透視投影に切り替えたときにパースがきつくなるためです。

Attention!!

平面図ではなくパースのついた下絵を使う

本書では側面図と背面図の下絵は用いません。というのも、日常的に絵を描く人でも、矛盾のないキャラクターの図面を描くのは非常に難しいためです。特にイラストでは、目の位置が正面と側面で合うように描かれていません。

自然に見えるキャラクターは、正面向きでもパースがついています。平面の絵の中に空間があり、3次元の情報があるということです。一方、図面化されたキャラクターにはパースがついていません。アイレベルも奥行きもない絵です。

一般に、キャラクターを図面化できる人は多くないので、図面を用意すること自体が、多くの人にとってあまり有効な話ではないと思います。そこで本書では、図面ではなく、一般的な正面向きのイラストを下絵に利用します。アニメのキャラクター設定表にあるような、足元がフカンで描かれている軽くパースのついたイラストです。

ただし、パースのある絵を使う場合は、カメラと下絵の水平線（アイレベル）を一致させる必要があります。

パースのついた下絵を平行投影で配置し、モデリングしたものです。透視投影のビューで見ると、パースが2倍になっています（右図）。こうならないように、パースのついた下絵を使う場合は、透視投影で下絵を配置します。

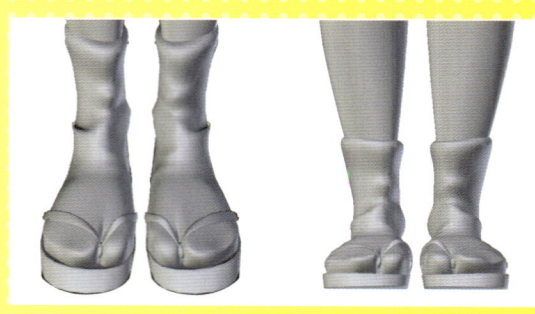

キャラクターにパースがついているかいないかは、足元を見ると分かりやすいと思います。右がパースのない図面の足元で、左が一般的な絵の足元です。

❶ 下絵を用意する

Blenderが対応している画像形式は「BMP」「JPEG」「PNG」「TIFF」などです。また、カラーモードは「RGB」のみ対応しています。東北ずん子の下絵は2ページのURLからダウンロードしてください。
本書ではパースのついた下絵を使うので、下絵とカメラのパースを合わせる必要があります。作例の場合は、顔のあたりに水平線（アイレベル）があります。

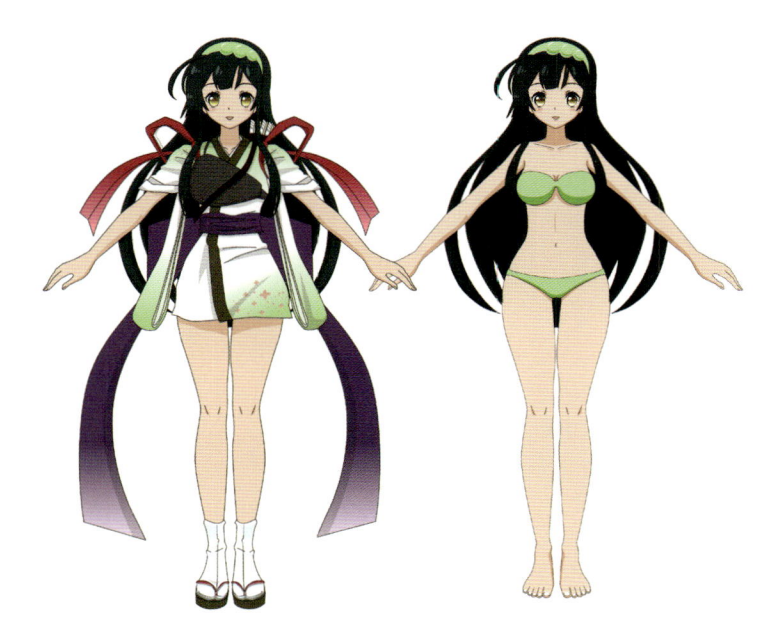

●下絵

モデリングのプロポーションの参考用に水着バージョンのイラストも用意しています。造形力に自信がない人は水着バージョンの下絵を使ってみましょう。

❷ プロパティシェルフを開く

Blenderを起動したら[**プロパティシェルフ**]を表示させます。
[**3Dビュー・エディター**]ヘッダーの[**ビュー**]⇒[**プロパティ**]をクリックします。

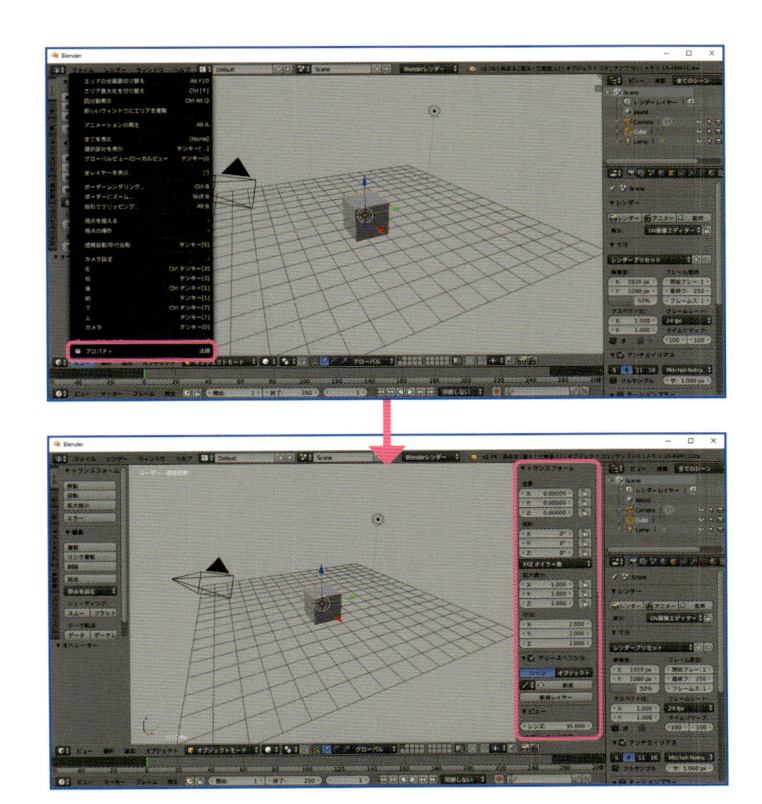

❸ 下絵パネルを開く

下絵を読み込みましょう。[**プロパティシェルフ**] の下の方にある [**下絵**] にチェックを入れます。次に、[▶] をクリックしてパネルを開き、[**画像を追加**] をクリックします。

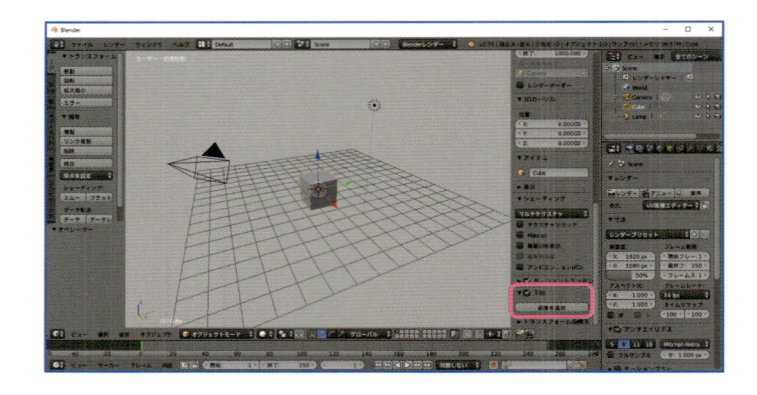

❹ 開くを選択する

[**画像を追加**] の下にメニューが表示されたら [**開く**] をクリックします。

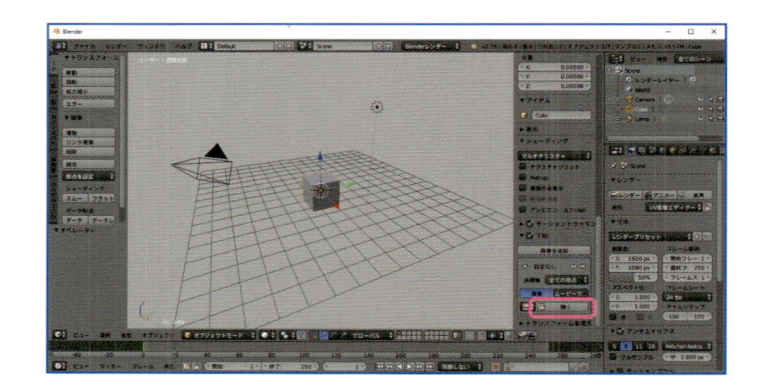

❺ 画像ファイルを選択する

[**ファイルブラウザー・エディター**] に切り替わったら、左側の [**システム**] パネルなどから下絵のファイルが保存されている場所を選択します。続いて、目的のファイルをクリックして選択し、最後に右上の [**画像を開く**] をクリックします。

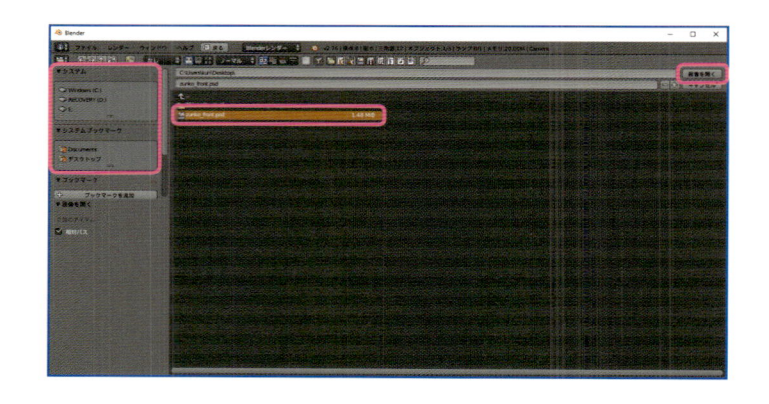

❻ 下絵パネルを確認する

[**3D ビューポート**] には立方体しか見えていませんが、下絵を配置すると、[**下絵**] パネルに画像情報が表示されます。
なお、下絵はリンクされているだけで、Blenderのファイル内に保存されるわけではありません。

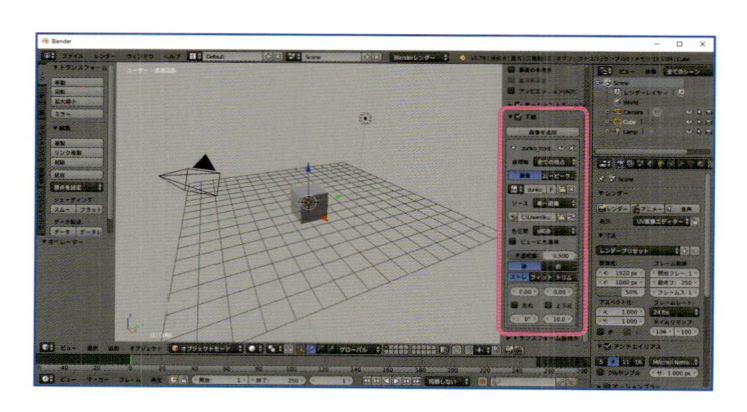

❼ 座標軸を変更する

下絵の[**座標軸**]を切り替えます。[**プロパティシェルフ**]の[**下絵**]パネルに追加されたスタックの[**座標軸**]の[**全ての視点**]をクリックします。そして、表示されたメニューの[**カメラ**]を選択します。

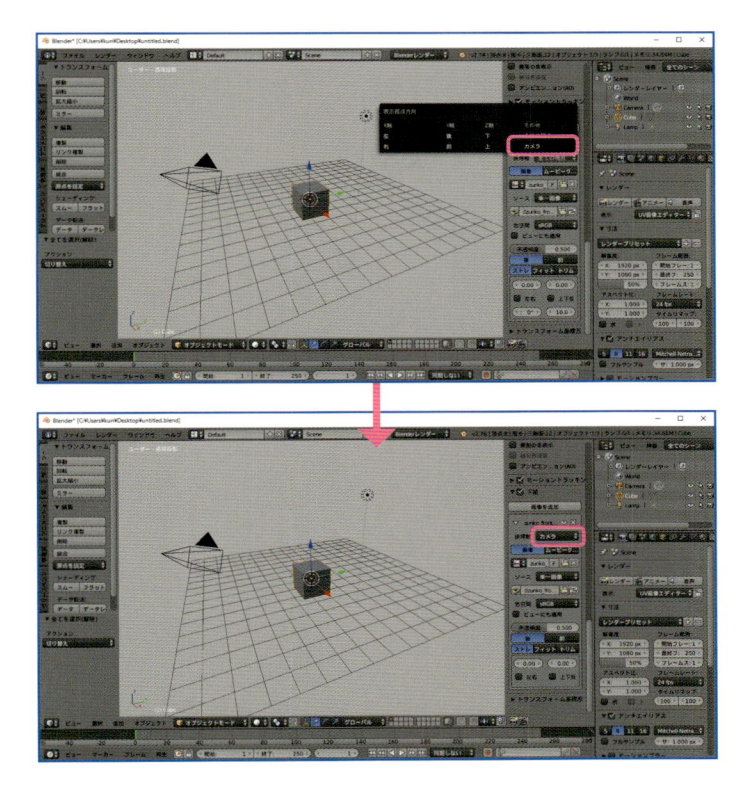

❽ ビューをカメラに変更する

下絵が見えるようにビューを変更します。テンキーの[**0**]を押して[**カメラ**]からのビューにします。なお、[**3Dビューポート**]内にマウスポインターがないと、テンキーが利かないので注意してください。

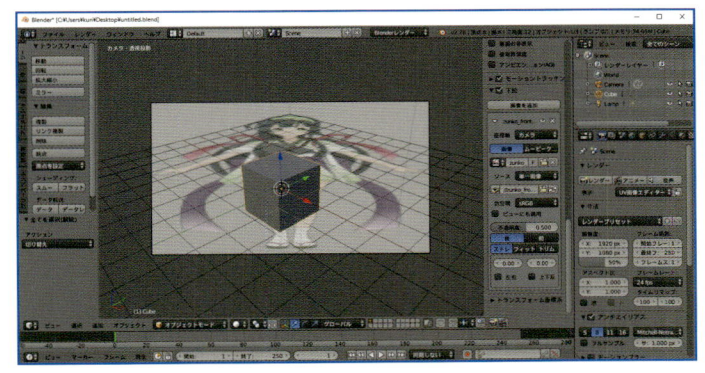

❾ レンダーを選択する

下絵が間延びしているので、表示サイズを正しく修正します。まずは[**プロパティ・エディター**]ヘッダーの[**レンダー**]ボタンをクリックし、メニューを表示させます。

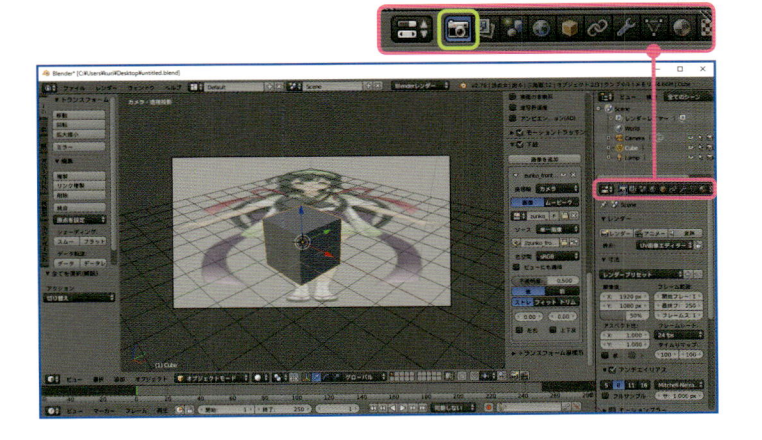

❿ 解像度を変更する

[寸法] パネルの [解像度] の [X] と [Y] に下絵の画像解像度を入力します。ちなみに、作例の画像解像度は、[X] が 1080px、[Y] が 1920px です。下絵の画像解像度と表示サイズが一致すると正しく表示されます。なお、オリジナルの下絵を使う場合は、画像編集ソフトなどで解像度を確認し、その数値を入力してください。

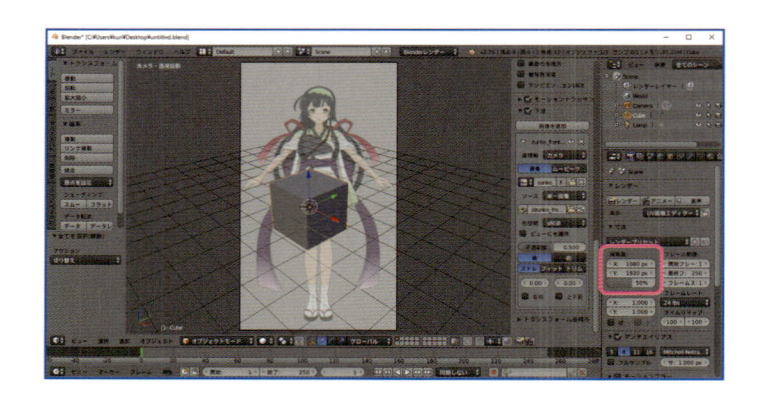

⓫ ビューを変更する

カメラのオブジェクトの位置を変更してきます。カメラの位置がよく分かるように、テンキーの [0] を押してビューを変更します。

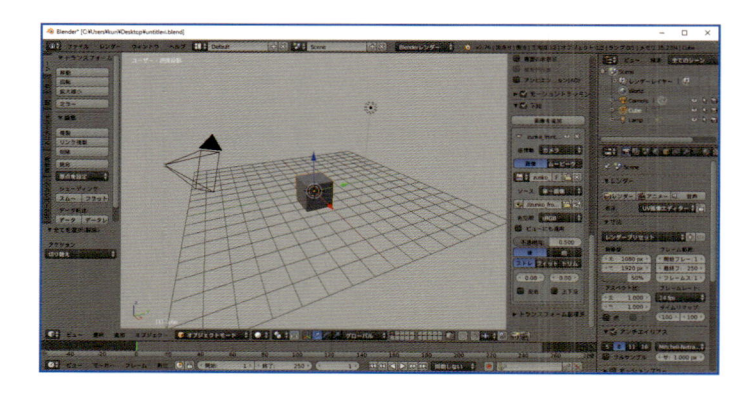

⓬ 立方体を非表示にする

立方体が邪魔なので一旦非表示にします。[アウトライナー・エディター] の [Cube] の右側にある目のマークをクリックします。この目のマークをクリックして、オブジェクトの表示・非表示を切り替えできます（64ページ参照）。

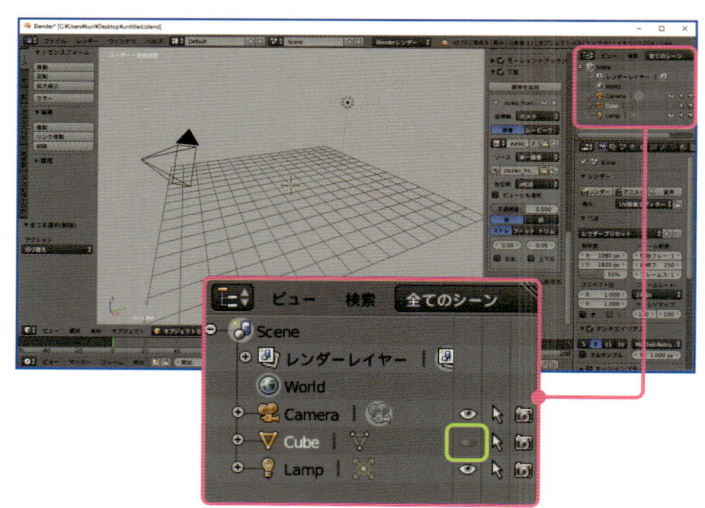

正しい画像解像度を入力しないと、下絵の表示がおかしくなるので気をつけて！

⓭ カメラを選択する

カメラのオブジェクトを移動します。まずは、**[アウトライナー・エディター]** の **[Camera]** をクリックして選択します。もしくは、**[3Dビューポート]** 内のカメラのオブジェクトを直接右クリックして選択してもOKです。

⓮ カメラの位置を移動する

[プロパティシェルフ] の **[トランスフォーム]** パネルの **[位置]** の **[X]** **[Y]** **[Z]** に、それぞれ0を入力します。カメラのオブジェクトがXYZ軸の原点に移動しました。

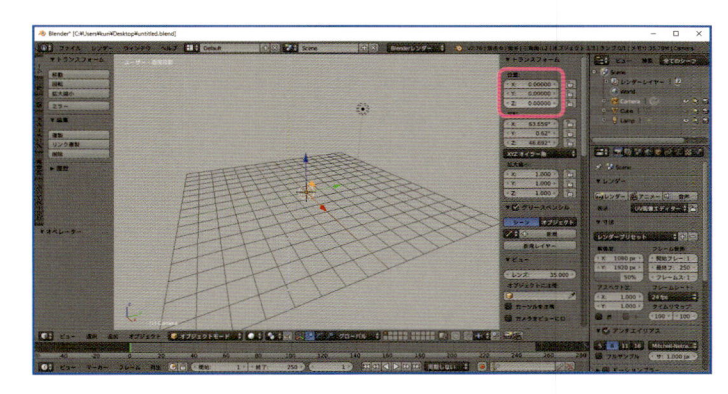

⓯ カメラの向きを変更する

カメラのオブジェクトを選択したまま、**[プロパティシェルフ]** の **[トランスフォーム]** パネルの **[回転]** の **[X]** に90、**[Y]** と **[Z]** に0を入力します。これでカメラが正面向きになりました。

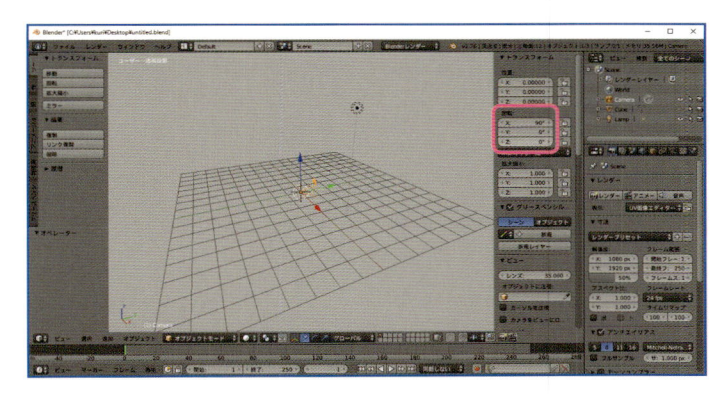

⓰ ビューをカメラに変更する

テンキーの **[0]** を押してビューを変更します。現在は、下絵の水平線（アイレベル）は顔のあたりにあり、カメラの水平線はカメラの中央にあります。レンズシフト機能を使ってこの2つの水平線を合わせていきます。

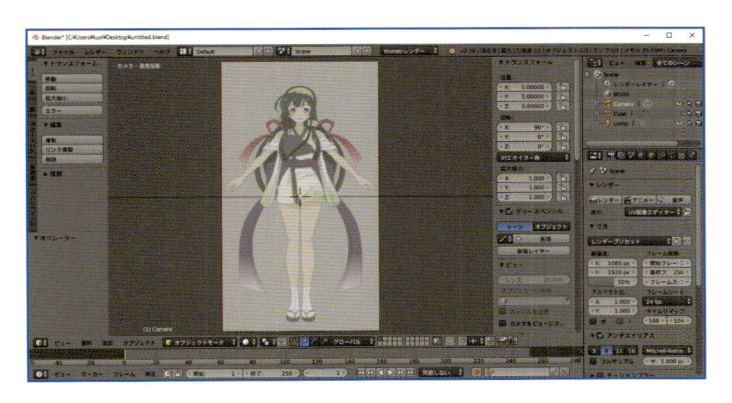

⓱ データを選択する

[プロパティ・エディター] ヘッダーの [データ] ボタンをクリックし、メニューを表示させます。

⓲ 水平線を合わせる

カメラの水平線を、下絵の水平線の位置まで上げていきます。[レンズ] パネルの [シフト] の [Y] の数値を下げて、カメラの水平線を移動します。キャラクターの絵は、きっちりパースを合わせていない場合が多いので、だいたいの位置で問題ありません。

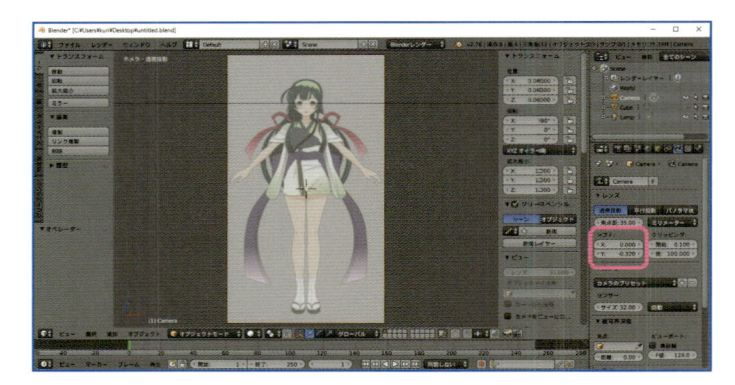

⓳ カメラの高さを調整する

水平線を合わせたら、カメラのオブジェクトの高さを変更します。[プロパティシェルフ] の [トランスフォーム] パネルの [位置] の [Z] の数値を上げます。床が見えるまで上げてください。後で調整するので適当でかまいません。

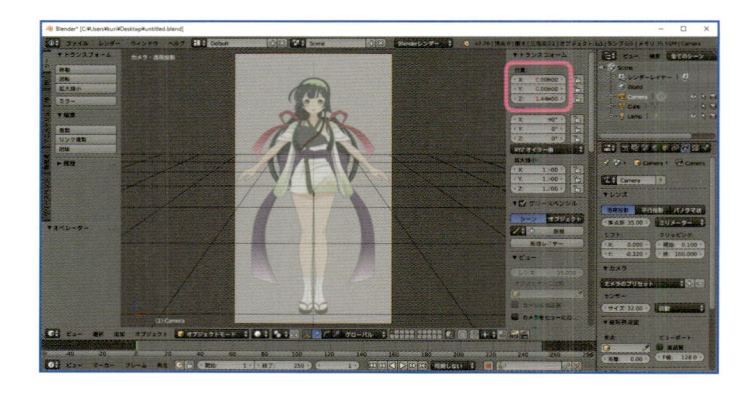

⓴ カメラの寄り引きを調整する

カメラのオブジェクトの前後の位置を変更します。[プロパティシェルフ] の [トランスフォーム] パネルの [位置] の [Y] の数値を下げます。XYZ軸の原点が見えるまで下げてください。[3D カーソル] がXYZ軸の原点にない場合は、58ページの方法で移動させましょう。

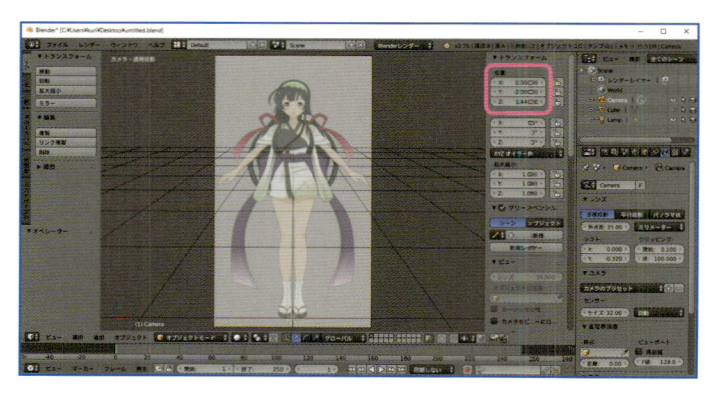

㉑ カメラの位置を微調整する

適当に移動したカメラのオブジェクトの位置を再調整します。もう一度、[トランスフォーム] パネルの [位置] の [Z] と [Y] の数値を変更し、キャラクターの足元が、XYZ軸の原点の近くになるように調整します。つま先でもかかとでも、あまり変わらないので、だいたいでOKです。

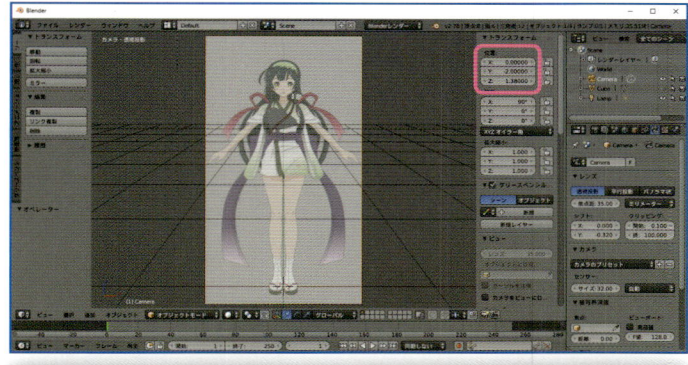

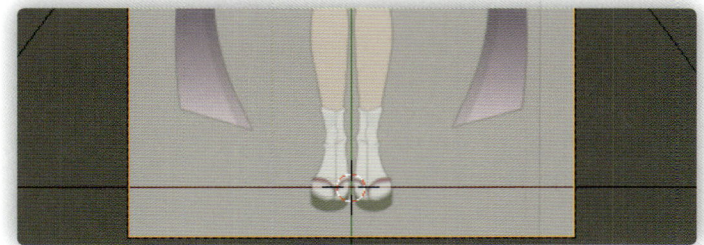

㉒ カメラをロックする

視点が動くとパースが変わってしまうため、モデリング中にカメラのオブジェクトの位置や角度を変えることは禁止です。

もし不安な場合は、カメラのオブジェクトをロックしておきましょう。[アウトライナー・エディター] の [Camera] の矢印をクリックします。

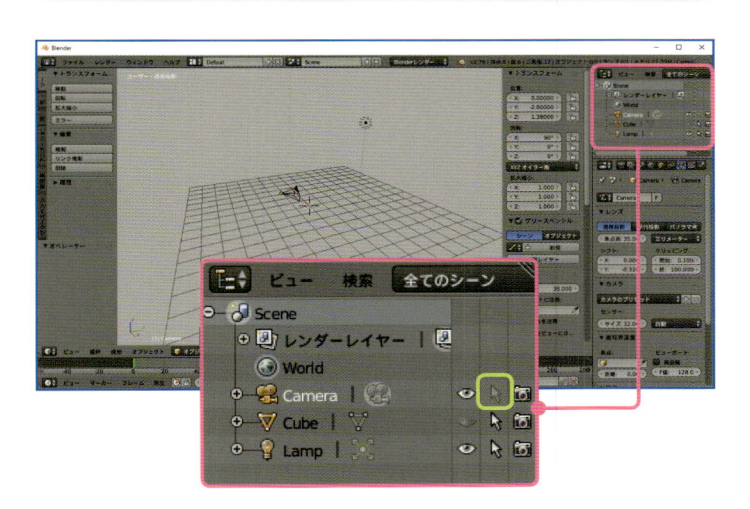

㉓ 立方体を表示する

最後に、非表示にしていた立方体を表示させます。[アウトライナー・エディター] の [Cube] の目のマークをクリックします。続いて、[Cube] の名前またはアイコンをクリックし、立方体を選択している状態にしておきます。

以上で、下絵の配置は完了です。

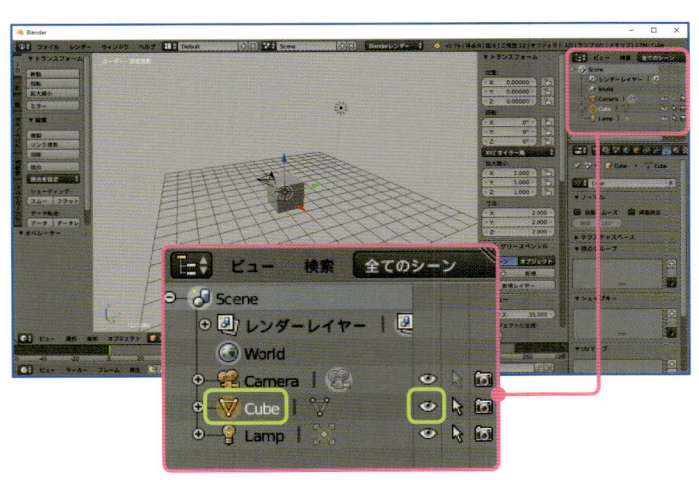

レンズシフト機能とは？

レンズシフト機能は、カメラレンズの画角を広げて、パノラマのように映る範囲を大きくした後で、カメラに表示させる部分をトリミングするという機能です。この機能を使うと、カメラの位置も角度も変えずに、カメラに映す範囲を変更できるというメリットがあります。

レンズシフトは、人間の視覚意識を再現するものであって、カメラならではの特別な何かというわけではありません。人間が首も目玉も動かさず、ピントを1箇所に固定して見ている範囲は意外と狭いのですが、一方で、人間の意識はパノラマ的に景色を見ていると感じています。目に映る範囲よりも広い範囲を見ていると感じるのは、脳内で景色がつながっているためです。この現象を再現、応用しているのがレンズシフトの機能です。

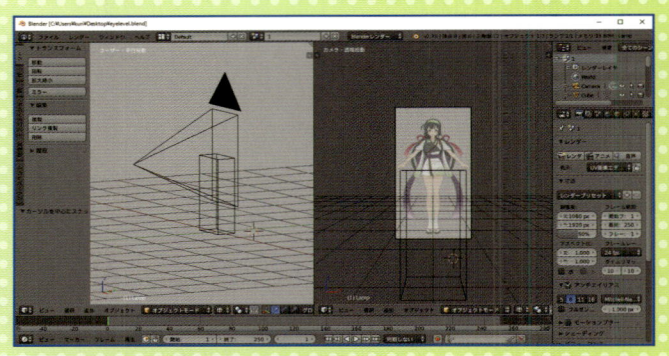

●通常の正面向きのカメラビュー

下絵とカメラの水平線は合っていますが、カメラと被写体（立方体）が近いので、足元が映っていない状況です。

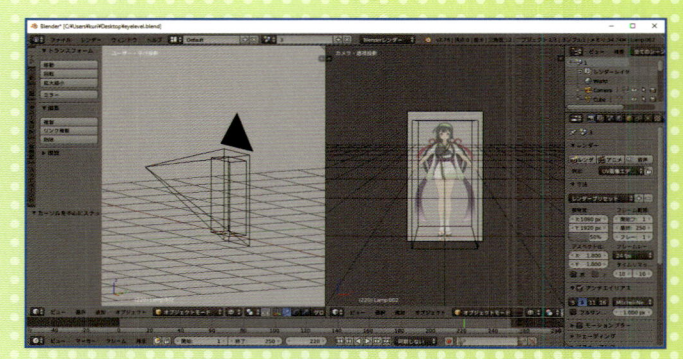

●レンズシフトを使った正面向きのカメラビュー

下絵とカメラの水平線は合っていて、かつ被写体（立方体）がカメラ内に収まっています。カメラの角度を変えずに、映す部分を変更できます。

カメラの位置も角度も変えずに、映す範囲を変えられるなんて、とっても便利ね！
レンズシフト機能は、プロジェクター機器などにも搭載されているわよ！

下絵の配置はカメラビュー？

めたんちゃん
ここまでで何かわからないことはない？

どうして『機械の眼 ──カメラビュー ──』で下絵を配置するのかしら？
平行投影の平面図の方が配置がラクじゃないかしら？
なかなかカメラと合わなくて苦戦したわ！

いいところに気がついたね！
キャラクターの絵は、車や建物の平面図と違って、私達が普段見ている世界と同じように描かれているわよね？

あたりまえじゃない！
図面みたいなイラストはかわいくないわ！

そうなんです！
図面のような絵でキャラクターをモデリングすると、完成した絵もどこか図面みたいになってしまうんです！
キャラクターは普通の自然なパースの絵が一番かわいい！！ だからカメラビューを使うのです！
ちなみに、下絵に合わせるとき以外は平行投影に切り替えて作業しても大丈夫です！

わかったわ！
平行投影じゃなくて、『機械の眼 ──カメラビュー ──』で下絵を配置して作業するわ！

02 素体ベースのモデリング

身体のベースになる3Dモデルのことを素体と呼びます。絵を描くときのアタリをとってラフを描いて清書してという手順と同様に、モデリングも大まかな形から徐々に細部を作っていきます。ここでは、素体ベースとなる3D棒人間から3Dデッサン人形までの手順について説明します。

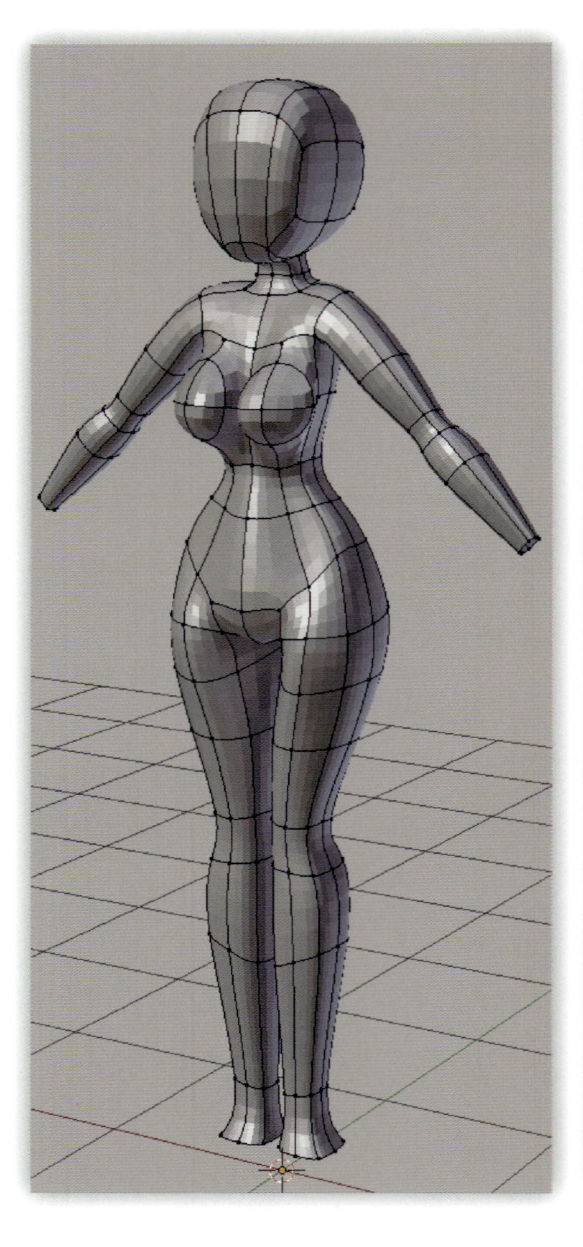

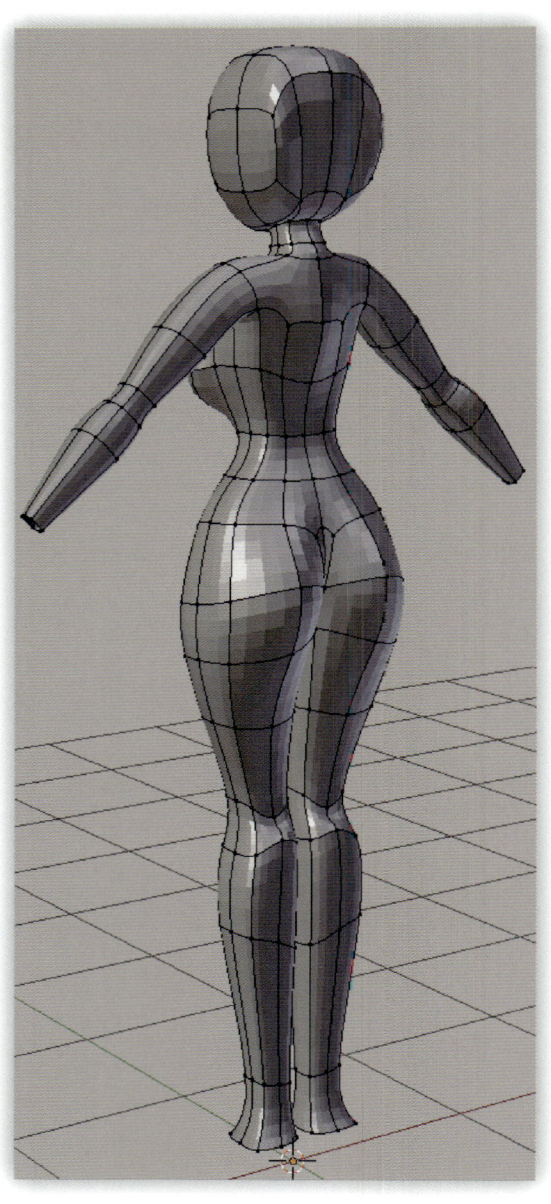

Ⅰ 3D棒人間を作る

❶ 編集モードに変更する

モデリングは [**オブジェクトモード**] ではなく、[**編集モード**] で行います。[**3Dビュー・エディター**] ヘッダーで [**編集モード**] を選択します。

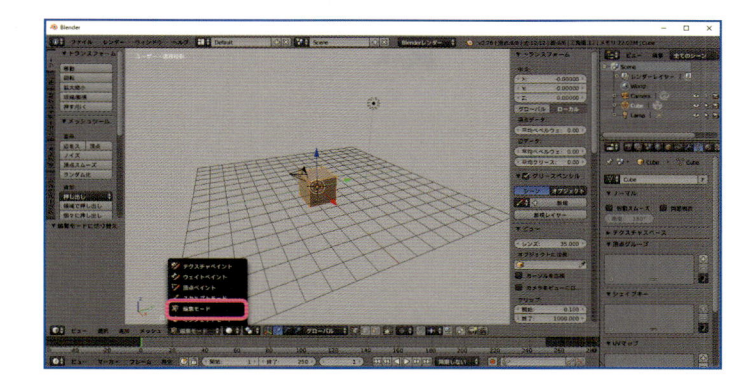

❷ ビューを変更する

テンキーの [**0**] を押してカメラのビューに変更します。

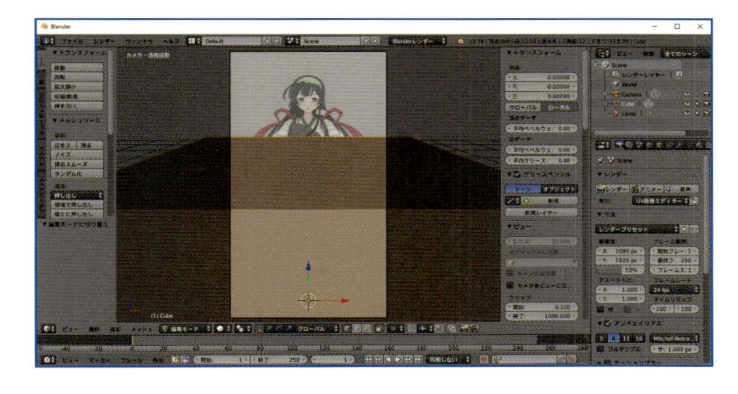

❸ マニピュレーターを変更する

[**3Dカーソル**] を使って立方体を縮小します。まずは [**3Dビュー・エディター**] ヘッダーで [**マニピュレーター：拡大縮小**] をクリックします。[**マニピュレーター**] の先端が円形に変わります。

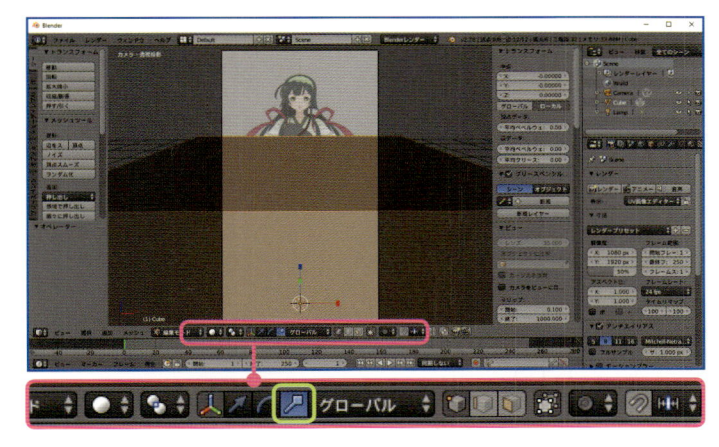

モデリングは通常、最初のオブジェクトをXYZ軸の原点に追加してからスタートします！
オブジェクトが原点から動いてしまったときは、58ページの方法で原点に移動させましょう！

❹ 立方体を縮小する

[マニピュレーター] の中央の白い円をドラッグして立方体を縮小します。キャラクターの片方の脚の太さくらいまで小さくします。

なお、[拡大縮小] のショートカットキーは [S] キーです。[S] キーを押しても、拡大縮小できる状態になります。

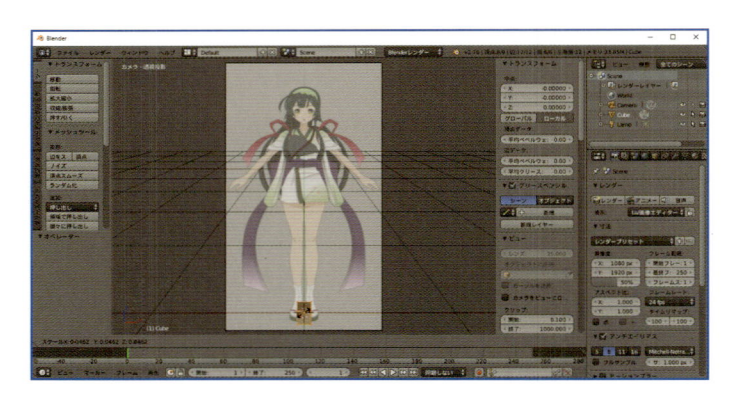

❺ マニピュレーターを変更する

[マニピュレーター] を使って、立方体を片方の足元に移動します。まずは、立方体を全選択したまま、[3Dビュー・エディター] ヘッダーで [マニピュレーター：移動] をクリックします。

❻ 立方体を移動する

[マニピュレーター] の先端が矢印に変わったら、赤い矢印と青い矢印をドラッグして移動します。

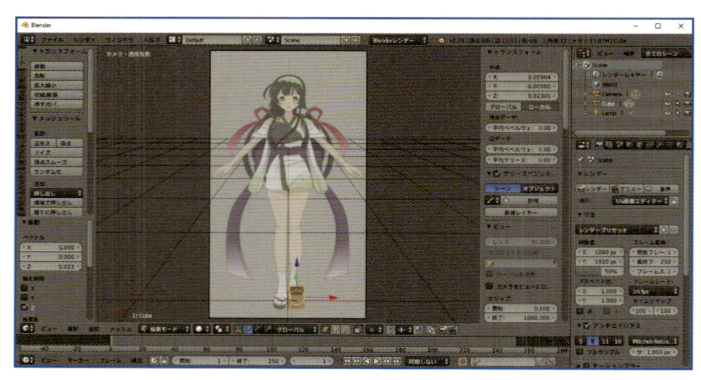

❼ 上面を選択する

[押し出し] を使って3D棒人間を作ります。[押し出し] は、オブジェクトを分割しながら、選択した面の方向（角度）に伸ばすことができる機能です。

始めに、[3Dビュー・エディター] ヘッダーで [面選択] をクリックし、立方体の上面を右クリックで選択します。

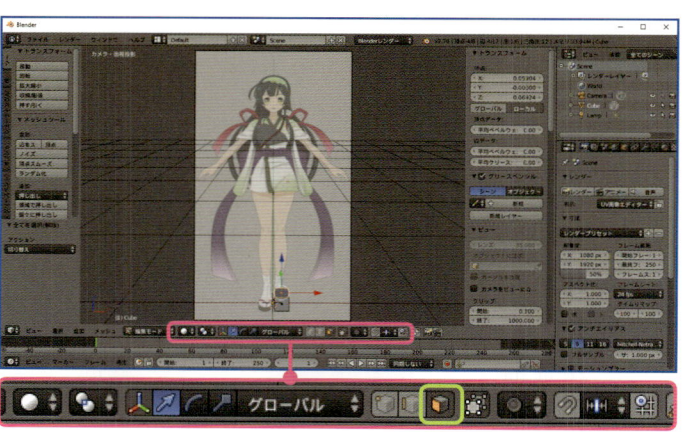

❽ヒザ下まで押し出しする

[ツールシェルフ] の [メッシュツール] パネルの [追加] の中にある [押し出し] をクリックし、メニューが表示されたら [領域] を選択します。次に、ドラッグで面を上に移動し、立方体を押し出します。最後に、ヒザ下の位置でクリックして押し出しを確定させます。

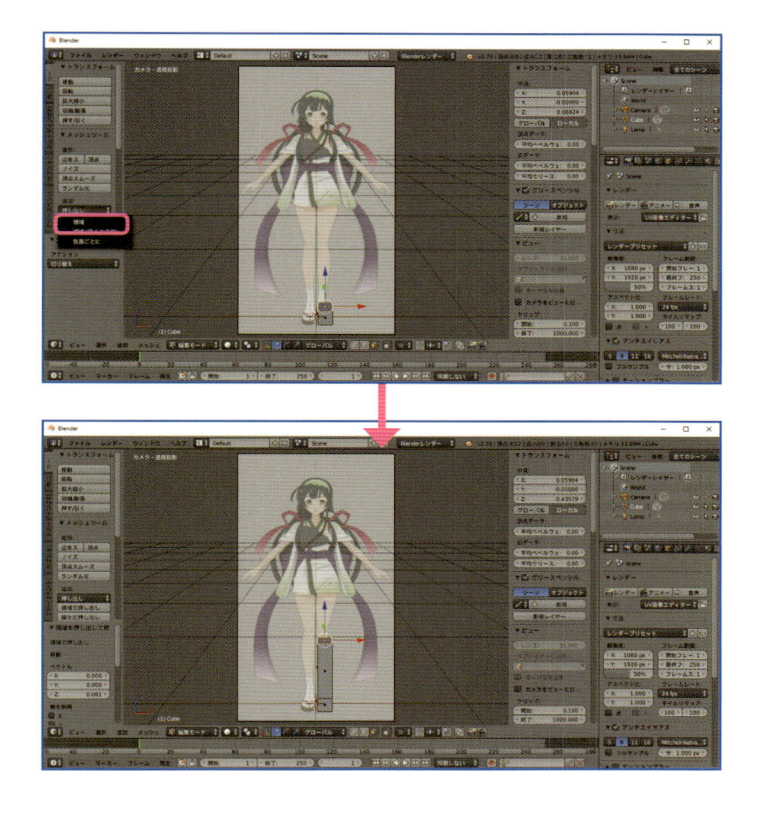

❾ヒザ上まで押し出しする

同様の手順でもう一度、押し出しを行います。[ツールシェルフ] の [メッシュツール] パネルの [追加] の中にある [押し出し] をクリックし、メニューが表示されたら [領域] を選択します。次に、ドラッグで面を上に移動し、立方体を押し出します。そして最後に、ヒザ上の位置でクリックして押し出しを確定させます。

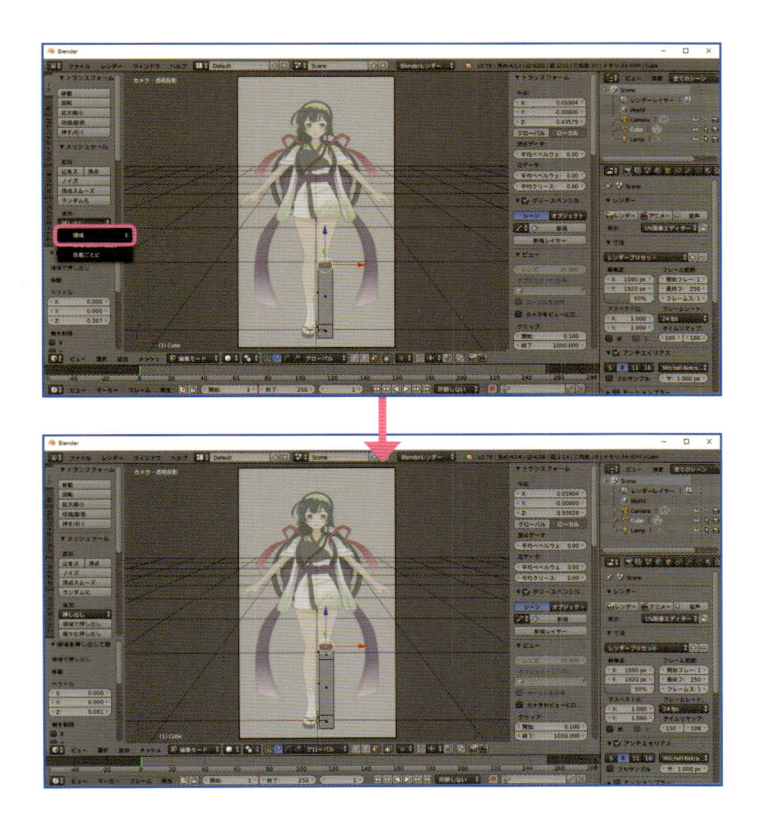

⑩ 肩までを押し出しする

引き続き[押し出し]の機能を使って、オブジェクトを分割しながら面を押し出します。途中で分割する位置の目安は、関節の前後やくびれ付近などの特徴的な部分です。ただし、後でも分割できるので、最初は少なめに分割するといいでしょう。この例では足元から肩までを7つに分割しています。

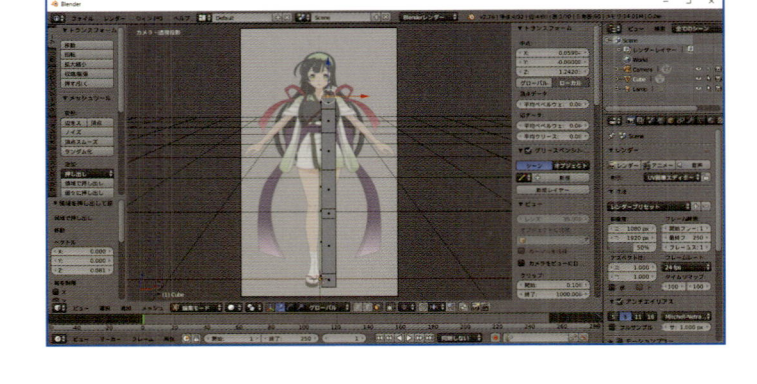

⑪ ビューを切り替える

側面や裏面を選択するときは、テンキーの[0]を押してビューを切り替えます。このとき、マウスポインターが[3Dビューポート]内にないと、テンキーが利かないので気をつけてください。

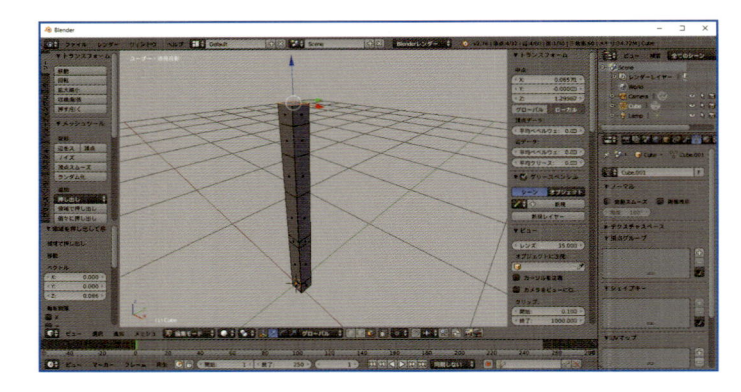

⑫ 押し出しを選択する

まず、一番上の側面を右クリックで選択します。次に、[ツールシェルフ]の[メッシュツール]パネルの[追加]にある[押し出し]をクリックし、メニューが表示されたら[領域]を選択します。

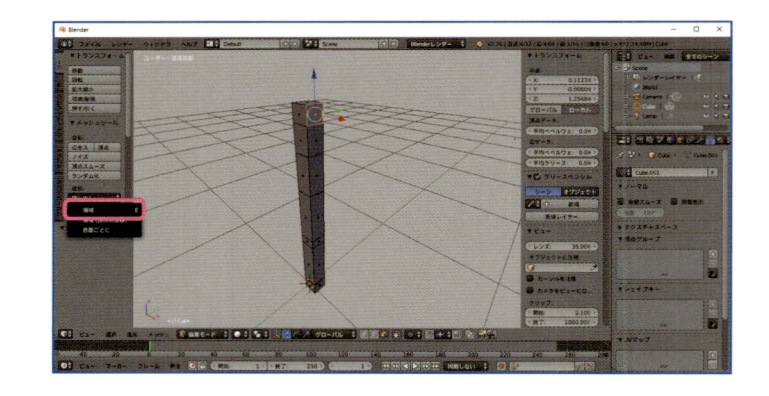

⑬ 腕を押し出す

面をドラッグし、腕の長さまで押し出してクリックで確定します。ここでは分割しません。長さは後でも調整できるので長めにしておきましょう。

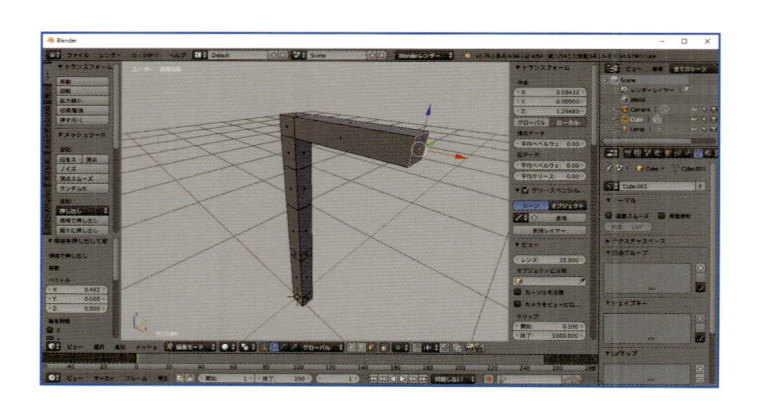

⓮ ビューを切り替える

テンキーの [0] を押してカメラのビューに切り替えます。

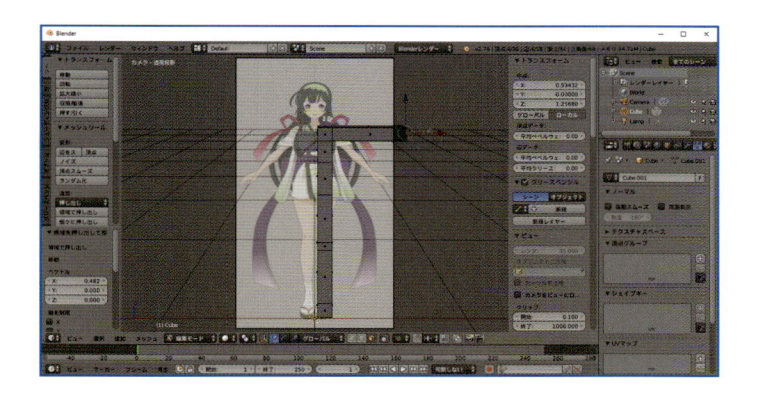

⓯ 腕を下げる

押し出した腕を下に降ろしましょう。先端の面を選択したまま、[マニピュレーター] の青い矢印と赤い矢印をドラッグして、手首のあたりに持ってきます。

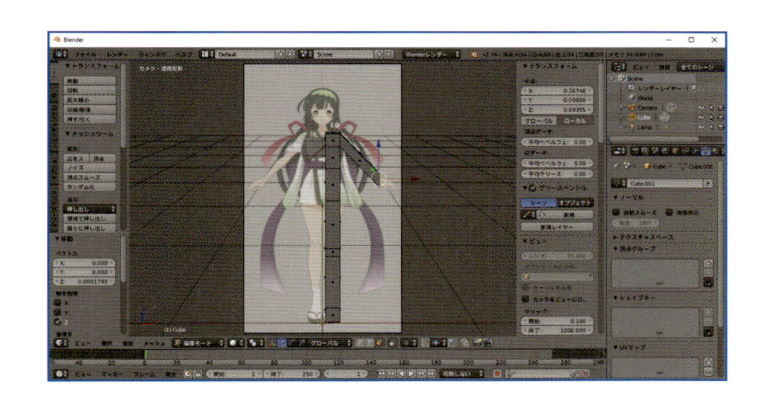

⓰ ビューを切り替える

首の部分を作るために面を [ナイフ] で分割します。まずはテンキーの [0] を押してビューを切り替えます。マウスホイールを長押ししてビューを切り替えてもかまいません。上面が見えるようにビューを移動してください。

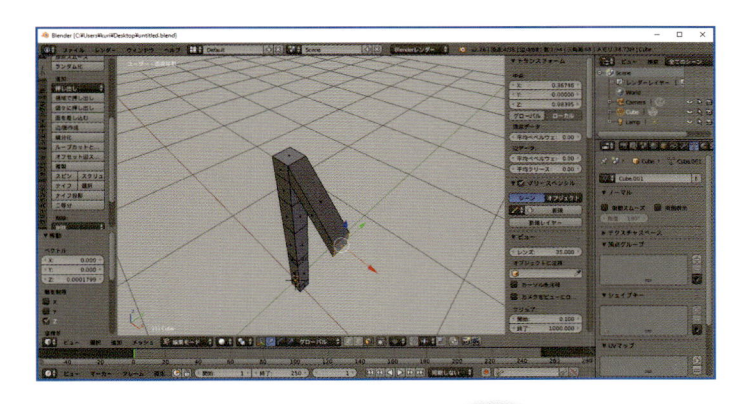

⓱ 分割部分に頂点を追加する

[ツールシェルフ] の [メッシュツール] パネルの [追加] にある [ナイフ] をクリックし、[Ctrl] キーを押しながら上面の辺に近づけます。緑の四角形が表示されたら、辺をクリックして始点を決めます。なお、[Ctrl] キーを押しながら操作すると、辺の中点に頂点を持ってくることができます。

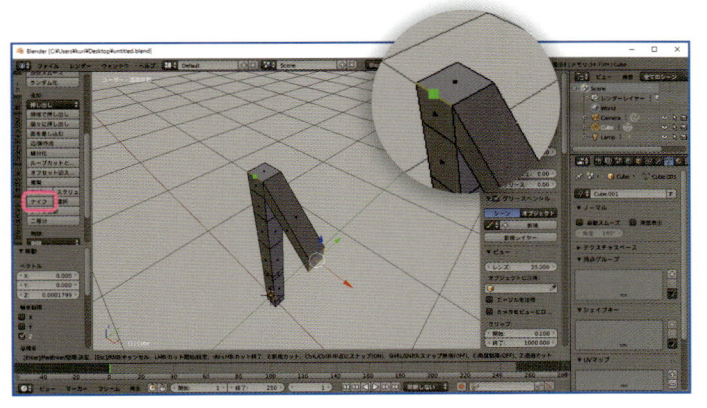

⑱ 分割を確定する

[Ctrl] キーを押しながら終点の位置をクリックします。頂点を追加すると、赤い四角形に変わります。最後に [Enter] または [Return] キーを押して分割を確定させます。操作をキャンセルするときは [Esc] キーを押してください。

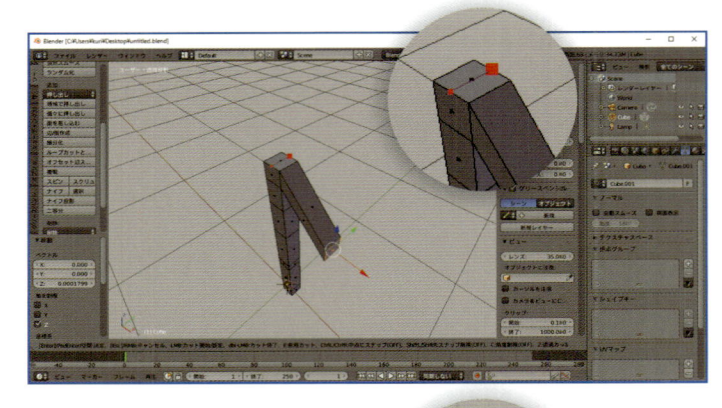

⑲ 上面を選択する

首の部分を押し出します。[3Dビュー・エディター] ヘッダーで [面選択] をクリックし、上面の左側を右クリックで選択します。次に、[ツールシェルフ] の [メッシュツール] パネルの [追加] にある [押し出し] をクリックし、メニューが表示されたら [領域] を選択します。

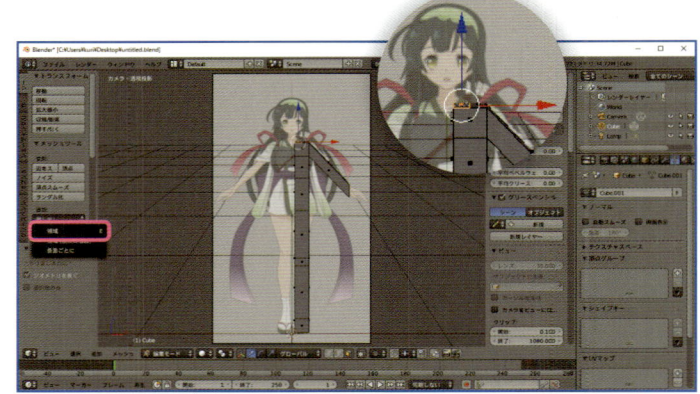

⑳ 首を押し出す

面をドラッグし、アゴの付近でクリックして分割します。そしてもう一度 [押し出し] を使って、今度は頭の上まで押し出します。

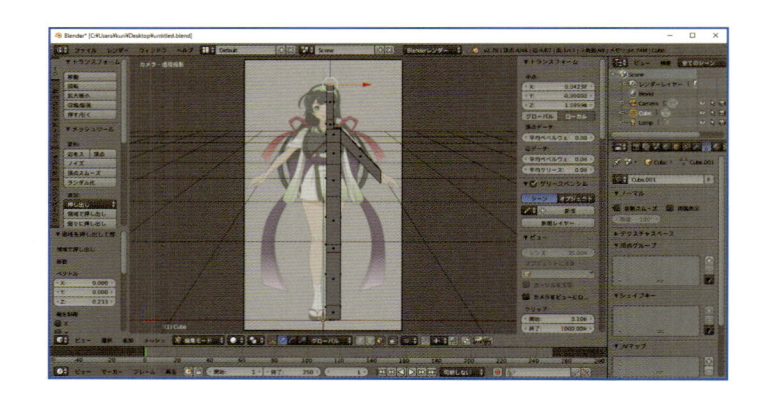

㉑ 側面を選択する

最後に頭部を横に押し出します。テンキーの [0] を押してビューを切り替え、側面が見えるようにします。一番上の側面を右クリックで選択します。

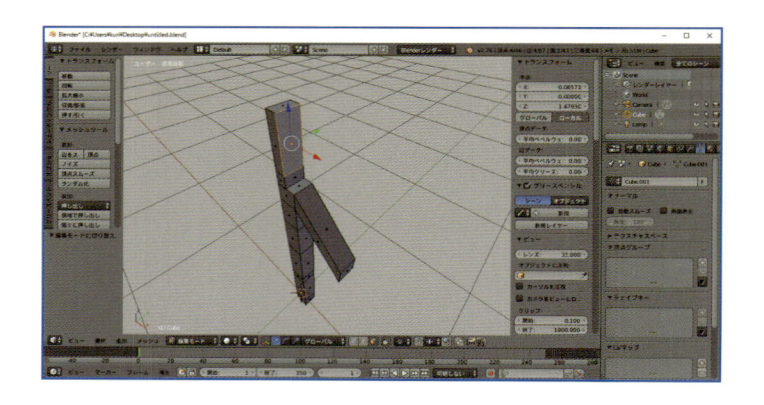

㉒ 押し出しを選択する

面を選択したら、テンキーの [0] を押してビューを切り替えます。次に、[ツールシェルフ] の [メッシュツール] パネルの [追加] にある [押し出し] をクリックし、メニューが表示されたら [領域] を選択します。

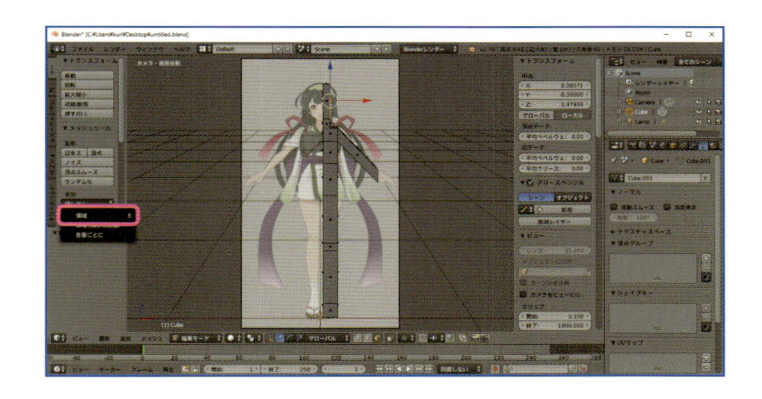

㉓ 頭を押し出す

面をドラッグし、肢体の幅と同じくらいの位置でクリックして確定します。ここでは分割しません。
以上で、押し出しの作業は終了です。

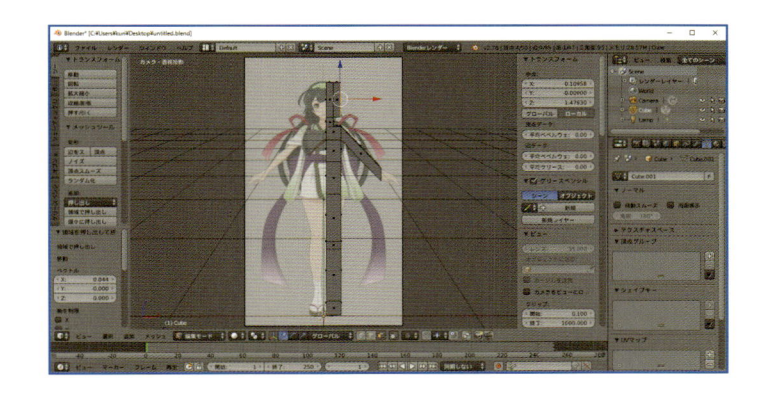

㉔ 削除する面を選択する

ミラーモデリングの準備を行います。[ミラー] は自動で鏡像を作る機能です。[ミラー] を使うときは、鏡像の境目になる面を削除します。削除しないと、変形したときに歪になるので注意してください。テンキーの [0] を押してビューを切り替え、[Shift] キーを押しながら股上のすべての面を右クリックで選択します。

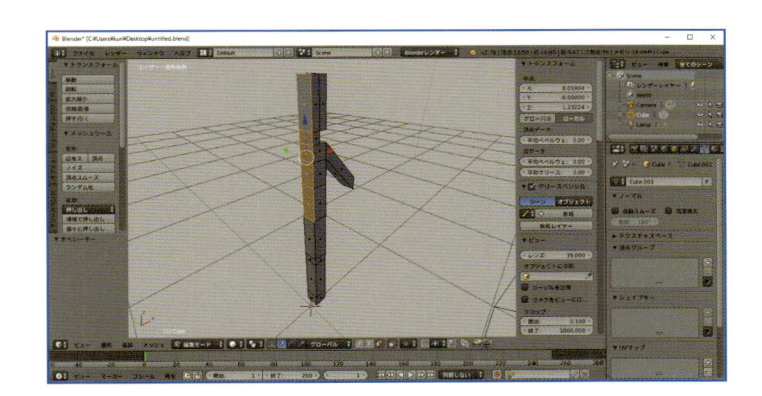

㉕ 面を削除する

[3Dビュー・エディター] ヘッダーの [メッシュ] ⇒ [削除] ⇒ [面] をクリックします。選択した面が削除されます。

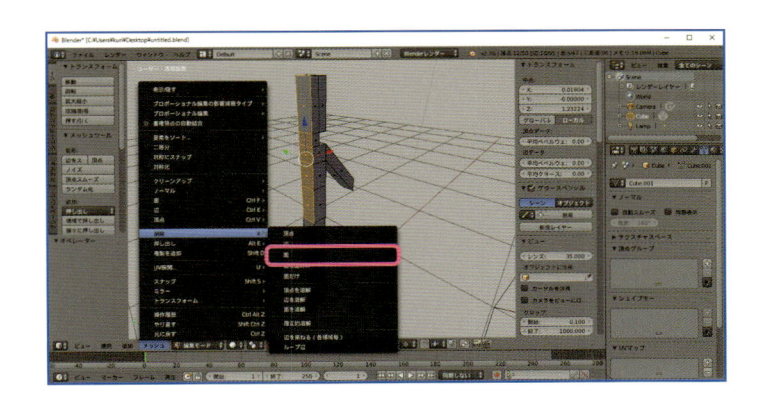

㉖ 面を削除する

選択した面が削除されました。

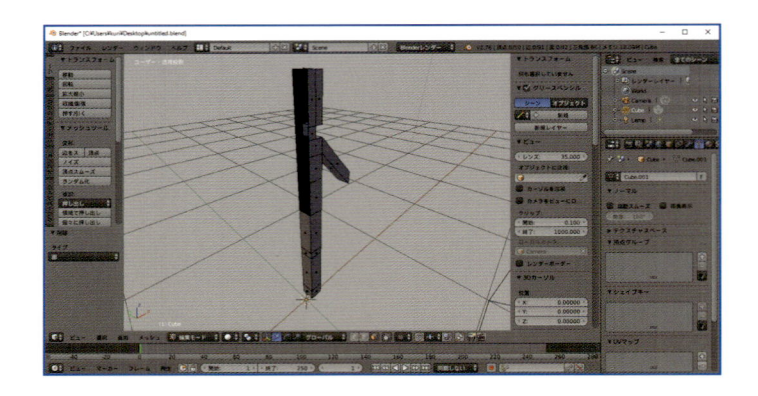

㉗ 辺を選択する

鏡像と実体をぴったりくっつけるために、XYZ軸を境界線として利用します。今回利用するのはX軸です。削除した部分を囲む辺を、X軸上に移動しましょう。

まず、[3Dビュー・エディター] ヘッダーで [辺選択] をクリックします。次に、削除した面を囲む辺を、[Shift] キーを押しながら右クリックで選択します。

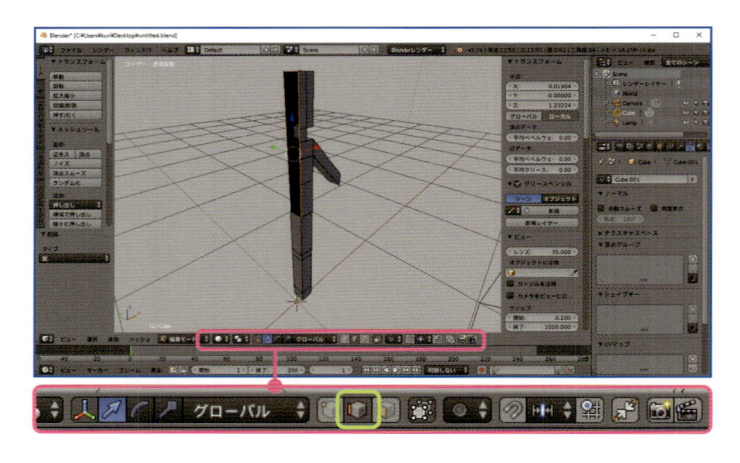

㉘ 数値を入力する

[プロパティシェルフ] の [トランスフォーム] の [中点] の [X] と [Y] に、それぞれ0を入力します。[Y] にも0を入力するのは、今回は前後も対称になっているためです。[プロパティシェルフ] が表示されていない場合は、[3Dビュー・エディター] ヘッダーの [ビュー] ⇒ [プロパティ] をクリックして表示させます。

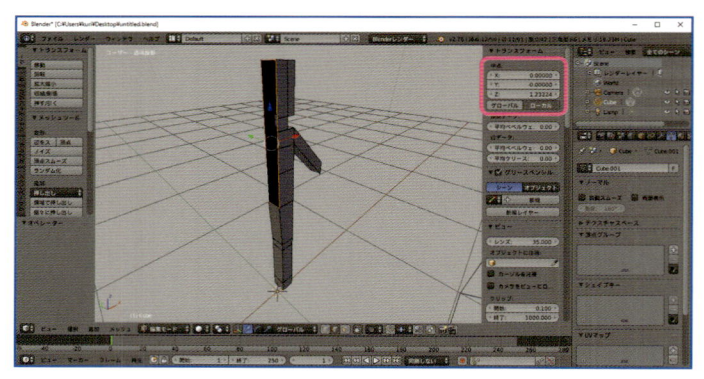

㉙ ビューを切り替える

テンキーの [0] を押してカメラからのビューに切り替えました。これがミラーを設定する前の完成形です。

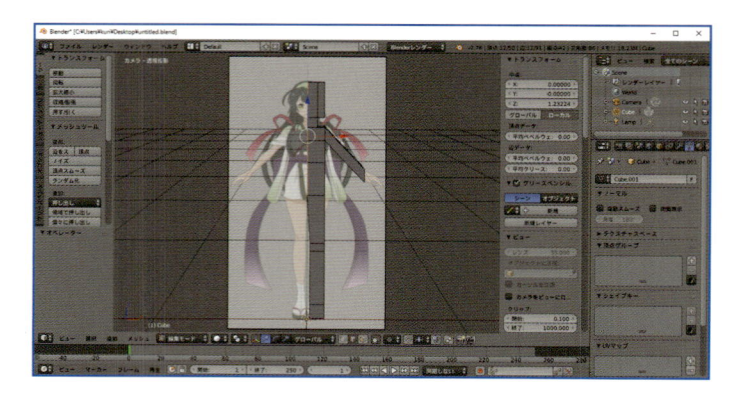

㉚ モディファイアーを選択する

鏡像を表示する[ミラー]を設定していきます。[ミラー]は[モディファイアー]の機能の一つです。[プロパティ・エディター]に収納されています。

[プロパティ・エディター]ヘッダーにある[モディファイアー]ボタンをクリックします。

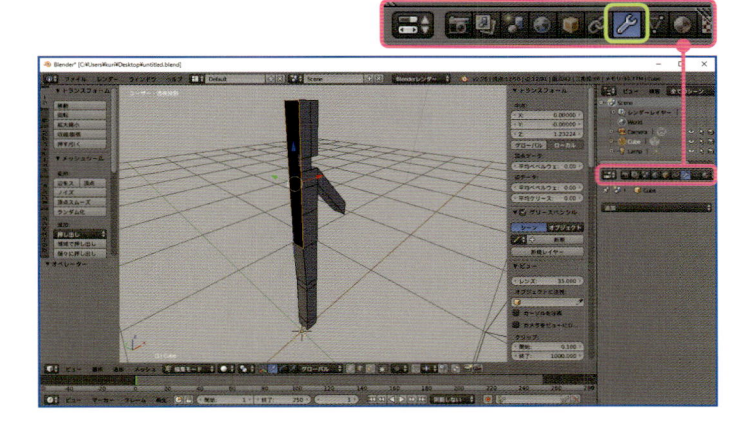

㉛ ミラーを選択する

[追加]をクリックし、表示されたメニューの[ミラー]をクリックします。

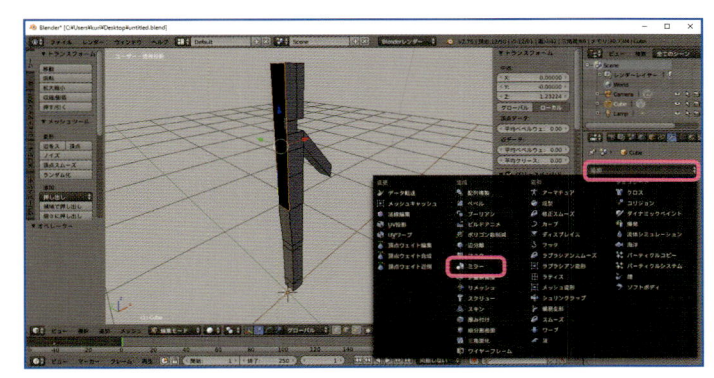

㉜ 鏡像が表示される

モディファイアースタックに[ミラー]のモディファイアーパネルが追加されます。また、オブジェクトの反対側に鏡像が表示されます。オブジェクトの右半分が実体で、左半分が鏡像です。

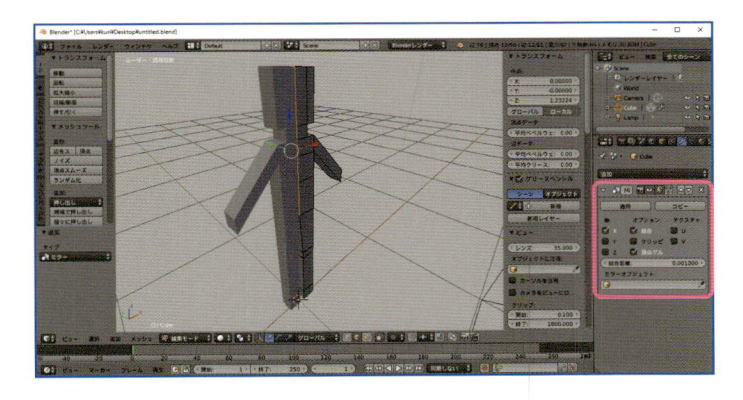

㉝ ビューを切り替える

テンキーの[0]を押してビューを切り替えました。これが正面から見たときの形です。股上はぴったりくっつき、脚の間は隙間ができています。

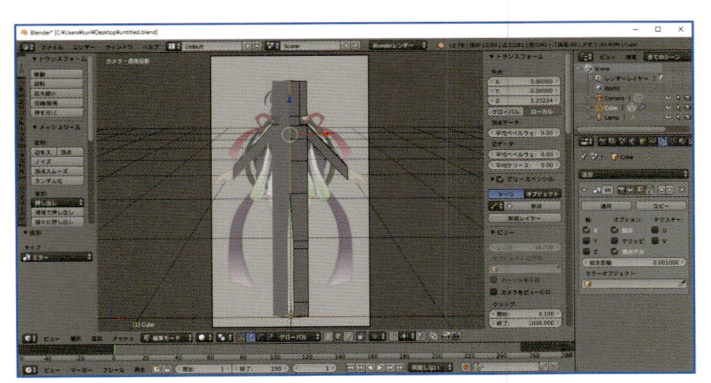

㉞ 編集ケージをオンにする

[ミラー] のモディファイアーのパネルヘッダーにある [編集ケージをモディファイアーの結果に適用する] ボタンをクリックします。これで、実体と鏡像のどちらでもモデリングできる状態になりました。

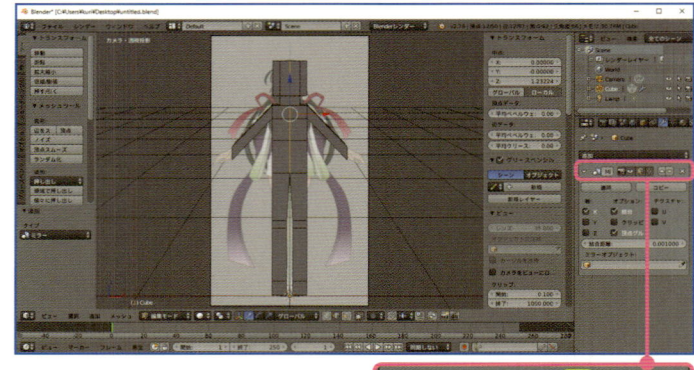

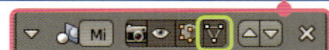

㉟ モディファイアーを選択する

立方体に丸みをつける [細分割曲面] を設定します。[細分割曲面] も [モディファイアー] の機能の一つです。まず、[プロパティ・エディター] ヘッダーにある [モディファイアー] ボタンをクリックします。

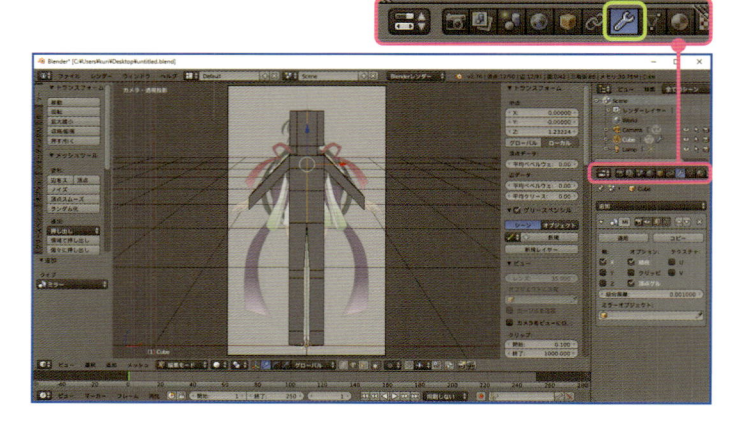

㊱ 細分割曲面を選択する

[追加] をクリックし、表示されたメニューの [細分割曲面] をクリックします。

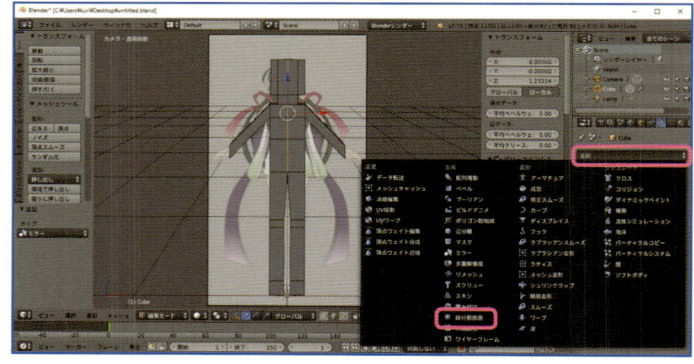

㊲ 見かけが曲面に変わる

モディファイアースタックに [細分割曲面] のモディファイアーパネルが追加されます。また、立方体が滑らかな曲面になりました。これは見かけが曲面になっているだけで、実体は四角いままです。[細分割曲面] を削除すると、もとの四角い立方体に戻ります。

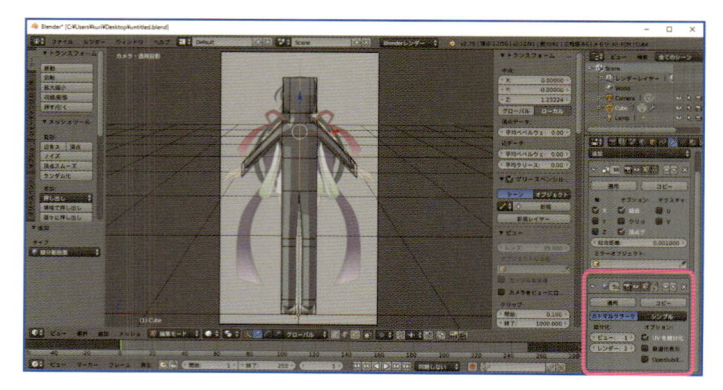

㊳ 丸みの数値を設定する

[細分割曲面] のモディファイアー
パネルにある [細分化] の [ビュー]
と [レンダー] の数値を2に変更し
ます。[ビュー] と [レンダー] には
同じ数値を入力します。なお、数値
を上げるほど曲面が滑らかになりま
すが、その分データは重くなります。

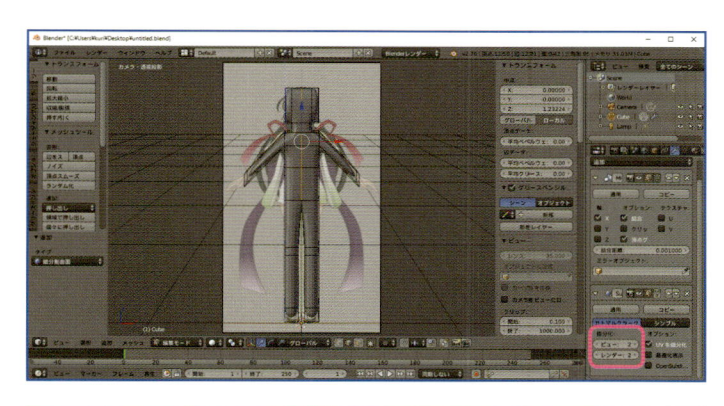

㊴ 編集ケージをオンにする

[細分割曲面] のモディファイアー
パネルヘッダーにある [編集ケージ
をモディファイアーの結果に適用す
る] ボタンをクリックします。立方
体の辺が非表示になり、曲面を直
接選択できるようになりました。

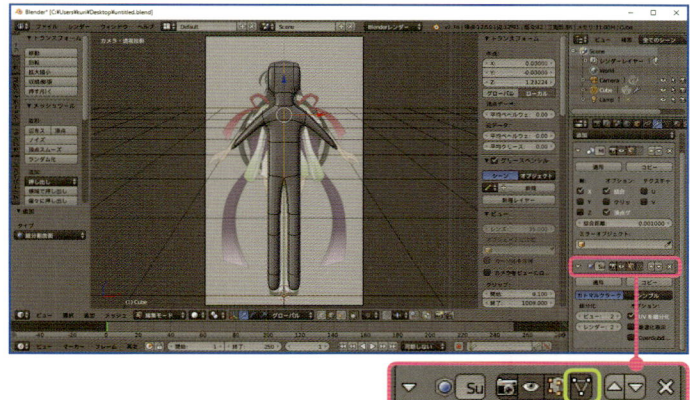

㊵ 手首の面を選択する

手首と足首の先が丸まっている状
態なので、先端の面を削除して解
消します。
まずはテンキーの [0] を押して、ビ
ューを切り替えます。次に、[3Dビ
ュー・エディター] ヘッダーの [面
選択] をクリックし、手首の先端の
面を右クリックで選択します。

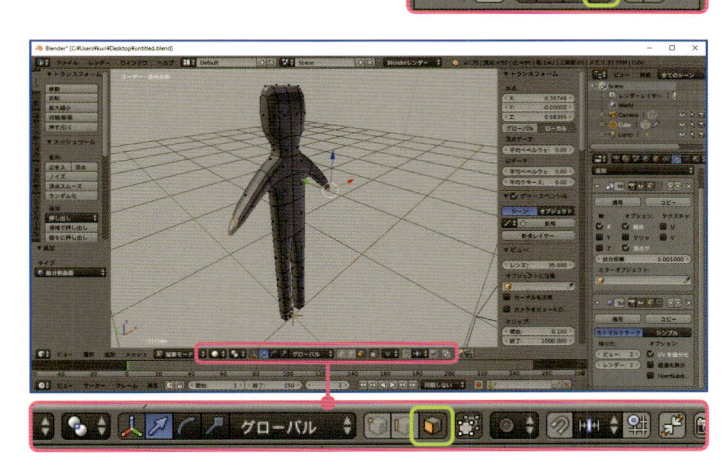

㊶ 削除を選択する

[3Dビュー・エディター] ヘッダー
の [メッシュ] ⇒ [削除] ⇒ [面] を
クリックします。

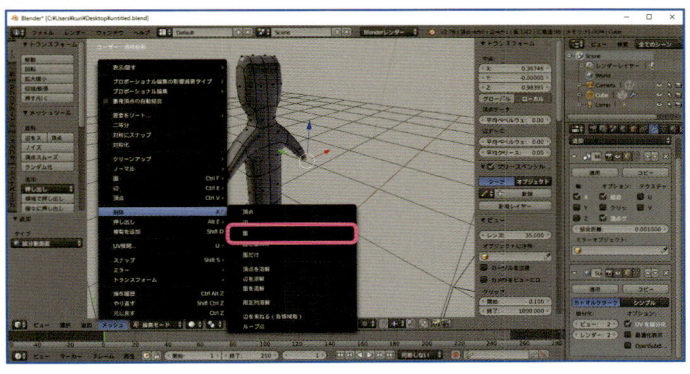

㊷ 面が削除される

選択した面が削除されました。端の面を消すと、先端に向かって丸くなる現象が解消されます。

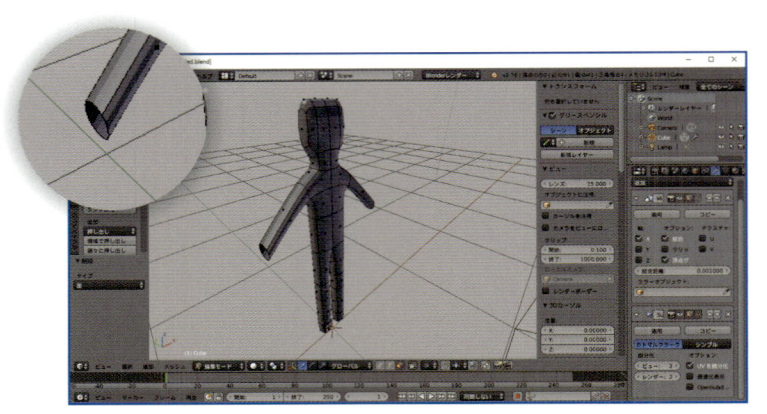

㊸ 足の底面を削除する

手首と同様に、足の底面も削除しておきましょう。

まず、テンキーの [0] を押して、ビューを切り替えます。次に、足底の先端の面を右クリックで選択します。最後に、[3D ビュー・エディター] ヘッダーの [メッシュ] ⇒ [削除] ⇒ [面] をクリックして削除します。

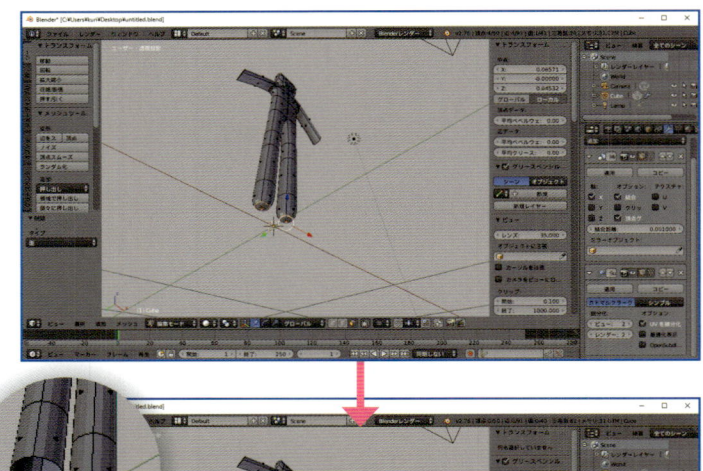

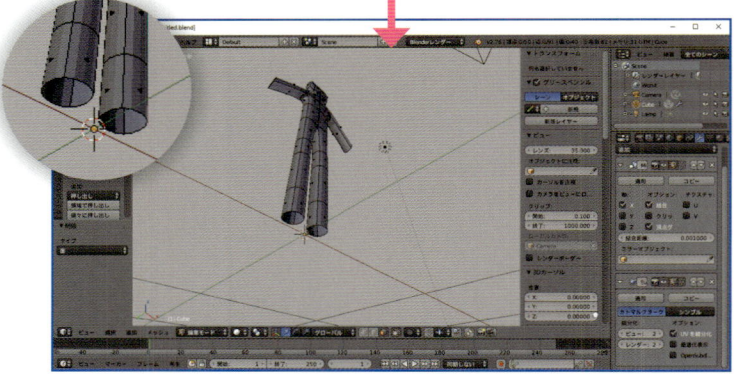

㊹ ビューを切り替える

テンキーの [0] を押してビューを切り替えました。これで3D棒人間の完成です。

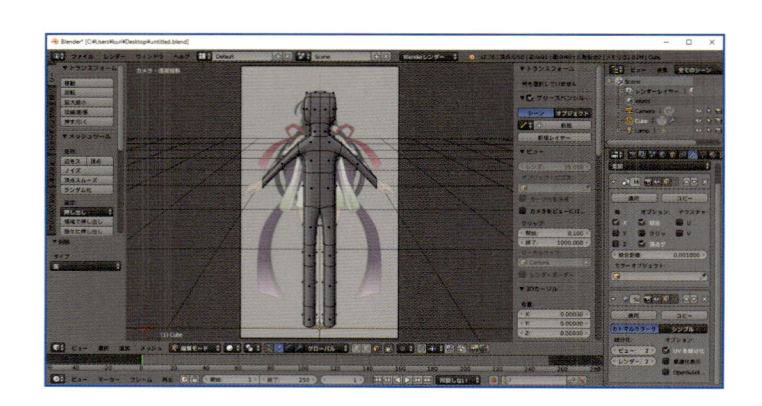

㊺ シェーディングを変更する

棒人間の表示を変更してみます。
[**3Dビュー・エディター**] ヘッダー
で [**ワイヤーフレーム**] を選択しま
す。

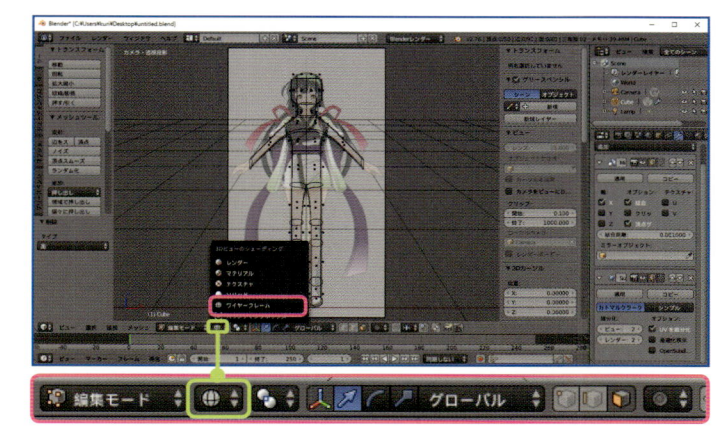

㊻ ビューを切り替える

正面のままでは立体の形が分かり
にくいので、テンキーの [**0**] を押し
てビューを切り替え、全体の形を確
認します。

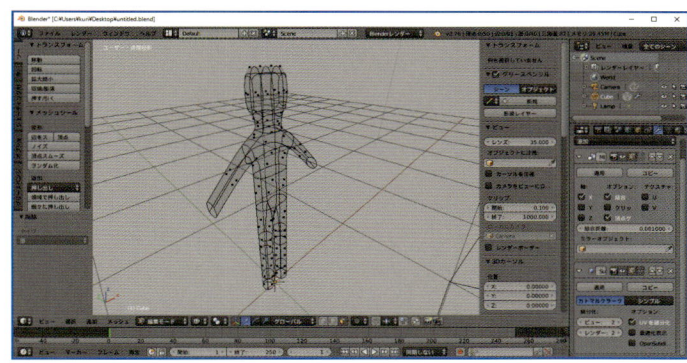

㊼ もとの形を表示する

見かけの形と、もとの形の表示を切
り替えます。
[**細分割曲面**] のモディファイアー
パネルヘッダーにある [**編集ケージ
をモディファイアーの結果に適用す
る**] ボタンをクリックして解除し、も
との形の立方体を表示させます。
再び [**細分割曲面**] のモディファイ
アーのパネルヘッダーにある [**編集
ケージをモディファイアーの結果に
適用する**] ボタンをクリックし、もと
の形の立方体を非表示にします。
このように、モデリング中は時々も
との形を表示させて、もとの形がお
かしくなっていないか確認しながら
作業してください。

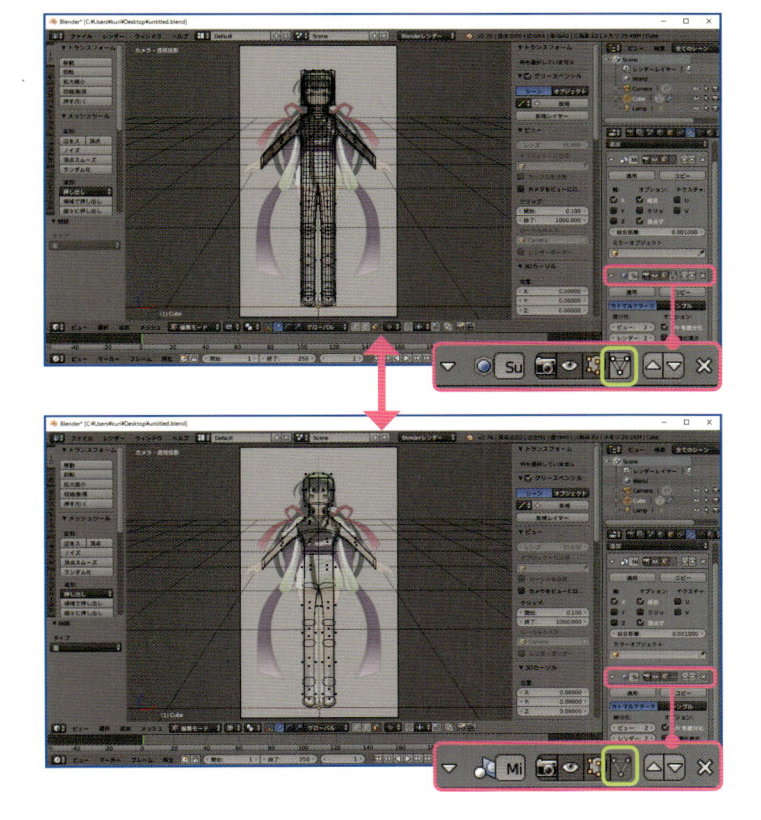

モディファイアー？

めたんちゃん！
今どきの3DCGソフトは**モディファイアー**という便利な機能が搭載されているのよ

『漆黒の火炎魔法 ─ モディファイアー ─』なら得意分野よ！
すべてを焼きつくす闇の炎のことよね！

違います。
モディファイアーは、画像編集ソフトで言うところの**非破壊編集**の機能と似ているわ
Adobe Photoshop® の色調補正機能と同じようなものよ！

破壊しない魔法？！
治癒魔法系かしら？

非破壊編集というのは、もとのデータを残したまま、見かけの形を変えられる編集方法です
もとのデータが残った状態で効果をつけられるから、やり直しが簡単になるんです！
実体の形はそのままで、複雑な形状にモデリングできます！

それはとても便利そうね！
魔法で戦闘力が一時的に強化されても
戦闘が終わると元にもどってる感じね！
具体的にはどんな効果があるのかしら？

よく使われるモディファイアーには、**細分割曲面**、**ミラー**、**厚み付け**などがあります
他にもいろんなモディファイアーがありますよ！

なるほどっ！
スキルがたくさんあるってことね！

そうだ！
モディファイアーを使うときは、気をつけないといけないことがあります！

なにかしら。
間違って使うと暴走して世界が消滅するとか？

世界は消滅しません。
モディファイアーの仕組みはレイヤーと同じように、上下が入れ替わると最終的な効果が変わってしまいます
意図しない結果になってる場合は、順番を入れ替えると直ることがあります

分身の魔法をかけた後に、分身した数だけ強化魔法を使うよりも、強化魔法を使った後に、分身魔法をかけた方が良いってことね？

たぶん、そんな感じです……
モディファイアーは、途中や最後に適用するものと、永久に適用しないものがあります
適用というのは、見かけの形を実体化させることです
実体化したときに意図しない結果にならないように、モディファイアーは適用する順に、上から並べるのが基本になります

モディファイアーを使うときの注意点

モディファイアー機能は画像処理ソフトで言うところの非破壊編集機能のようなものです。もとのデータをいじらずに、見かけだけを変えられる便利な機能ですが、使用時に注意しなければいけない点が2つあります。

一つ目は、[オブジェクトモード]のときしかモディファイアーを[適用]することができないことです。画像処理ソフトで言うところのレイヤーを結合して一つにするのと同じように、モディファイアーによる効果は、もとのデータに実体化させることができます。ただし、[編集モード]では、その[適用]の操作を行うことができません。モディファイアーの[適用]は、[オブジェクトモード]で行う必要があります。

二つ目は、オブジェクトの形は、モディファイアーの階層の影響を受けるということです。画像処理ソフトのレイヤー機能と同様に、モディファイアーの機能は階層構造になっており、その効果は上から順にオブジェクトに反映されるようになってます。そのため、下にあるモディファイアーの[適用]を行うと、オブジェクトの形が変わってしまうことがあります。これを避けるために、[適用]するモディファイアーは上へ、[適用]させないモディファイアーは下へ移動しておきます。ただし、[ミラー]は最上層に持ってきます。

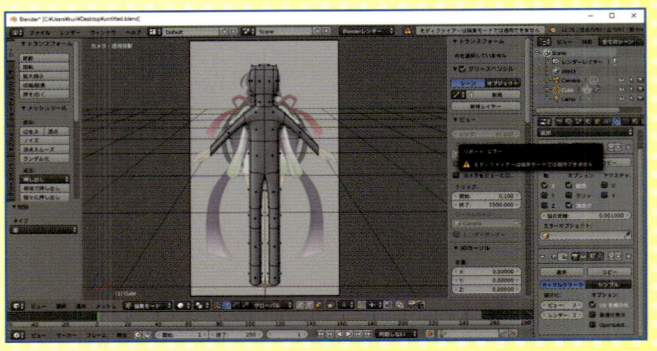

❶ 編集モードではモディファイアーを適用できない
[編集モード]のときにモディファイアーの[適用]をクリックするとエラーが表示されます。

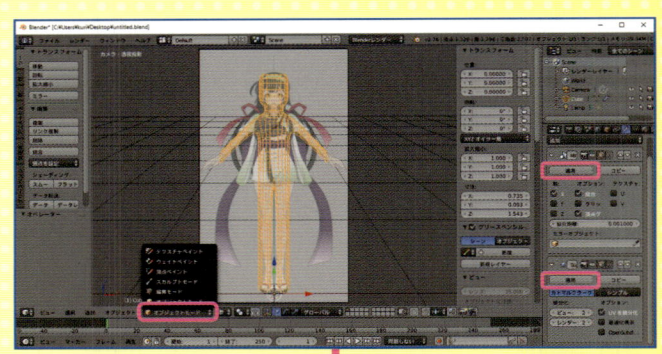

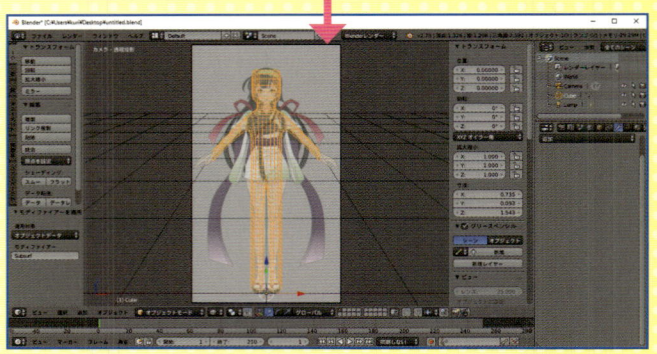

❷ オブジェクトモードでモディファイアーを適用する
[3Dビュー・エディター]ヘッダーで[オブジェクトモード]に変換し、モディファイアーパネルに表示されている各モディファイアーの[適用]をクリックします。モディファイアーを適用すると、モディファイアーパネルが消えて、見かけのデータが実体化されます。

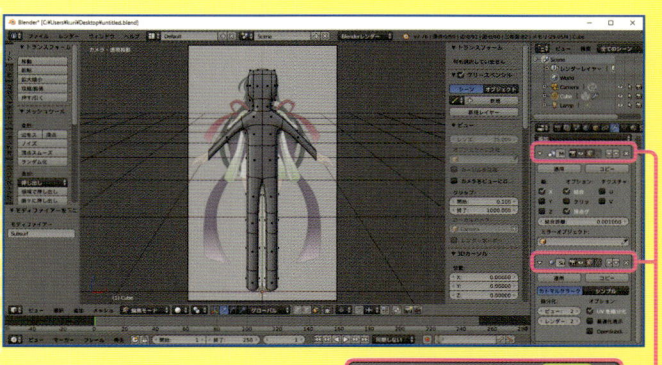

● モディファイアーの階層を入れ替えると結果が変わる i

この画面は、上に [ミラー] のモディファイアー、下に [細分割曲面] のモディファイアーがあるときです。各モディファイアーパネルヘッダーにある [▲] [▼] をクリックすると、そのモディファイアーを上層に上げたり、下層に下げたりすることができます。

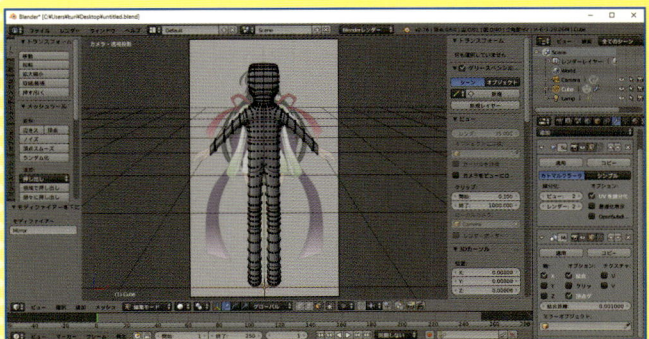

● モディファイアーの階層を入れ替えると結果が変わる ii

この画面は、上に [細分割曲面] のモディファイアー、下に [ミラー] のモディファイアーがあるときです。モディファイアーの階層を入れ替えると、オブジェクトの見かけの形が変わる場合があります。そのため、モデリングの途中でモディファイアーの階層を入れ替えないようにしてください。モディファイアーを使うときは、追加したらすぐに順番を入れ替えることが大切です。

モディファイアーは順番が大事!!
モディファイアーを追加したら、オブジェクトを変形する前に、モディファイアーの階層の順番を考慮して!
[ミラー] は一番上に移動して、基本的には適用する順に上から並べるのよ!
[ミラー] ＞ [厚み付け] ＞ [細分割曲面] の順が王道ね!

Ⅱ ビューを切り替えながら作業する

❶ ビューを切り替えて作業する

マウスホイールを上にスクロールしてカメラビューを拡大します。ただし、パースが狂うので、カメラの角度や位置を変えることは禁止です。隠れて見えない部分や、側面、裏側などは、テンキーの **[0]** を押してビューを切り替え、角度を変えながら作業します。ビューの詳細は20 ページを参照してください。

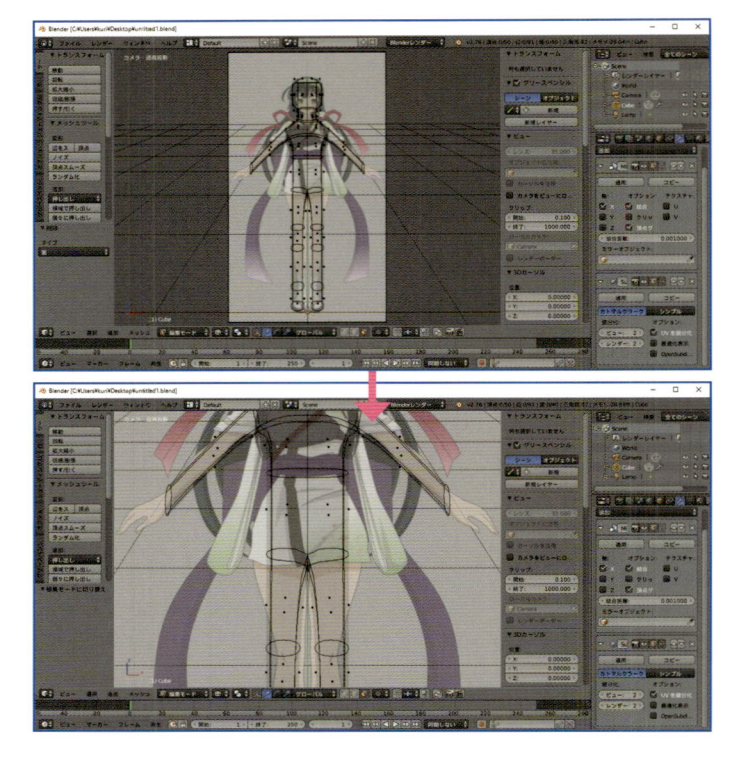

❷ シェーディングを変更する

ビューとともにシェーディングも変更します。**[3D ビュー・エディター]** ヘッダーで **[ワイヤーフレーム]** と **[ソリッド]** を適宜変えながら作業しましょう。

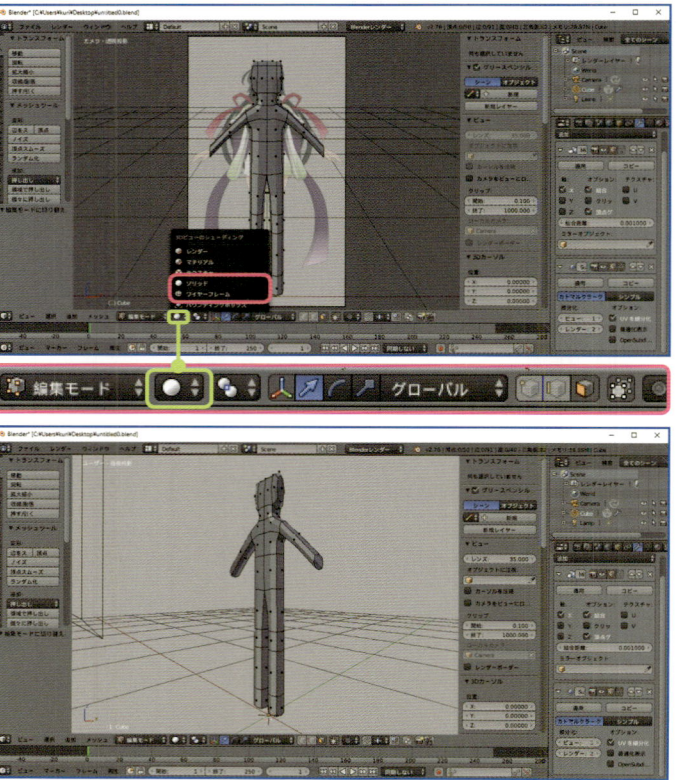

Ⅲ 頂点、辺を移動する

❶ 頂点を選択する

まずは下絵と形が合うように、正面の頂点を移動します。

[3Dビュー・エディター] ヘッダーで [頂点選択] をクリックします。太もも付近の右側の手前と奥の頂点を、[Shift] キーを押しながら右クリックで選択します。

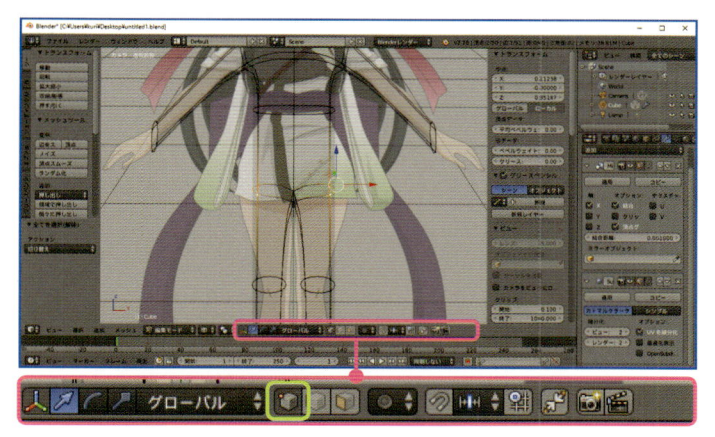

❷ 頂点を移動する

X軸と平行に頂点を移動します。軸と平行に移動する方法を2つ紹介します。どちらも覚えておきましょう。

一つ目の方法は、[マニピュレーター] の赤い矢印を右クリックでドラッグし、太ももの幅になるまで移動します（上図）。

二つ目の方法は、[マニピュレーター] の白い円をクリック&ドラッグしながら [X] キーを押します。X軸の赤い線が表示されたら、さらにドラッグして太ももの幅になるまで移動します。この [X] キーは、X軸と水平に移動するという意味です（中央図）。

なお、[マニピュレーター] の白い円をクリック&ドラッグする前に [X] キーを押してしまうと、ショートカットキーメニューが表示されてしまいます（下図）。タイミングを間違わないように注意してください。ショートカットキーメニューは、[Esc] キーを押すとキャンセルできます。

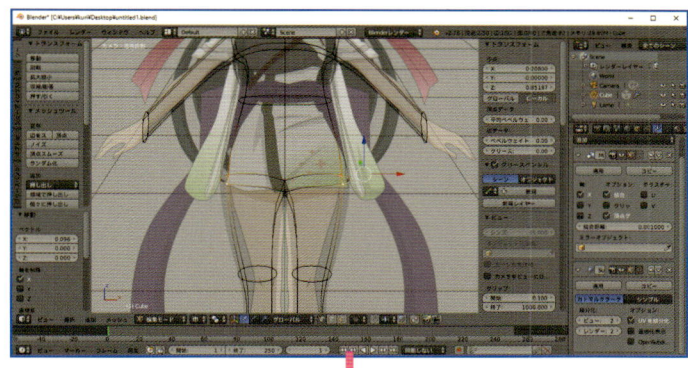

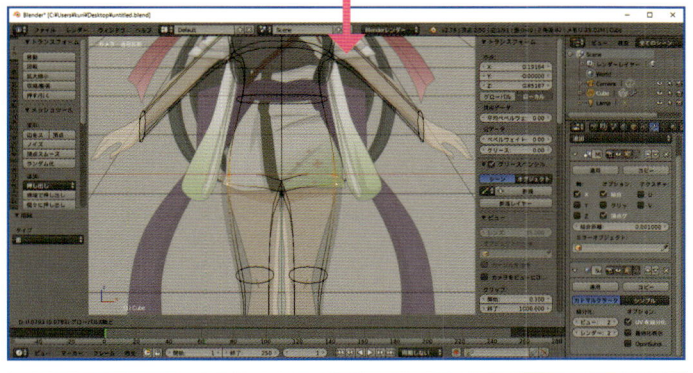

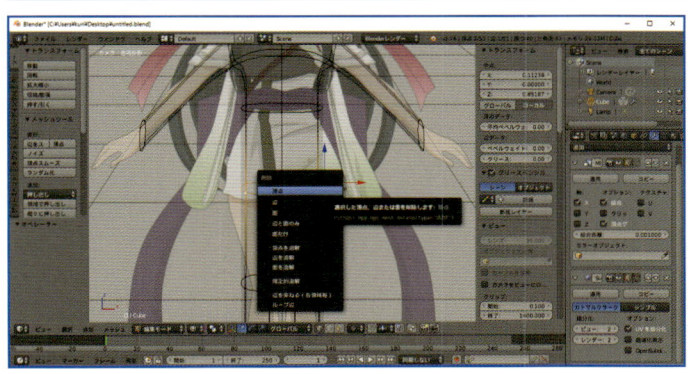

❸ 頂点を選択する

今度はヒザ付近の幅を狭めます。
[3Dビュー・エディター] ヘッダー
で [頂点選択] をクリックします。ヒ
ザ付近の右側の手前と奥の頂点
を、[Shift] キーを押しながら右ク
リックで選択します。

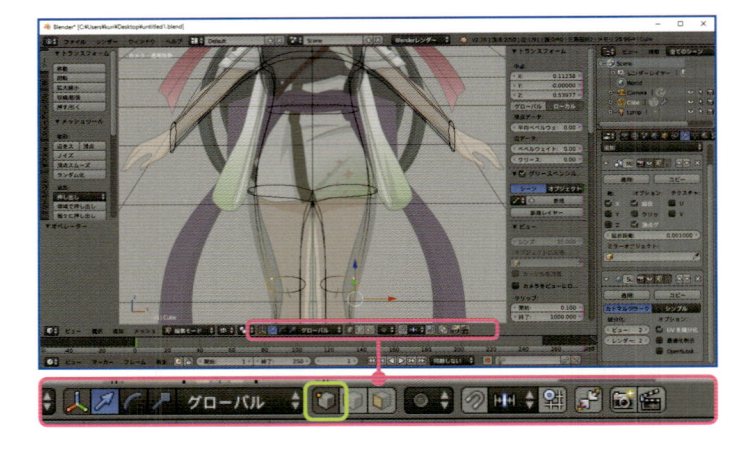

❹ 頂点を移動する

X軸と平行に頂点を移動します。操
作方法は117ページと同様です。
この作業をそれぞれの部分で行っ
て、幅を下絵に合わせていきます。

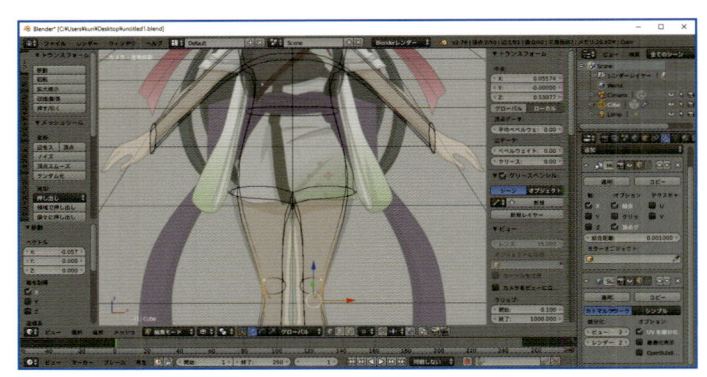

Memo

予想外に穴が空いてしまったときは?

Blenderを使い慣れていないう
ちは、頂点、辺、面を削除したとき
に、予想外に穴が空いてしまうこと
もあるでしょう。そんな場合は、[辺
/面作成] の機能で空いた穴をふさ
いでください。

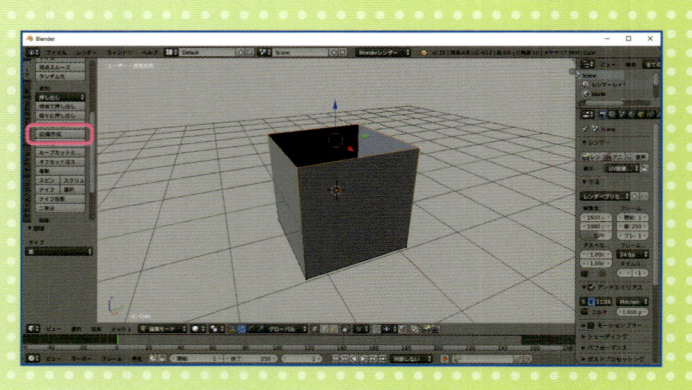

まず、穴のまわりの頂点や辺を右クリックで選択します。そして、[ツ
ールシェルフ] の [メッシュツール] パネルの [追加] の中にある [辺
/面作成] をクリックすると、穴がふさがります。

Ⅳ 面を回転する

❶ 頂点を選択する

腕の流れに合わせて面の向きを回転します。変えるのは面の向きですが、こういった場合に選択するのは面ではなく、頂点です。

[3Dビュー・エディター] ヘッダーで [頂点選択] をクリックします。[辺選択] を選んでもOKです。次に、手首の部分のすべての頂点を、[Shift] キーを押しながら右クリックで選択します。

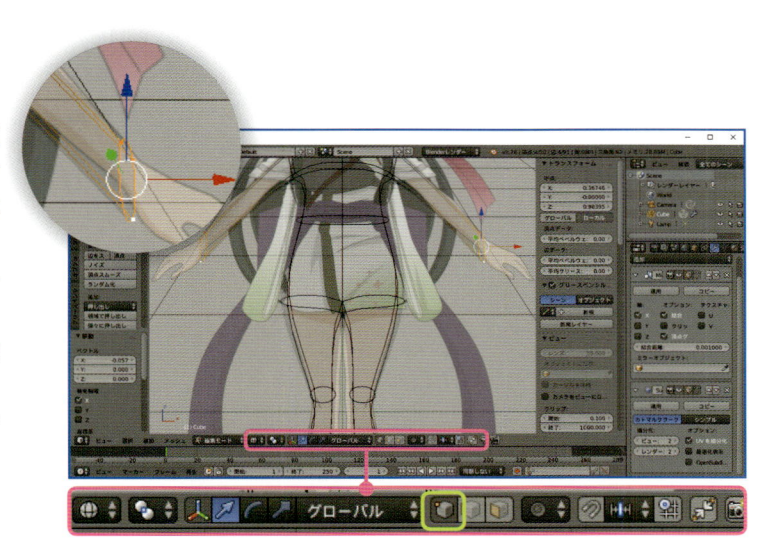

❷ マニピュレーターを変更する

[3Dビュー・エディター] ヘッダーで [マニピュレーター:回転] をクリックします。[マニピュレーター] の表示が球体に変わります。

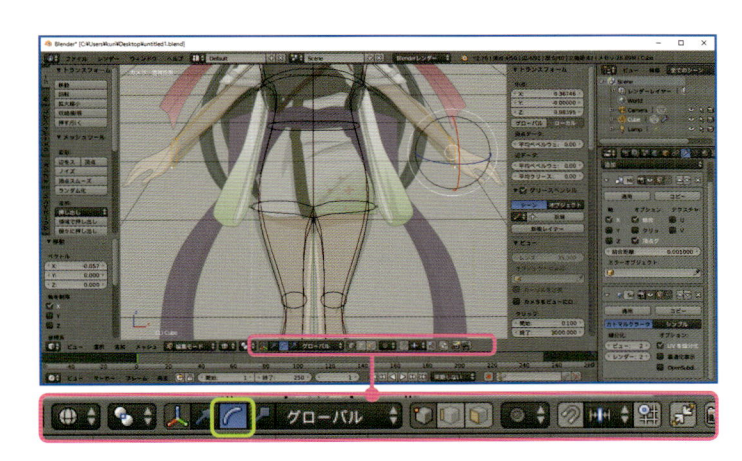

❸ 傾ける方向を指定する

[マニピュレーター] の白い円をクリック&ドラッグしながら [Y] キーを押します。この [Y] キーは、Y軸と水平に移動するという意味です。

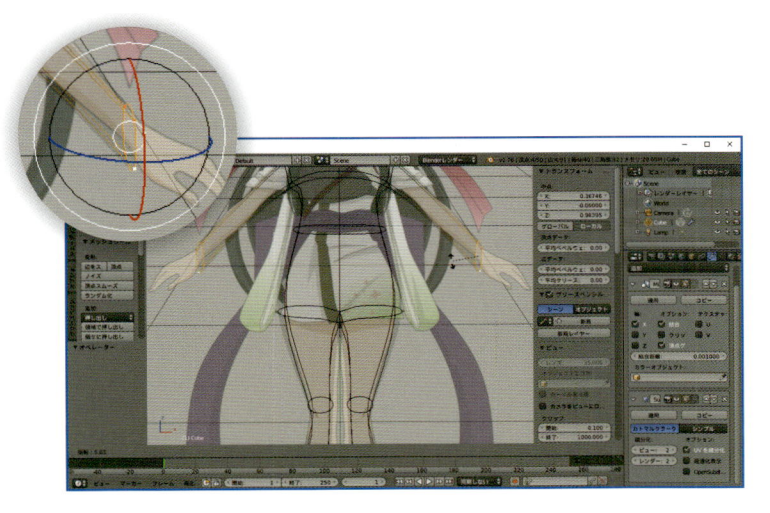

❹ 傾ける方向を固定する

Y軸を示す緑の線が表示されたら、さらにドラッグして面を傾けます。傾きを決めたらクリックして確定します。

なお、途中で操作をキャンセルしたいときは [Esc] キーを押します。

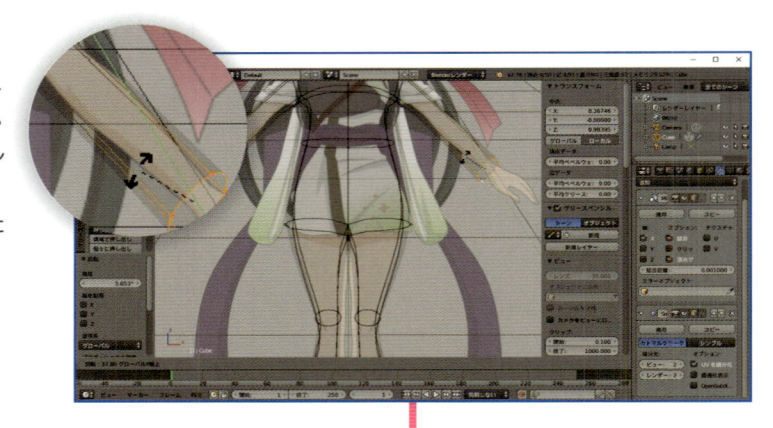

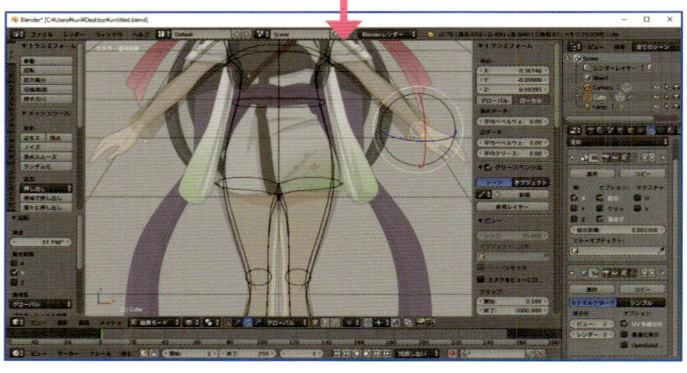

❺ マニピュレーターを変更する

最後に、[マニピュレーター] をもとに戻します。[3Dビュー・エディター] ヘッダーで [マニピュレーター：移動] をクリックします。

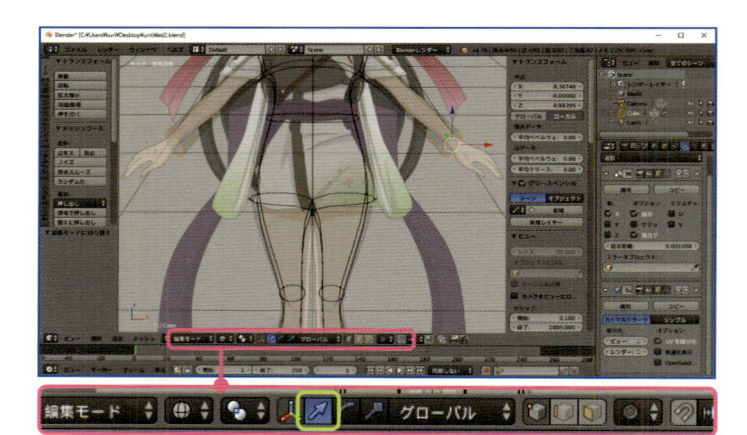

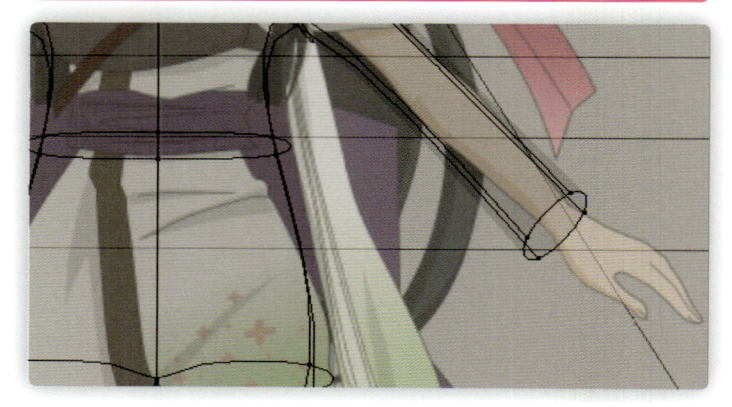

Ⅴ 断面を増やす ～ループカットとスライド～

❶ 断面の方向を決める

[ループカットとスライド] の機能で断面を増やし、変形するための準備を行います。

[ツールシェルフ] の [メッシュツール] パネルの [追加] の [ループカットとスライド] をクリックします。

マウスポインターを辺に近づけると、紫色のガイド線が表示されます。マウスポインターを動かして縦または横の方向にガイド線を表示させ、目的の方向でクリックして確定します。

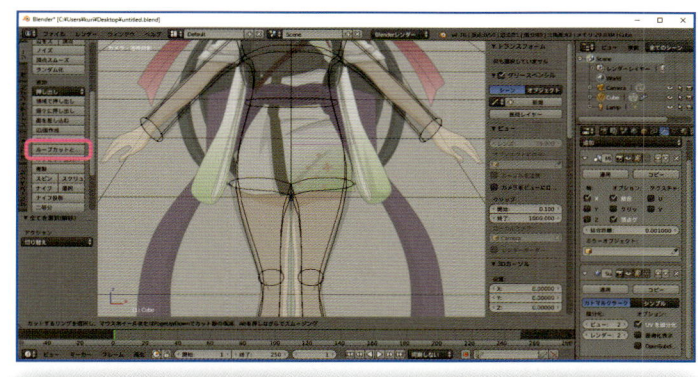

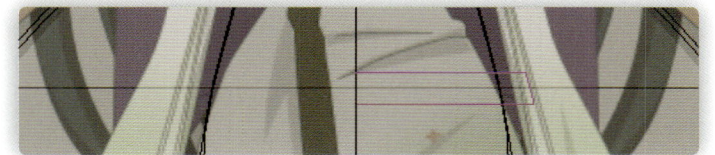

❷ 断面の位置を決める

方向を確定すると、今度はオレンジのガイド線が表示されるので、マウスポインターを動かして断面の位置を決めます。目的の位置にガイド線を移動したら、クリックして確定します。確定するときに左クリックではなく、右クリックすると、辺の中間で分割することができます。

断面を増やし過ぎてしまった場合は、[ツールシェルフ] の [メッシュツール] パネルの [削除] の中にある [削除] の [辺を溶解] を使って消しましょう（122ページ参照）。

なお、[ループカットとスライド] では、4つの頂点で囲まれたエリアを分割することができます。頂点の数によっては [ループカットとスライド] を使用できない場合があります（124ページ参照）。

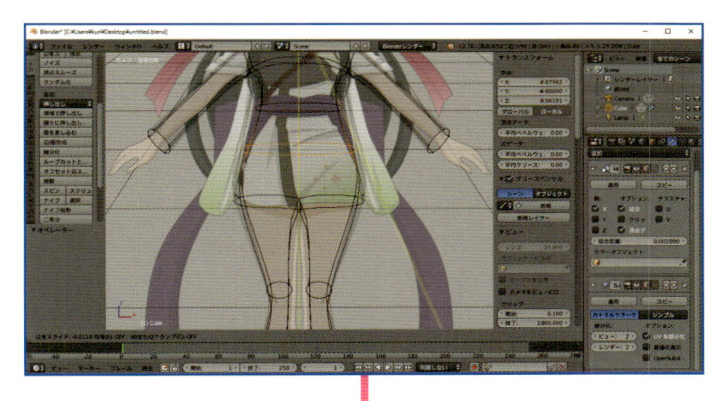

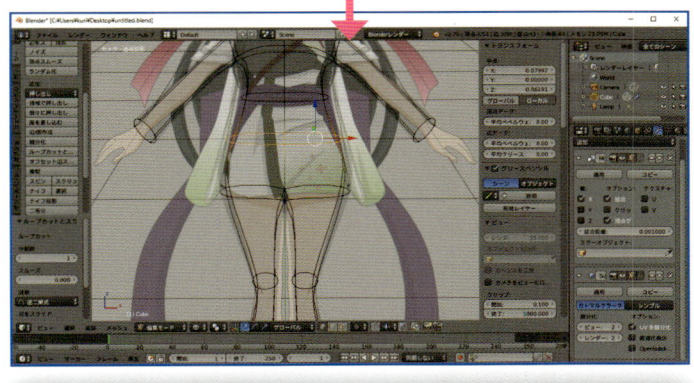

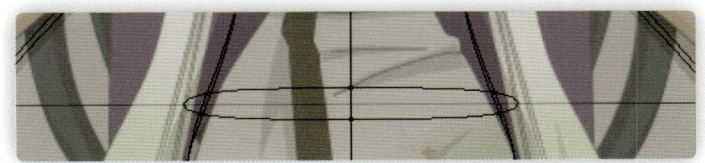

Ⅵ 頂点、辺、面を減らす ～溶解～

❶ 頂点を選択する

不要な頂点、辺、面を消すときは、[削除] メニューの中にある [溶解] の機能を使います。

まず、[3Dビュー・エディター] ヘッダーで [頂点選択] をクリックします。[辺選択] を選んでもOKです。次に、目的の頂点を [Shift] キーを押しながら右クリックで選択します。

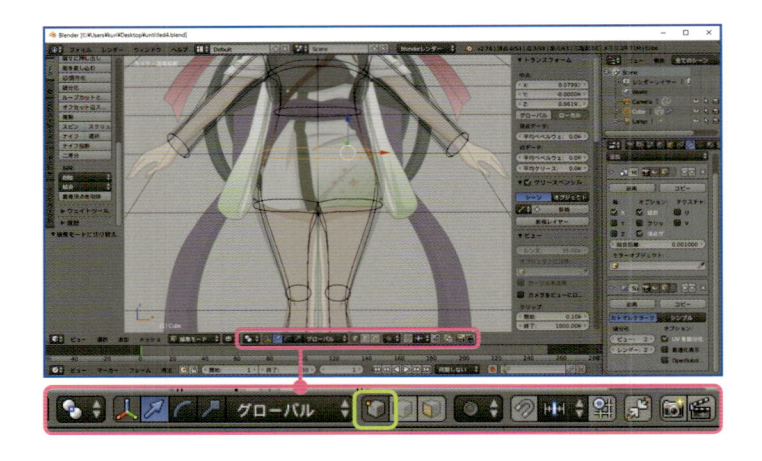

❷ 削除メニューを選択する

[ツールシェルフ] の [メッシュツール] パネルの [削除] の中にある [削除] をクリックします。表示されたメニューで [溶解] の名前が入っているメニューを選択します。ここでは [辺を溶解] を選択しました。

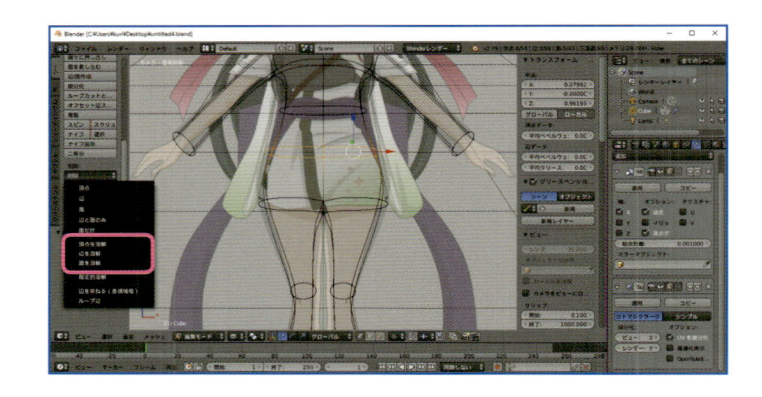

❸ 選択した辺が消える

辺が消えて、面の分割数が減りました。不要な頂点、辺、面を消すときは、[溶解] の機能を使います。同じ [削除] であっても、[辺を削除] などを選択すると、穴が空いてしまいます。もし穴が空いてしまったときは、[辺/面作成] を使って閉じましょう（118ページ参照）。

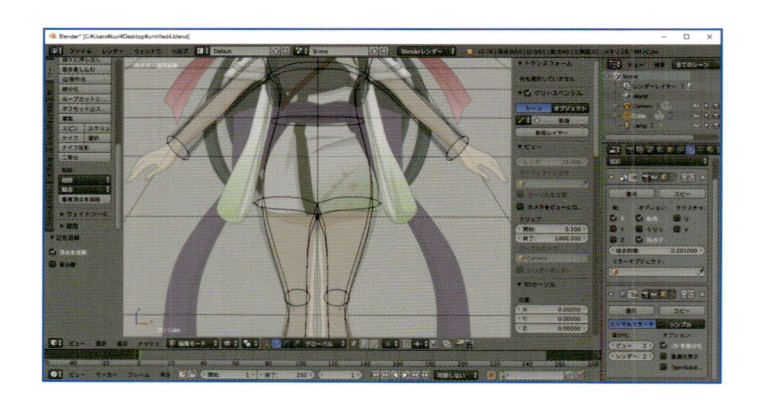

Ⅶ 正面向きのトポロジーを整える

❶ 正面向きの形を整える

正面の形を整えた状態です。ポリゴン（面）の数やトポロジー（線の流れ）には決まりはないので、作例と同じにならなくても問題ありません。ただ、最終的にアニメ調に仕上げる場合には、より少ないポリゴンで構成されていることが望ましいです。ポリゴンの数、つまり面の数が少ないとデータが軽くなるだけでなく、平面的に見せやすくなります。

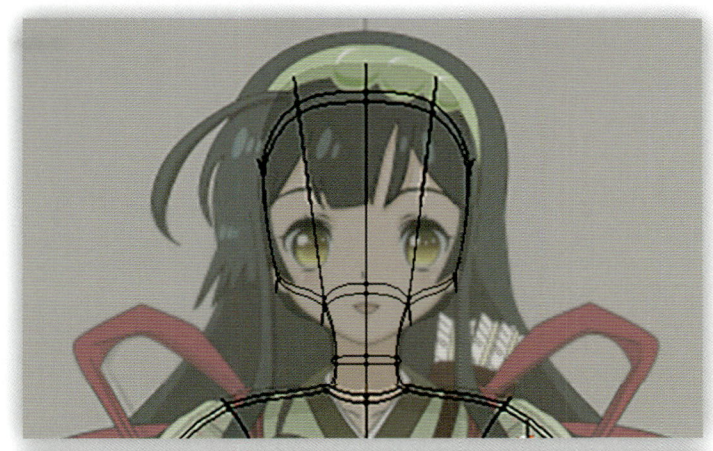

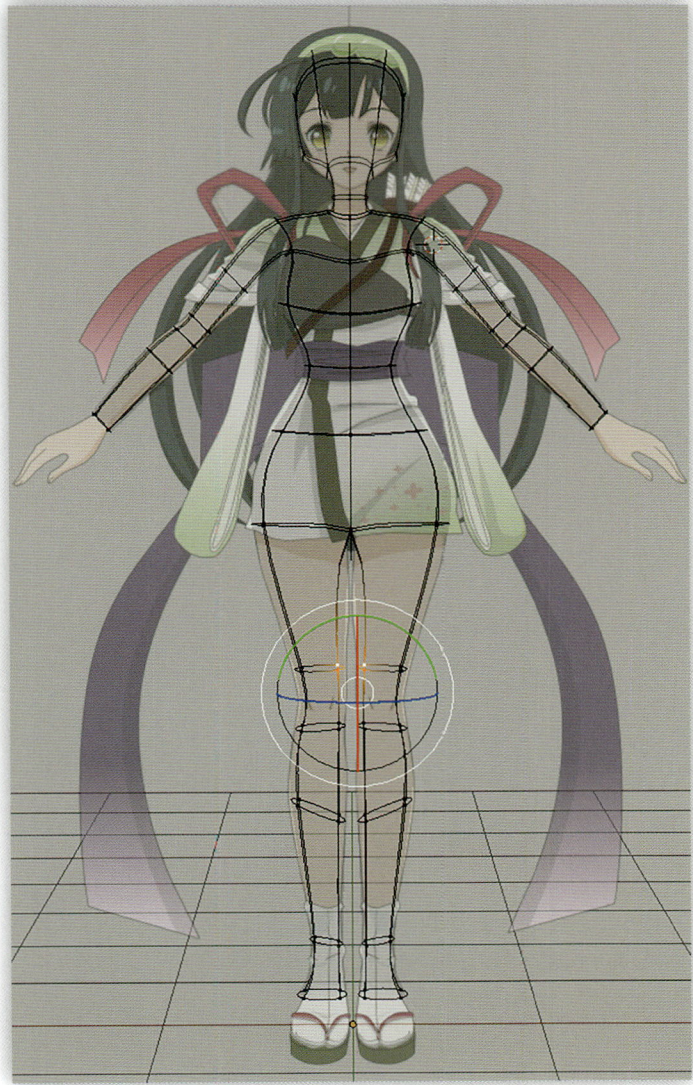

モデリングは、頂点や辺を選択して移動することの連続です！
難しく考えなくても大丈夫！
根気よく作業してね！

❷ 縦に分割する

最後に、[ループカットとスライド] の機能を使って、縦半分に断面を入れます。分割するのは胸上から足までです。

[ツールシェルフ] の [メッシュツール] パネルの [追加] の [ループカットとスライド] をクリックします。マウスポインターを辺に近づけると、紫色のガイド線が表示されるので、マウスポインターを腰の付近に移動し、縦方向にガイド線を表示させてクリックします。

次に、オレンジのガイド線が表示されたら、マウスポインターを動かして断面の位置を決めます。任意の位置で分割するときは左クリックで確定させますが、今回は半分に分割するので、右クリックで確定します。

[ループカットとスライド] の手順は121 ページも参照してください。

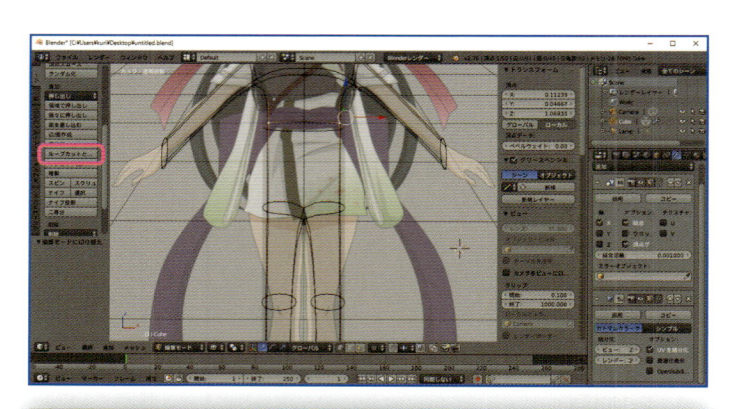

❸ 分割されないエリア

鎖骨を囲む部分は頂点が5つあるため、分割されるエリアに含まれませんでした。[ループカットとスライド] を使うときに、5つ以上頂点がある部分は、自動的に除外されます。なお、鎖骨の部分は後で形を整えるので、今回は断面を入れる必要はありません。

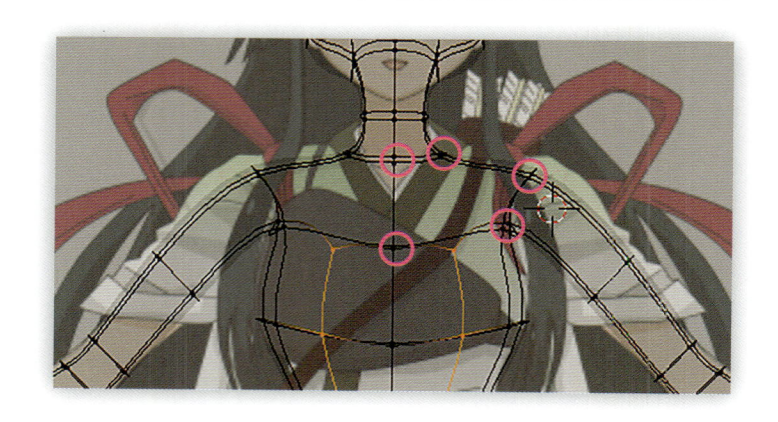

トポロジー？

モデリングではトポロジーというものが、とっても大切です！

『トポロジー ──トポロジー ──』って何かしら？！
またおかしな魔法が出てきたわね！
流派はどこかしら！！

トポロジーというのは、簡単にいえば、辺の流れのことです。**細分割曲面**を使ったモデリングでは、一つの頂点にたくさんの辺が集まってくると、3Dモデルが淀んでしまいます！

淀みが生まれると、どうなってしまうのかしら？
まさか、この世界が消滅してしまうとか！？

世界は消滅しません。
ただ、陰影が淀んだり、辺の選択がしにくくなったり、ナイフでの切断がうまくいかなくなったり、いろいろな問題が出ます！

なんだか面倒なことになるのは、わかったわ
要するに、頂点に４つ以上の辺が集まらないように注意すればいいのね？

５つ以上が絶対ダメということではないんだけど、辺や面を分割したときは、頂点が一つの点に集まりすぎていないかどうか、確認するようにしてくださいね！

Memo

トポロジーで陰影が変わる

　左側の正面は6つの面で構成されており、右側の正面は4つの面で構成されています。全体的には同じような形状に見えますが、よく見ると陰影が少し違っているのが分かります。

　陰影はトポロジーの影響を受けるため、アニメ調の単純化した陰影を出すには、できるだけ少ない線で全体を構成することが大切です。陰影が歪になってしまった場合は、辺をつなぎ直して、狙った陰影が出るようにトポロジーを調整します。

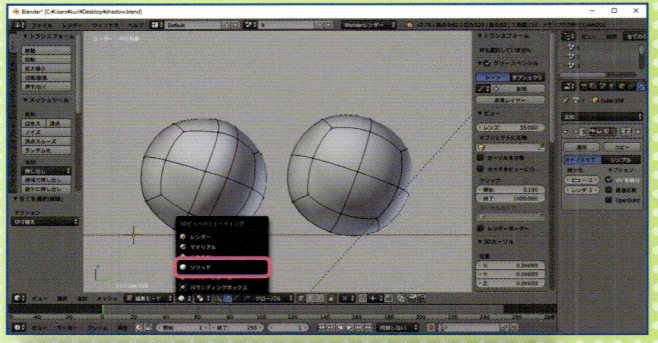

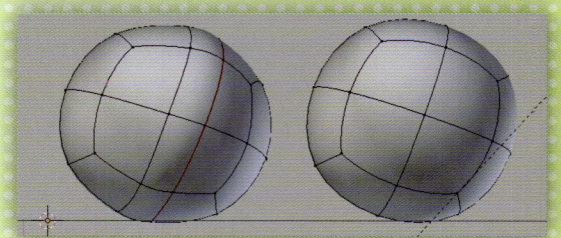

●ソリッドでの陰影
[3Dビュー・エディター] ヘッダーで、[シェーディング] を [ソリッド] にしたときの表示です。

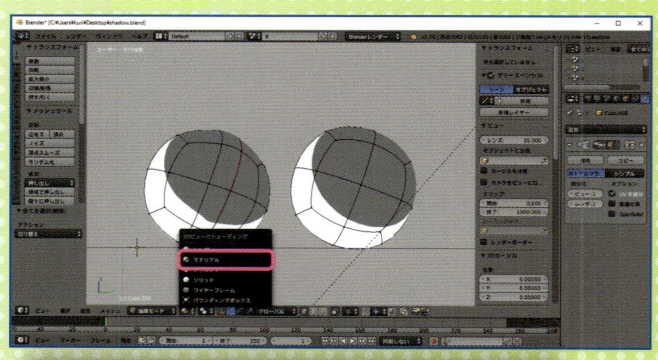

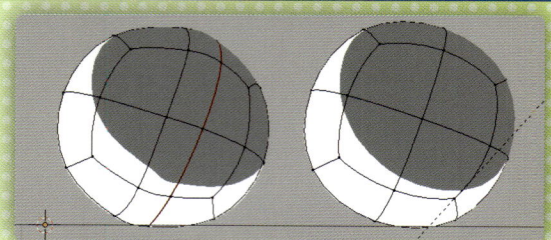

●マテリアルでの陰影
[3Dビュー・エディター] ヘッダーで、[シェーディング] を [マテリアル] にしたときの表示です。

VIII 3Dデッサン人形を作る

❶ モデリングする前に

3D棒人間を3Dデッサン人形にしていきます。モデリングするときは、[平行投影]と[透視投影]を切り替えながら作業します。

カメラのビューを切り替えるときは、テンキーの[0]を押します。[透視投影]と[平行投影]を切り替えるときは、テンキーの[5]を押します。絵を描く感覚で画面を見ていると、[平行投影]の奥行きのなさに違和感を感じますが、一般的にモデリング中は[平行投影]がよく使われます。特に、正面、側面、背面、上面、底面などの、左右対称の部分を調整するときは[平行投影]が便利です。[平行投影]のビューにしたときは、常に真フカンから見ていると思って作業するといいかもしれません。

また、モデリングするときは、最初は側面を調整しつつ、徐々に背面や正面を作っていきます。まずは前後の膨らみを持たせて、それから全体の凹凸を調整していくということです。なお、モデリングの基本操作は「Chapter 2」にまとめているので、手順はそちらも参考にしてください (70ページ)。

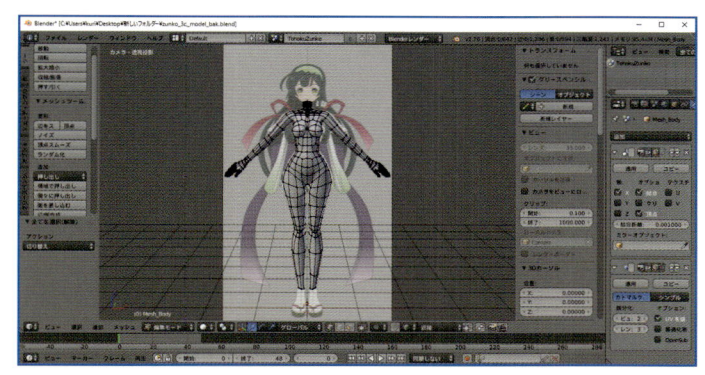

●カメラのビュー

ときどきカメラのビューに切り替えて、下絵と3Dモデルが合っているかどうかを確認しましょう。

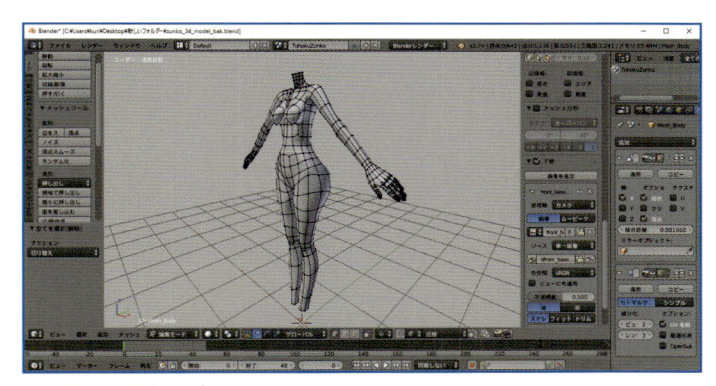

●透視投影のビュー

斜めから見たときの形を調整するときや、パースのついた形を確認するときなどに使います。

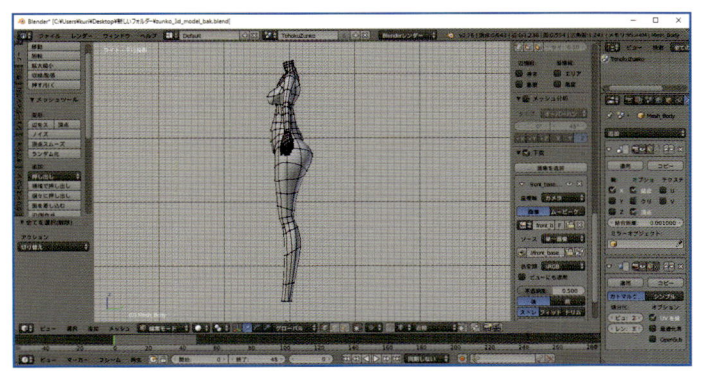

●平行投影のビュー

モデリング中に頻繁に使うビューです。左右対称の部分を調整するときや、頂点の位置をそろえるときなどに有効です。

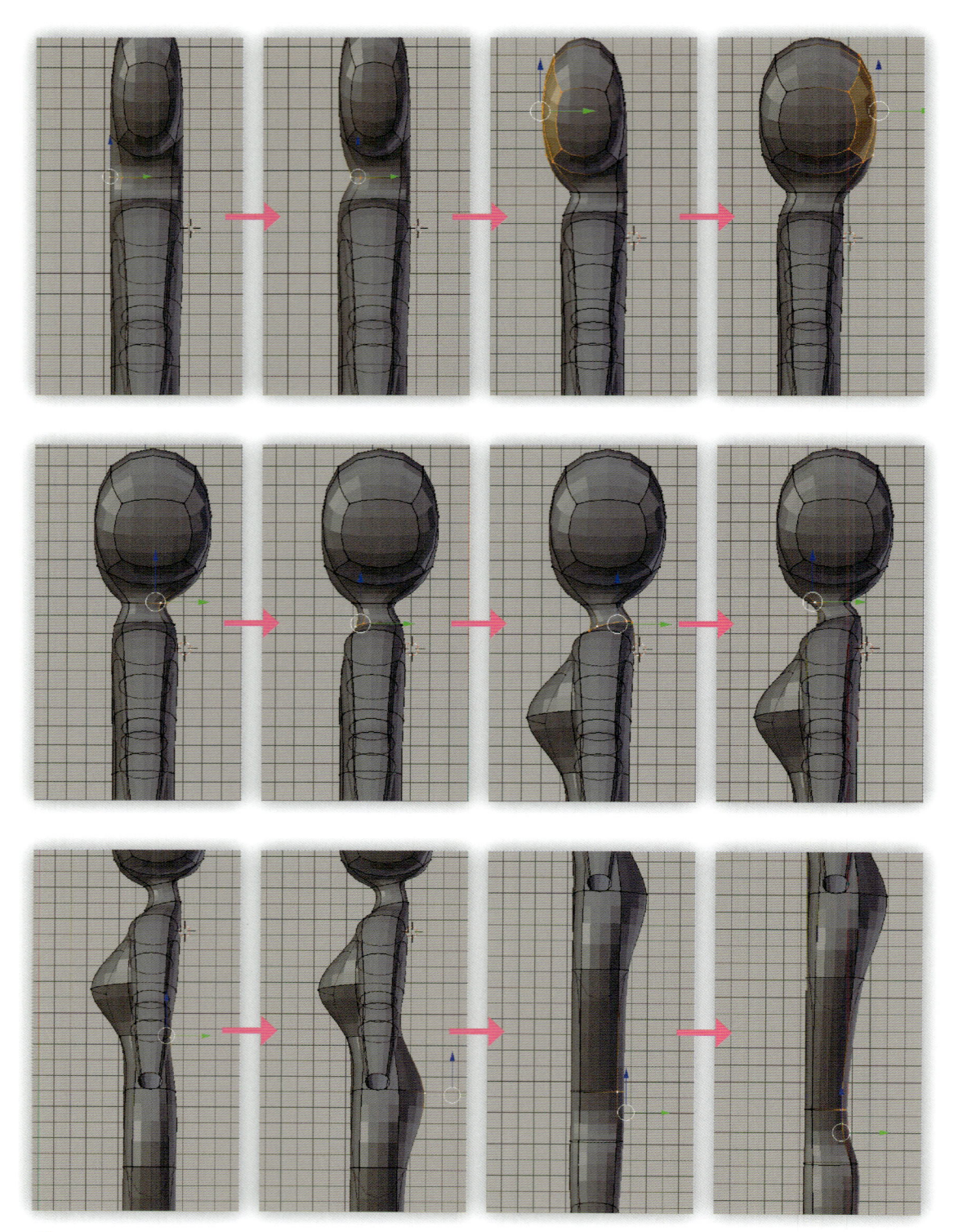

❷ 頂点を移動して全体の凹凸を調整するi

テンキーの **[5]** を押してビューを **[平行投影]** に切り替え、テンキーの **[1]** または **[3]** を押して横向きにして、平らな身体に凹凸をつけていきます。首の凹みからスタートしていますが、どこから始めてもかまいません。首と肩の部分は斜めになるように頂点を移動します。

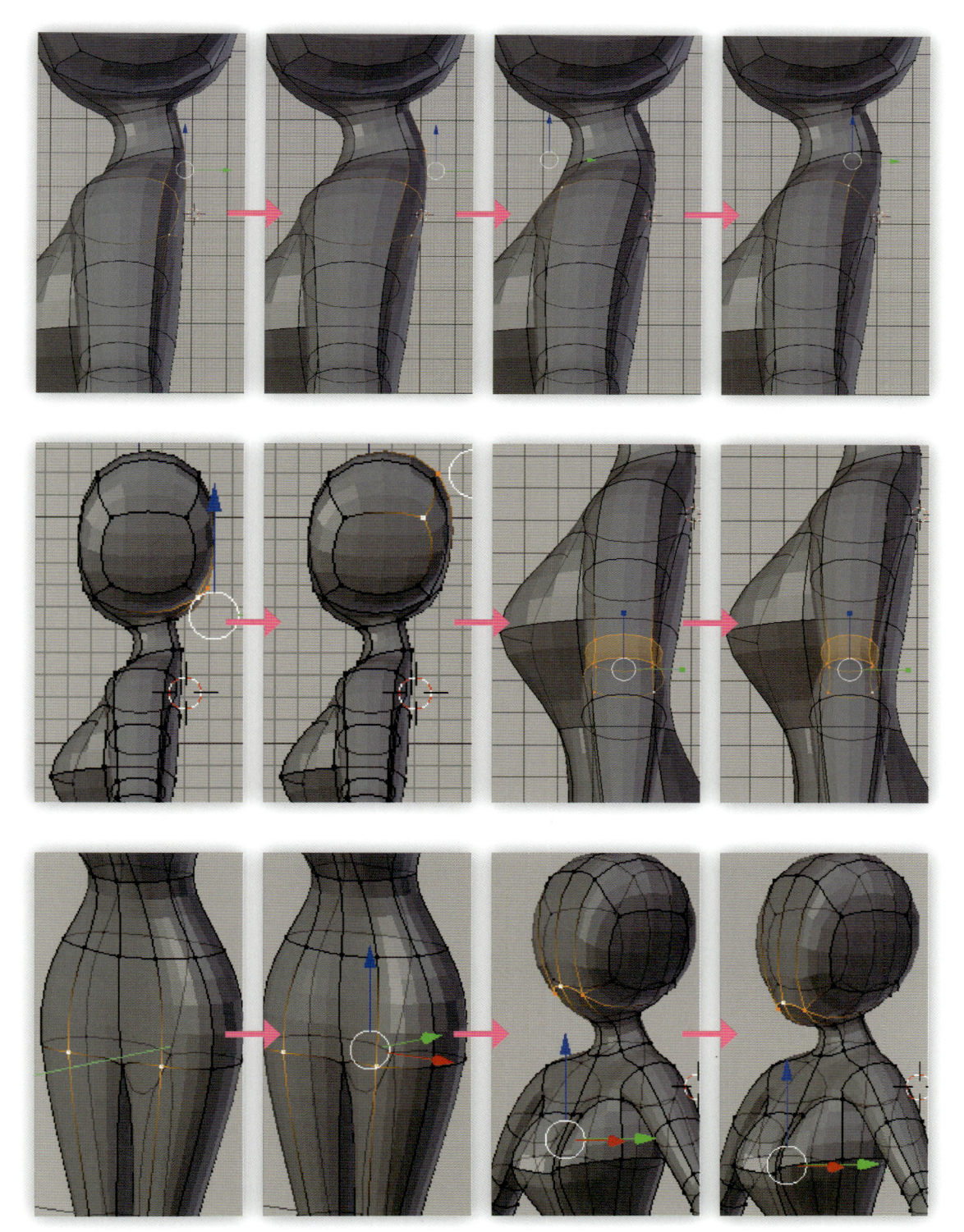

❸ 頂点を移動して全体の凹凸を調整するii

ある程度横向きで凹凸をつけたら、斜めや正面から見たときの形も確認しながら進めます。人間の背骨はS字になっており、また肩はなだらかになっているので、首、肩、背中のつながりは、それを意識して形を調整します。実際に自分の首や肩まわりを、触ったり鏡で見たりして確かめてみるといいでしょう。

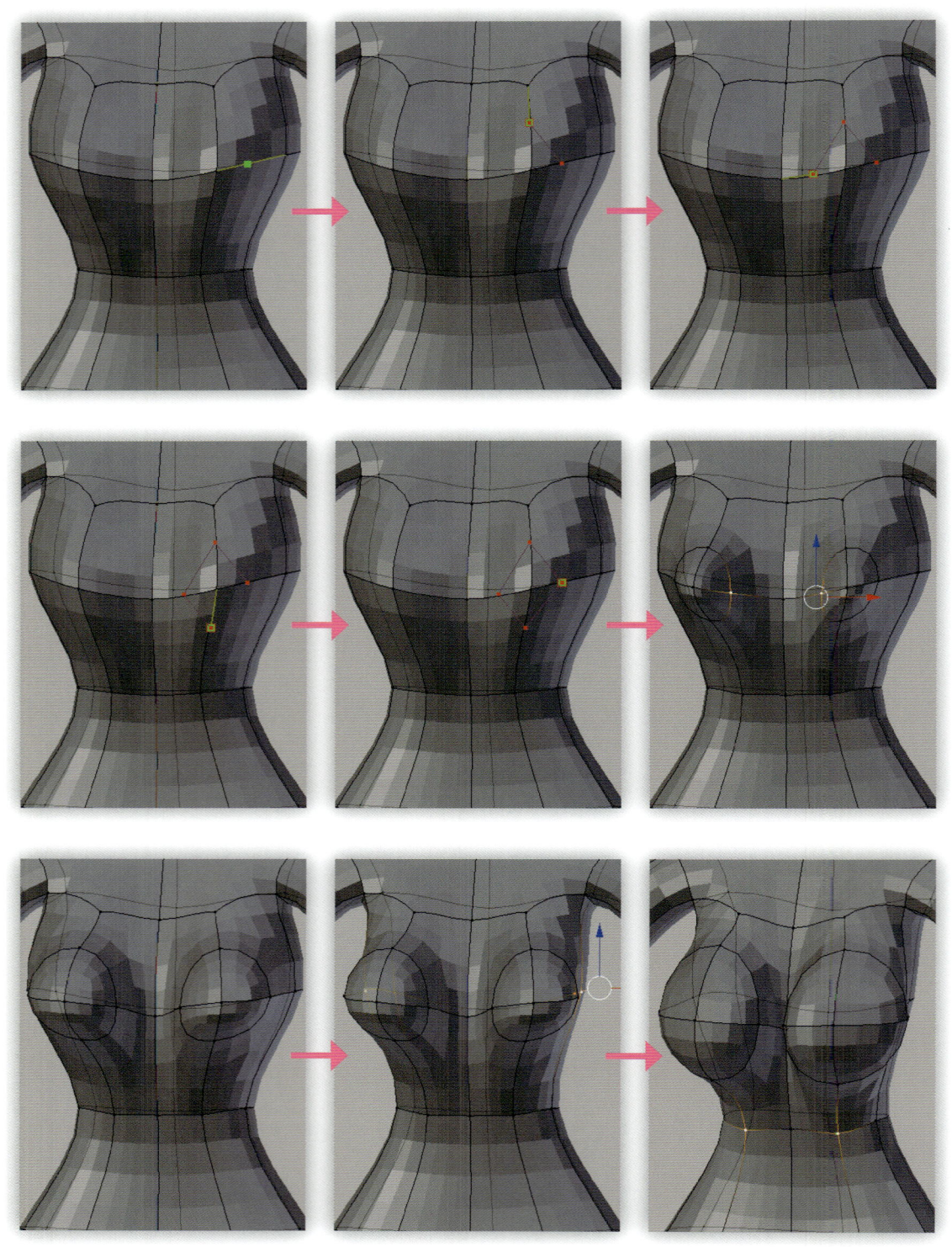

❹ バストまわりを変形する

胸元の十字の辺のまわりに面を分割します。ここでは **[ナイフ]** を使っていますが（74ページ参照）、**[細分化]** を使ってもOKです（77ページ）。面を分割したら頂点を動かして胸を盛り上げます。正面から形を調整しているだけだと歪になるので、ある程度盛り上げたら、横向き、斜め向きにして調整します。

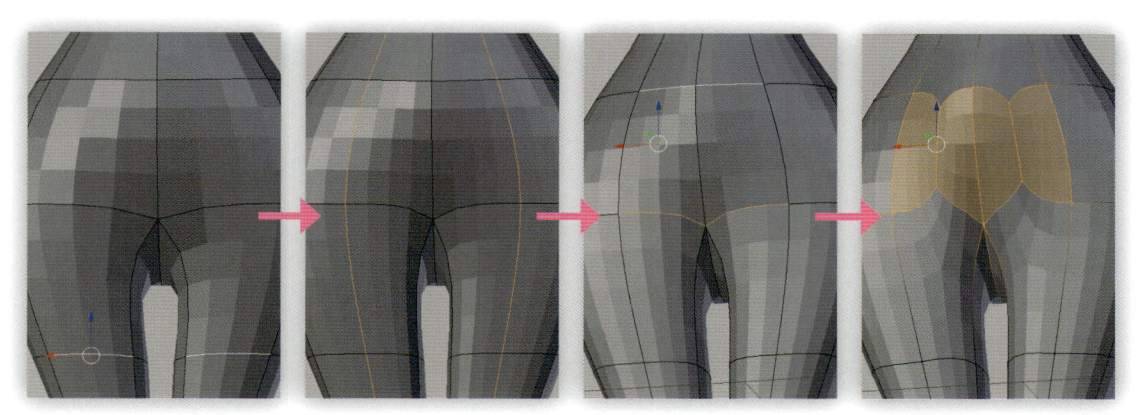

❺ ヒップまわりを変形するi

まず、**[ループカットとスライド]** を使って縦方向に分割します（121 ページ参照）。次に、上下の２辺を選択し、**[細分化]** を使って腹まわりの面を分割します（76 ページ参照）。

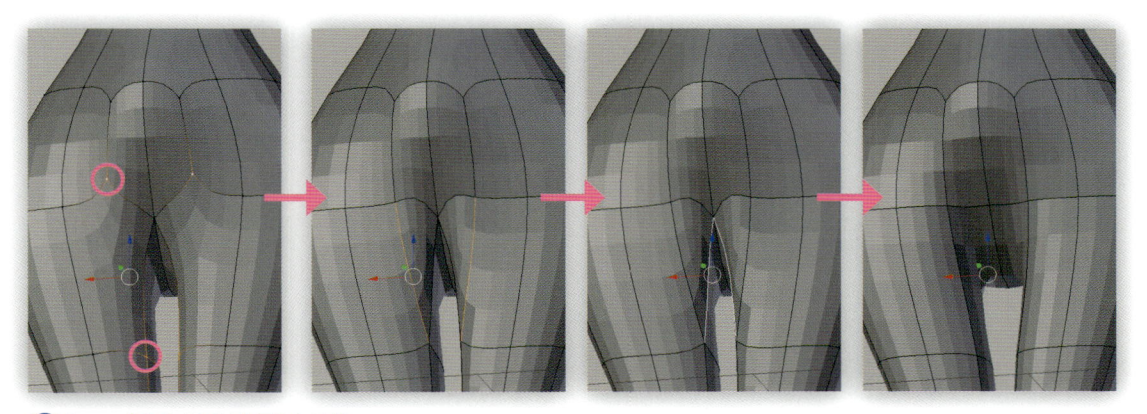

❻ ヒップまわりを変形するii

股の部分の頂点に５つの辺が集まっているので、４つに減らします。まず、２つの頂点を選択して **[頂点の経路を連結]** を使ってつなげます（73 ページ参照）。次に、股下の辺を選択し、**[辺を溶解]** を使って消します（122 ページ参照）。トポロジーを変更できました。

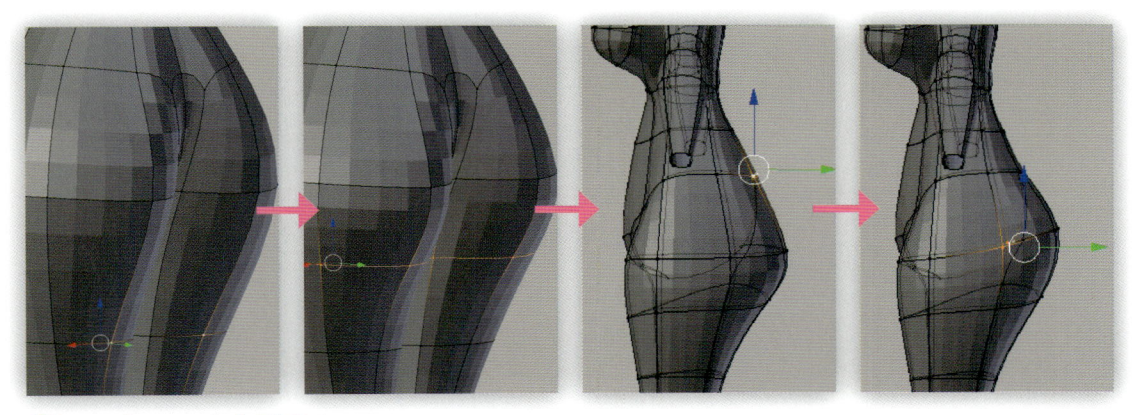

❼ ヒップまわりを変形する

ヒップを寄せたり盛り上げたりして形を作ります。ビューを変更しながら丸みを調整しましょう。

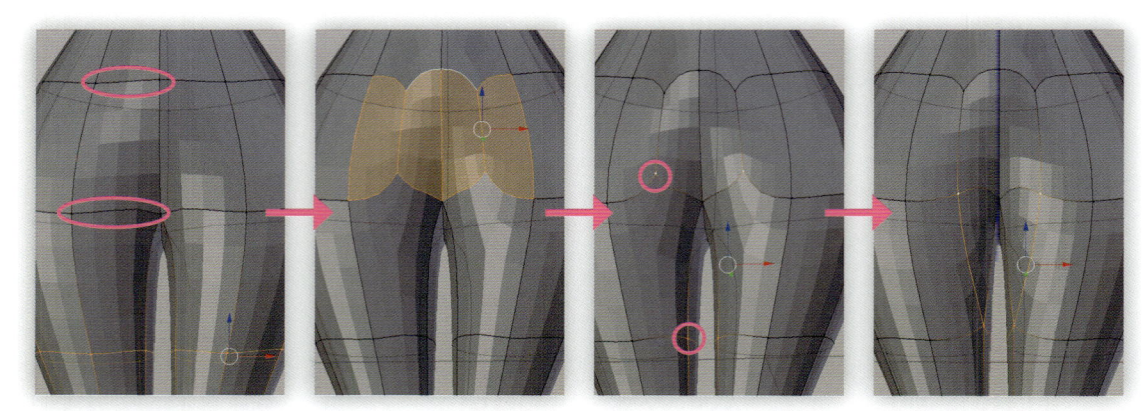

❽ お腹まわりを変形する i

お腹のまわりもヒップと同様です。上下の2辺を選択し、**[細分化]** を使って面を分割します（76ページ参照）。そして、**[頂点の経路を連結]** と **[辺を溶解]** を使ってトポロジーを変更します（84ページ参照）。

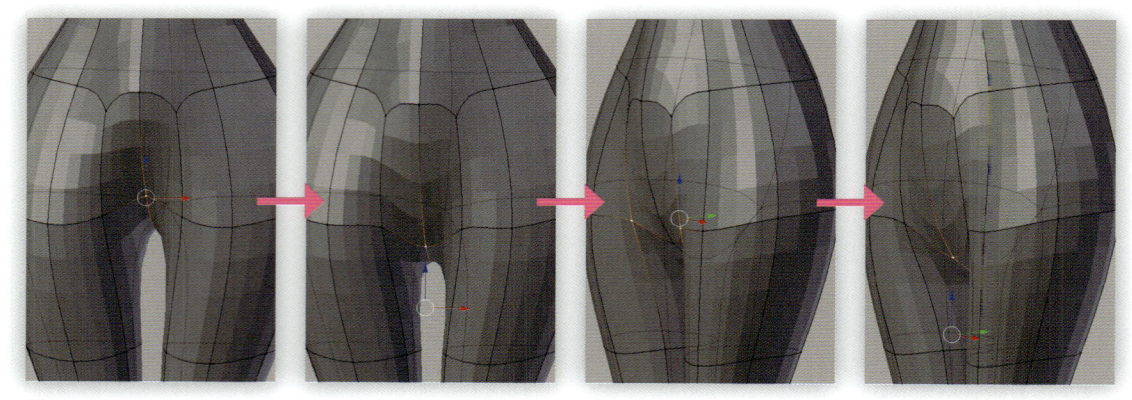

❾ お腹まわりを変形する ii

トポロジーを変更したら股の形を整えていきます。パンツの形をイメージして作っていくといいでしょう。服の型紙は立体を図面化したものなので、服だけでなく身体の形を考えるときにも参考になります。

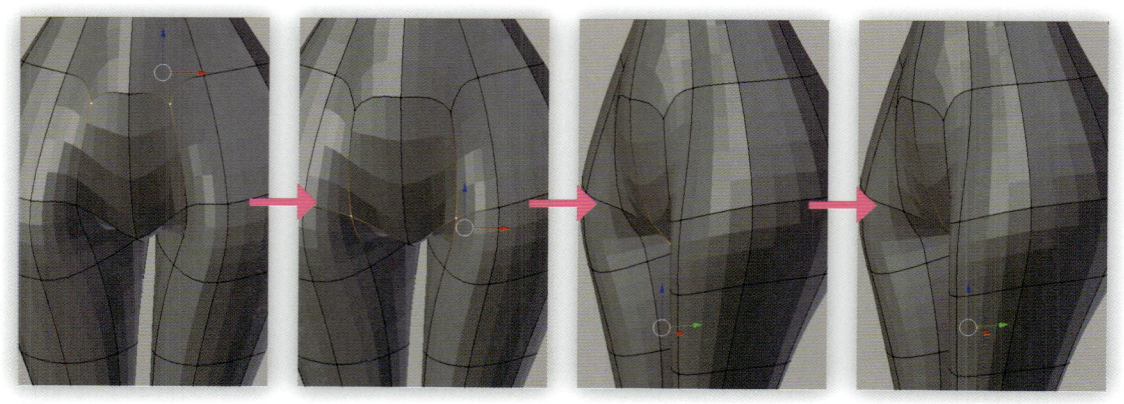

❿ お腹まわりを変形する iii

股の部分はM字になっています。おしりへの回り込みの形も意識しましょう。

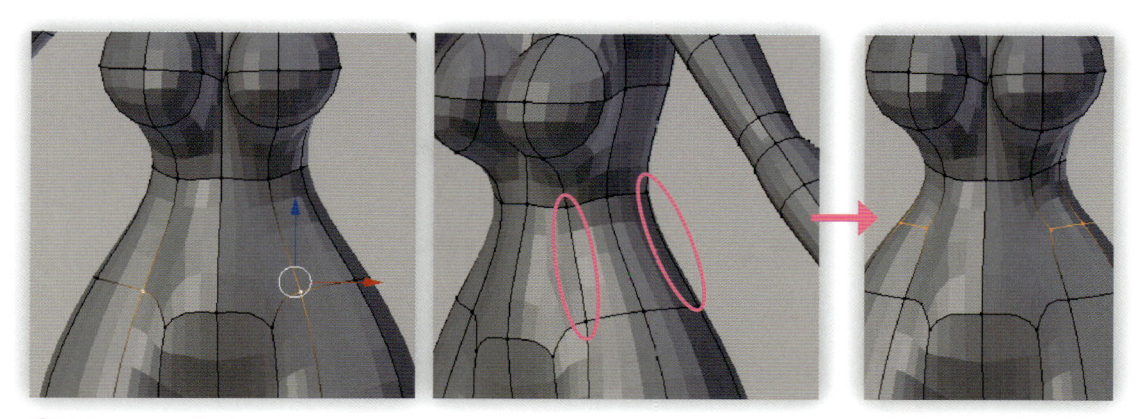

⑪ 腰まわりを変形するi

腰まわりを調整するために辺を足します。**[ループカットとスライド]** を使って横方向に分割します（121ページ参照）。
もしくは、赤で囲んだ辺を選択し、**[細分化]** を使っても分割できます（76ページ参照）。

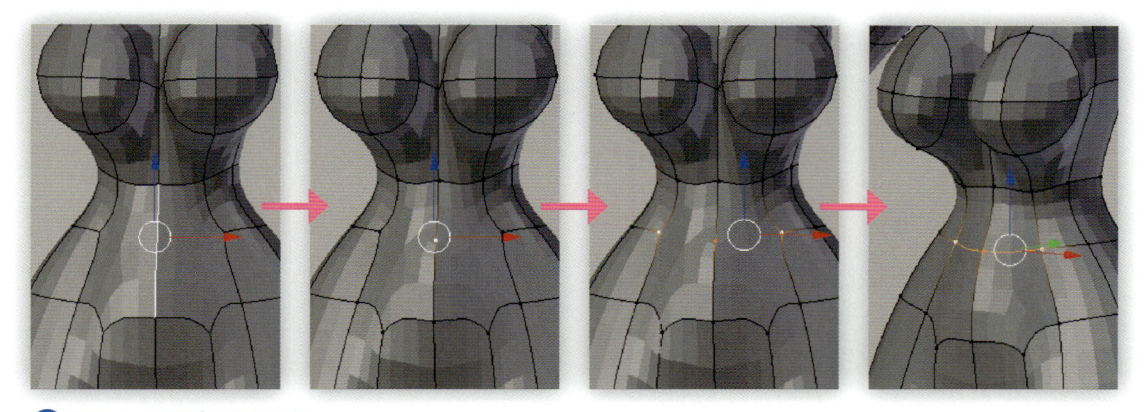

⑫ 腰まわりを変形するii

さらに辺を足していきます。ミラーとの境界部分の辺を選択し、**[細分化]** で頂点を追加します。次に、つなげる2
つの頂点を選択し、**[頂点の経路を連結]** で辺を作成します（73ページ参照）。

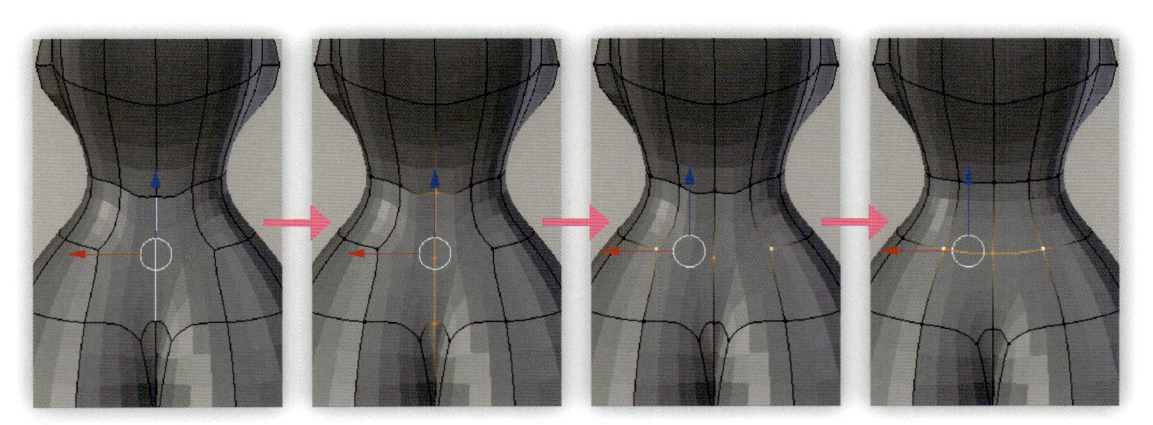

⑬ 腰まわりを変形するiii

背中も前の手順と同様に、頂点を追加して辺を作成します。

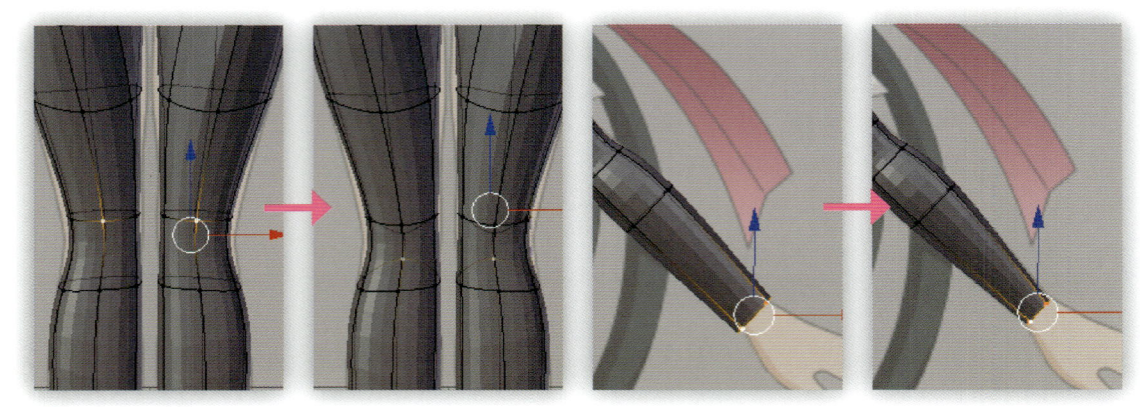

⑭ 関節を調整する

ここからは各部分の最後の細かい調整について説明します。ヒザ裏は、表のヒザよりも頂点の位置を下げます。手首は、下絵の通りにしぼりましょう。

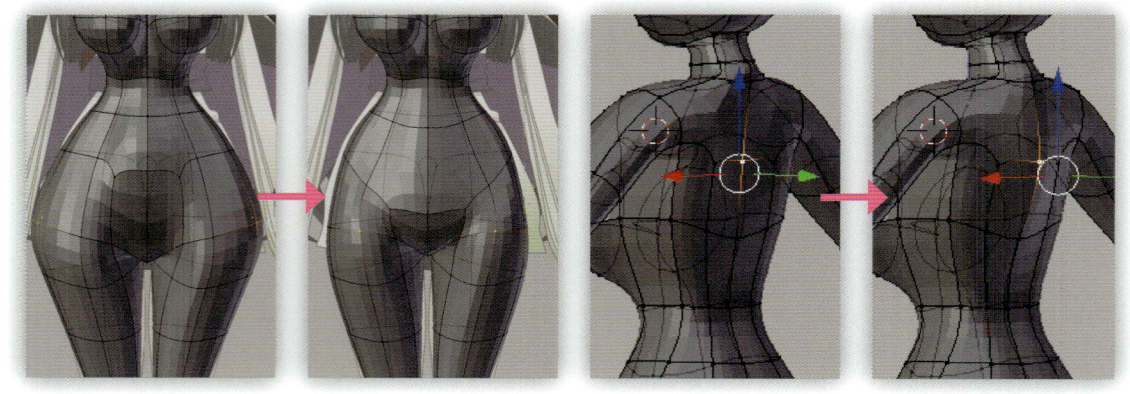

⑮ 腰まわりと背中を調整する

腰まわりの幅が広かったので修正しました。また、背中は背骨のところに若干ふくらみを足します。

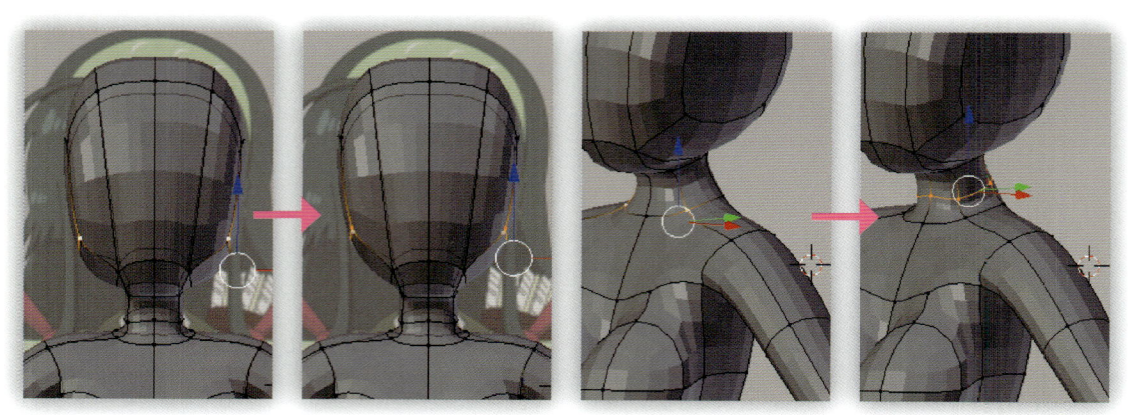

⑯ 顔と首を調整する

顔はアゴの高さを変更しました。首は［ループカットとスライド］を使って分割し、変形しています。

⓱ 肩まわりを調整する

正面と背面の肩を調整します。身体の肩の位置は、服を着たときの肩よりも少し内側にあります。また、背面の肩の頂点を少し外側に移動しました。頂点をドラッグで移動中に、**[X] [Y] [Z]** キーのいずれかを押すと、指定した軸に水平に移動することができます。

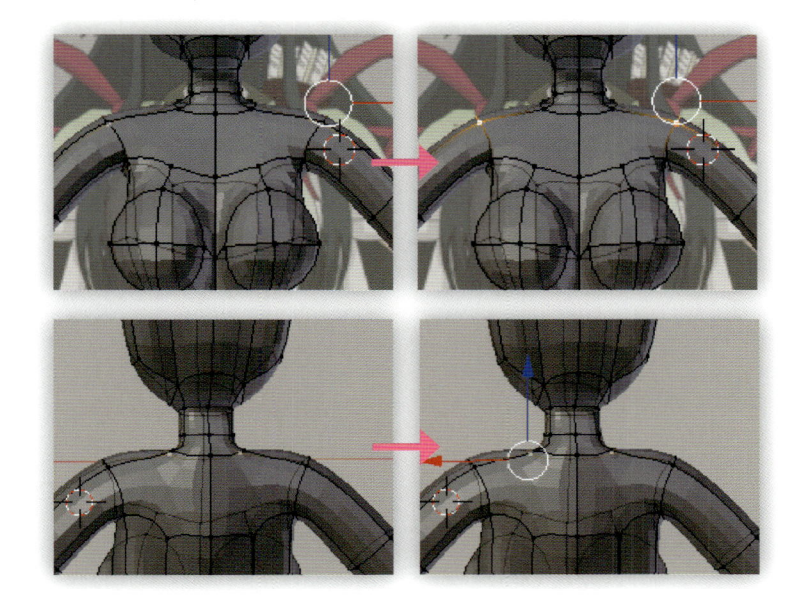

⓲ 頭と腕と体幹を調整する

次の素体作りの工程の前準備として、**[ループカットとスライド]** を使って面を分割します。腕の上から頭のつながりを分割しました。さらに、腕の下から体幹のつながりも分割しておきます。

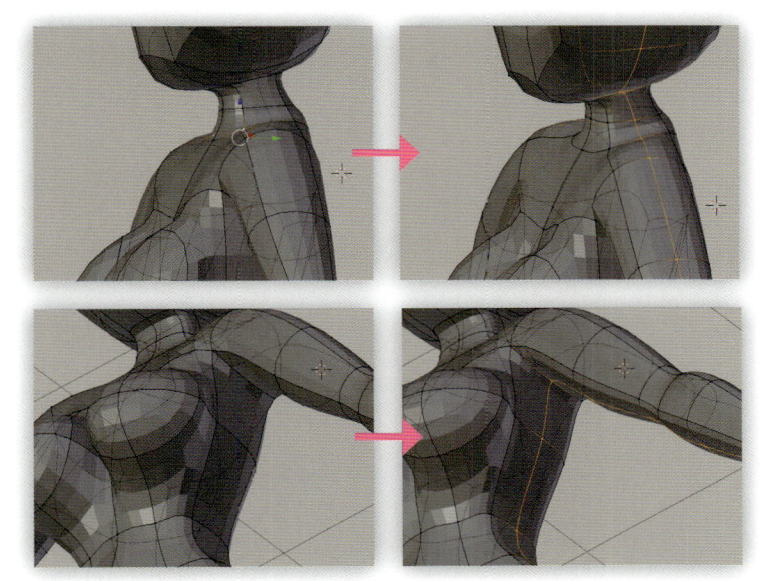

⓳ ワキを調整する

最後に、ワキの下のふくらみを調整して完成です。なお、3D デッサン人形の全体のトポロジーは98ページを参考にしてください。

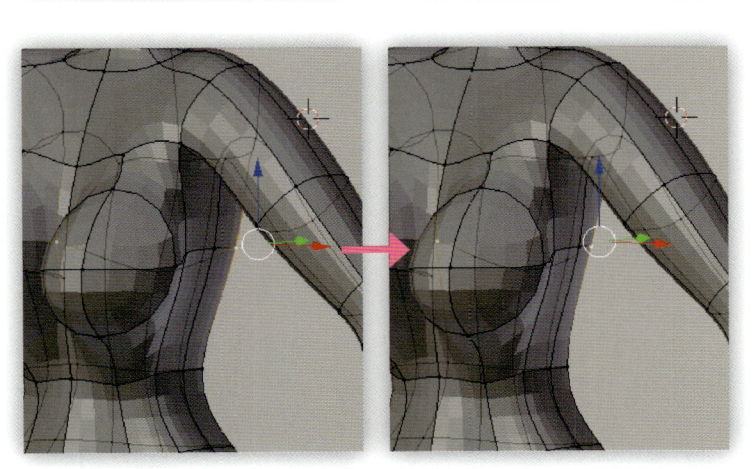

03 パーツの分離

素体ベースをパーツごとに分離します。ただし、パーツごとに分ける作業は必須ではありません。素材の使い回しや管理に便利なので紹介しますが、分離した部分が変形する場合もあるので、モデリングに慣れるまでは分離せず、一つのオブジェクトのまま作業しましょう。

❶ 辺を選択する

まずは分離させる境界部分の辺を選択します。[3Dビュー・エディター] ヘッダーで [編集モード] になっていることを確認し、[辺選択] をクリックします。次に、[Shift] キーを押しながら目的の辺を右クリックで選択します。

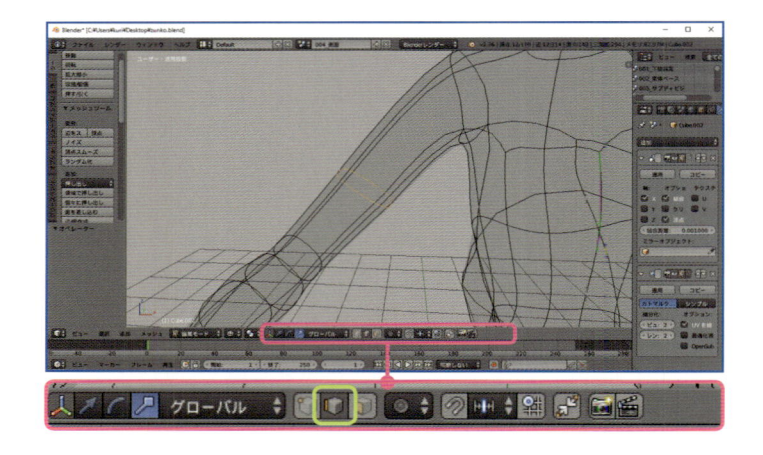

❷ 辺を分離する

選択した部分で切断します。[3Dビュー・エディター] ヘッダーの [メッシュ] ⇒ [辺] ⇒ [辺を分離] をクリックします。これで辺の接続は切れました。ただし、オブジェクトとしては一つのままです。

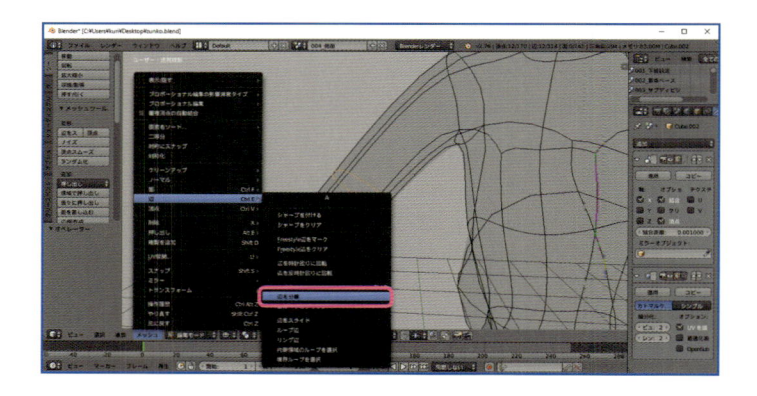

❸ 辺を選択する

それぞれを独立させます。まずは切断部分を選択します。切断部分の1辺を右クリックで選択したら、[3Dビュー・エディター] ヘッダーの [選択] ⇒ [リンク] をクリックします。これで一気に選択できました。

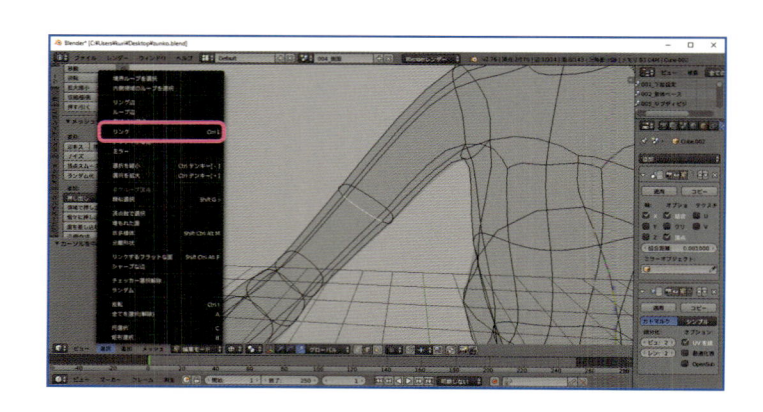

❹ オブジェクトを分離する

[3Dビュー・エディター] ヘッダー
の [メッシュ] ⇒ [頂点] ⇒ [別オブ
ジェクトに分離] ⇒ [選択物] をク
リックします。これで別々のオブジ
ェクトになりました。

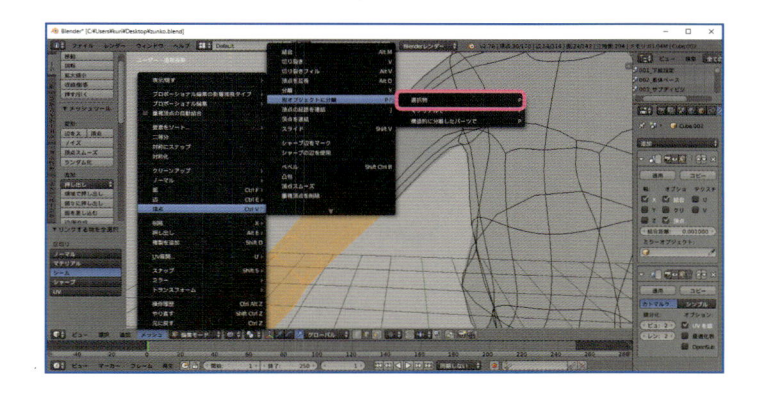

❺ 他のレイヤーに移動する

一方のオブジェクトを別のレイヤー
に移動します。まずは [3Dビュー・
エディター] ヘッダーで [オブジェ
クトモード] に変更します。

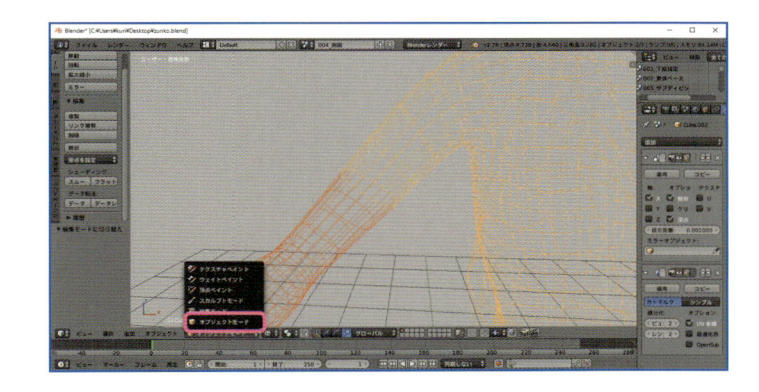

❻ 他のレイヤーに移動する

レイヤー分けの方法を紹介します
が、必須ではありません。
右クリックで一方のオブジェクトを
選択します。次に、[3Dビュー・エ
ディター] ヘッダーで [オブジェクト]
⇒ [レイヤー移動] をクリックします。

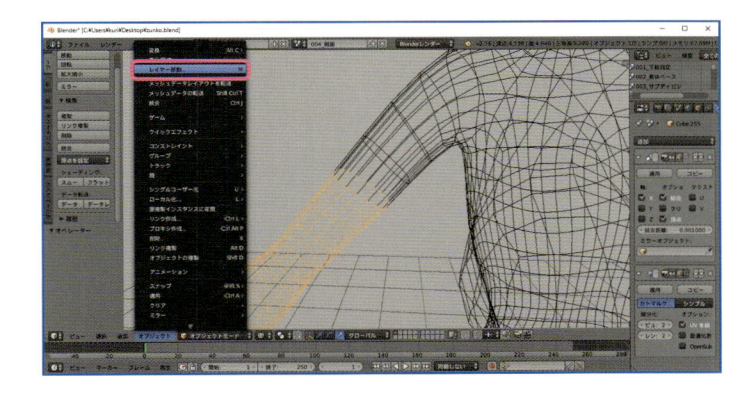

❼ 他のレイヤーに移動する

表示されたレイヤーメニューで、移
動するレイヤーをクリックして選択
します。選択したオブジェクトが別
のレイヤーに移動しました。
なお、レイヤーについては66ペー
ジも参照してください。

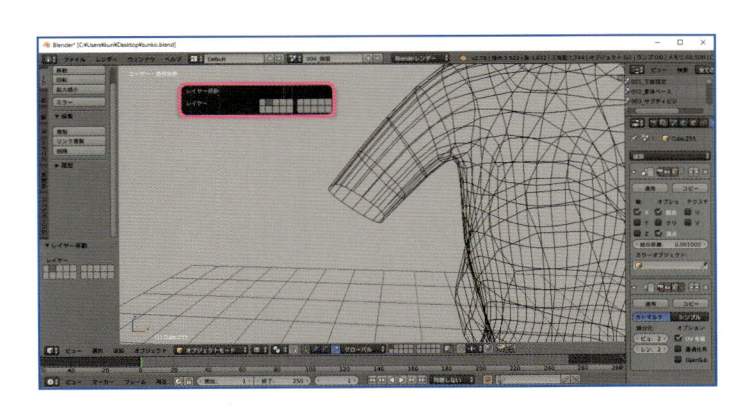

04 パーツの統合

分離した3Dモデルを一つに統合する方法を紹介します。切り口の部分は、ここでの作業の前に、頂点の数をそろえておく必要があります。また、複数のオブジェクトをレイヤー分けしている場合は、オブジェクトを一つに統合すると、自動的に一方のレイヤーに移動します。

❶ オブジェクトモードにする

[3Dビュー・エディター] ヘッダーで [オブジェクトモード] を選択します。次に、統合したいオブジェクトのレイヤーをすべて表示させます。[3Dビュー・エディター] ヘッダーにあるレイヤーを、[Shift] キーを押しながらクリックします。

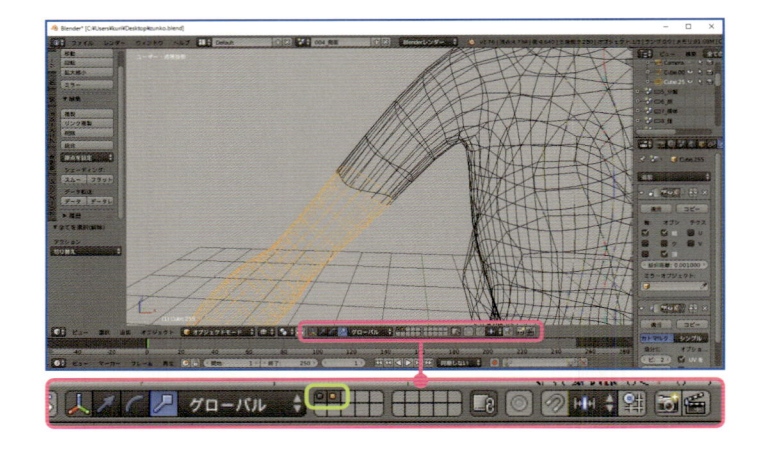

❷ オブジェクトを選択する

[Shift] キーを押しながら、統合させるオブジェクトを右クリックで選択します。

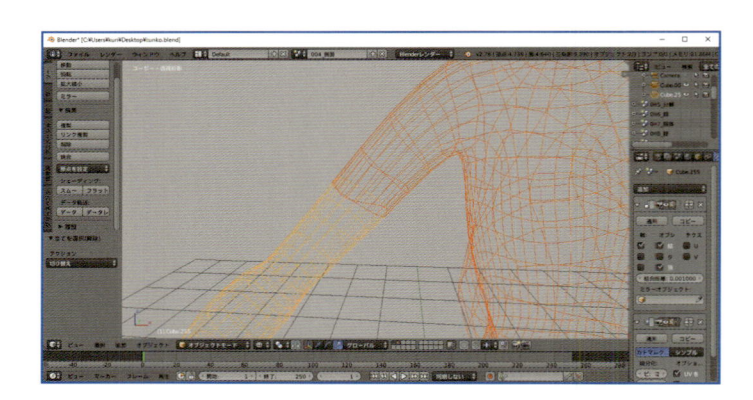

❸ オブジェクトを統合する

選択しているオブジェクトを一つに統合します。[3Dビュー・エディター] ヘッダーの [オブジェクト] ⇒ [統合] をクリックします。これでオブジェクトが一つになりました。ただし、腕と胴体の切断部分の頂点は分離したままです。

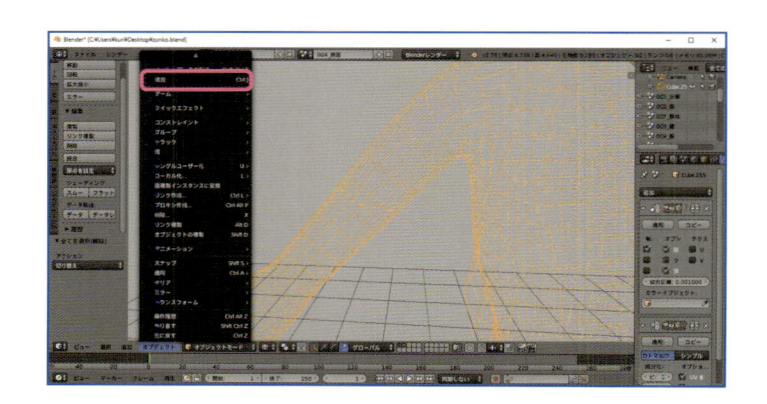

❹ 編集モードにする

切り口の部分の頂点をつなげて線の流れを一つにします。[3Dビュー・エディター] ヘッダーで [編集モード] に切り替えます。

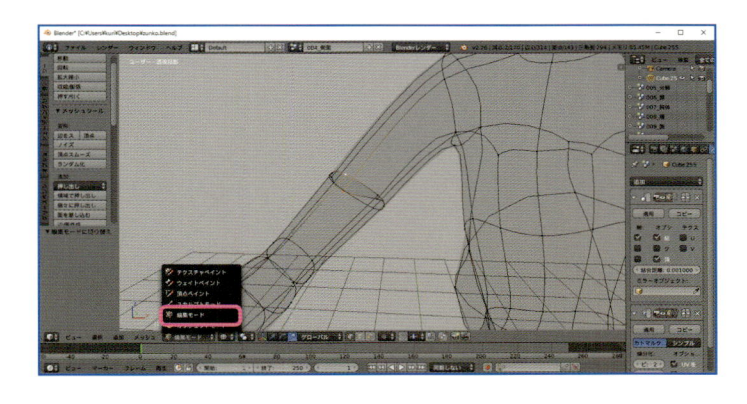

❺ 頂点を選択する

[3Dビュー・エディター] ヘッダーで [頂点選択] をクリックします。つなげる2つの頂点を、[Shiftキー] を押しながら右クリックで選択します。

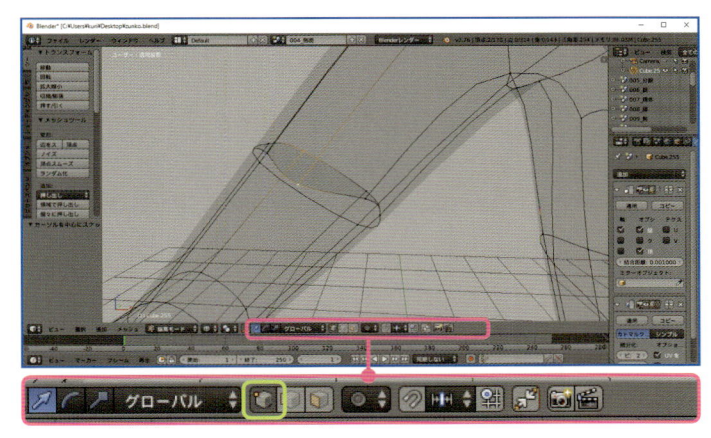

❻ 頂点を移動する

頂点を同じ位置に移動します。頂点をそろえるときは [拡大縮小] の機能を使います。

[ツールシェルフ] の [トランスフォーム] パネルの [拡大縮小] をクリックしたら、テンキーの [0] を押します。最後に [Enter] または [Return] キーを押して移動を確定します。

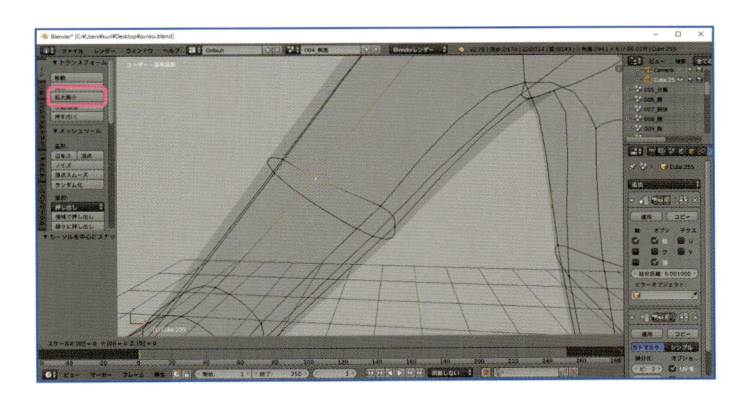

❼ 頂点を結合する

最後に、そろえた頂点をくっつけます。重なった頂点を選択したまま、[ツールシェルフ] の [トランスフォーム] パネルの [削除] の [重複頂点を削除] をクリックします。これで2つの頂点が1つになり、線がつながりました。あるいは、[ツールシェルフ] の [結合] メニューでも結合できます (79ページ参照)。

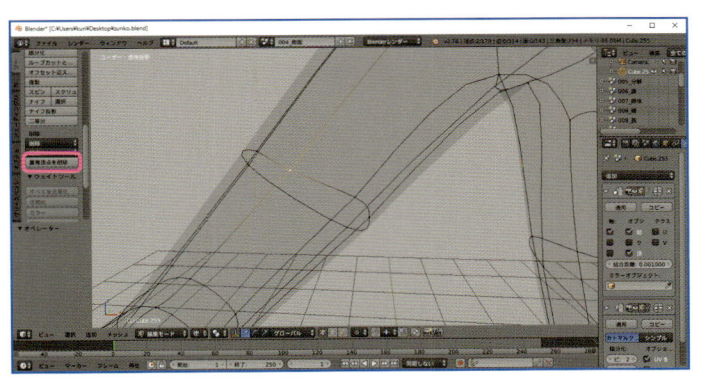

パーツの分離と統合のポイント

●分離させる位置のポイント

どこの部分で切ってもいいですが、関節付近など、特徴的な部分で分離してしまうと、統合したときにトポロジーを調整するのが大変になります。形の変化があまり大きくない部分、頂点や形の凹凸が少ないところで分離させるのがおすすめです。

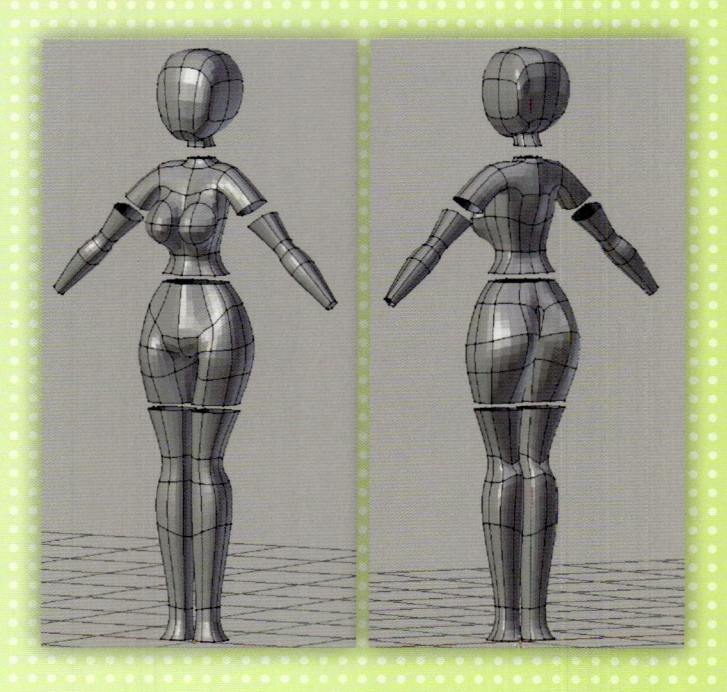

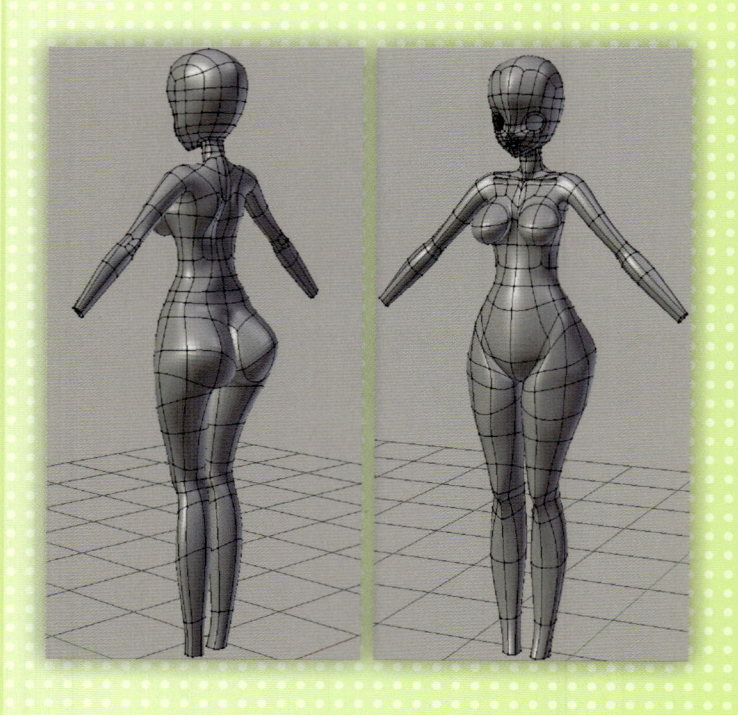

●統合するときのポイント

パーツごとにモデリングしていると、切り口の頂点の数が違うこともあります。統合前に頂点を確認し、数が異なる場合は、どちらか一方に合わせます。また、トポロジーが大きく違うと、つなげたときに歪になることもあります。スムーズにつながるように、あらかじめ形を調整してから作業するようにしましょう。

05 選択部分の表示・非表示

個別のオブジェクトになっている場合は、[アウトライナー・エディター]
で表示・非表示の切り替えができますが、一つのオブジェクトになっ
ている場合は、[アウトライナー・エディター] では操作できません。
ここで紹介する方向で、表示・非表示を切り替えましょう。

❶ 隠す部分を選択する

オブジェクトの非表示にしたい部分
を右クリックして選択します。

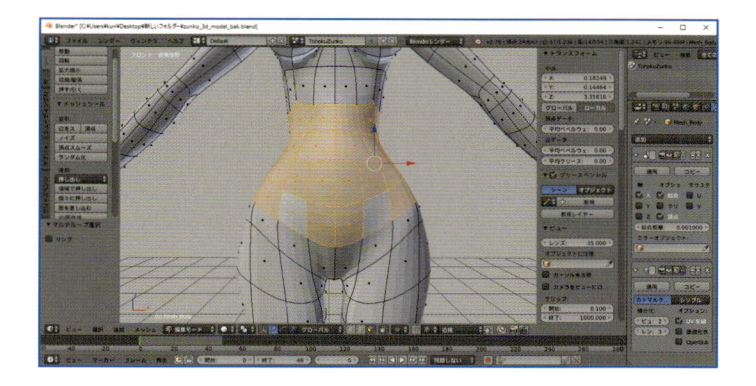

❷ 表示/隠すを選択する

[3Dビュー・エディター] ヘッダー
の [メッシュ] ⇒ [表示/隠す] ⇒
[選択しているものを隠す] をクリッ
クします。逆に、選択していない部
分を非表示にしたいときは、[選択
していないものを隠す] をクリック
します。

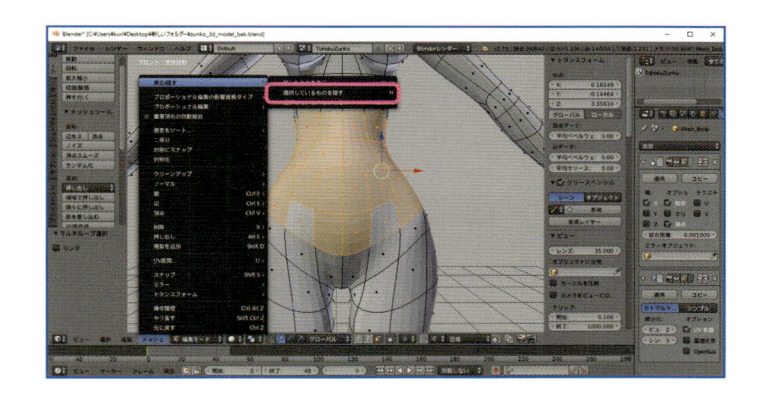

❸ 非表示になる

選択した部分が非表示になりまし
た。再び表示させるときは、[3Dビ
ュー・エディター] ヘッダーの [メッ
シュ] ⇒ [表示/隠す] ⇒ [隠した
ものを表示] をクリックします。

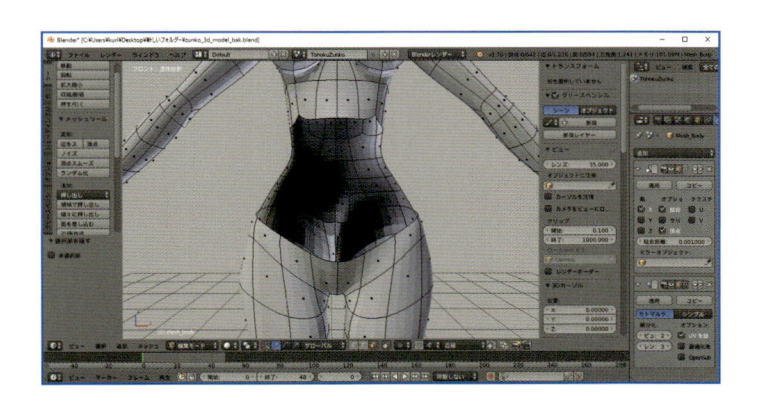

06 色の設定と輪郭線の確認

モデリング中に、ざっくり輪郭線を確認したいときにはFreestyle が有効です。パラメーターを調整することで、輪郭線の調整もある 程度可能です。ただし、より高い精度を求めるために、本書では最 終的に別の手法で輪郭線を表示させます。

❶ オブジェクトモードにする

[3Dビュー・エディター] ヘッダー で [オブジェクトモード] を選択しま す。目的のオブジェクトを右クリッ クして選択します。

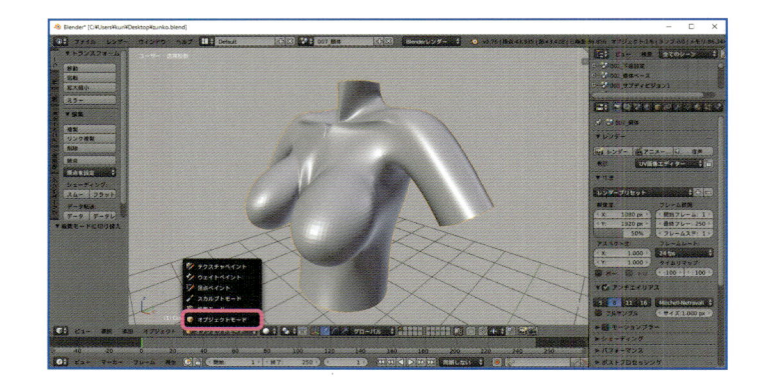

❷ マテリアルを選択する

3Dモデルに色をつけるときは [マ テリアル] の機能を使います。[プ ロパティ・エディター] ヘッダーの [マテリアル] ボタンをクリックしま す。

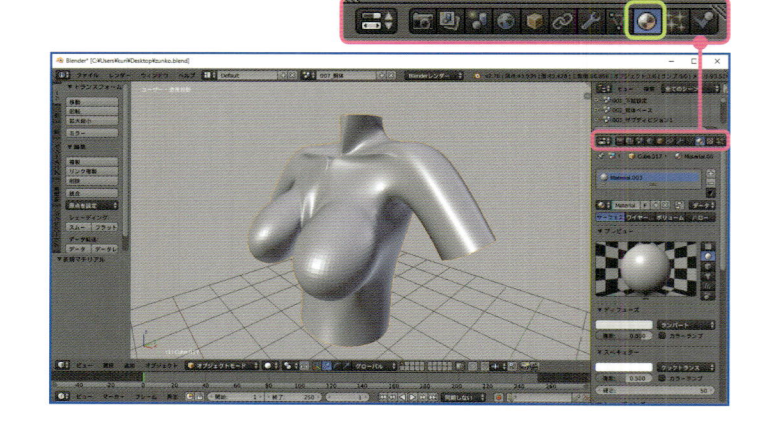

❸ 色を選択する

[ディフューズ] パネルの中にある 色見本をクリックし、表示されたカ ラーピッカーで好みの色をクリック します。

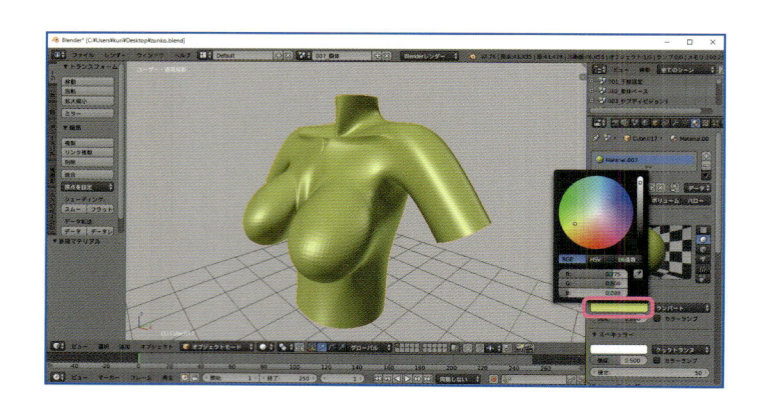

❹ 陰影を非表示にする

アニメのように平面的に見せる場合は、自動の陰影がつかないようにしておきます。[シェーディング] パネルの中にある [陰影なし] にチェックを入れましょう。光沢が消えただけのように見えますが、レンダリングすると陰影がない状態で表示されます。

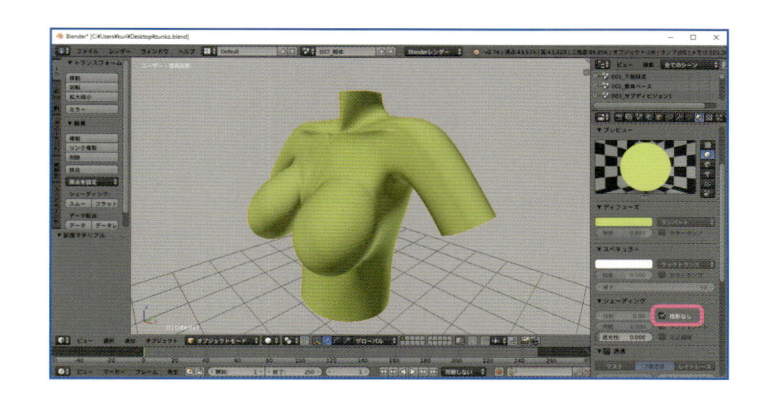

❺ レンダーを選択する

次に、輪郭線を出す [Freestyle] を設定しましょう。まずは、[プロパティ・エディター] ヘッダーの [レンダー] ボタンをクリックします。

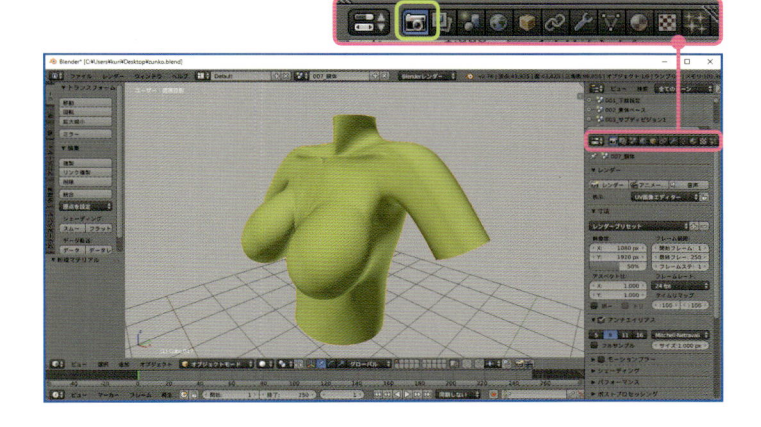

❻ Freestyle を設定する

一番下にある [Freestyle] パネルにチェックを入れます。ちなみに、[Freestyle] のパネルを開くと [ライン幅] を設定できますが、ここでは初期値を使います。

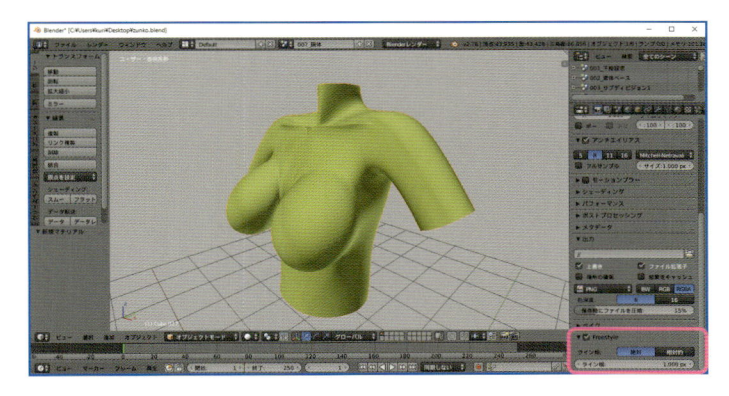

❼ シェーディングを切り替える

[シェーディング] を切り替えて輪郭線を表示させます。[3Dビュー・エディター] ヘッダーで [レンダー] を選択します。[レンダー] に変更すると、簡易的なレンダリング結果を表示できます。線の確認が終わったら [3Dビュー・エディター] ヘッダーで [編集モード] に変更し、モデリングを続けます。

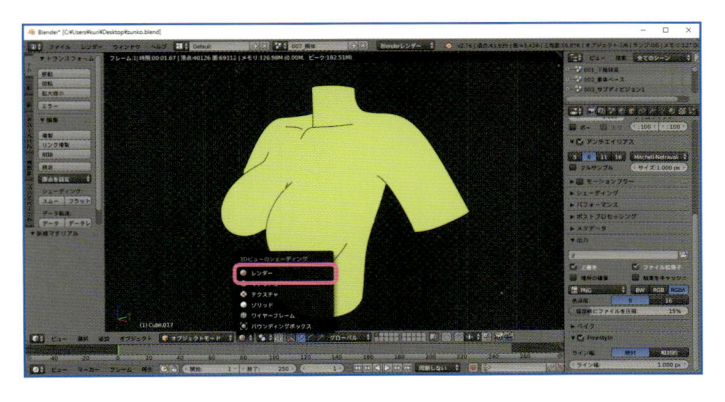

07 上半身の制作ポイント

素体の段階では、各パーツの特徴的な部分の形が、きれいに見えることを優先して作ります。上半身の場合は、鎖骨と肩胛骨の形がポイントです。また、胸のトポロジーは、円を描くようにつないでいくと、きれいな形になります。できるだけ少ないポリゴンで作りましょう。

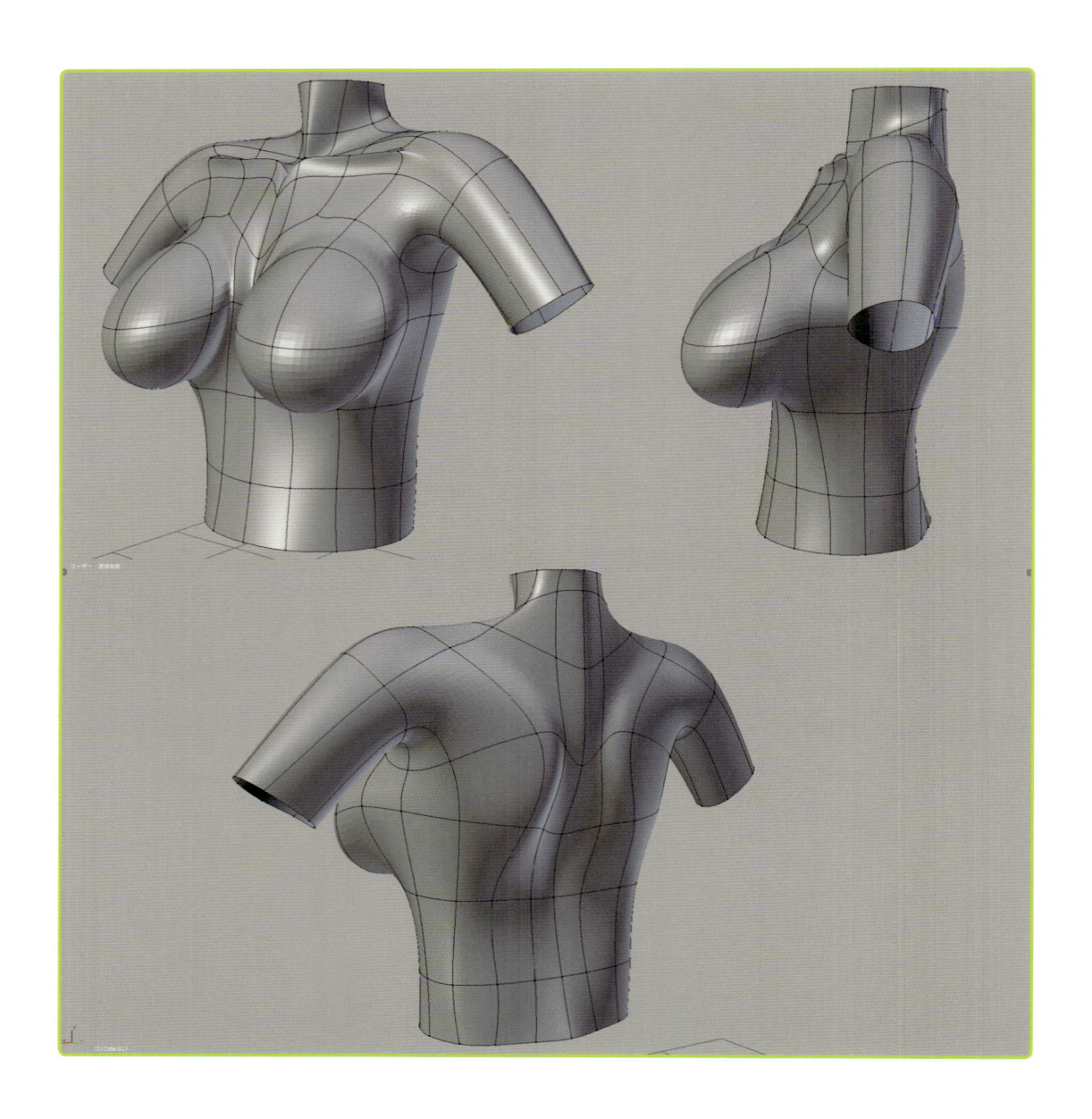

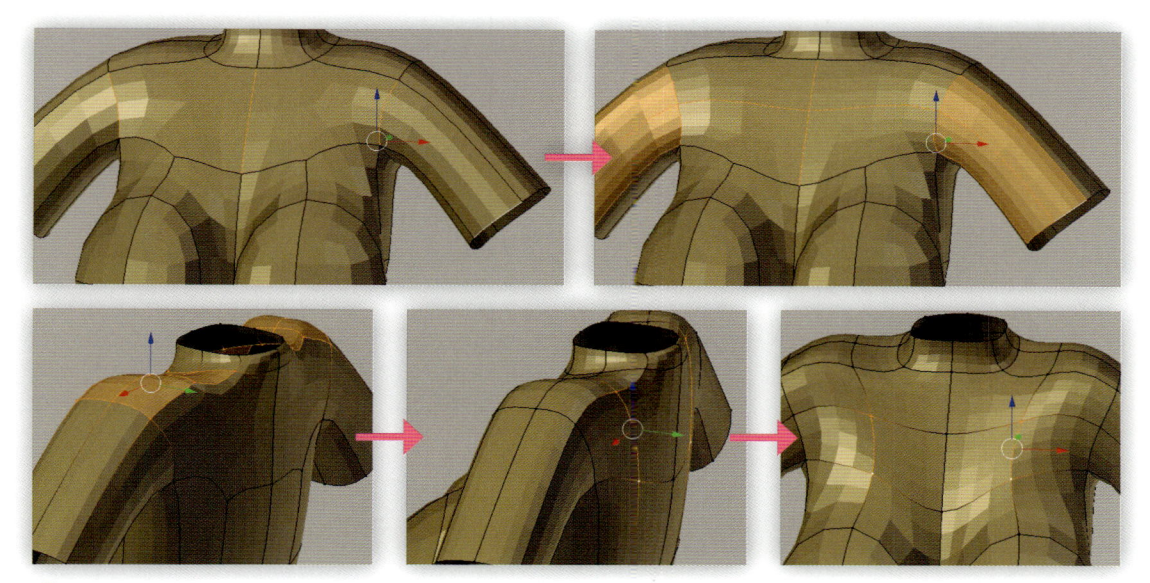

❶ 鎖骨を作るための準備をする

鎖骨の近くに新たな辺を作ります。まず、中心、肩、袖口の3辺を選択し、[**細分化**] で分割します（76ページ参照）。続いて、肩の上の3辺を選択して [**細分化**] で分割します。そして、肩と背中、肩と鎖骨を、それぞれ [**頂点の経路を連結**] でつなげて一本の流れにします。

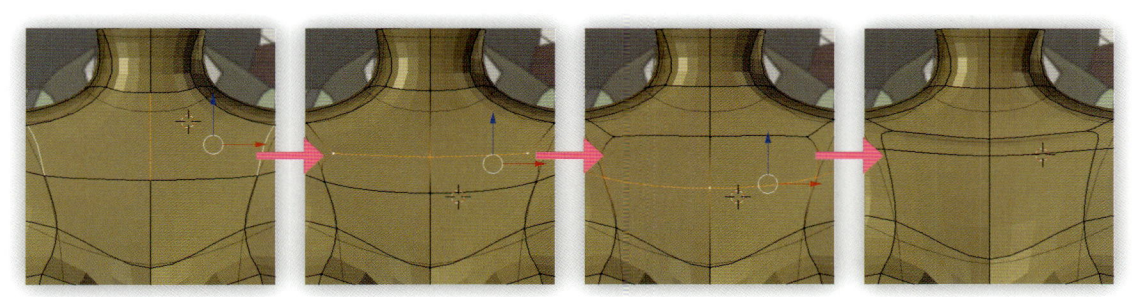

❷ 鎖骨のベースの辺を作る

追加した鎖骨の近くの辺の上に、さらに [**細分化**] を使って辺を足します。2つの辺ができたら、下の辺を上に移動し、上の辺を少し下に下げて、軽く凹みをつけます。ここが鎖骨の位置になります。

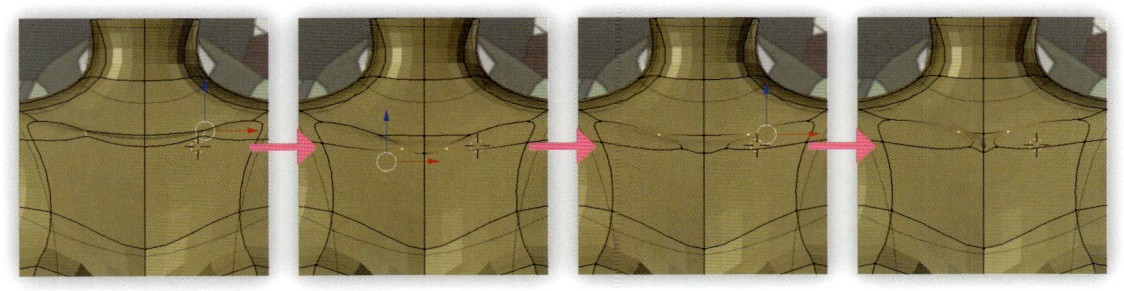

❸ 鎖骨のベースの形を作る

鎖骨の上下の2辺を選択して [**細分化**] で分割し、中心に頂点を追加します。頂点を内側に寄せて中心に若干の凹みを作っておきます。鎖骨の面の形ができました。

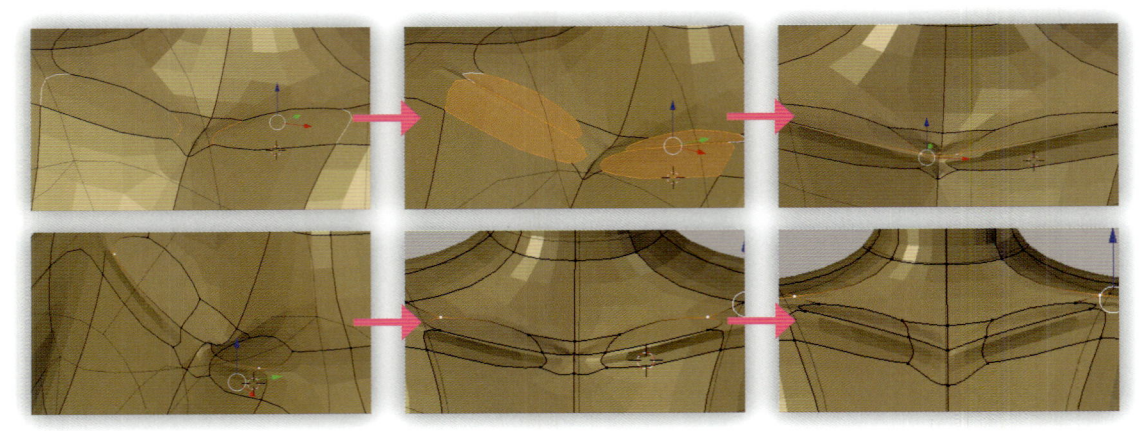

❹ 鎖骨を盛り上げる

鎖骨の左右の2辺を選択して [**細分化**] で分割します。分割したら頂点を移動して鎖骨の出っ張りを作ります。これで基本の形が整いました。ここまでできたら背中などの他の部分と合わせながらトポロジーを整えていきます。

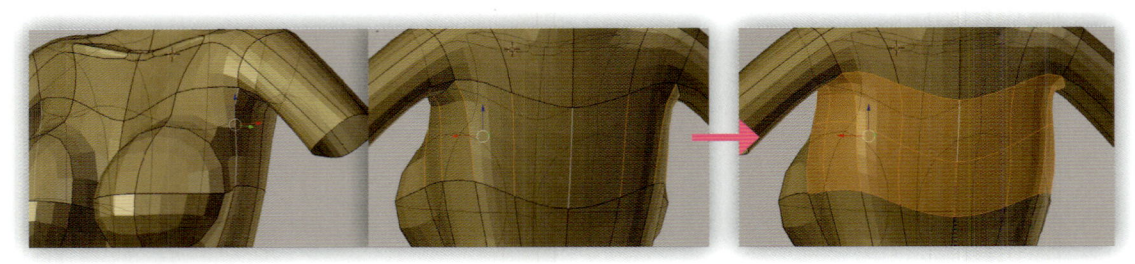

❺ 背中を分割する

背中には肩胛骨を作るので、それを踏まえて辺を作成します。ワキから背中にかけて縦の辺を選択し、[**細分化**] を使って分割します。

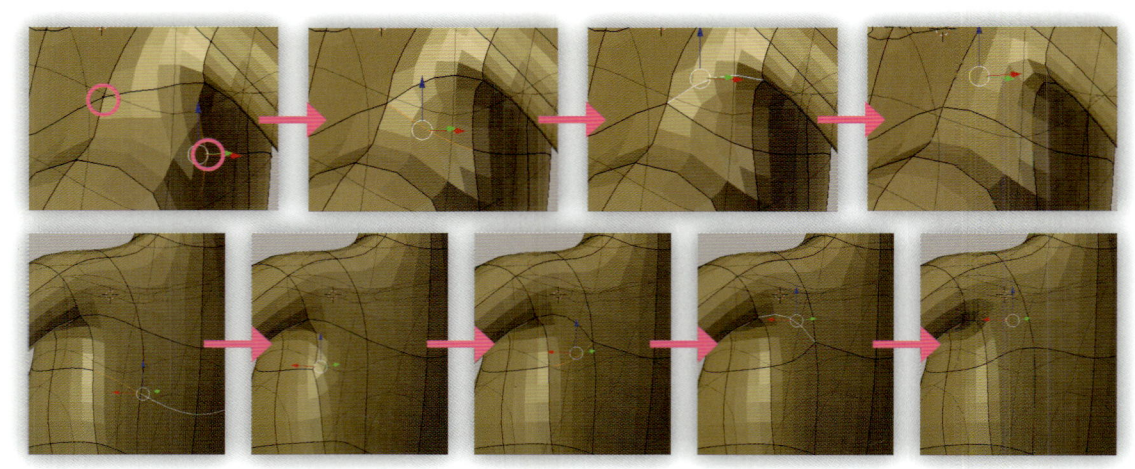

❻ トポロジーを修正する

前と後ろのトポロジーのずれを修正します。トポロジーを修正するときは、削除機能の一つである [**溶解**] で辺を消し、[**頂点の経路を連結**] で頂点をつなげて面を分割します。まずは、ワキ下と胸上の頂点をつなぐ辺を作成し、ワキと胸上の間にある辺を溶解しました。続いて同様に、ワキ下のつながりと合うように、背中の辺をつなげ直します。一つの頂点に5つの辺が集まっているところは、このような感じでトポロジーを変更していきます。

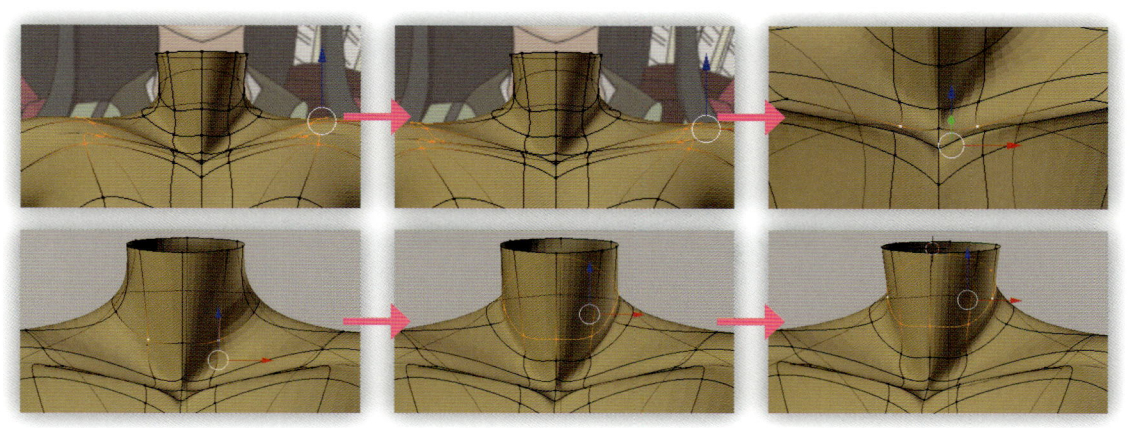

❼ 鎖骨の形を細かく調整する

鎖骨の形を探りつつ、周辺の首や肩のトポロジーも調整ながら全体を仕上げていきます。鎖骨の凹み具合や位置や比率は、前、上、横、斜めのビューで形を確認し、さらに [Freestyle] で表示される輪郭線を見ながら、それらしい形になるまで細かく調整していきます (142ページ参照)。最初のうちは、好みのイラストの鎖骨見本を用意して、その線のように形が出るまで調整してみるといいでしょう。

❽ 肩胛骨を作る

面を寄せて肩胛骨の凹凸を作ります。少しカーブをつけると女性的な感じになります。背骨がある部分は少し凹ませます。また、お腹や胸まわりの形も整えつつ、不要な頂点や辺は [溶解] を使って消していきましょう。下絵と形が合うように整えていきますが、服の下に身体があることを忘れずに、首から下は少し小さめにしておきます。

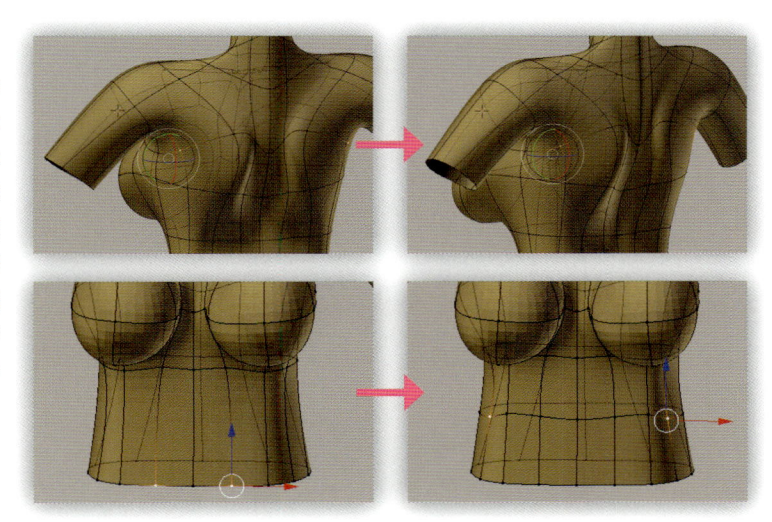

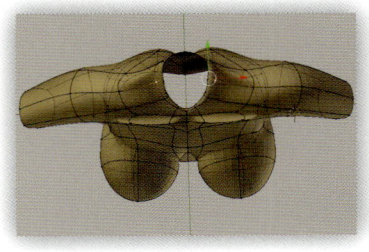
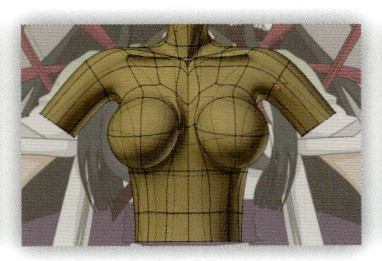
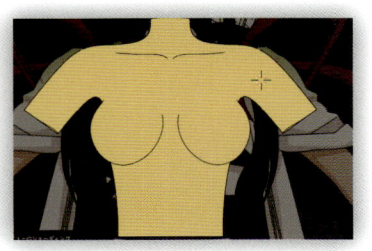

❾ 形を確認する

上から見たときに、胸の形に丸みが出るように調整します。背中の肩胛骨も少し出っ張った感じなるように調整しましょう。美少女キャラクターの場合は、胸や鎖骨などの骨が出っ張る部分はしっかり作り込みますが、筋肉などは比較的滑らかに処理します。筋肉の流れを意識するのは重要なことですが、筋肉質なキャラクターにならないように気をつけます。シルエットが滑らかな曲線になるように仕上げます。

08 腰まわりの制作ポイント

ヒップは胸と同様に、シルエットがきれいな曲面になるように作ります。曲がる部分は、外側は広く、内側は狭くするのが原則ですが、腰はどちらにも曲がるので均等に調整します。腰まわりは動かしたときに破綻しやすいため、セットアップ後に再調整することもあります。

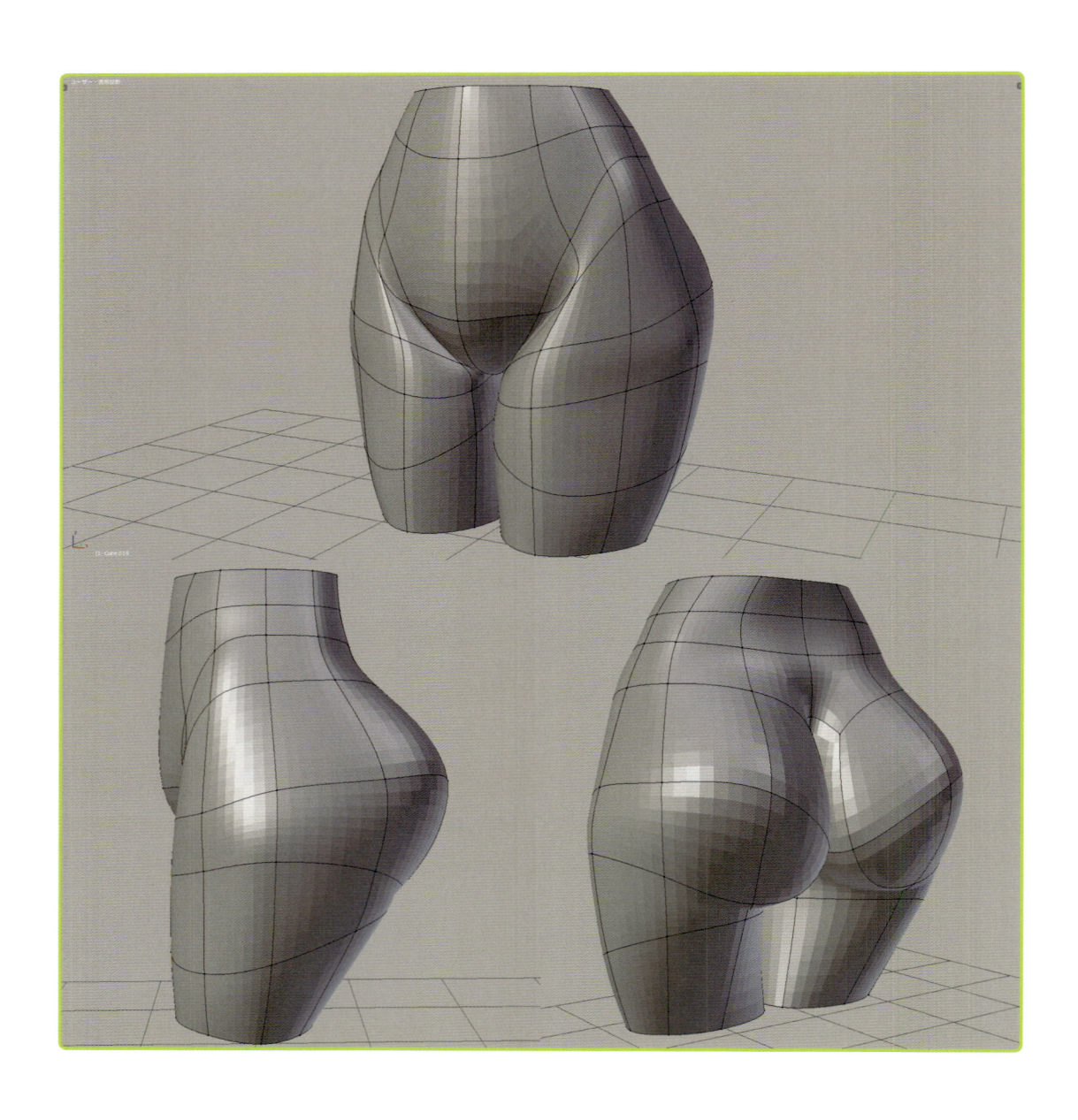

❶ 脚に隙間を作る

腰から股、太ももの付け根の流れは造形が複雑です。特に後ろと前をつなぐ股の部分はトポロジーの接続が難しい部分ですが、滑らかな輪郭線が出るように形を探っていきましょう。まずは、[ループカットとスライド] を使って、腰のまわりに辺を作成します。次に、脚の間に隙間を作ります。

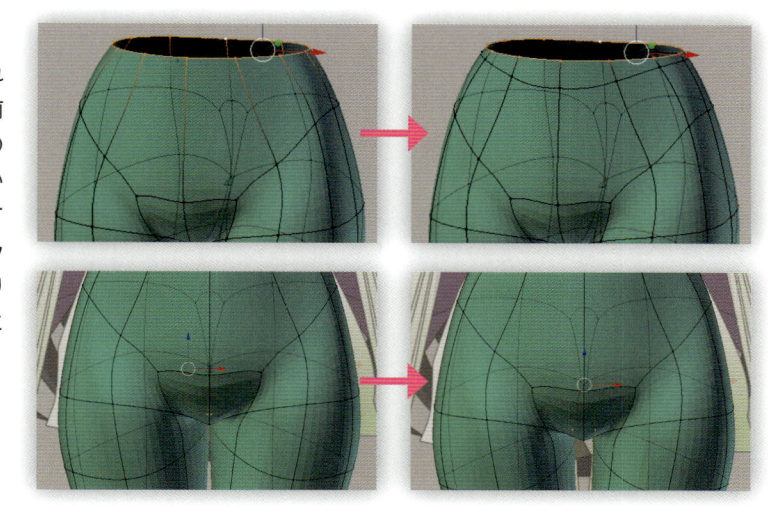

❷ ヒップの丸さを出す

股と同様に、ヒップも頂点を移動して隙間をあけます。次に、辺を上下に移動しながらヒップの大まかな丸みを出しつつ、頂点を引っ張ってヒップを盛り上げます。ヒップのトップは、ひとまず股の付け根の高さにしておきます。これは後で修正します。

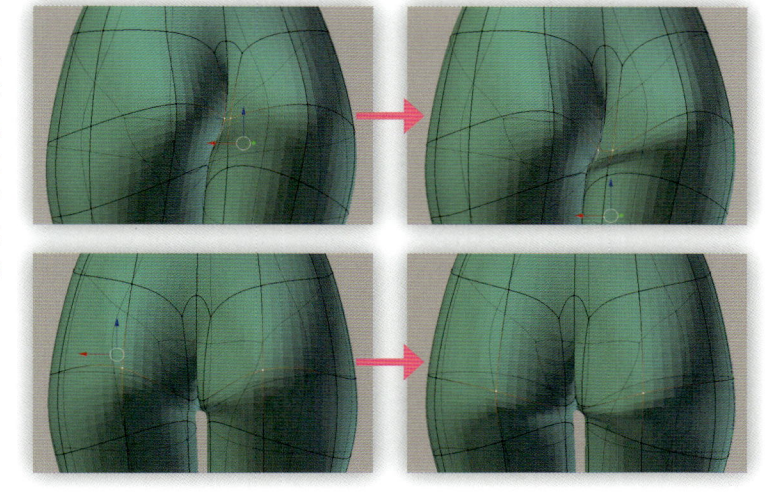

❸ 形を調整する

大まかに形を整えたらビューを横に変更し、ヒップの大きさや出っ張りを調整します。さらに、上からのビューに切り替えて丸みを調整します。作業中はトポロジーの流れよりも、それらしい形にすることを優先します。形を整えていく中で、流れを変えた方が良い形状が見えてくるので、頂点に辺が5つ以上あっても、あわててトポロジーを再調整する必要はありません。

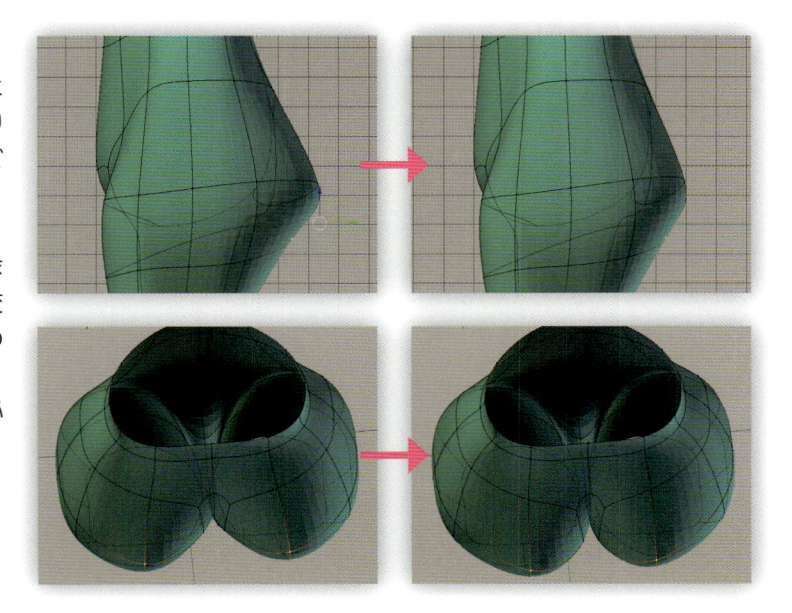

❹ 隙間を広げる

ヒップの隙間を広げます。まず、太ももに [ループカットとスライド] で辺を足します。続いて、上下の辺の内側の頂点を一つにまとめます。2つの頂点を選択したら、[ツールシェルフ] の [メッシュツール] パネルの [削除] の [結合] の [中心に] をクリックします（79ページ参照）。トポロジーは後で調整します。

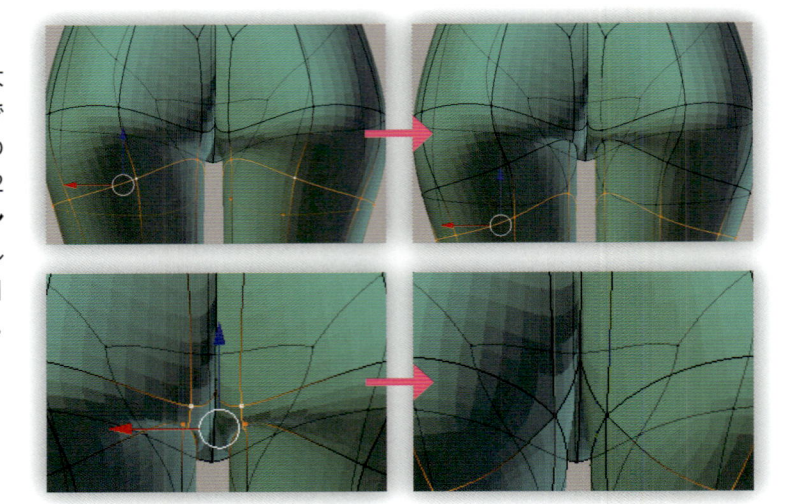

❺ 丸さを調整する

頂点を水平に整列させるときは [拡大縮小] を使います（78ページ参照）。目的の頂点を選択し、[S] キー、[Z] キー、[0] キーの順番でキーを押しましょう。太ももの頂点を水平にそろえた後で、上に移動し、さらに少し回転して斜めにし、内側を持ち上げてヒップの丸さを出しています。

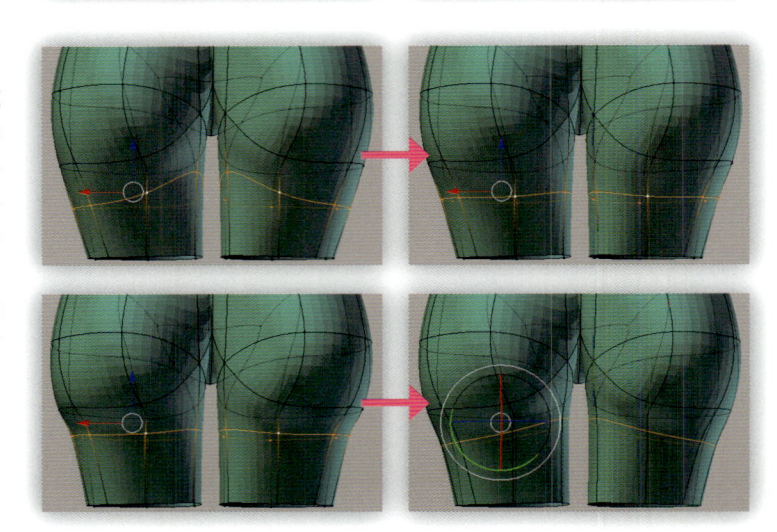

❻ 隙間を調整する

ヒップは上の方まで割れています。そこでまずは上も下もおおよそ均等に隙間をあけて、次に上部を狭めるようにします。この状態になったら、美尻の形を目指して丸みを整えていきます。

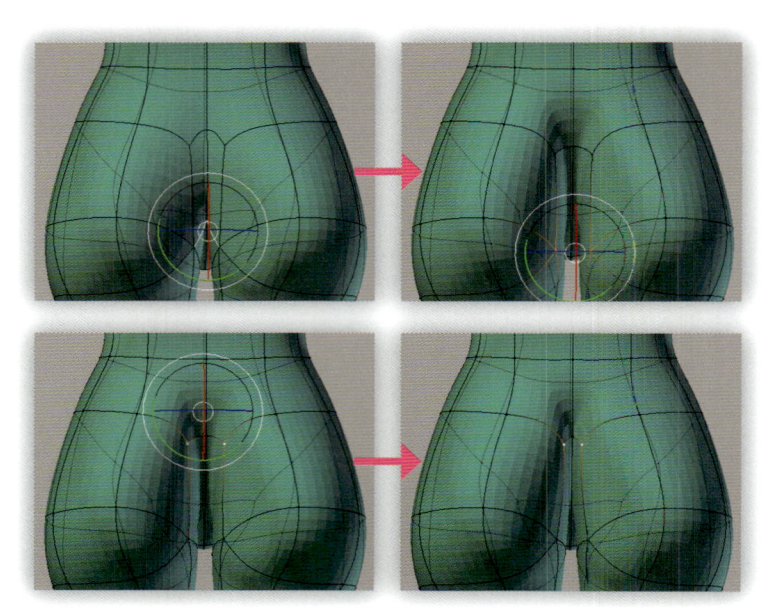

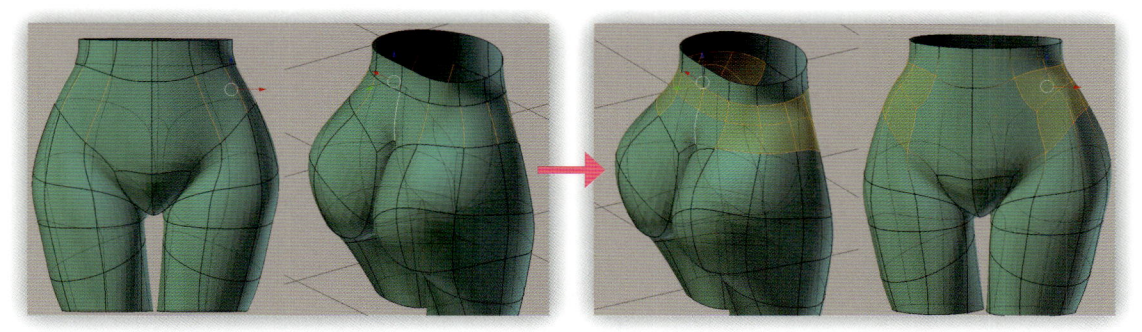

❼ トポロジーを修正する

前から見たときの形を調整し終わったらトポロジーを修正します。[細分化]を使って腰まわりに辺を足しました。そして、[頂点の経路を連結]と[溶解]を使って、1つの頂点に4辺が接続するように全体を調整していきます。特に股下は頂点に辺が集中していることが多いので、よく調べましょう。

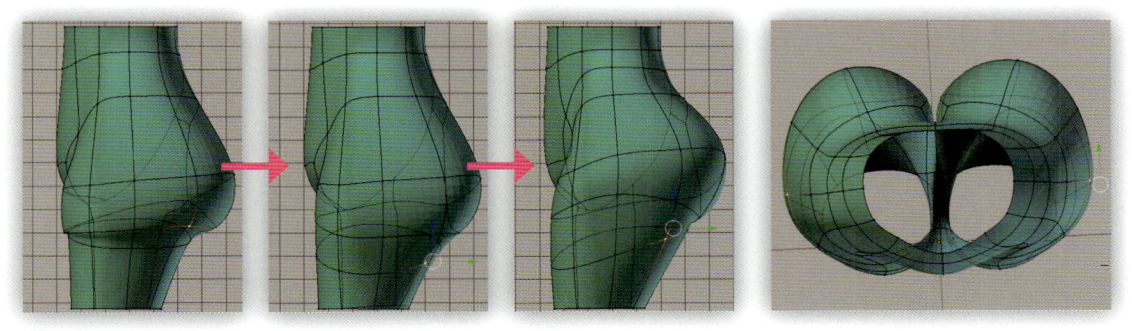

❽ 横や上から見た形を調整する

横から見たときのヒップの形の変化です。ヒップのトップの位置は、腰と股下の中間くらいを目安にし、気持ち上を向くくらいがちょうど良く、垂れ下がっていると丸さは感じやすいのですが、少し老いた印象になります。完成が見えてきたら上から見たときの丸みにも注意し、ふっくらした曲線になるように仕上げます。

❾ 輪郭線の形を確認する

[Freestyle]を使って輪郭線の形を確認し、それらしい曲線が出るまで形を調整します（142ページ参照）。

太もものラインは下絵に合わせます。太ももの上部は隙間が狭くなりますが、股に近い部分は隙間が少し広くなります。東北ずん子は太ももがふっくらした印象のキャラクターですが、ただ太くすると太って見えてしまうので、メリハリをつけてふっくらしたもちもちな感じを出しています。

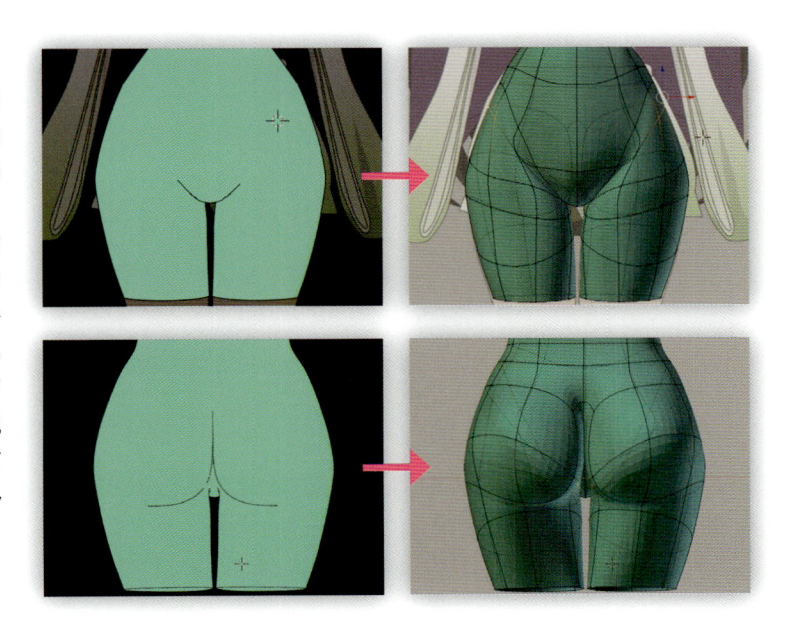

09 顔の制作ポイント

顔は特に複雑なので、形が整わないうちに面を増やしてしまうと、修正する手間が膨大になり、完成しにくくなります。経験が浅いうちは、できるだけ少ない面で形を作るようにし、面を分割するときは慎重に行いましょう。そうすれば造形力がなくても、時間さえかければ形が整ってきます。

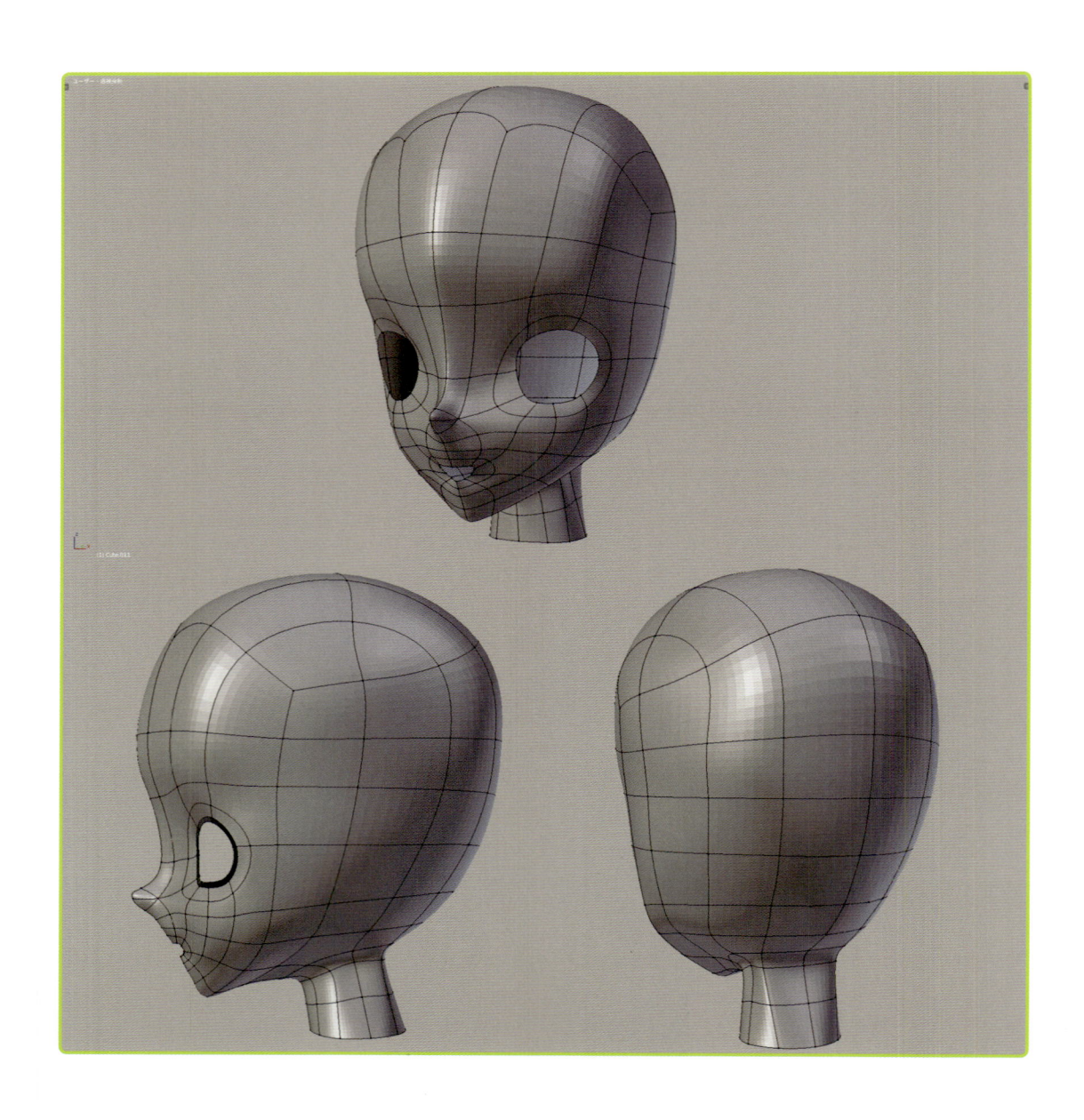

I 全体を分割する

❶ アゴの辺を消す

[溶解] を使ってアゴの不要な辺を消します。素体ベースから作り込んで行く前に、頂点につながっている辺の数を確認し、5つ以上ある場合は消しておきましょう。

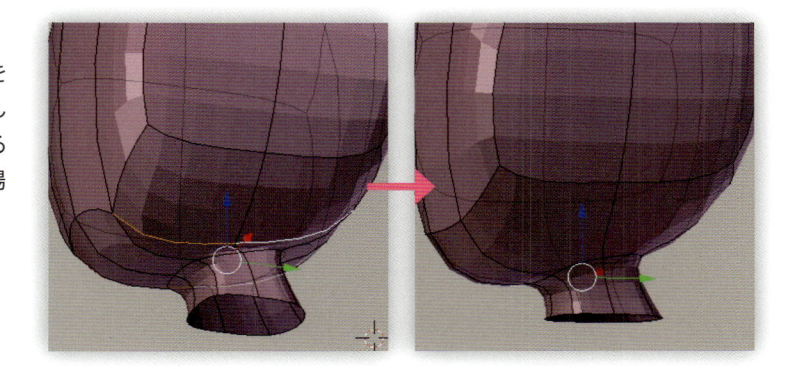

❷ 分割して全体に辺を足す

顔を作るためのベースの辺を足していきます。アゴの下と目の高さに、それぞれぐるっと一周辺を足しましょう。

まずは、アゴから首の後ろの辺を選択し、[細分化] で分割します。続いて、顔の前、横、後ろの辺を選択し、[細分化] で分割しました。

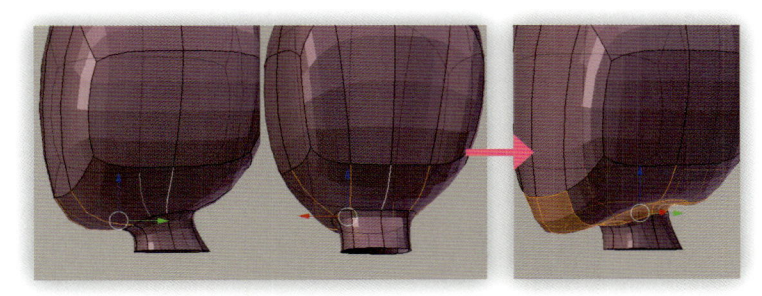

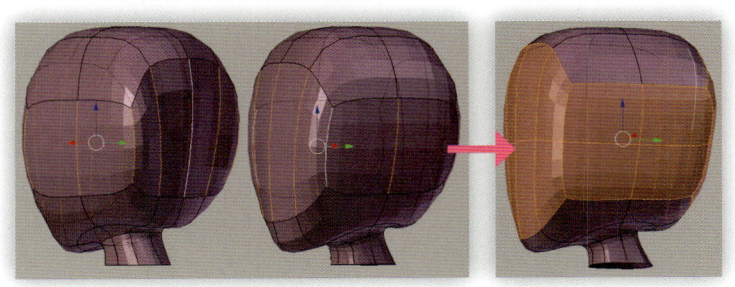

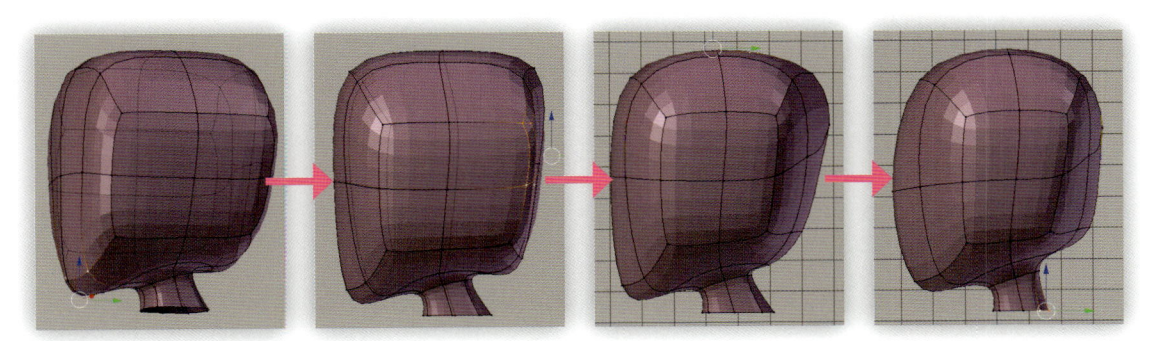

❸ 頭の形を全体的に調整する

最低限必要な辺を足したら頭の形を少し整えます。角張っているヒタイや平面的な顔に少し丸みを出します。アゴから後頭部の流れの部分は斜めにします。全体としては、頭蓋骨を丸くデフォルメしたような形にしておきましょう。

Ⅱ 顔を作り込む

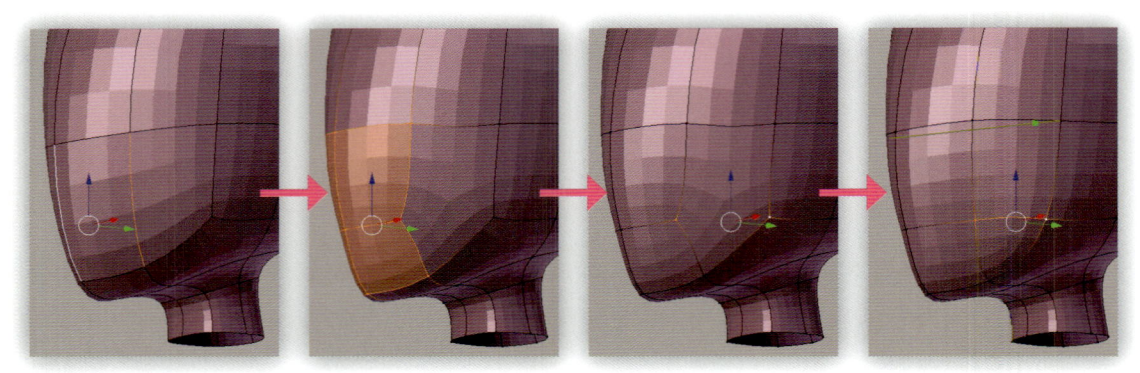

❶ 口元に辺を作成する

口元の辺を足して口が作れるようにします。まず、顔の下部の縦の2辺を選択し、**[細分化]** を使って分割します。
次に、**[頂点の経路を連結]** を使ってアゴと後頭部の頂点をつなぎ、一つの流れにしておきます。

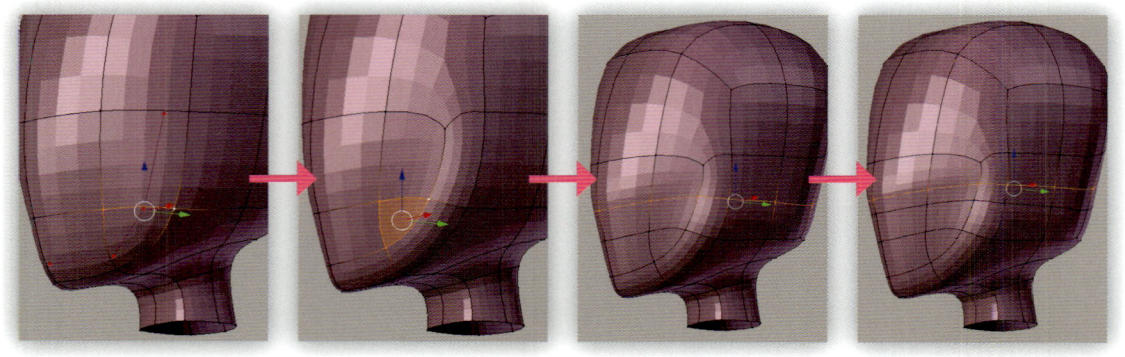

❷ アゴのベースを作る

アゴのラインを作ります。**[ナイフ]** を使って、目の高さの辺からアゴの下にかけて面を分割します。分割したら面
を選択して凹ませてアゴの骨を出します。続いて、**[ループカットとスライド]** を使って、鼻の高さに辺を足し、さら
に鼻の上のあたりに同様に辺を足します。

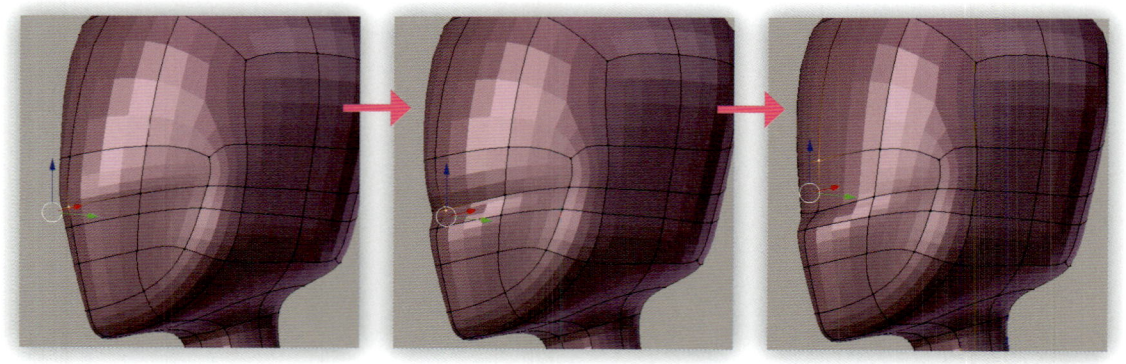

❸ 鼻のベースを作る

鼻の部分の辺を選択し、凹ませて鼻先を出します。続いて鼻の上からヒタイの辺を選択して、先ほどと同じように
凹ませます。これで鼻の出っ張りのベースができました。

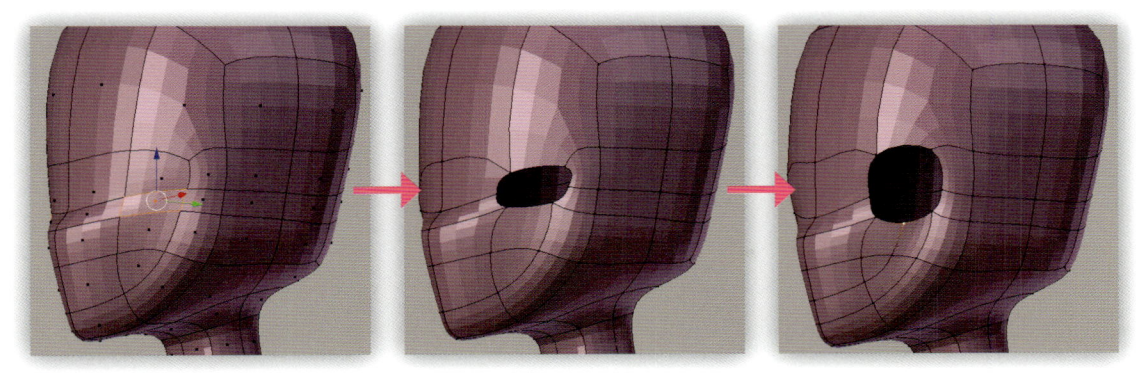

❹ 目のベースを作る

目の部分の面を選択して [削除] します。一つでは足りなかったので、その上の面も [削除] しました。穴が空いたら周囲の頂点を移動して目の形を整えます。後で細部の形を整えていくので、ここではだいたいでかまいません。

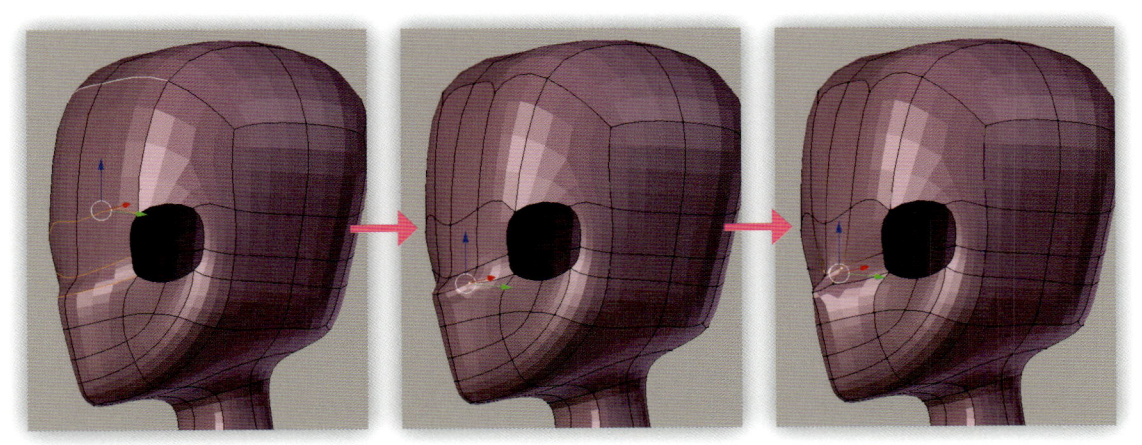

❺ 鼻を作る

鼻の形を作るために、[細分化] を使って鼻先からヒタイにかけて辺を足します。次に、頂点を移動して鼻筋を盛り上げます。

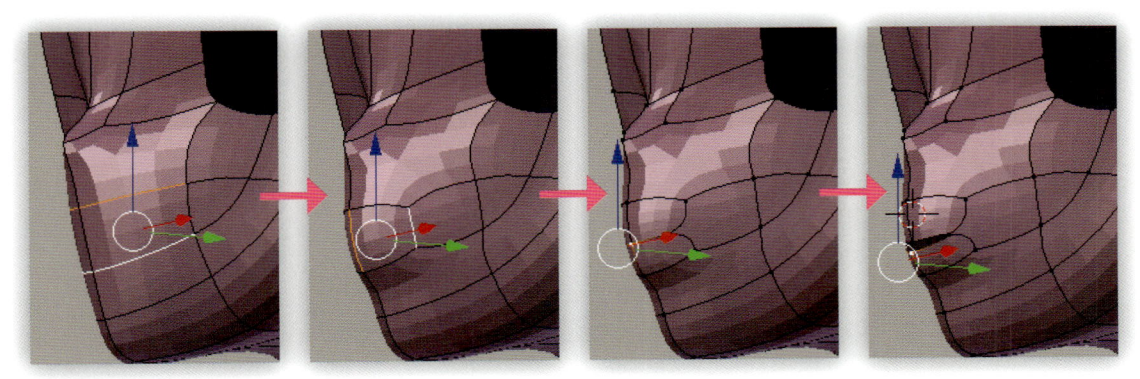

❻ 口のベースを作る

口を空けます。口元の上下の2辺を選択して、[細分化] で分割します。次に、口元の左右の2辺を選択して [細分化] で分割します。これで上唇と下唇の面ができました（中央図）。最後に、唇の隙間を作ります。口の真ん中の辺を選択し、[3D ビュー・エディター] ヘッダーの [メッシュ] ⇒ [辺] ⇒ [辺を分離] をクリックします（165ページ参照）。裂け目ができたら頂点を移動して口を開けます。

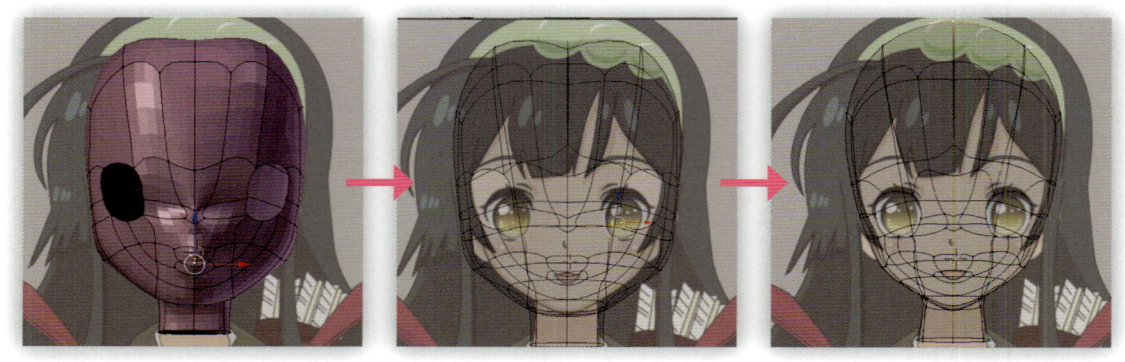

❼ 顔のベースを下絵に合わせる

顔の基本の形ができたら、まずは正面の形をしっかり作っていきます。[シェーディング] を [ワイヤーフレーム] に、ビューをカメラに切り替えて、顔の形を下絵に合わせていきます。輪郭だけでなく、目や口など、顔のパーツの位置も合わせましょう。

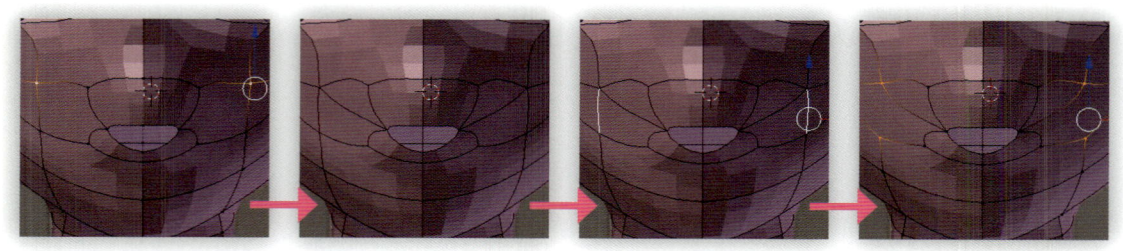

❽ 口のトポロジーを修正する

ここからは、顔を分割する辺の流れが縦横の十字になることを目指して、トポロジーを修正していきます。[頂点の経路を連結] を使って辺を作成し、[溶解] を使って不要な辺を消します。まずは口のまわりから作業をスタートしました。口とホホに新たな辺を作成し、ホホの縦の辺を消しました。

❾ 鼻のトポロジーを修正する

目の穴の各頂点からつながる辺が、それぞれ一つずつになるようにトポロジーを修正していきます。

まずは、[頂点の経路を連結] で上下の頂点をつないで鼻の脇に辺を作ります（上図）。次に、鼻の脇と目頭の部分のトポロジーを変更します。目のまわりの左下の辺を [細分化] で分割し、頂点を追加します。追加した頂点を鼻の脇の頂点とつなげます（中央図）。そして、作成した辺の下にある辺を [溶解] で消しました（下図）。

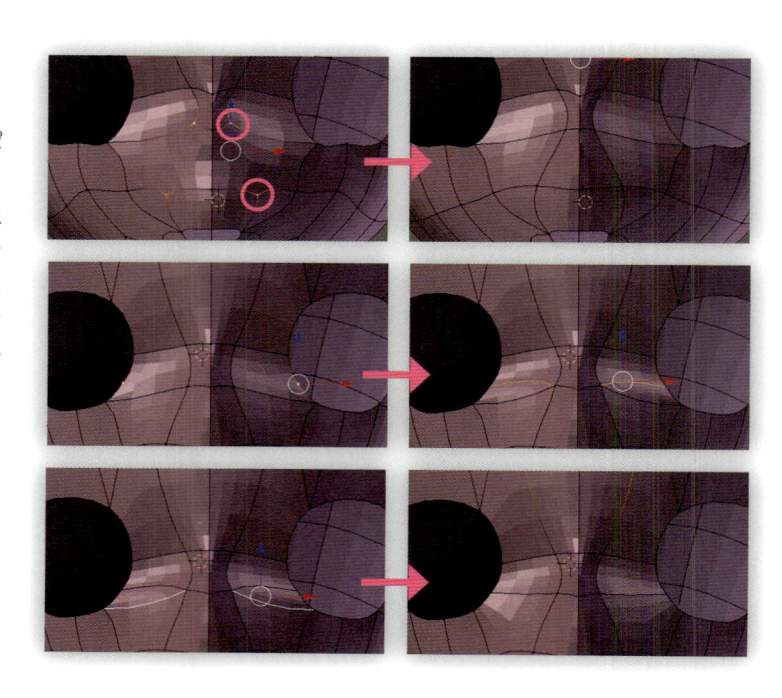

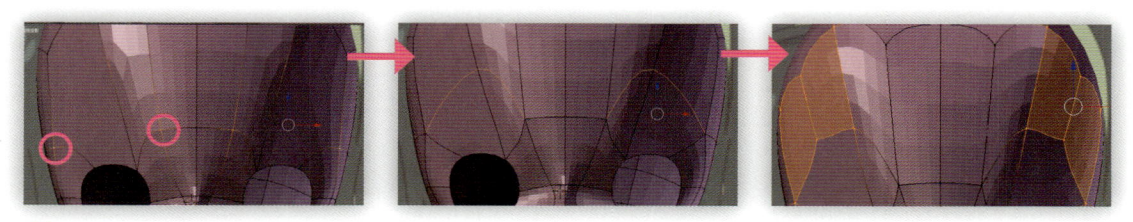

⑩ ヒタイを分割する

ヒタイのポリゴンが足りないので形が平面的です。面を分割して丸みを出していきます。眉のあたりの2つの頂点の間に[**頂点の経路を連結**]で辺を作成します。次に、ヒタイの左右の辺を選択し、[**細分化**]で分割します。

⑪ ヒタイのトポロジーを修正する

目の上の部分のトポロジーを修正していきます。[**頂点の経路を連結**]で、眉のあたりにある頂点と目の頂点をつなげます。次に、[**溶解**]で左側の辺を消し、さらに右側の辺を消します。最後に、ヒタイの頂点を下げて形を整えます。

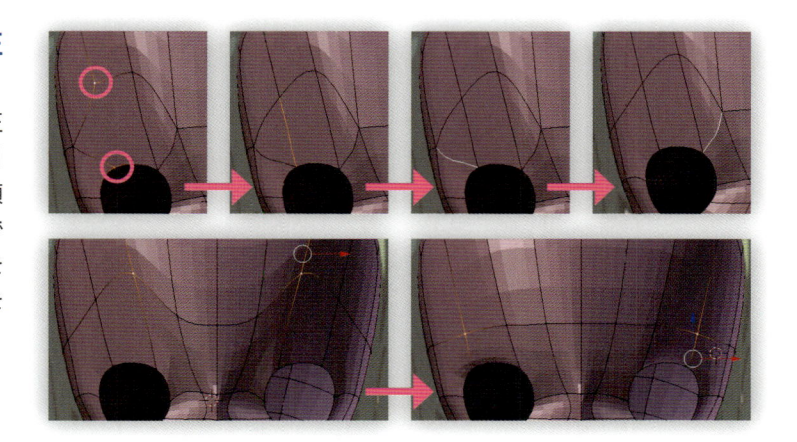

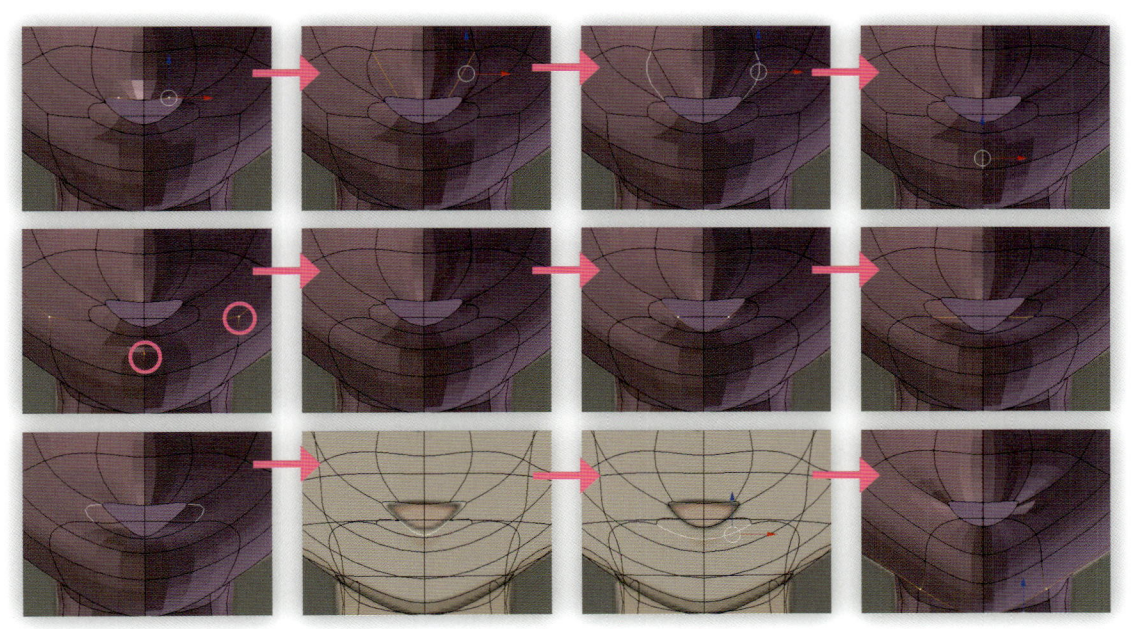

⑫ アゴまわりのトポロジーを修正する

口とアゴのトポロジーを修正していきます。鼻のときと同様に、口の穴の各頂点からつながる辺が、それぞれ一つずつになるようにトポロジーを修正していきましょう。ある程度きれいなトポロジーになったら、ビューをカメラに切り替えて下絵の口に形を合わせていきます。アゴの形も修正しました。

⓭ 目のくぼみを作る

まつげの近くに面を作成し、くぼみを作ります。目の上の左右の辺を選択して [**細分化**] で分割します。辺が作成されたら、まつげ辺りまで辺を下げて、少し凹ませておきましょう。

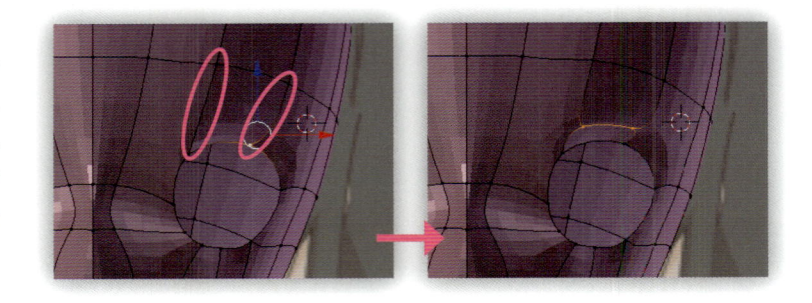

⓮ トポロジーを修正する

目頭、目のくぼみ、こめかみのラインが一つの流れになるようにトポロジーを修正していきます。[**細分化**] を使って辺の上に頂点を作成し、[**頂点の経路を連結**] を使って頂点をつないでいきましょう。

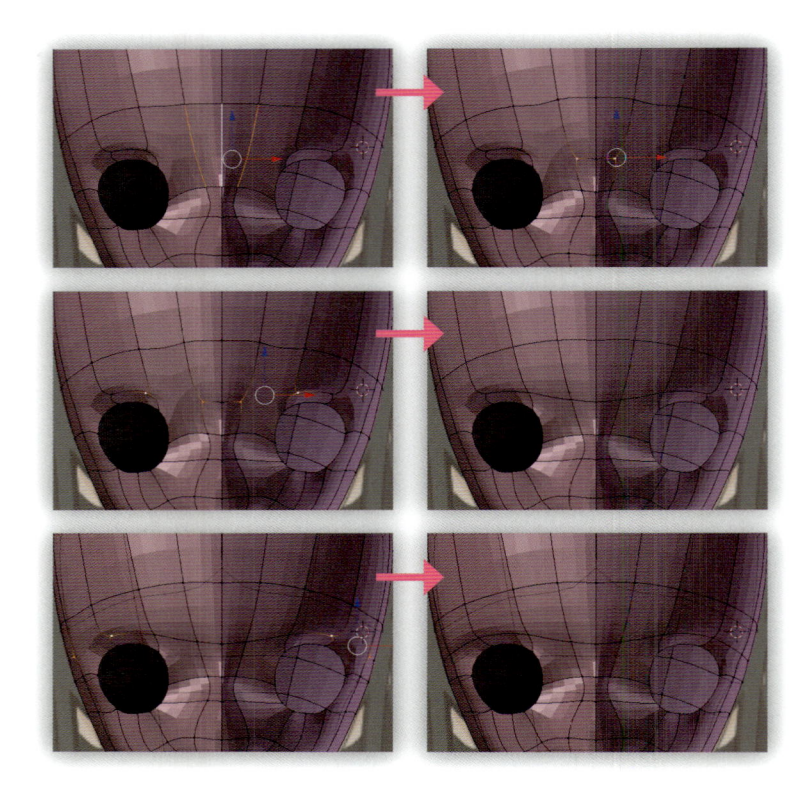

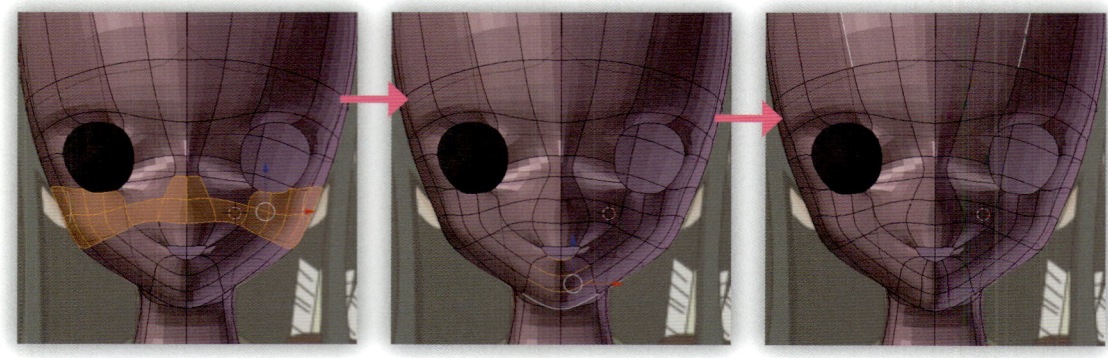

⓯ 顔の形を整える

鼻からにホホにかけてと、アゴの部分を分割し、トポロジーを調整しながら顔全体を整えます。穴のまわりの頂点は一つの辺しか接しないように、また全体のトポロジーが縦横の十字になるように調整しましょう。ある程度完成したら [**シェーディング**] を [**ワイヤーフレーム**] に切り替えて、下絵と合うようにさらに調整します。

⓰ 側面の形を調整する

正面の形を合わせたら、側面から見たときの形を整えます。側面を調整するときは、平行投影のビューに切り替えます。作例では、かなり歪んでいました。頂点や面を移動し、きれいな丸みのある形になるまで調整していきます。

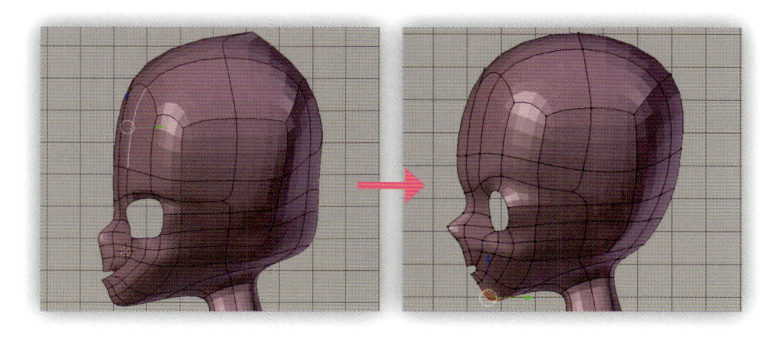

⓱ トポロジーを修正する

おおむね形を整えたら、次はトポロジーを修正していきます。基本は正面のときと同じです。きれいな十字になるように、かつ前、横、後ろの流れが一つになるようにトポロジーを調整するのがポイントです。作例では、まずアゴの部分に辺を足し、辺をつなぎ直しました。トポロジーを修正するときは、どの部分から始めてもかまいませんが、複雑な形状の部分から取りかかると、全体を調整しやすいです。

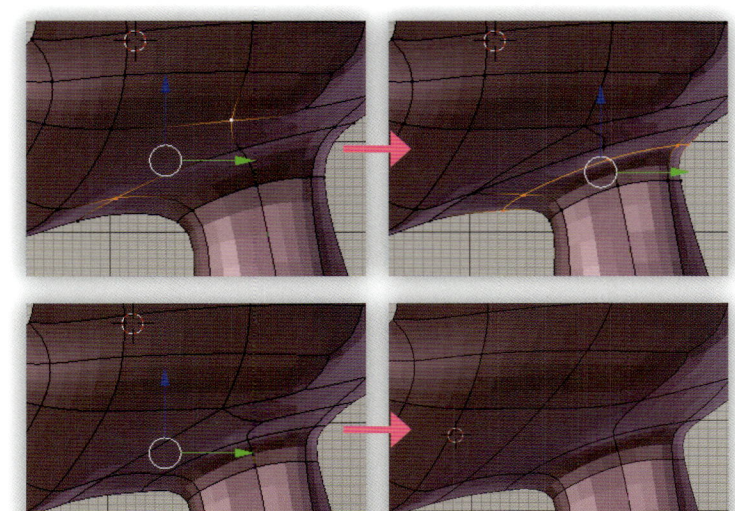

⓲ 横向きのトポロジー

トポロジーを調整し終わった状態です。できるだけ少ない面で目的の形を構成するという目標はありますが、それに対する100%の正解はありません。作例のトポロジーはあくまで一つの例です。絵と同じように、それぞれの個性が出るものだと思いますので、自分なりの形を探ってみてください。

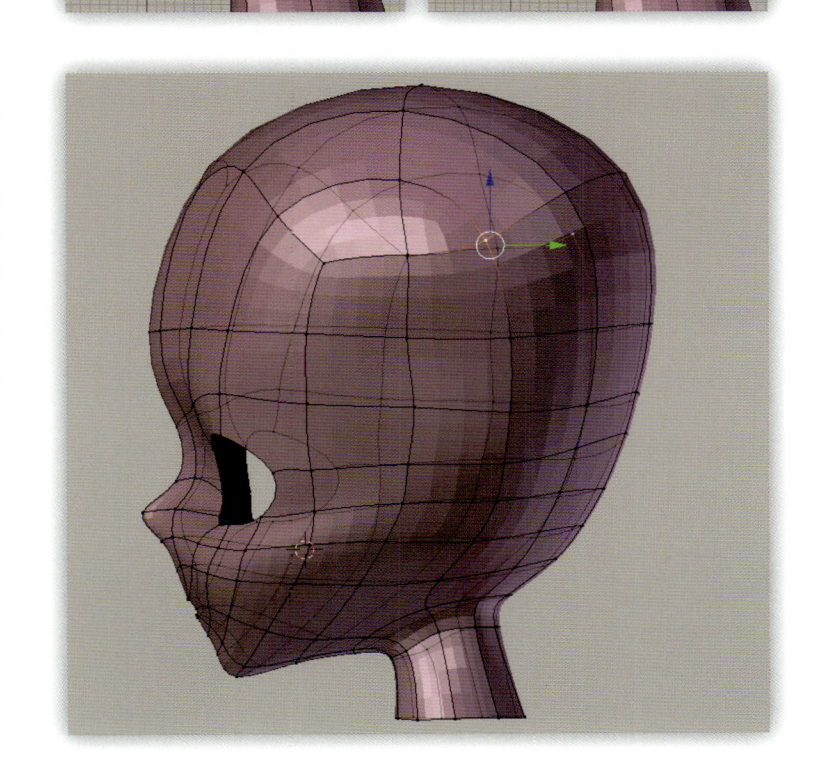

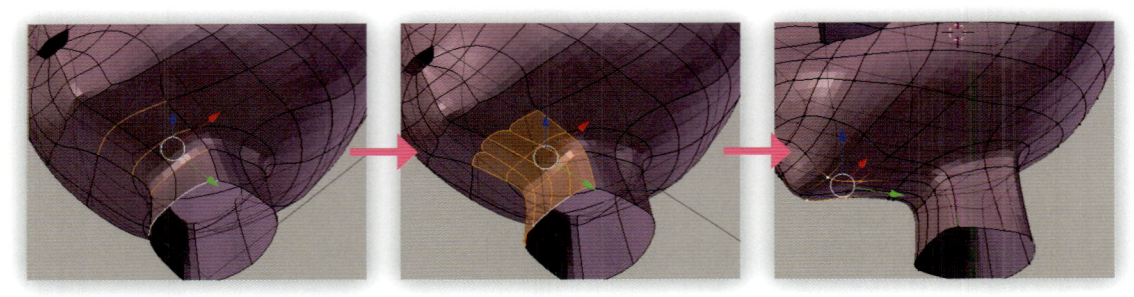

⓳ アゴのトポロジーを修正する

正面のアゴとアゴの下の辺の数が違っていたので、首の面を分割し、アゴの辺とつなぎ直しました。ビューを360度回転し、頂点から出ている辺の数や、全体の辺のつながりをよく確認しましょう。

⓴ 鼻の形を整える

トポロジーを修正して、鼻の形を整えていきます。鼻の周辺の頂点をつなげて鼻先に円のような形を作ります。横から見たら鼻が尖りすぎていたので修正しました。

鼻はそのキャラクターの特徴が出る部分の一つです。人間の顔であれば、鼻先はもっと下にありますが、キャラクターの場合は正面向きの下絵の鼻の位置に合わせるのが基本です。

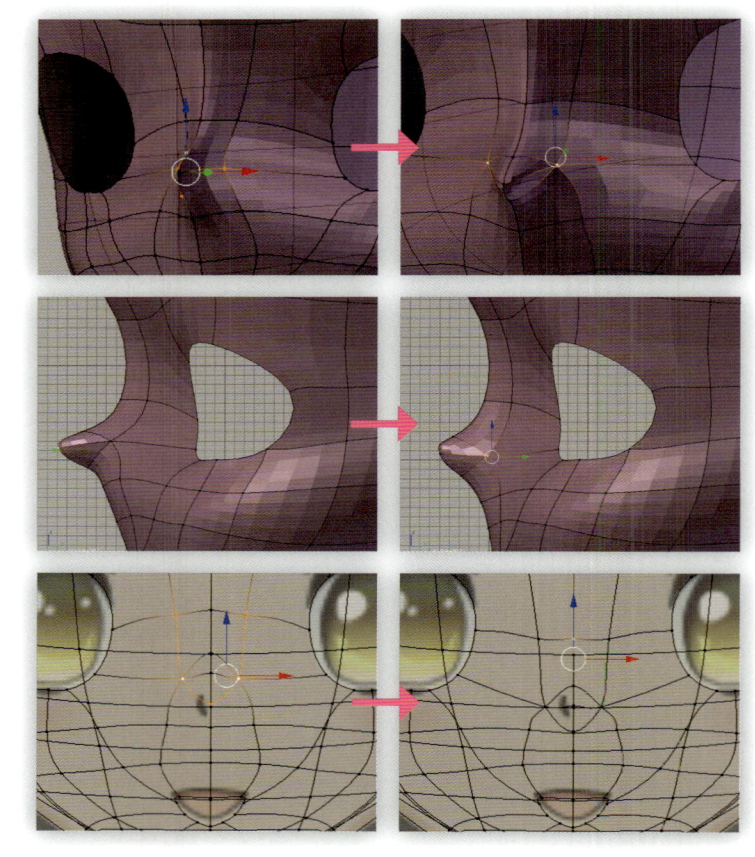

㉑ 全体の形を調整する

パーツの形が整ってきたら、全体的な調整を行います。周辺の面を選択し、一気に動かして全体のプロポーションを整えます。また、ビューを回転させて、どこから見てもおかしくないように形を整えていきます。

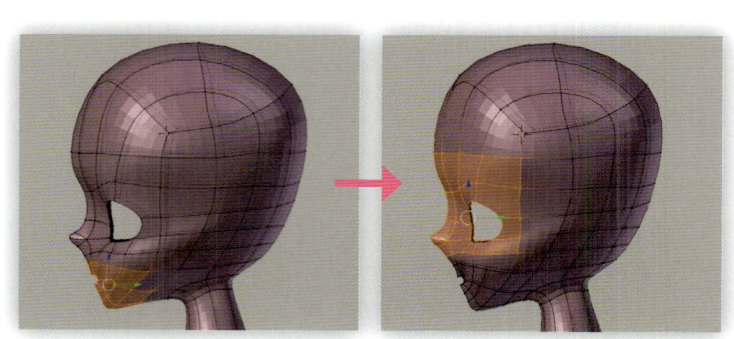

㉒ 不要な辺を消す

目の上の頂点に2つの辺がつながっていたので、[溶解]を使って横の辺を消しました。縦の辺を消すよりも、形が崩れにくく、全体のトポロジーへの影響が少ないという判断です。

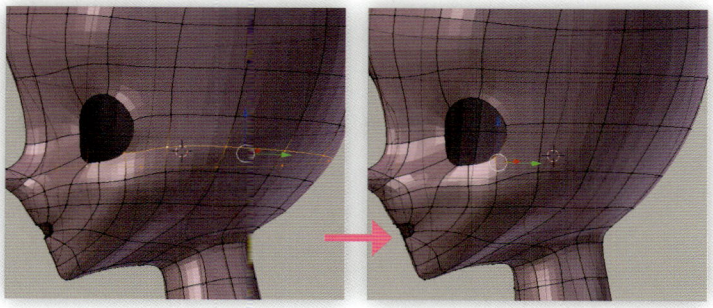

㉓ 動かす部分の面を作成する

口のまわりと目の周りに、穴を囲むように丸く面を作成します。これは表情をつけるために必要なポリゴンです。目や口のような動く部分には、その形と同じような形状の面を周囲に作る必要があります。ただし、先に面を増やしてしまうと、形やトポロジーの修正が大変になるため、ある程度全体が整ってきたら面を増やすようにします。

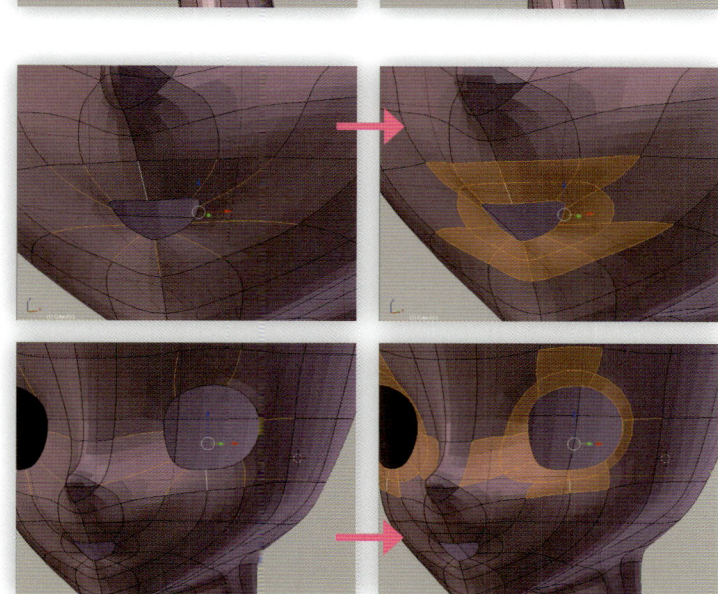

㉔ ディテールを調整する

本書で側面図を使っていないのは、正面と斜めから見たときの形のきれいさを優先しているためです。正面で見たときと、斜めから見たときの形がベストになるように最終調整しましょう。これで顔は完成です。なお、目や耳などのパーツについては、200ページを参照してください。

10 腕と脚の制作ポイント

腕と脚で重要な部分は、ヒジとヒザです。関節は原則として、内側は狭く、外側は広くなるように形を調整します。そうすると後でポーズをつけたときに、関節がやせずにきれいに曲がります。また、ヒザには特徴的な線があるので、その線が出るように形を整えていきます。

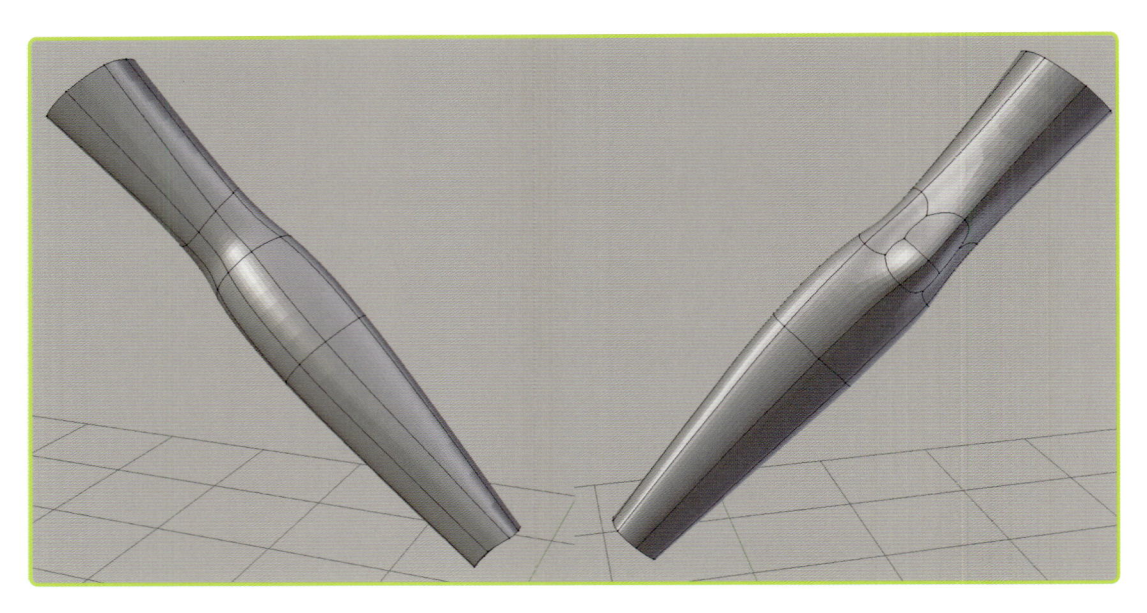

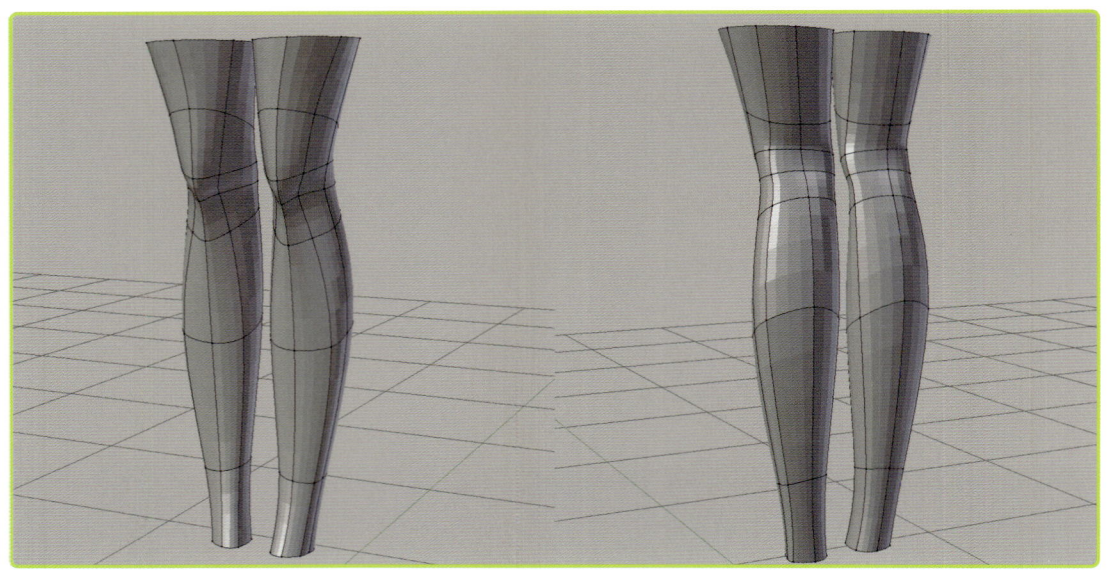

I 腕のポイント

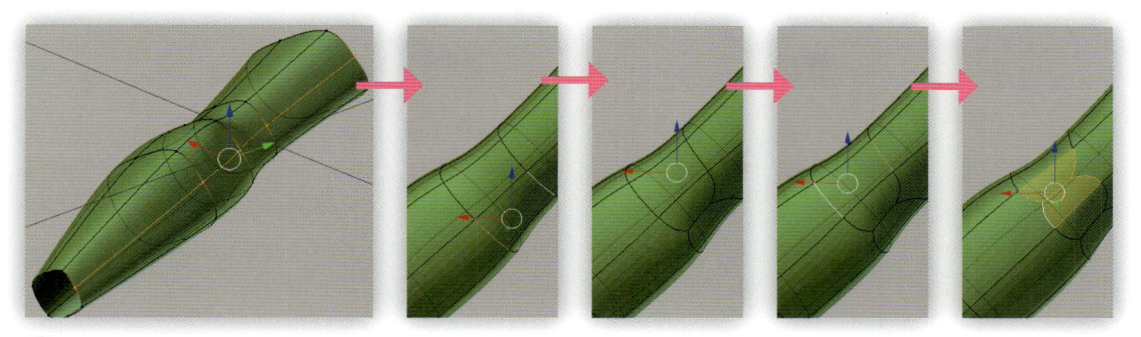

❶ ヒジの外側のベースを作る

まずは [ループカットとスライド] を使って全体を縦に分割します。分割したら、頂点を移動して腕の丸みを出します。次に、ヒジの外側になる部分を分割します。上下の2辺を選択して [細分化] を使って分割し、さらに隣の上下の2辺を選択して [細分化] を使って分割します。

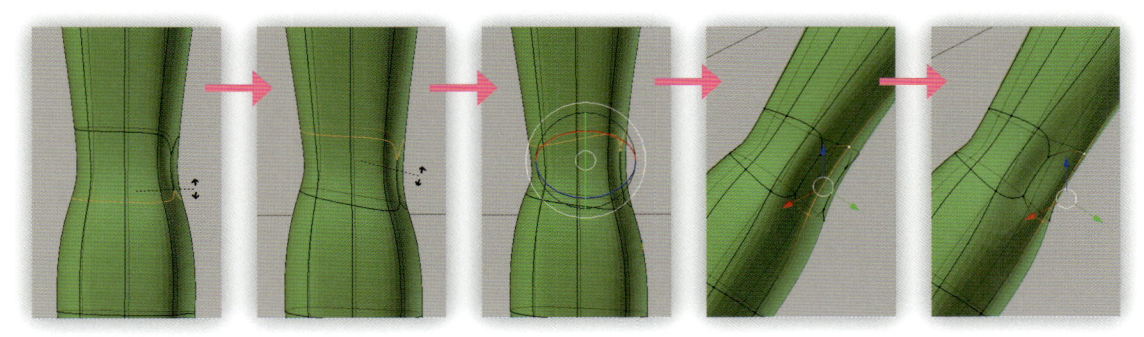

❷ ヒジの形の特徴を出す

[マニピュレーター:回転] を使って、上下それぞれの辺を斜めにし、関節の曲がる部分を作ります。外側が広く、内側が狭くなるように角度をつけましょう。続いて、先ほど分割した部分の中央の辺を引っ張って、ヒジの出っ張りのベースを作ります。

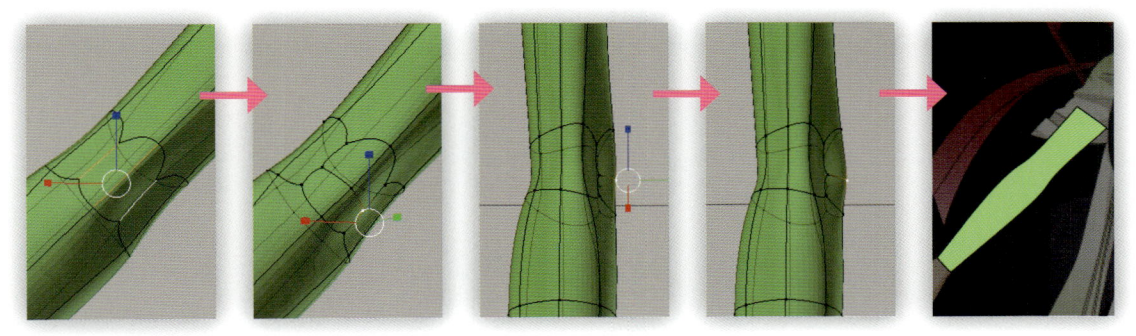

❸ ヒジの頭を出す

ヒジの外側の中央部分を分割し、横方向の辺を足します。頂点を移動して、さらにヒジの頭を出っ張らせます。最後に、下絵に合うように全体の形を整えたら完成です。

Ⅱ 脚のポイント

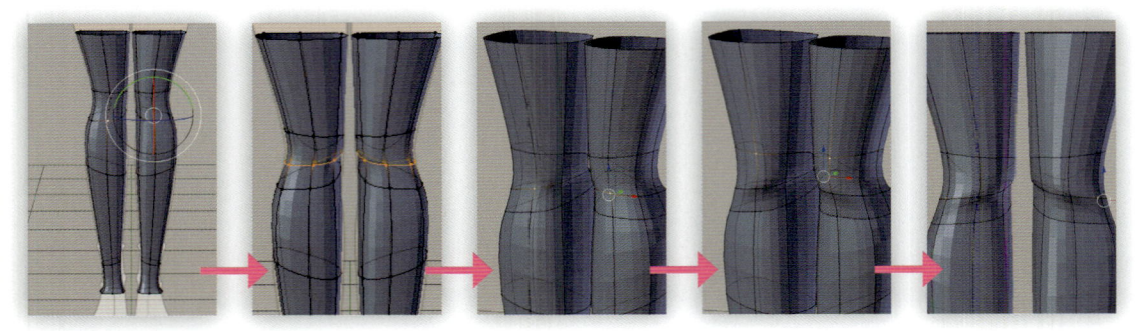

❶ ヒザのベースを作る

まずは下絵に合わせて脚の形を整えます。次に、[ループカットとスライド] を使ってヒザを分割します。続いて、ヒザ頭の頂点を引っ張って盛り上げます。そして、正面から見たときのヒザの形を調整します。

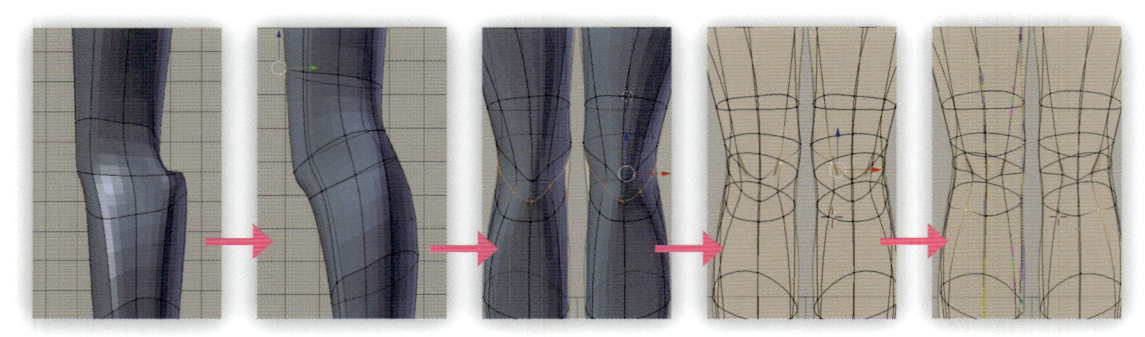

❷ ヒザの形を整える

ビューを [平行投影] に変更し、さらにヒザの形を整えていきます。ヒザ頭とヒザ裏は、同じ高さにはありません。太ももからヒザ下のラインと、太ももからふくらはぎのラインが、作例のようになるように形を調整しましょう。そして、360度回転しながら全体的に形を整えたら、[ループカットとスライド] を使ってヒザ下を分割し、下絵に合うようにヒザの形を調整していきます。

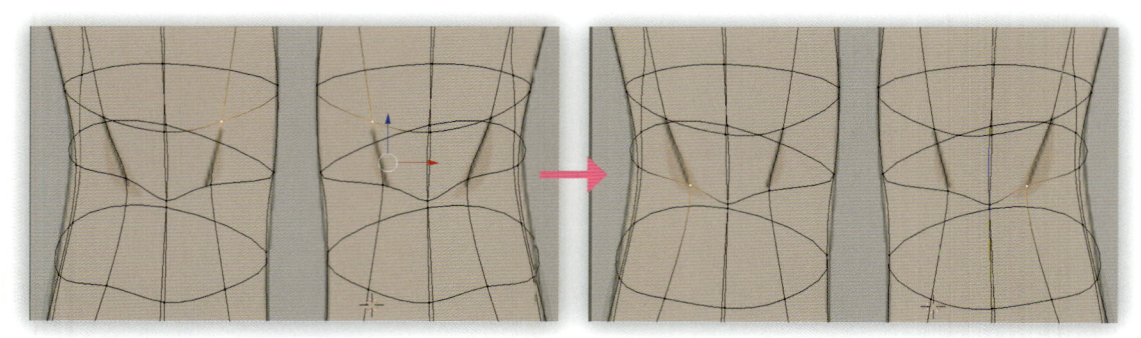

❸ ヒザの輪郭線の位置を決める

ヒザの筋のところに、[Freestyle] で強制的に輪郭線を出します。輪郭線を出すのは印をつけた部分です。ただし、[Freestyle] はあくまで確認用です。本書では、頂点カラーで色をつけて線を出します（232ページ残照）。どちらにしても、輪郭線を表示させたい部分に、頂点や辺が正確に配置されていることが重要です。まずはヒザの内側の上下の頂点を、印の線の両端にピッタリ合うようにそれぞれ移動します。

❹ Freestyleを選択する

輪郭線を出す部分の辺を選択し、[3Dビュー・エディター] ヘッダーの [メッシュ] ⇒ [辺] ⇒ [Freestyle辺をマーク] をクリックします。

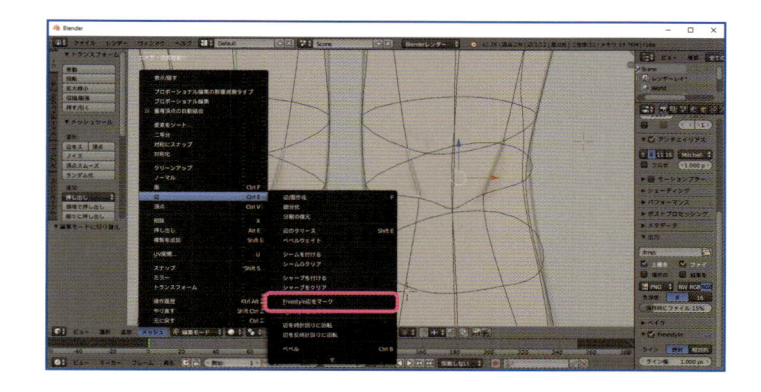

❺ 輪郭線を表示する

[シェーディング] を [レンダー] に変更すると、輪郭線を確認できます。最後に、太ももやヒザのソリが滑らかになるように調整します。また、正面から見たときの形、斜めから見たときの形がきれいになるように全体を整えます。

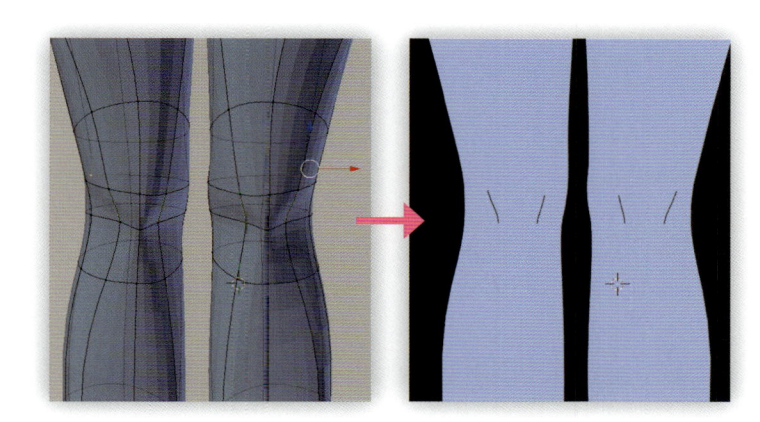

Memo

隣接する面を切り離すときは?

隣接する面を切り離したいときは [辺を分離] の機能を使います。穴を空けることは [削除] でもできますが、トポロジーを変えずに穴を空けたいときは [辺を分離] が便利です。

ただし、辺の端の頂点が3面以上とつながっている場合は、1辺を選択しただけでは分離できません。その場合は2辺を選択する必要があります。ただ、モディファイアーの [ミラー] が設定されていて、ミラーの境界部分にある辺の場合は、1辺の選択でも分離できます。

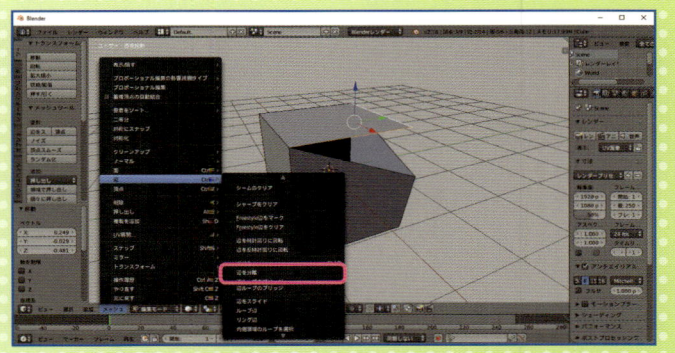

境目になる部分の2辺を右クリックで選択し、[3Dビュー・エディター] ヘッダーの [メッシュ] ⇒ [辺] ⇒ [辺を分離] をクリックします。頂点を移動できる状態になるので、ドラッグで移動してクリックで確定します。

11 手と足の制作ポイント

手足は、手足の平面図を平行投影で配置してモデリングします。手には関節がたくさんあり、形がかなり複雑です。第三関節は、見かけの曲がる位置と、実際の骨の位置が違っているので注意しましょう。顔と同様に、徐々に分割するようにして作っていきます。

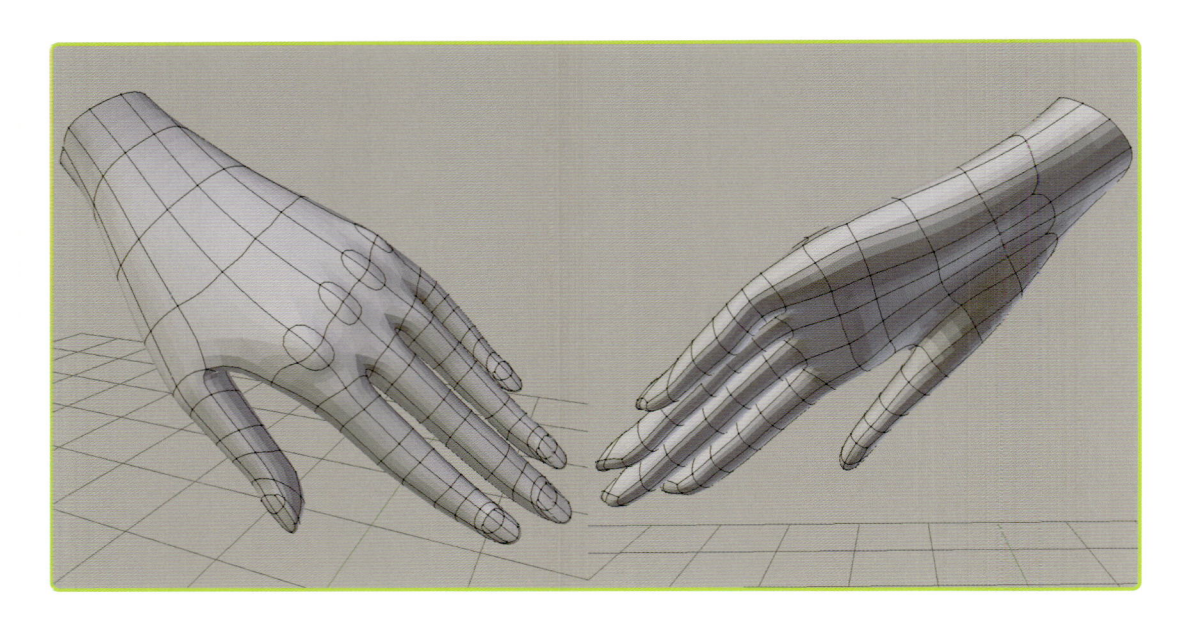

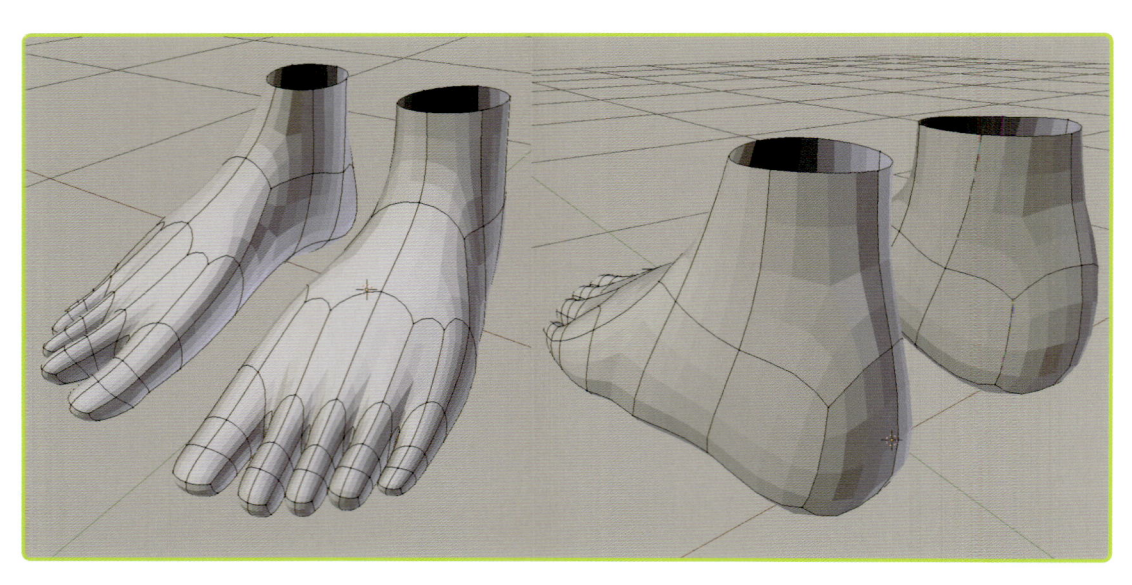

I 下絵を準備する

❶ オブジェクトを非表示にする

素体のオブジェクトは邪魔なので非表示にしておきます。[3Dビュー・エディター] ヘッダーで [オブジェクトモード] に変更します。素体を右クリックで選択したら、同じくヘッダーの [オブジェクト] ⇒ [表示/隠す] ⇒ [選択しているものを隠す] をクリックします。

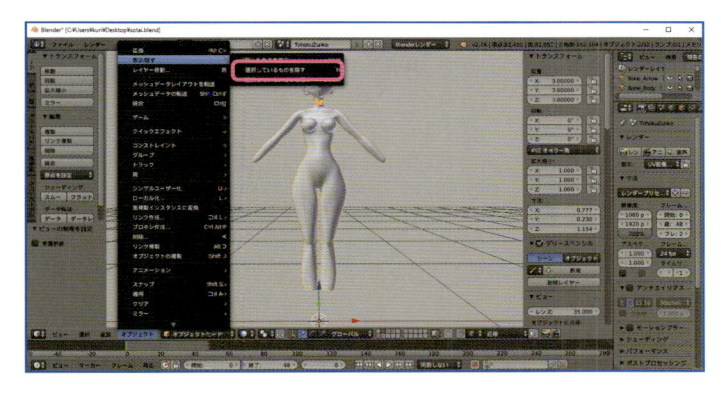

❷ 画像を追加を選択する

手の下絵を追加します。[プロパティシェルフ] の [下絵] パネルで、[画像を追加] をクリックし、下絵を追加します (88ページ参照)。

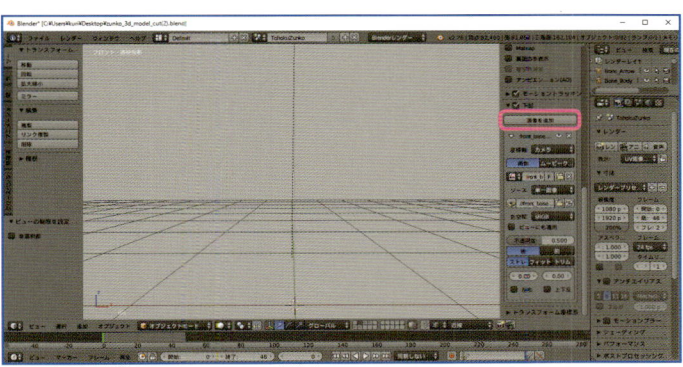

❸ 開くを選択する

[下絵] パネルのキャラクターの下絵の下に、[下絵スタック] が追加されます。[開く] をクリックし、手の下絵を配置します。なお、作例の2つの下絵は同じ解像度なので、[プロパティ・エディター] で [解像度] は変更しません (92ページ参照)。解像度が違う画像を使う場合は変更してください。

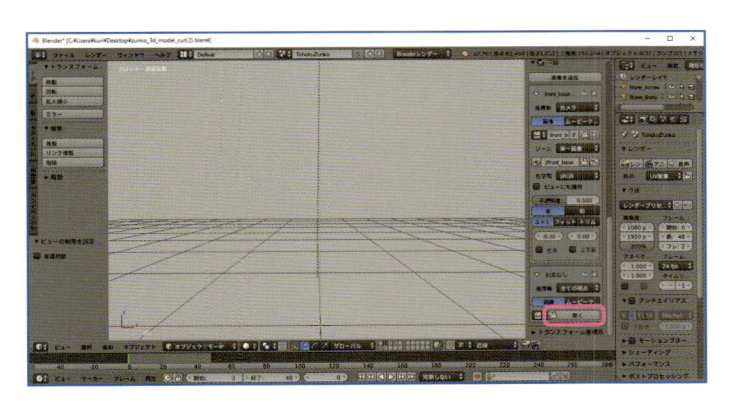

❹ ビューをカメラに変更する

下絵が見えるようにビューを変更します。テンキーの [0] を押して [カメラ] からのビューに切り替えます。2つの下絵が重なっているので、キャラクターの下絵を非表示にします。

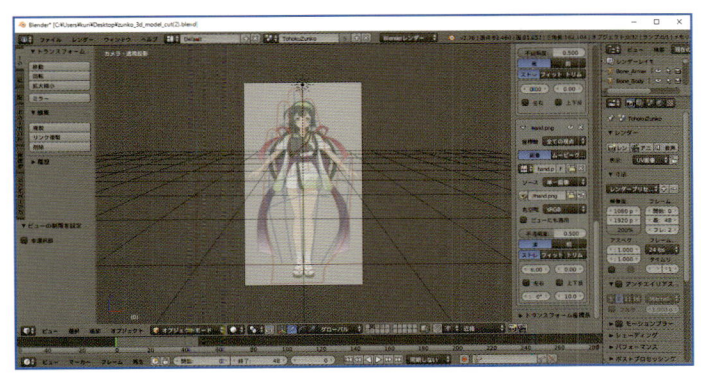

❺ 下絵を非表示にする

[プロパティシェルフ] の [下絵] パ
ネルで、キャラクターの [下絵スタ
ック] の目のマークをクリックして
非表示にします。これで手の下絵
だけになりました。

下絵を再表示するときは、同じ位置
をクリックすれば OK です。

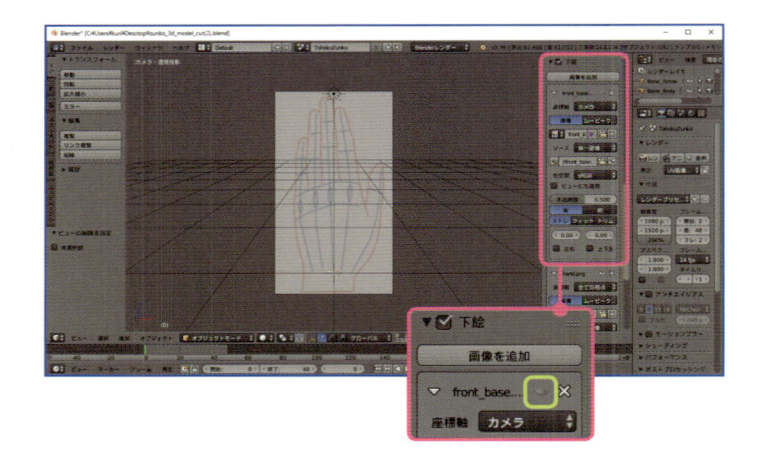

❻ ビューをカメラに変更する

ビューを [平行投影] に変更します。
テンキーの [0] を押し、次にテンキ
ーの [1] を押して、最後にテンキ
ーの [5] を押します。

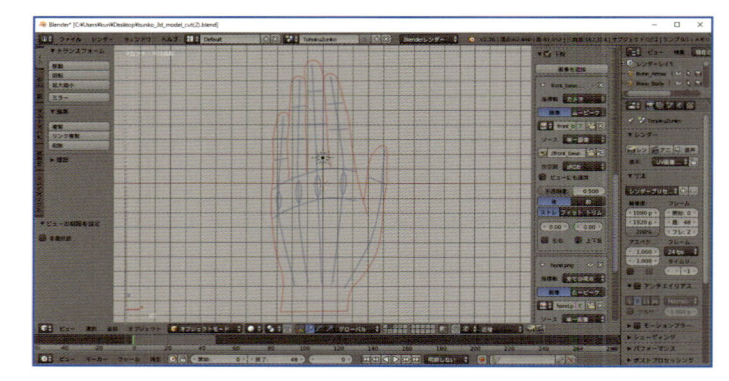

❼ オブジェクトを追加する

手のための新しいオブジェクトを追
加します。まず、[3Dカーソル] を
XYZ軸の原点に移動します（26 ペ
ージ参照）。次に、[3Dビュー・エ
ディター] ヘッダーの [追加] ⇒ [メ
ッシュ] ⇒ [立方体] を追加します。

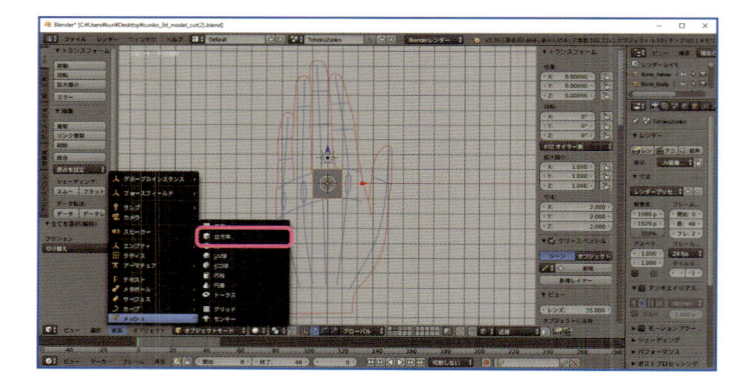

❽ 編集モードに切り替える

最後に、[3Dビュー・エディター]
ヘッダーで [編集モード] に切り替
えます。それでは、手のモデリング
を始めましょう。

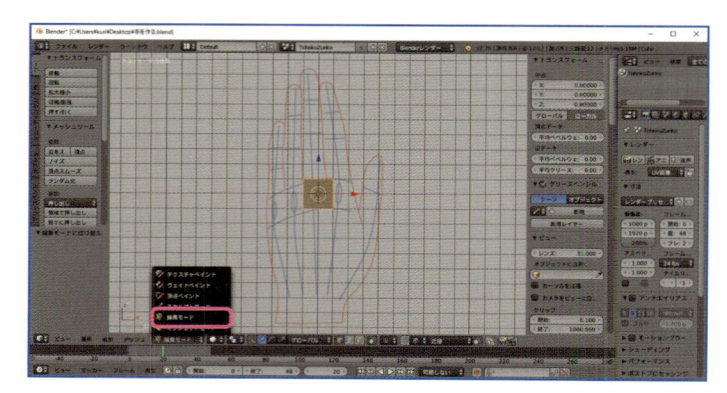

Ⅱ 手のポイント

❶ 手のひらサイズにする

[マニピュレーター：拡大縮小] と [マニピュレーター：移動] を 使って、立方体を手のひらの大き さにします。

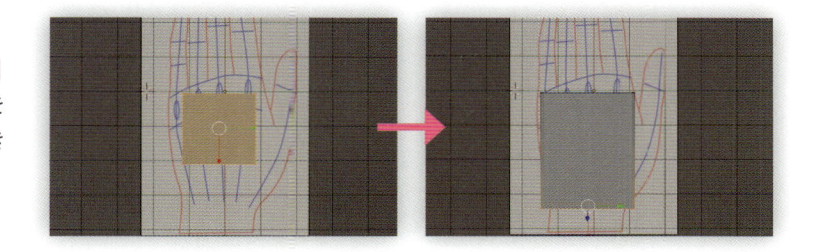

❷ 面を分割する

まず、立方体の高さを手の厚み の高さにします。だいたいでかま いません。

次に、親指以外の4本の指を押 し出すために、[ナイフ] を使って 側面を分割していきます。このと き、指の隙間も考慮して分割しま しょう。分割したら、下絵に沿っ て形を調整します。

続いて、親指を押し出すために、 [ナイフ] を使って側面を分割し ます。分割したら、下絵に沿って 形を調整します。指の付け根は カーブを描くように調整しておき ます。

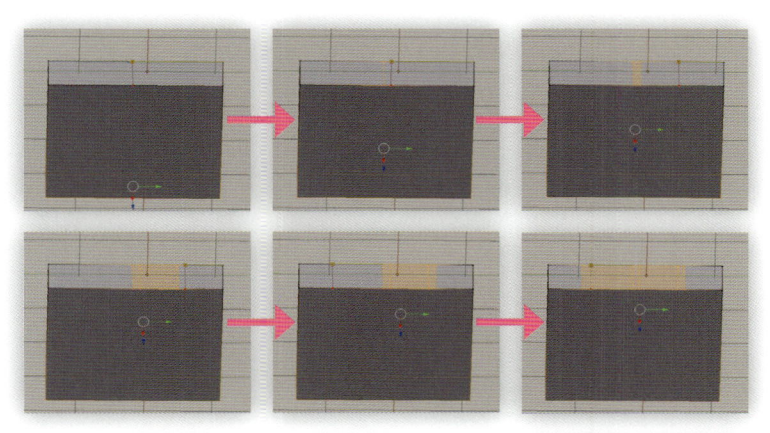

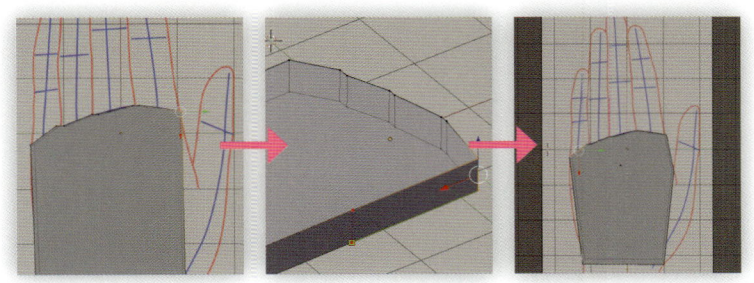

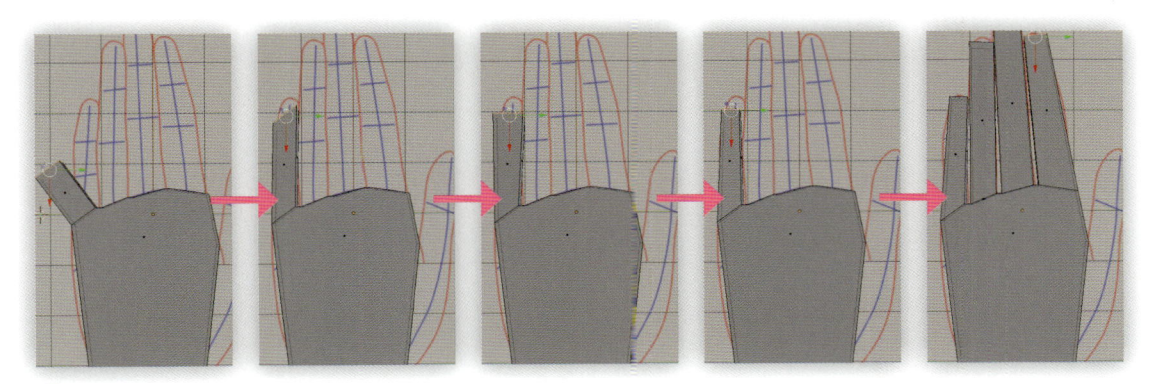

❸ 指を押し出す

[押し出し] を使って、それぞれの指を押し出していきます。面の方向に押し出されるので、先端の面を選択し、[マ ニピュレーター：移動] を使って、指と面の方向を変更します。また、指先に向かって細くなるように調整します。

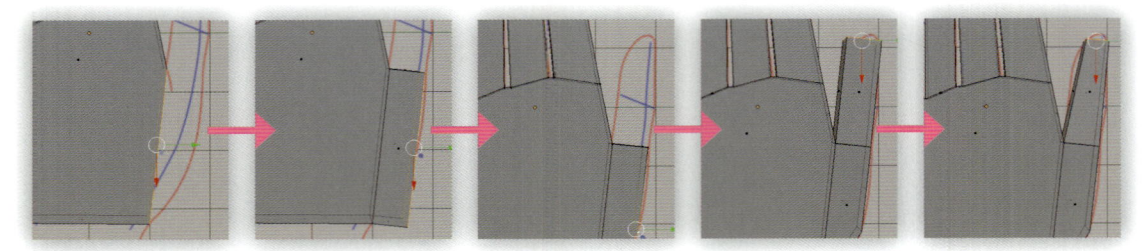

❹ 親指を押し出す

今度は [**押し出し**] を使って親指を押し出します。まず、側面の面を選択して押し出します。次に、先端の面を選択して押し出します。先ほどと同様に、指先が細くなるように変形します。

❺ モディファイアーを設定する

手のベースができたら、[**モディファイアー**] の [**細分割曲面**] を設定します。そして、手首につながる面を選択して [**削除**] しておきます（105ページ参照）。これで端が丸くなる現象を解消できました。

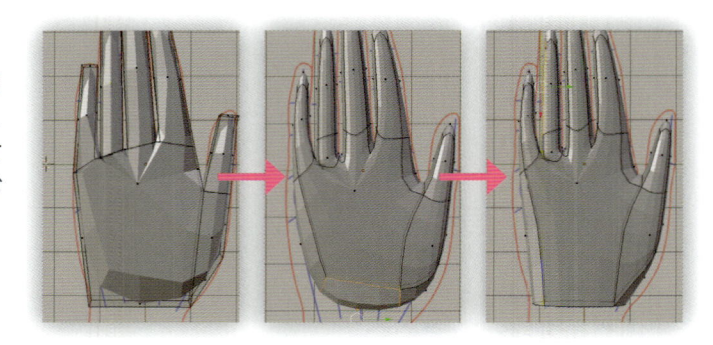

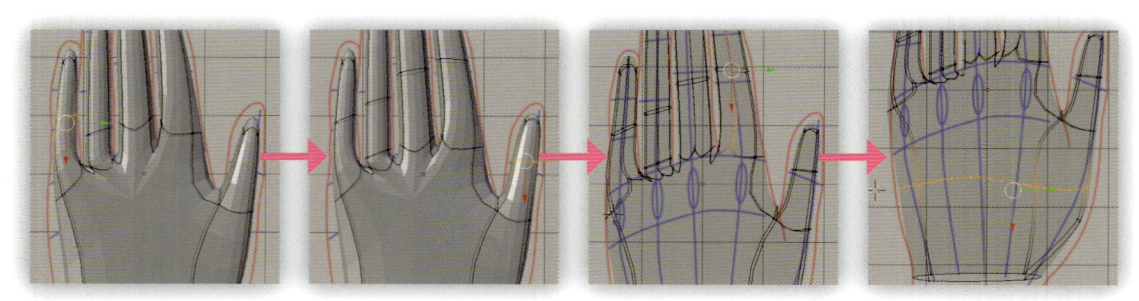

❻ 関節を分割する

[**ループカットとスライド**] を使って分割していきます。まず、4本指の第二関節と、親指の第一関節を分割します。次に、4本指の中心を、それぞれ縦に分割します。最後に、手の甲の中央を分割します。

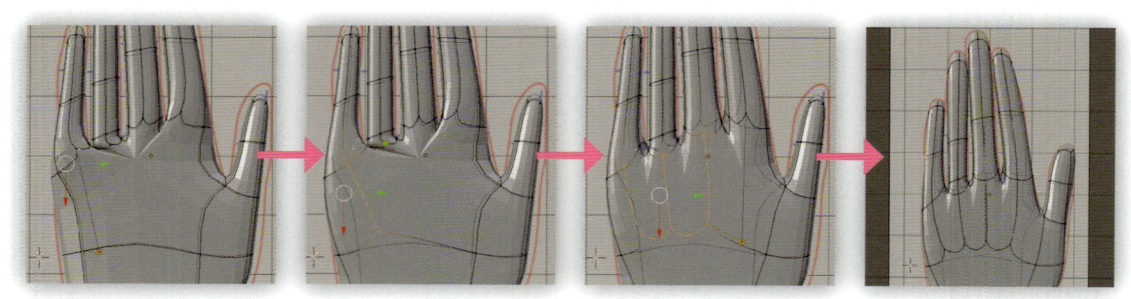

❼ 指と手の甲をつなげる

[**ナイフ**] を使って、4本指から、手の甲の中央までを分割してトポロジーをつなげていきます。分割したら、下絵に合うように全体の形を調整します。

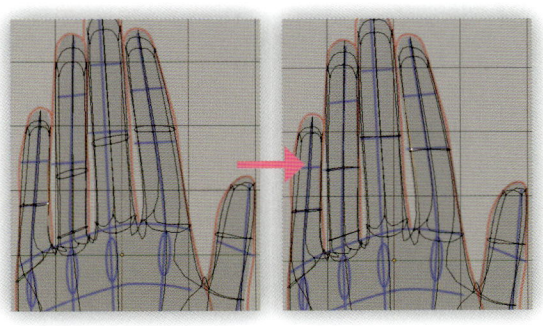
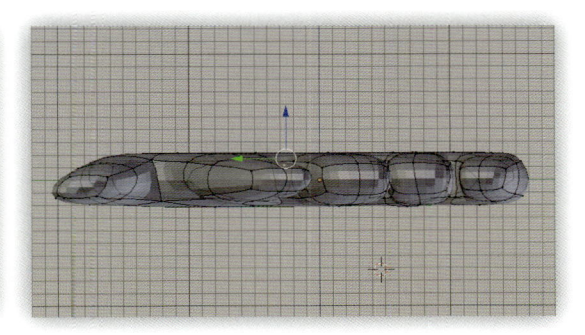

❽ 関節の形をそろえる

関節の断面がずれているので、下絵に合うようにそろえていきます。関節部分の楕円は、手前と奥の辺が重なるように調整しましょう。これで手のベースができました。横から見ると平べったい形になっています。

❾ 指を回転する

通常時の手は、真っ平らではなく若干丸まっています。人差し指が一番高い位置にあり、への字になるように調整していきます。[マニピュレーター：回転]を使って作業します。

まず、親指を除く4本の手を選択し、小指に向かって下がるように回転します。次に、親指を選択し、下に回転します。最後に、人差し指を選択し、真っ直ぐになるように回転します。

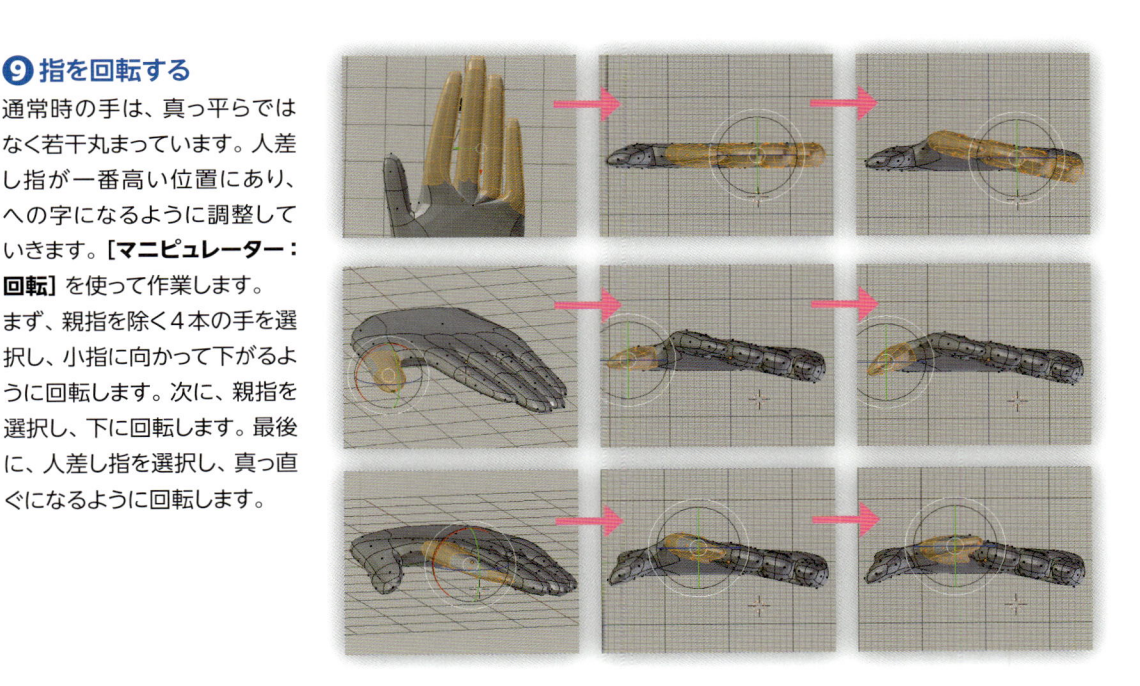

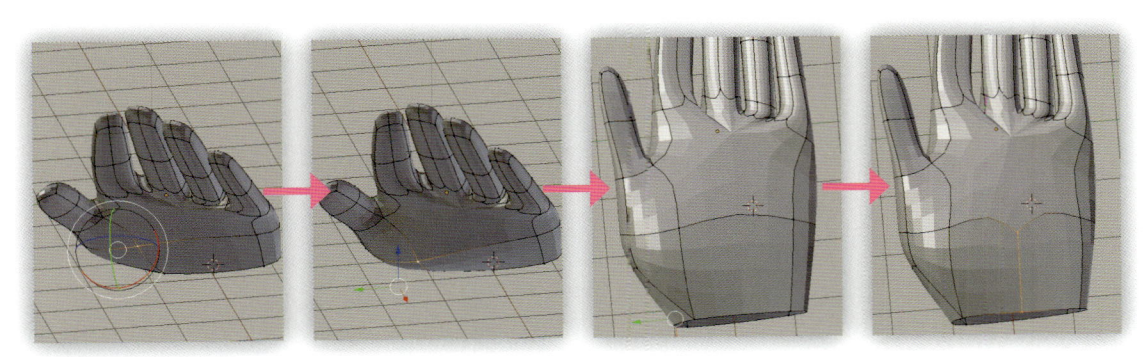

❿ 手の平の厚みを出す

手の平の親指の付け根あたりの頂点を選択し、引っ張って盛り上げます。次に、[ナイフ]を使って、手の平の中央から手首に向かって、縦に分割します。

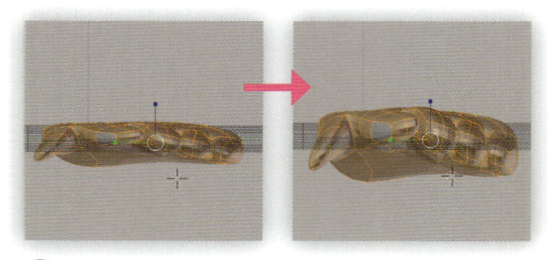
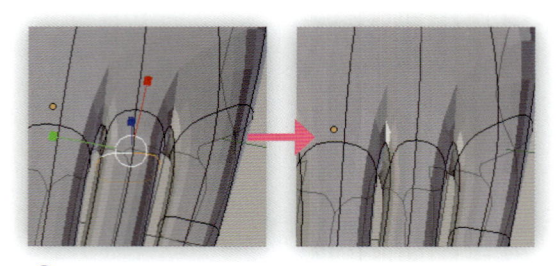

⑪ 手の厚みを出す

手全体の厚みをアップします。繰り返し [A] キーを押して全選択し、[マニピュレーター：拡大縮小] を使って、縦方向に拡大します。

⑫ トポロジーを確認する

4本指には、根元と第二関節しか分割がない状態です。薬指の根元に余計な辺があったので、[溶解] で消しました。

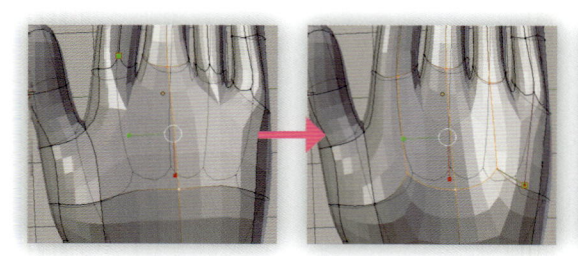
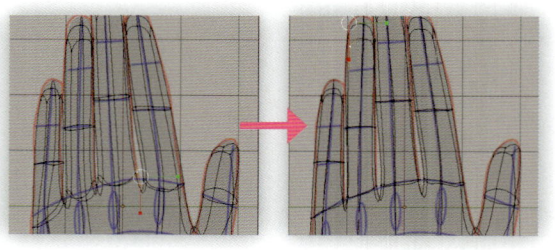

⑬ 指と手の平をつなげる

手の甲のときと同様に、[ナイフ] を使って、4本指から手の平の中央までを分割し、トポロジーをつなげていきます。次に、下絵に合うように関節の位置を調整します。ちなみに、指と手の平との境目の線は、第三関節ではありません。

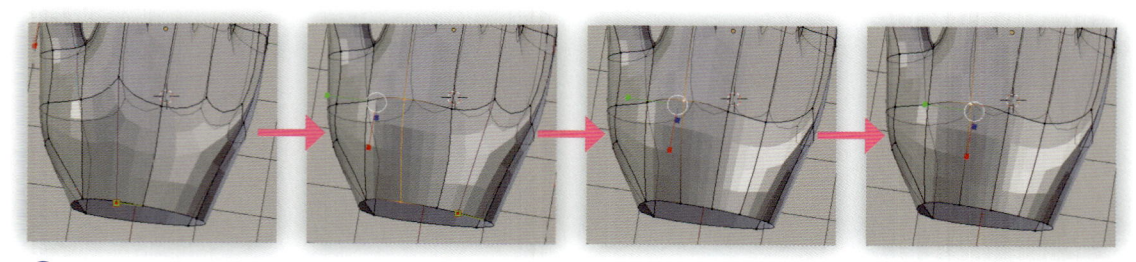

⑭ 手の平の下部を分割する

[ナイフ] を使って、人差し指のライン上にある頂点から、手首までを分割し、トポロジーをつなげます。同様に薬指も分割します。次に、人差し指のライン上にある頂点を移動し、手の平を盛り上げます。

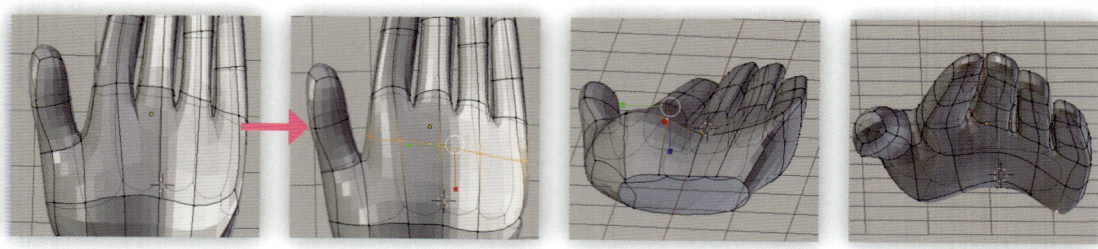

⑮ 第三関節を分割する

[ループカットとスライド] を使って、第三関節の位置、手相で言うところの感情線の位置あたりを分割します。次に、ビューの角度を切り替えて、手の平の膨らみを調整します。

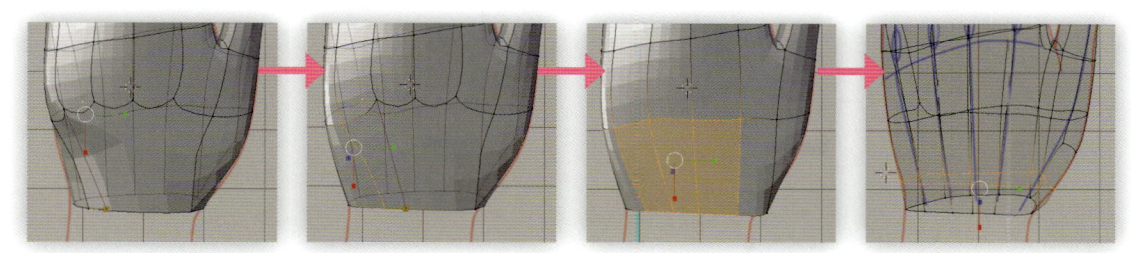

⑯ 手の甲の下部を分割する

[ナイフ] を使って、各指のライン上にある手の甲の頂点から手首までを分割し、トポロジーをつなげます。次に、[ループカットとスライド] を使って、手首の近くを分割します。なお、こういったトポロジーの流れを端まで伸ばす作業は、ある程度形が整ってきたら行いましょう。その方が形の調整がラクになります。

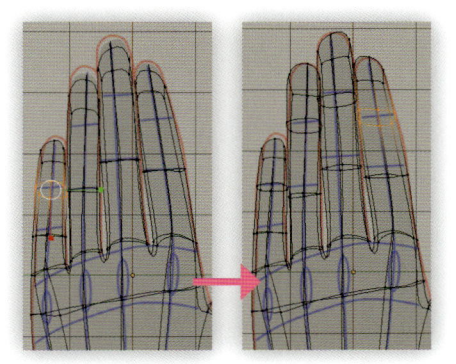

⑰ 第一関節を分割する

[ループカットとスライド] を使って、4本指の第一関節を分割します。

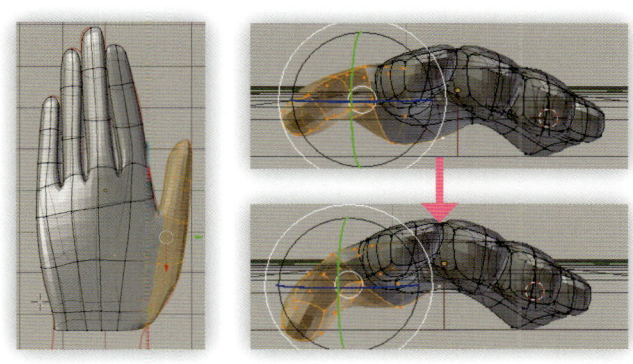

⑱ 親指の角度を調整する

親指は、4本指よりも内側に向いているので、内側に向くように調整します。親指の指先から手首までを選択し、[マニピュレーター:回転] を使って回転します。

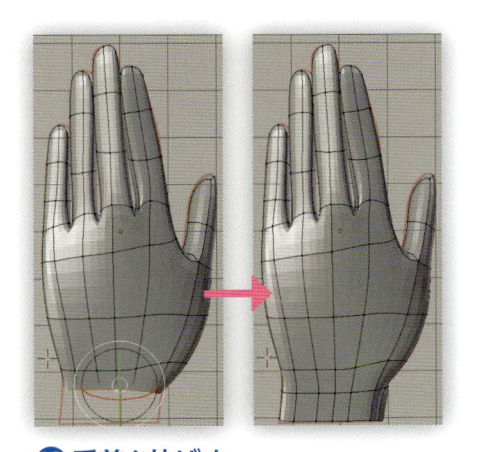

⑲ 手首を伸ばす

手首につながる部分の側面を選択し、伸ばします。なお、手首と統合するときにはもう少し伸ばします。

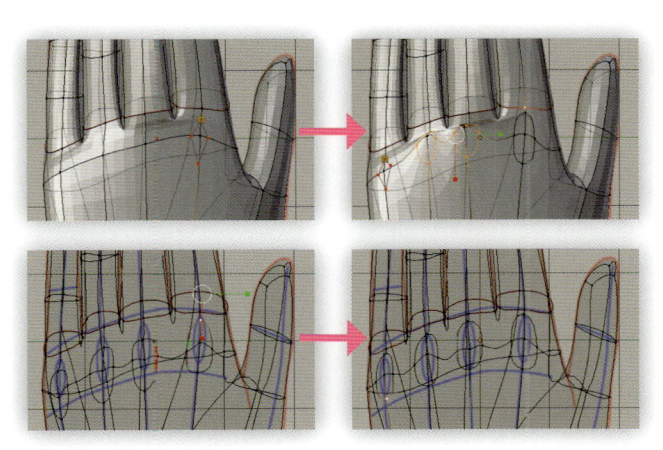

⑳ 骨の盛り上がりのベースを作る

手の甲の第三関節の盛り上がりを作ります。[ナイフ] を使って、第三関節の横のラインと、指の縦のラインが交差する頂点を囲むように、四角形を作成します。それぞれの関節の位置に面を作成したら、下絵に合うように骨の出っ張り部分の形を整えていきます。

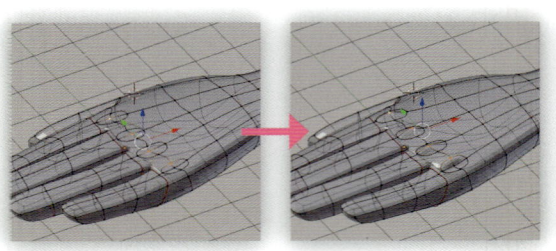
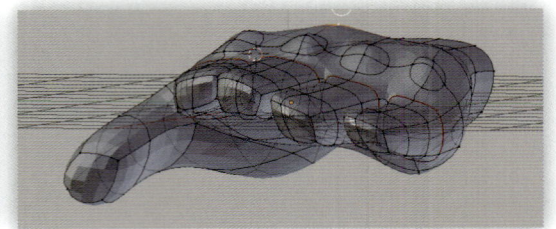

㉑ 骨を盛り上げる

手の甲の第三関節のそれぞれの頂点を引っ張って、少し盛り上げます。そしてビューを切り替えて、出っ張り部分が目立ちすぎないように、丸みをつけていきます。

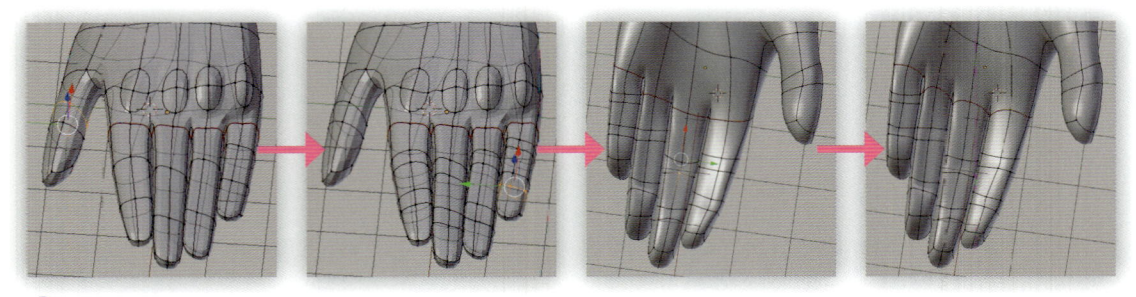

㉒ 関節の形を作る

関節を曲げるためには、関節部分に面が必要です。第一関節と第二関節のどちらも一辺ずつしかないので、**[ループカットとスライド]** を使って、それぞれ関節の辺を2つずつにします。次に、手の甲側の外側の関節は広く、手の平側の内側の関節は狭くなるように、それぞれ形を調整していきます。

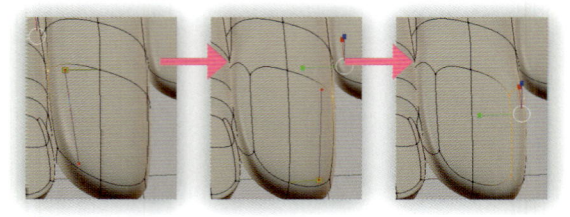

㉓ 指先の上面を分割する

ツメを作っていきます。まずは **[ナイフ]** を使って、第一関節の上の辺から指先の辺に向かって分割します。左右それぞれ分割します。

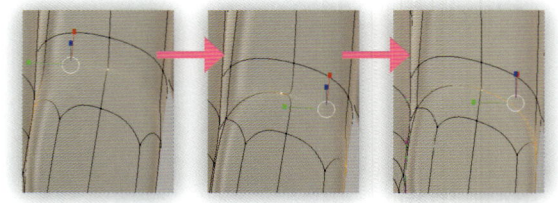

㉔ 第一関節とツメを分ける

[細分化] を使って、第一関節の上下の辺の間に頂点を追加します。次に、**[頂点の経路を連結]** を使って、指の両端と中央の頂点をつなげていきます。

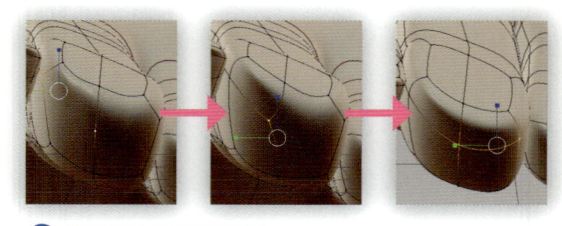

㉕ 指の頭を分割する

[細分化] を使って、指先の辺に頂点を追加します。次に、**[頂点の経路を連結]** を使って、指の両端と中央の頂点をつなげていきます。

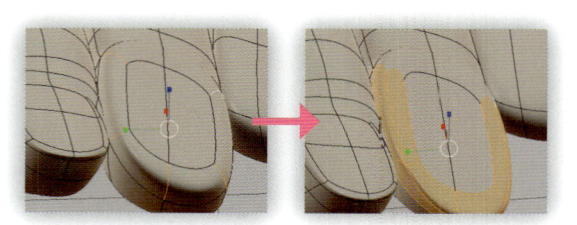

㉖ ツメの周囲を分割する

指先の上面のまわりにある5辺を選択し、**[細分化]** を使って分割します。

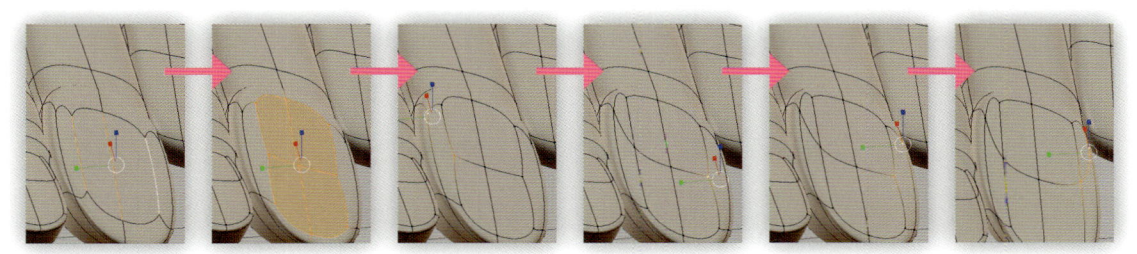

㉗ ツメの形を出す

まず、ツメの上面を分割します。指先の上面の3辺を選択し、**[細分化]** を使って分割します。次に、**[頂点の経路を連結]** を使って、分割した中央の辺の端にある頂点と、ツメの付け根の外側の頂点をつなげます。左右それぞれつなげます。

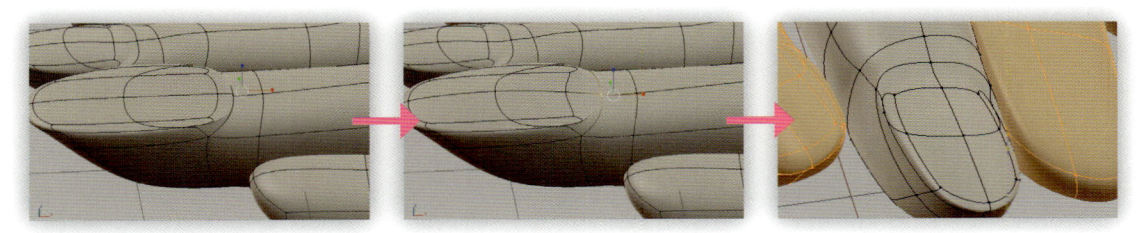

㉘ ツメの付け根をなめらかにする

最後に、ツメの下にある頂点を少し下げて、指とツメの境目をなめらかにします。これでツメの完成です。

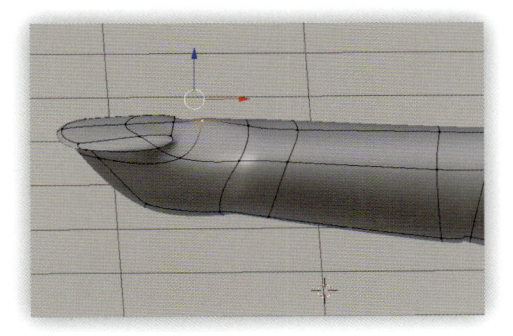

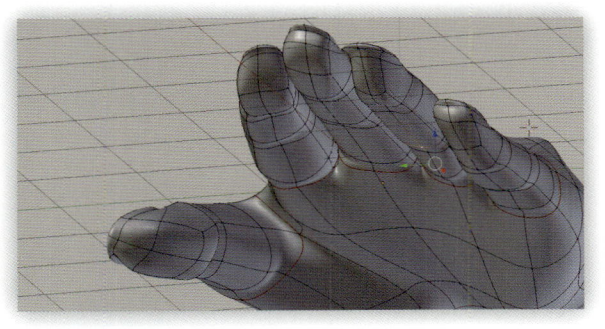

㉙ ツメの先を出す

指の先端からツメが少し出っ張るように調整します。

㉚ 関節の膨らみを調整する

関節ごとに肉の膨らみをつけながら丸みをつけていきます。極端に膨らみすぎないように注意しましょう。

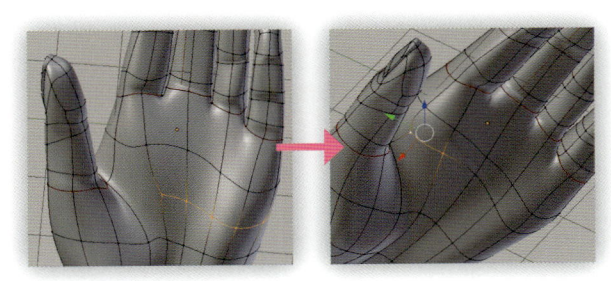

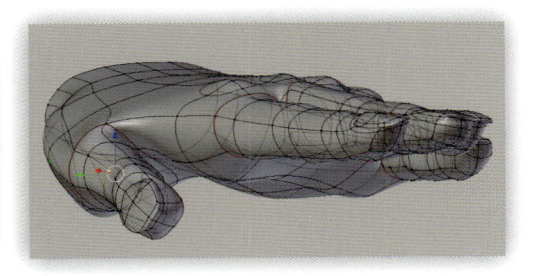

㉛ シワの辺を足す

[ループカットとスライド] または **[ナイフ]** を使って、手相になるシワの辺を足します。分割してできた辺を第三関節の下のあたりに移動します。

㉜ 全体を整える

全体のバランスをさまざまな方向から確認し、細部の形を整えたら完成です。

Ⅲ 手の大きさを素体に合わせる

❶ オブジェクトを表示する

素体のオブジェクトを表示します。
[3Dビュー・エディター] ヘッダー
で [オブジェクトモード] に変更し
ます。次に、同じくヘッダーの [オ
ブジェクト] ⇒ [表示/隠す] ⇒ [隠
したものを表示] をクリックします。

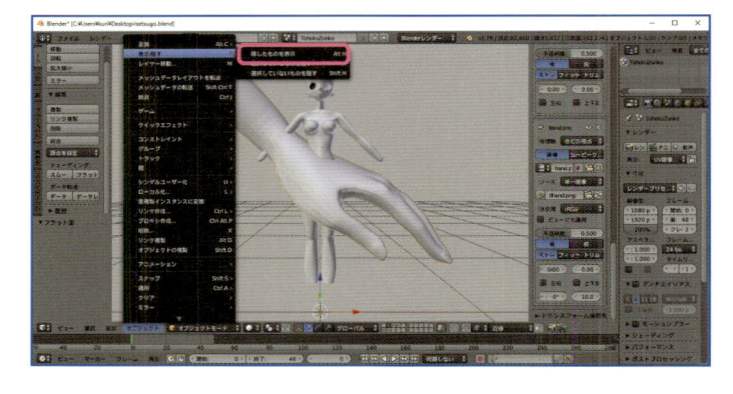

❷ 編集モードに切り替える

2つのオブジェクトが表示されたら、
手のオブジェクトを右クリックで選
択し、[3Dビュー・エディター] ヘ
ッダーで [編集モード] に変更しま
す。次に、[A] キーを繰り返し押し
て、手を全選択します。

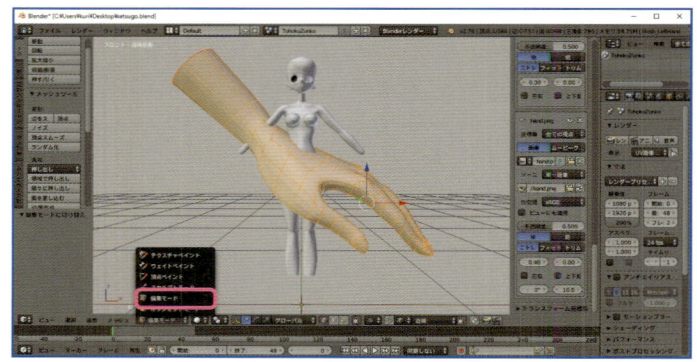

❸ 手のサイズを変更する

[マニピュレーター:拡大縮小] を
使って縮小します。[マニピュレー
ター] の中央の白い円をドラッグし
て縮小しましょう。

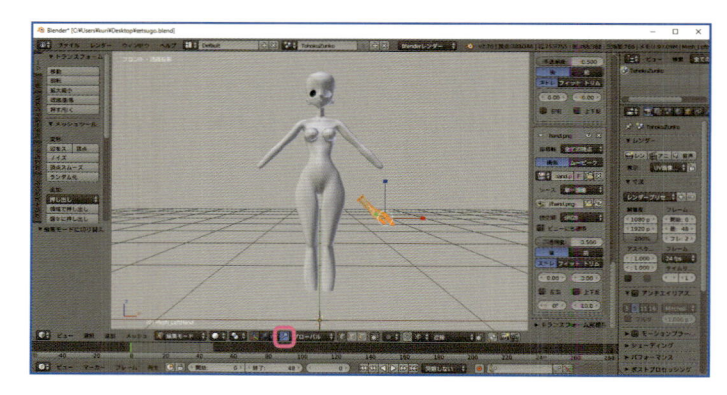

❹ 手を移動する

[マニピュレーター:移動] を使って
手首の近くまで移動します。[マニ
ピュレーター] の中央の白い円をド
ラッグして移動しましょう。

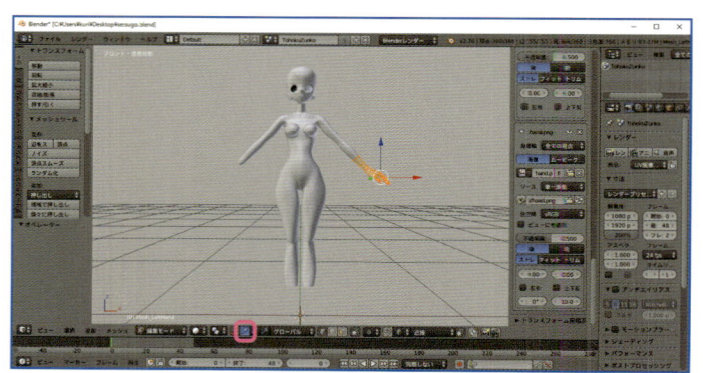

❺ ビューを切り替える

テンキーの [0] を押してビューを
[カメラ] に切り替えます。

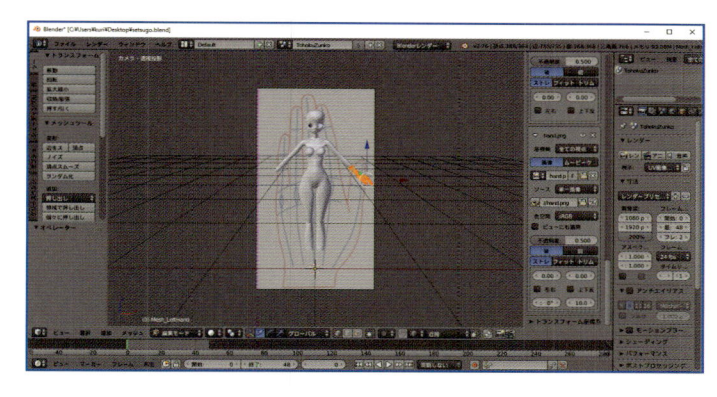

❻ 下絵を切り替える

下絵の表示を切り替えます。[プロ
パティシェルフ] の [下絵] パネル
で、キャラクターの下絵の目のマー
クをクリックして表示させます。そ
して、手の下絵の目のマークをクリ
ックして非表示にします。

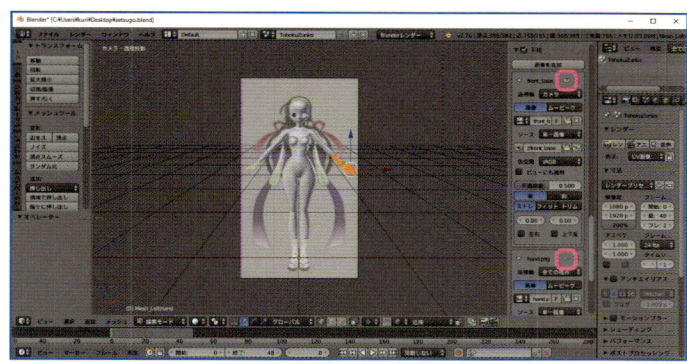

❼ 形を調整する

[マニピュレーター:移動]、[マニ
ピュレーター:拡大縮小]、[マニピ
ュレーター:回転] などを使って、
下絵に形を合わせます。また、手と
手首をつなげる部分がきちんと合
うように、トポロジーを修正します。

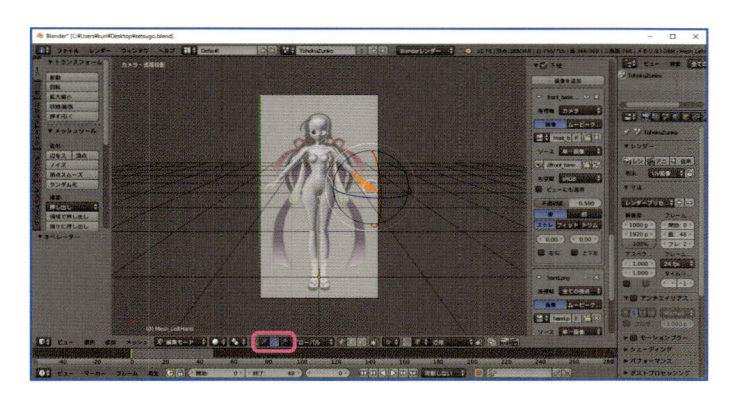

❽ ミラーを設定する

調整が終わったら、[A] キーを繰り
返し押して全選択し、[モディファイ
アー] の [ミラー] を設定します
(107ページ参照)。[ミラー] は最
上層に移動しておきます(114ペー
ジ参照)。最後に、手と素体のオブ
ジェクトを一つに [統合] します
(138ページ参照)。

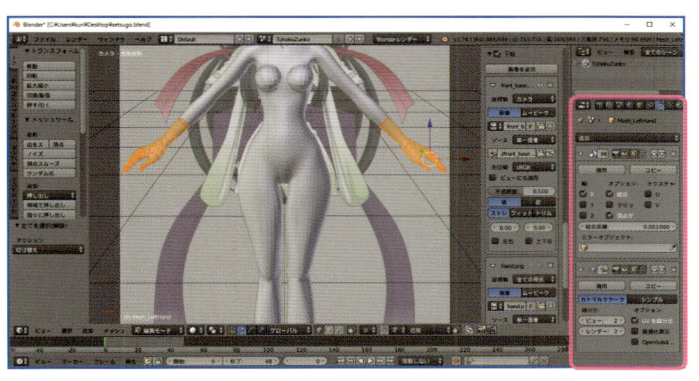

Ⅳ 足のポイント

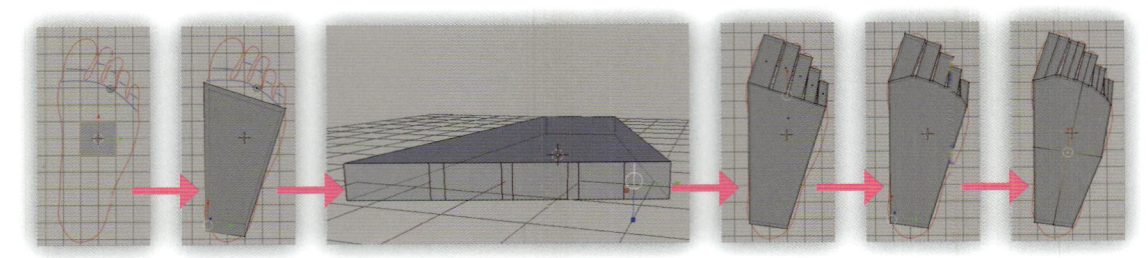

❶ 足のベースを作る

足のベースの作り方は、手のときと同じです。まず立方体で足の土台を作り、[ナイフ] で指の部分を分割します。次に、[押し出し] で指を押し出したら、下絵に沿うように足の付け根の形を整えます。そして [ループカットとスライド] を使って、指を縦方向に分割し、足の甲を横方向と縦方向に分割します。

❷ 足を分割する

[モディファイアー] の [細分割曲面] を設定します。次に、[ループカットとスライド] を使って、指の関節を分割し、さらに足の甲を分割します。最後に、[ナイフ] で指と足の甲のトポロジーをつなげます。

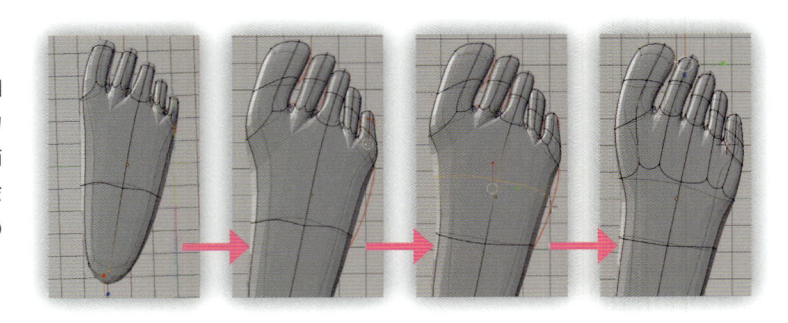

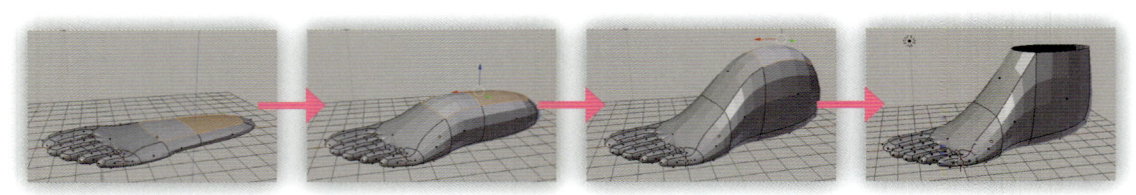

❸ 足を立体化する

足の甲の足首側の 2 面を選択し、上に持ち上げます。次に、足首につながる面を選択し、上に持ち上げます。最後に、足首とつながる上面を [削除] で消します。

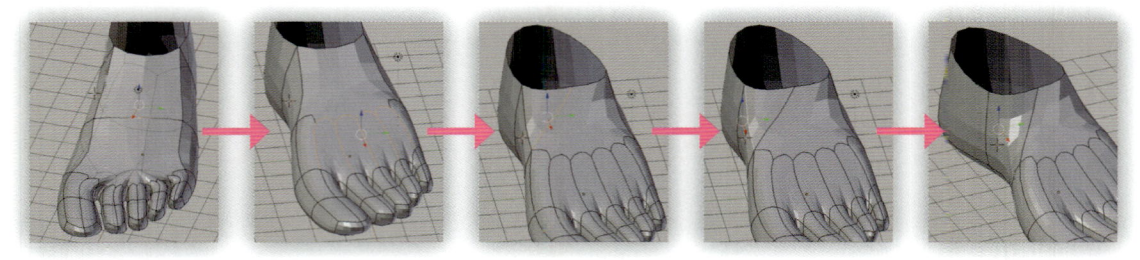

❹ 足の形を調整する

指からつながる足の甲のポリゴンが足りていないため、歪な形になっています。[ナイフ] を使って、足の甲を分割し、指と足の甲のトポロジーをつなげていきます。次に、穴のまわりの頂点に 2 辺がつながっているので、トポロジーを修正します。まず、[ナイフ] を使って、親指側の頂点から足首の中央に向かって、斜めに分割します。続いて、[溶解] を使って、もともとつながっていた辺を消しました。

❺ 足の形を整える

つちふまずを作るなど、全体の形を調整していきます。足は手と違って靴で隠れてしまうため、作例ではあまり作り込んでいませんが、素足を見せるような場合は、手と同様に関節なども細かく作り込むようにしましょう。

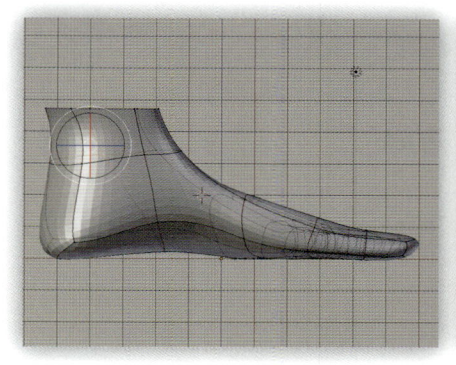
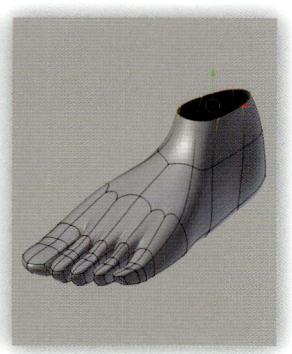

Memo

3Dモデルの面を滑らかに表示させる

一般的なキャラクターモデリングの場合、3Dモデルが完成したら、面のつなぎ目を滑らかにしておきます。つなぎ目を滑らかに見せる機能は、**[オブジェクトモード]** のときの **[ツールシェルフ]** の中にあります。なお、これは見かけが変わるだけで、もとの面の形が変わるわけではありません。

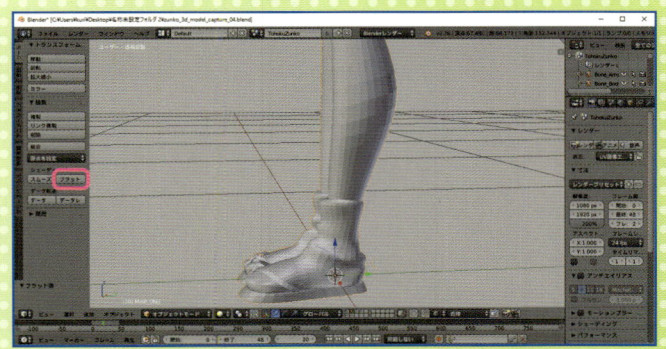

[3Dビュー・エディター] ヘッダーで **[オブジェクトモード]** に変更し、目的のオブジェクトを右クリックで選択します。**[ツールシェルフ]** の **[編集]** パネルの **[シェーディング]** の中にある **[スムーズ]** をクリックします。逆に、面を見せたいときは **[フラット]** にします。

モデリングにおける7つの基本

めたんちゃん！
モデリングには7つの基本操作があるの！

『7つの大罪——7つの基本操作——』ですって！？
なんだか魅惑の響きね！

じゃあ、まず一つ目、『モデリングは編集モードで行う！』
オブジェクトモードのときは、移動したり変形したりしちゃダメです！

それは一度教わったわね！
まぎらわしいわよね！

二つ目、『オブジェクトは常に原点に追加する』
モデリングするときは、XYZ軸の原点にオブジェクトを置いてスタートする方が、問題が起きにくいんです！

世界の中心におくということね！

三つ目、『頂点を移動して形をつくる』
モデリングの作業の大半は頂点の移動です！
頂点を自在に目的の位置に動かせるようになれば、どんな形でも作れます！

何千個も頂点があって、ほんと大変よね……

四つ目、『面を押し出して伸ばす』
押し出しや**トランスフォーム（移動・回転・拡大縮小）**を使って、面や辺を伸ばすようにモデリングすると、ラクに目的の形が作れます

わたくしこの作業だけは得意よ！
どんどん押し出すのは、なんだかトコロテンみたいで楽しいわよね！

五つ目、『面を分割する』
ナイフ、**ループカットとスライド**、**細分化**を使って面や辺を分割すると、より細かい形が作れます！

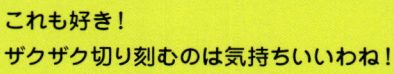

これも好き！
ザクザク切り刻むのは気持ちいいわね！

六つ目、『頂点を整列する』
頂点を軸に対してそろえると、きれいなモデルになりやすいです
ショートカットキーを使うときは、[S]キー⇒軸（XYZ）と同じキー⇒[0]で整列します！

原理はよく分からないけど、その順番にキーを押したら揃ったわ！

七つ目、『頂点のつなぎ直し』
細分割曲面で作った3Dモデルは、トポロジーの流れが重要です
辺の流れがきれいになるように、追加した頂点につなぎ直して、淀んでいる辺を消して整理しましょう！

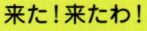

来た！来たわ！
わたくしの『7つの大罪ー7つの基本操作ー』の力が今、開放されようとしてるわ！

（……ほ、ほんとに、わかったのかな？）

キャラクターの顔と服を作ってみよう!

01 着物の制作ポイント

上着や靴下など、比較的肌に密着した衣服をモデリングする場合は、素体のオブジェクトを利用してベースの形を作っていくと効率的です。また、着物は左右非対称になっているため、モデリングの途中で［モディファイアー］の［ミラー］を［適用］させます。

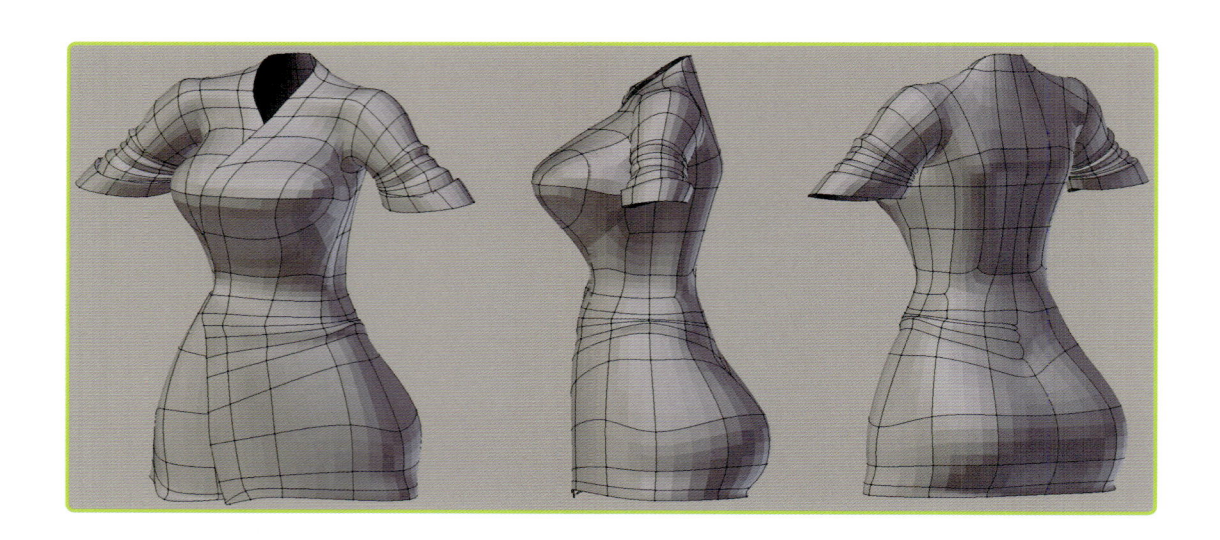

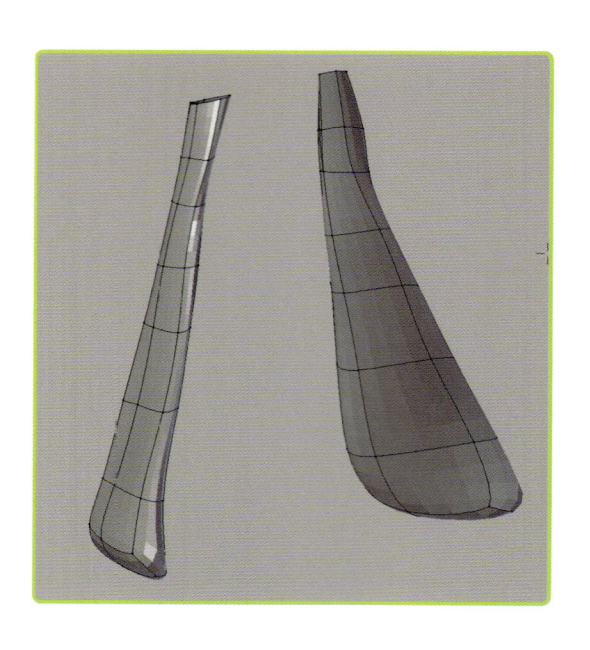

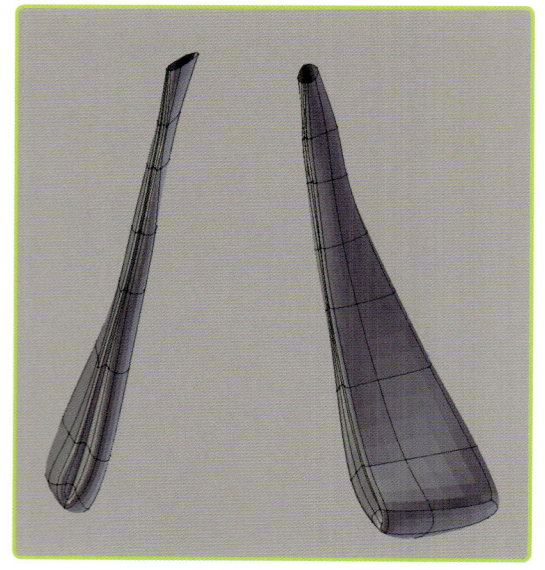

❶ 身体の頂点をコピーする

服に使う部分の頂点を選択します。次に、[ツールシェルフ] の [追加] パネルの中にある [複製] をクリックし、[3Dビューポート] の任意の場所を右クリックします。これでコピー元と同じ位置に貼り付けできました。

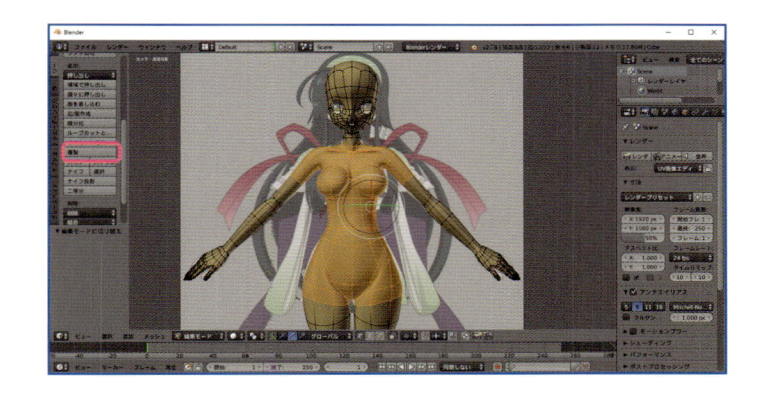

❷ 独立したオブジェクトにする

コピーした頂点を選択したままで、[3Dビュー・エディター] ヘッダーの [メッシュ] ⇒ [頂点] ⇒ [別オブジェクトに分離] ⇒ [選択物] をクリックします。これで独立した一つのオブジェクトになりました。[アウトライナー・エディター] で確認してみましょう。

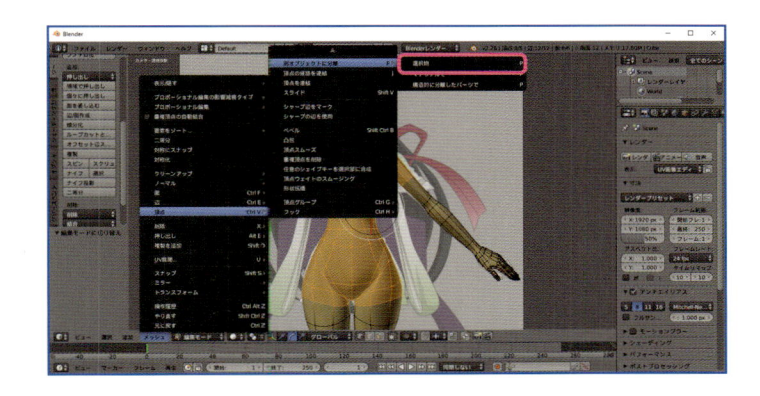

❸ オブジェクトモードにする

素体のオブジェクトを選択した状態になっているので、コピーしたオブジェクトに選択を切り替えます。[3Dビュー・エディター] ヘッダーで [オブジェクトモード] を選択します。そして、上に重なっているコピーしたオブジェクトを右クリックで選択します。

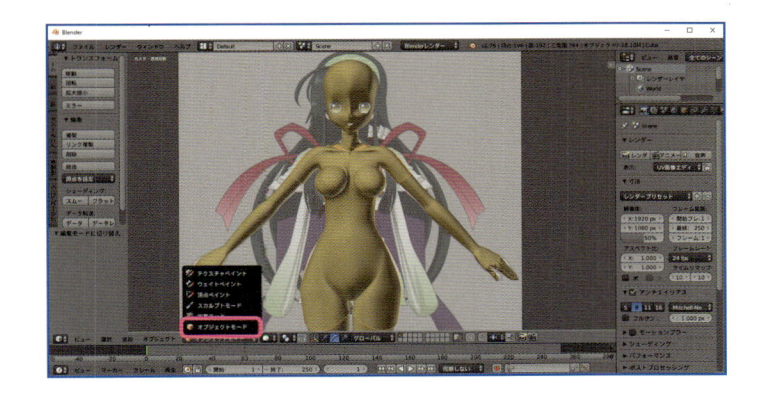

❹ 編集モードにする

[3Dビュー・エディター] ヘッダーで [編集モード] を選択します。それでは着物をモデリングしていきましょう。

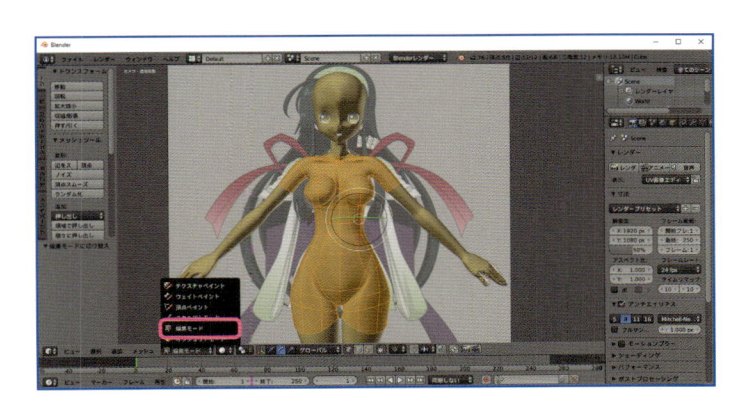

❺ ミラーを削除する

素体を着物の形に作り直すために、一旦［モディファイアー］の［ミラー］を削除します。［プロパティ・エディター］ヘッダーの［モディファイアー］ボタンをクリックします。［ミラー］のモディファイアーのパネルヘッダーにある［✕］マークをクリックします。

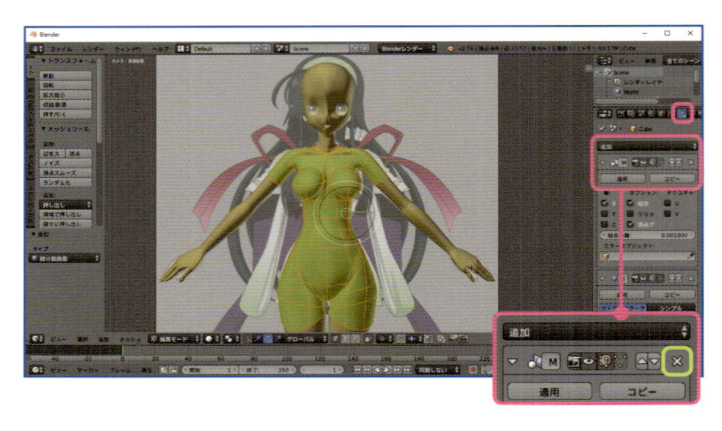

❻ 着物を膨張する

着物が肌とピッタリくっついているので、少し膨張させます。着物を全選択し、［ツールシェルフ］の［トランスフォーム］パネルの［収縮/膨張］をクリックし、［Shift］キーを押しながらドラッグして、クリックで確定します。

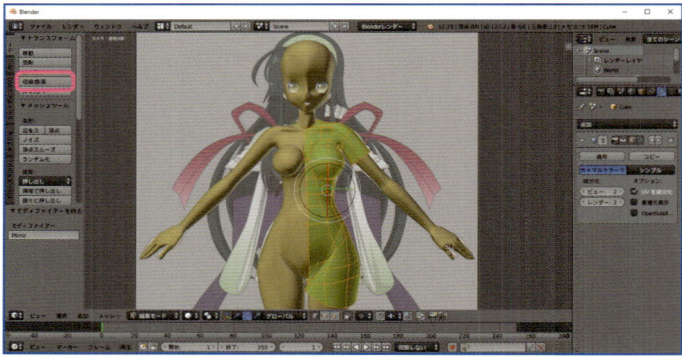

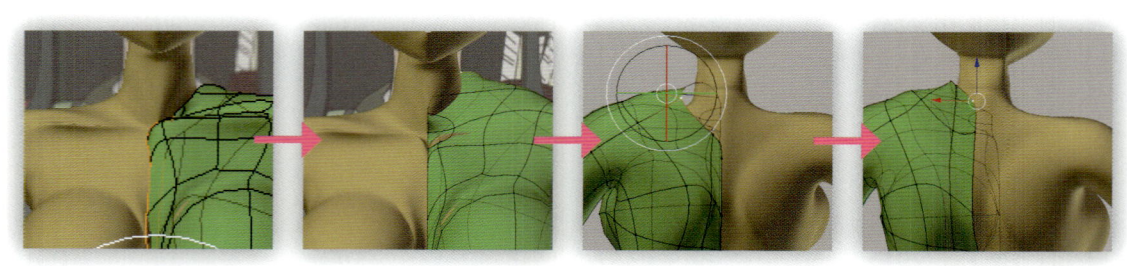

❼ 着物の形を調整してミラーの準備をする

素体にある鎖骨や肩胛骨などは不要です。トポロジーを修正して、着物のベースの形を作ります。次に、前と後ろのミラーの境界面にある頂点が、X軸上に来るように調整します。頂点をX軸上に移動するときは、目的の頂点をすべて選択し、［プロパティシェルフ］の［トランスフォーム］パネルの［中点］の［X］に0を入力します。

❽ ミラーを設定する

［プロパティ・エディター］ヘッダーの［モディファイアー］ボタンをクリックします。次に、［追加］をクリックし、表示されたメニューで［ミラー］をクリックします。最後に、［ミラー］のモディファイアースタックを一番上に移動します（114ページ参照）。

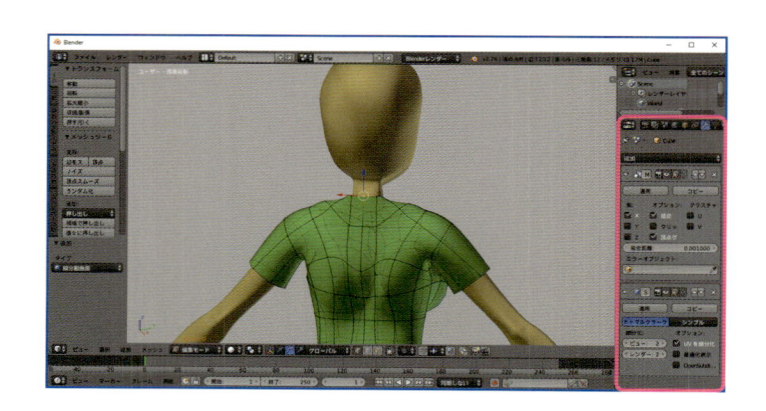

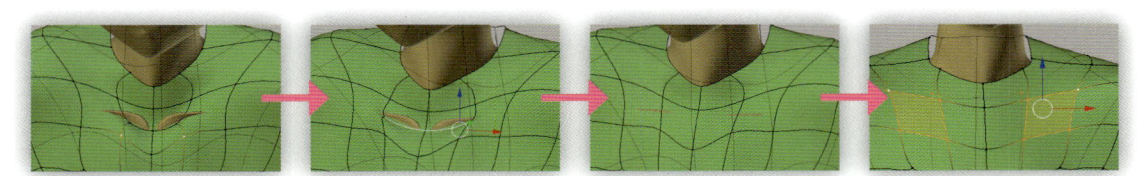

❾ 鎖骨を隠す

鎖骨が見えているので、着物の形を調整して解消します。**[頂点の経路を連結]** と **[溶解]** を使って、鎖骨まわりのトポロジーを変更しつつ、少し面を持ち上げて服の下に埋まるようにします。持ち上げすぎると不自然になるので、できるだけトポロジーの変更だけで隠れるように調整しましょう。

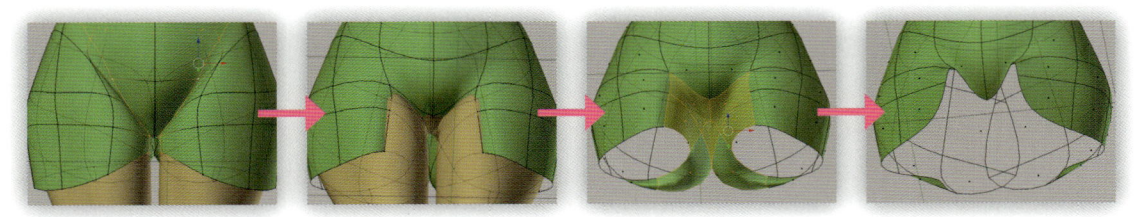

❿ 不要な部分を削除する

着物の裾のまわりを作っていきます。まずは股の不要な辺を選択し、**[削除]** で消します。身体に埋まっている部分も **[削除]** しておきます。選択しにくいときは、**[アウトライナー・エディター]** で身体のオブジェクトを非表示にして作業するといいでしょう（64 ページ参照）。

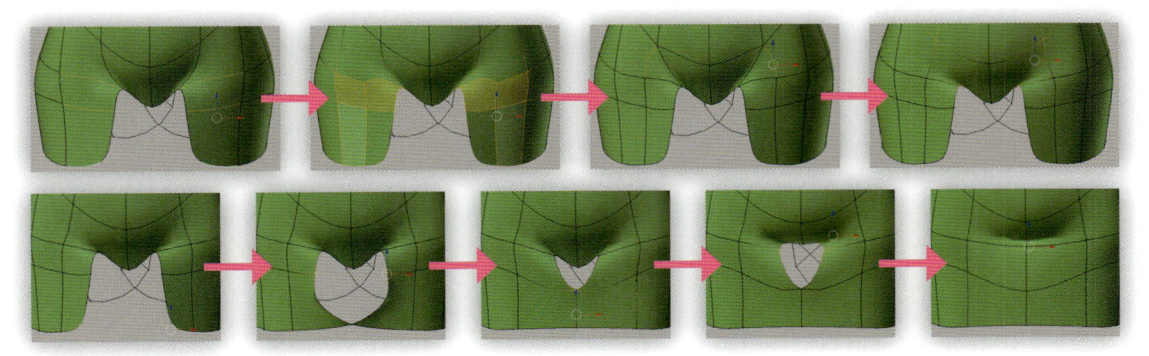

⓫ 前裾の形を修正する

トポロジーを変更して穴が空いた部分を閉じていきます。辺上の不要な頂点は **[頂点を溶解]** を使って消します。また、中央の頂点は **[ミラー]** の境界に来るように移動しましょう。頂点を選択したら **[プロパティシェルフ]** の **[トランスフォーム]** パネルの **[中点]** の **[X]** に 0 を入力して移動します（106 ページ参照）。

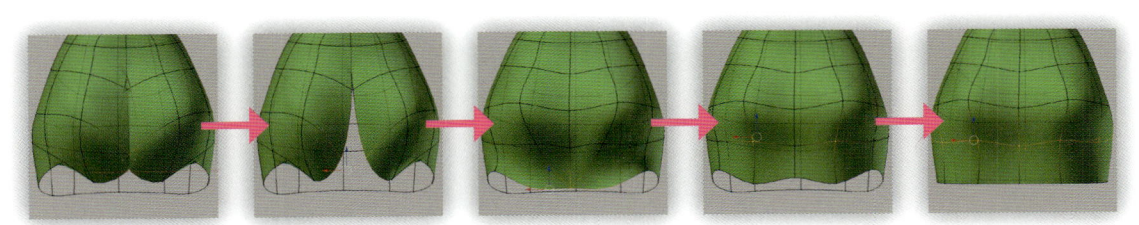

⓬ 後裾の形を修正する

後ろのヒップ側の部分もトポロジーを変更して形を整えていきます。裾の端にある頂点は、接続する辺が一つになるように調整し、さらに同じ高さにそろえておきましょう。同じ高さにそろえるときは、端の頂点をすべて選択して **[S]** キーを押し、**[Z]** キーを押し、テンキーの **[0]** を押します。

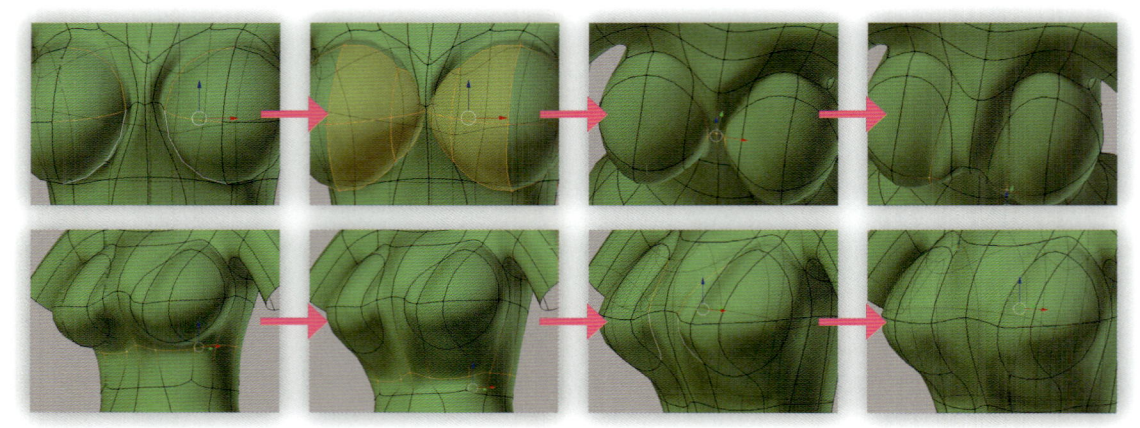

⑬ 胸まわりの形を修正する

十字交差になるようにある程度トポロジーを修正したら、胸の内側の3辺を選択し、**[細分化]** を使って分割します。次に、胸の谷間の頂点を引っ張って、前に出します。続いて、胸の下にある辺を選択して下に下げます。そして、十字交差になるように、さらにトポロジーを調整し、胸まわりを整えていきます。

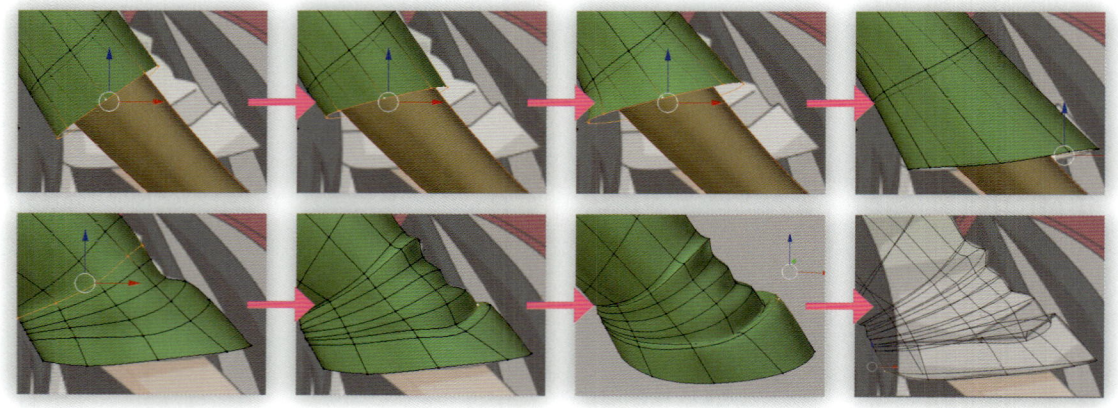

⑭ 半袖の形を作る

[マニピュレーター：移動] と **[マニピュレーター：回転]** を使って、下絵に合うように袖を伸ばして向きを変えます。**[ループカットとスライド]** で袖口を分割し、シワを立体的にしていきます。シワの外側部分になる頂点は外と上に少し引っ張り、内側部分になる頂点は、軽く押し込むようにします。

⑮ ミラーを適用する

左右対称の部分を、すべて作り込んだら **[ミラー]** を実体化し、左右非対称の部分を作っていきます。まずは、**[モディファイアー]** の **[ミラー]** を **[適用]** して鏡像を実体化します。**[プロパティ・エディター]** ヘッダーの **[モディファイアー]** ボタンをクリックします。**[ミラー]** のモディファイアーパネルにある **[適用]** をクリックします。

なお、**[適用]** する前に、左右対象の部分が残っていないか、よく確認しましょう。心配な場合は、別名でファイルを保存しておくのも一つの手です。

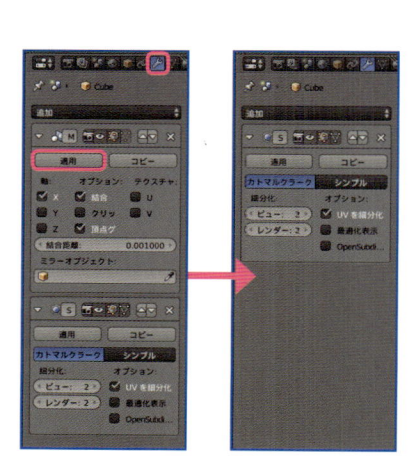

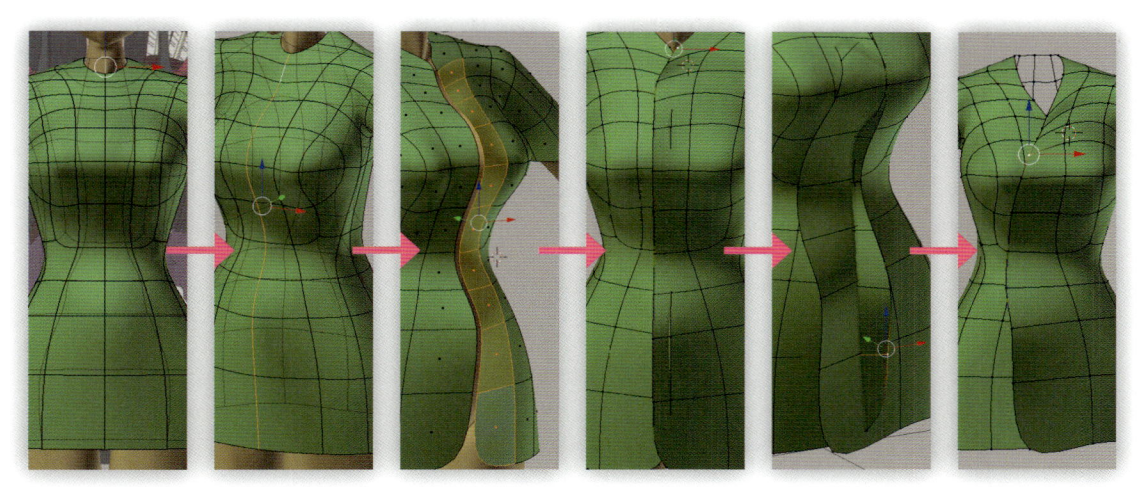

⓰ 非対称の前合わせを作る

着物の合わせ目を重ねていきます。合わせ目は右前になるようにします。まずは、[ミラー] の境界部分であった辺を選択します。後ろの辺は選択しません。次に、[3Dビュー・エディター] ヘッダーの [メッシュ] ⇒ [辺] ⇒ [辺を分離] をクリックします（165 ページ参照）。続いて、合わせにあたる面を選択し、上に重なるようにドラッグで移動します。最後に、はみ出ている部分や全体の形を整えます。

⓱ 裾の丸みを抑える

また、合わせ目の裾の端が少し丸くなっているので、[ループカットとスライド] で分割し、丸みを抑えます。こういった丸みを抑えたい部分には [ループカットとスライド] を使います。

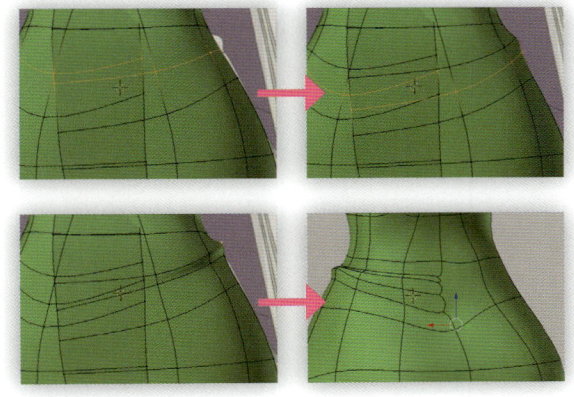

⓲ 腰まわりのシワを作る

基本的な作業は袖のシワと同じです [ループカットとスライド] で腰の部分を分割し、シワを盛り上げていきます。背の部分もシワに合わせてトポロジーを修正しました。

⓳ ディテールを調整する

説明用に合わせ目を色分けしています。このような感じで下絵に合うように細かく形を整えます。合わせ目は一連につながって見えるようにトポロジーを調整しましょう。

⓴ 立方体を追加する

袖用の立方体を追加します。オブジェクトを分けるので［オブジェクトモード］に変更し、［3Dカーソル］をXYZ軸の原点に移動します。次に、［3Dビュー・エディター］ヘッダーの［追加］⇒［メッシュ］⇒［立方体］をクリックします。［編集モード］に変更し、［マニピュレーター：拡大縮小］で立方体を縮小します。

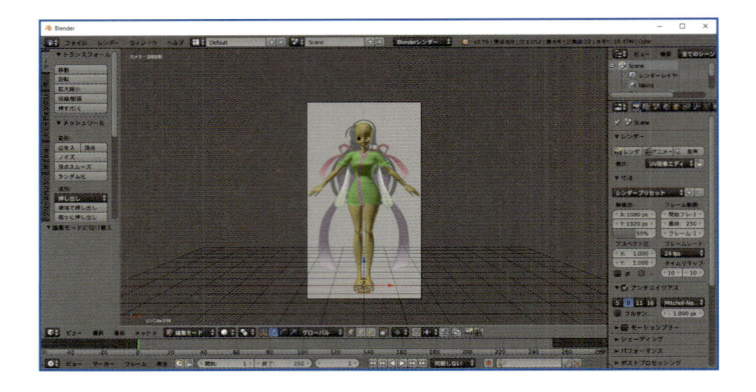

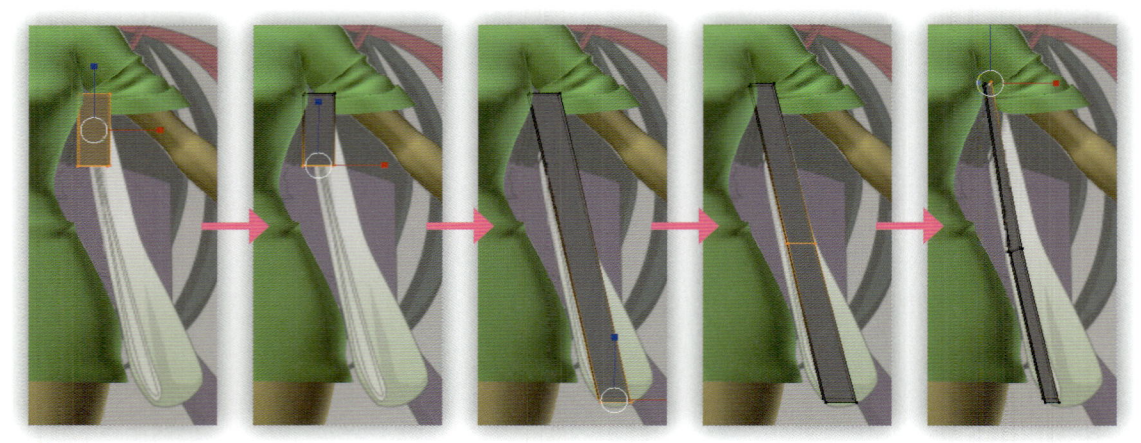

㉑ 袖のベースを作る

立方体をワキ下に移動し、少し縦長に変形します。立方体の底面を選択し、［マニピュレーター：移動］もしくは［押し出し］で伸ばしていきます。次に、［ループカットとスライド］で中央を分割します。最後に、頂点を移動して細長い形に変形します。

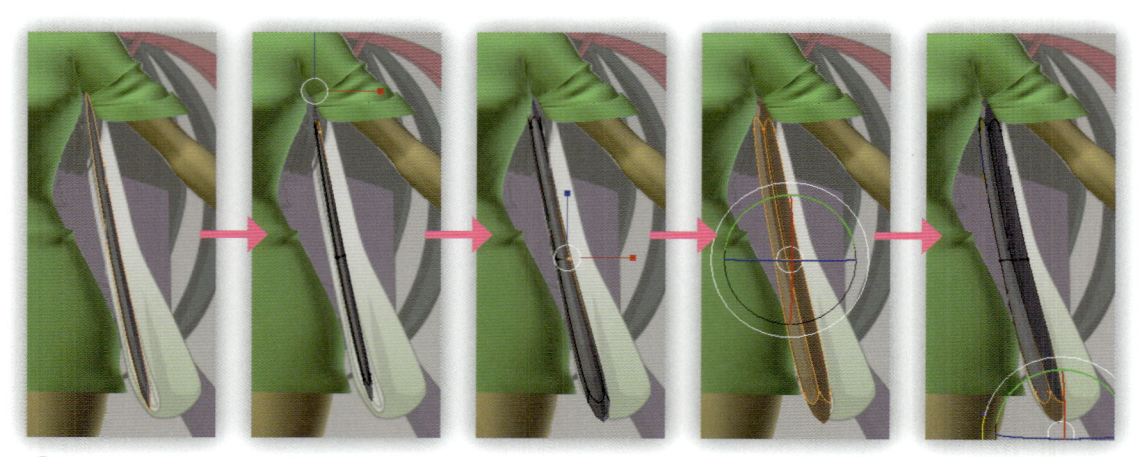

㉒ モディファイアーを設定する

［プロパティ・エディター］の［モディファイアー］で、［ミラー］と［細分割曲面］を追加します（107ページ参照）。モディファイアーを設定したら、［マニピュレーター：拡大縮小］で少しサイズを大きくし、さらに［マニピュレーター：回転］で回転させて軽くしならせます。

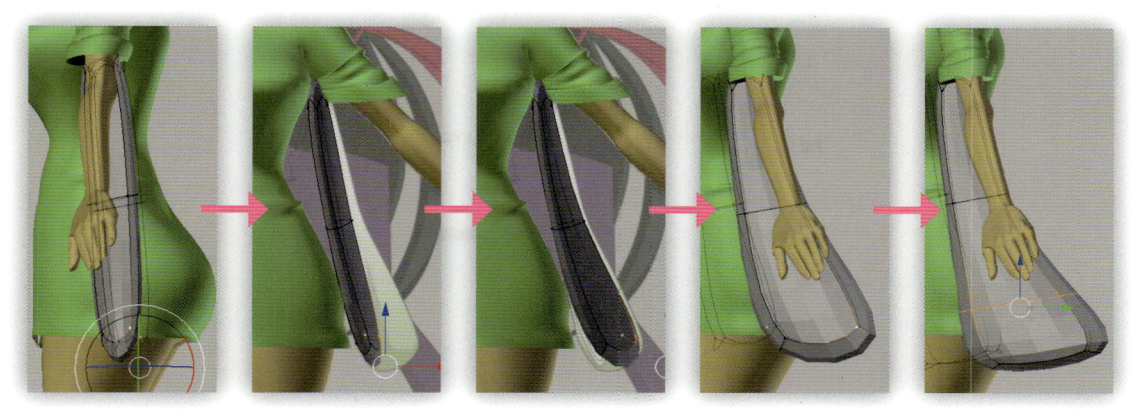

㉓ 袖の位置とサイズを調整する

横からのビューに切り替えて袖の位置を調整します。位置を合わせたら正面のビューに戻し、下絵に形を合わせていきます。次に、[ループカットとスライド] を使って振り袖を分割し、袖のたもとを広げます。おおむね形ができたら、下絵に合わせつつディテールを作り込みましょう。

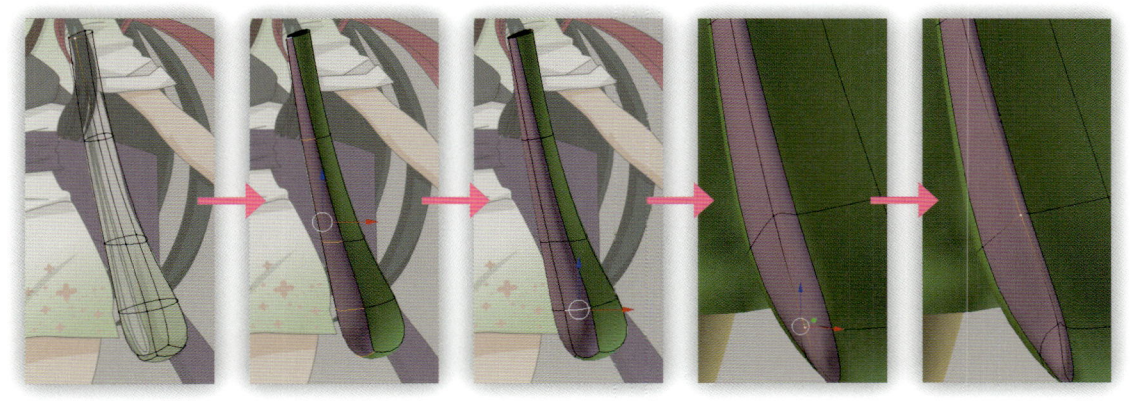

㉔ 振りを凹ませる

振りの部分は空間が空いているので凹ませます。上から下の袖口の辺を選択し、[細分化] を使って分割します。縦に分割できたら、頂点を奥に移動して凹ませていきます。

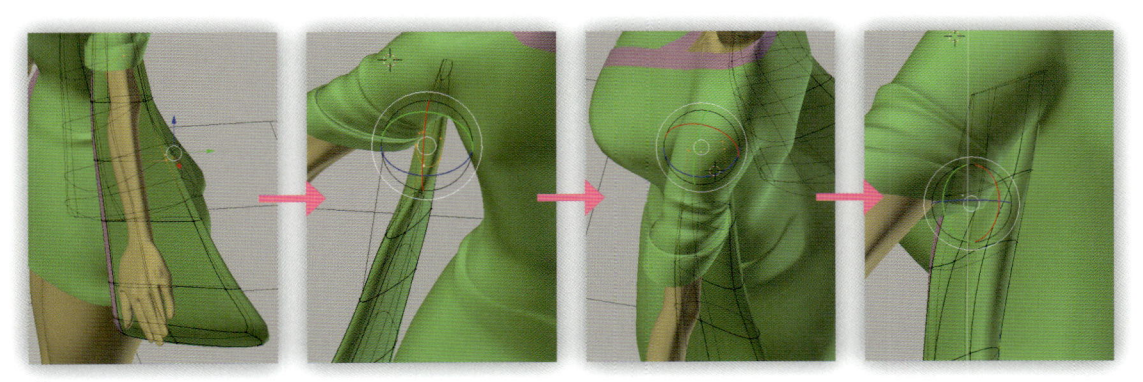

㉕ 袖のディテールを作り込む

さまざまな方向から形を確認し、位置や角度や大きさを調整していきます。袖はワキの下から出ているので、着物に埋め込むようにしましょう。最後に、もう一度下絵に合わせて整えたら完成です。

02 髪の制作ポイント

髪は、鏡像の部分と鏡像でない部分のオブジェクトを分けます。オブジェクトを分けるときは、編集モードからオブジェクトモードに切り替えて立方体や平面を追加し、再び編集モードに戻します。逆に、同じオブジェクトにする場合は、編集モードのまま立方体や平面を追加しましょう。

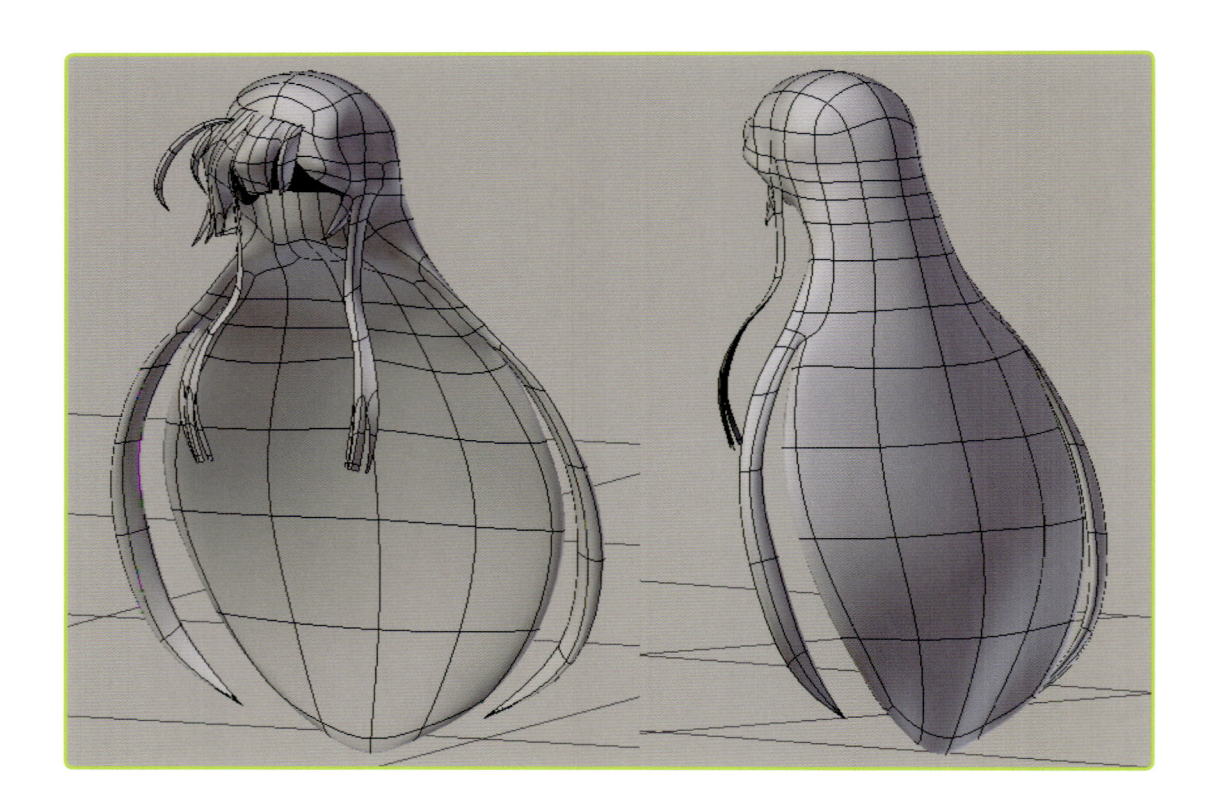

❶ オブジェクトモードにする

髪用のオブジェクトを追加します。[**3Dビュー・エディター**] ヘッダーで [**オブジェクトモード**] に変更します。[**3Dカーソル**] をXYZ軸の原点に移動したら、[**3Dビュー・エディター**] ヘッダーの [**追加**] ⇒ [**メッシュ**] ⇒ [**立方体**] をクリックします。

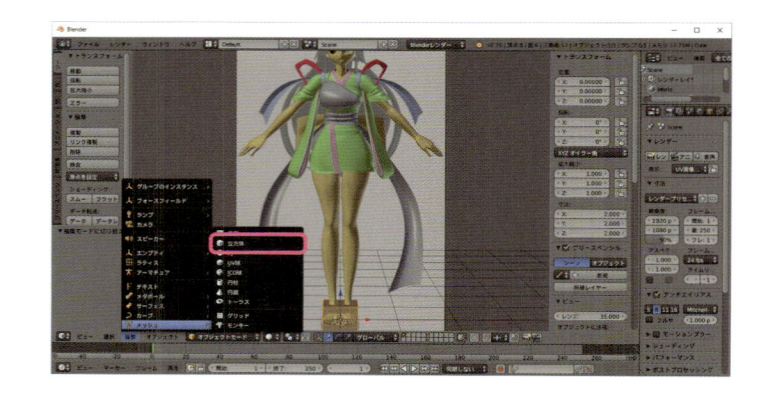

❷ 編集モードにする

[3Dビュー・エディター] ヘッダー
で [編集モード] に変更します。立
方体を全選択したまま、[マニピュ
レーター：拡大縮小] を使って顔が
すっぽり入る程度の大きさに縮小し
ます。

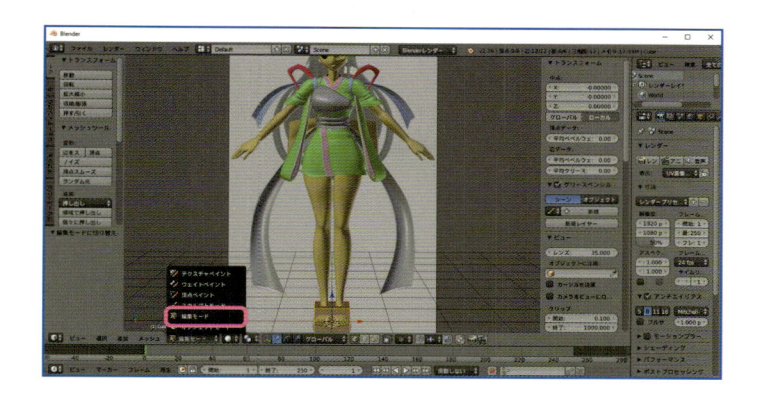

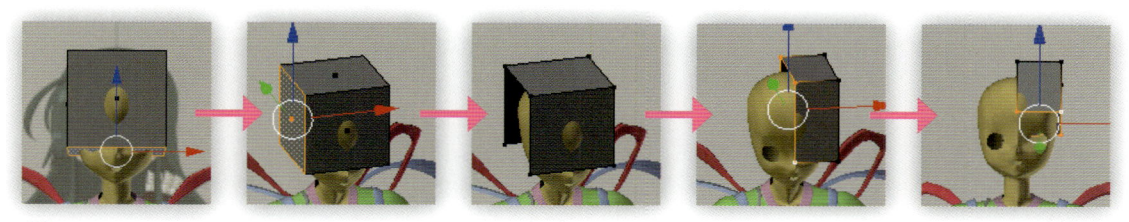

❸ ミラーモデリングの準備をする

[マニピュレーター：移動] を使って、立方体を髪の位置まで移動します。次に、立方体の底面を [削除] し、さら
に鏡像の境目になる側面を [削除] します。続いて、鏡像と境目になる4つの頂点を選択し、[プロパティシェルフ]
の [トランスフォーム] パネルの [中点] の [X] に0を入力します。最後に、底面の4つの頂点を選択し、前髪の
高さまで移動します。これでミラーの準備ができました。

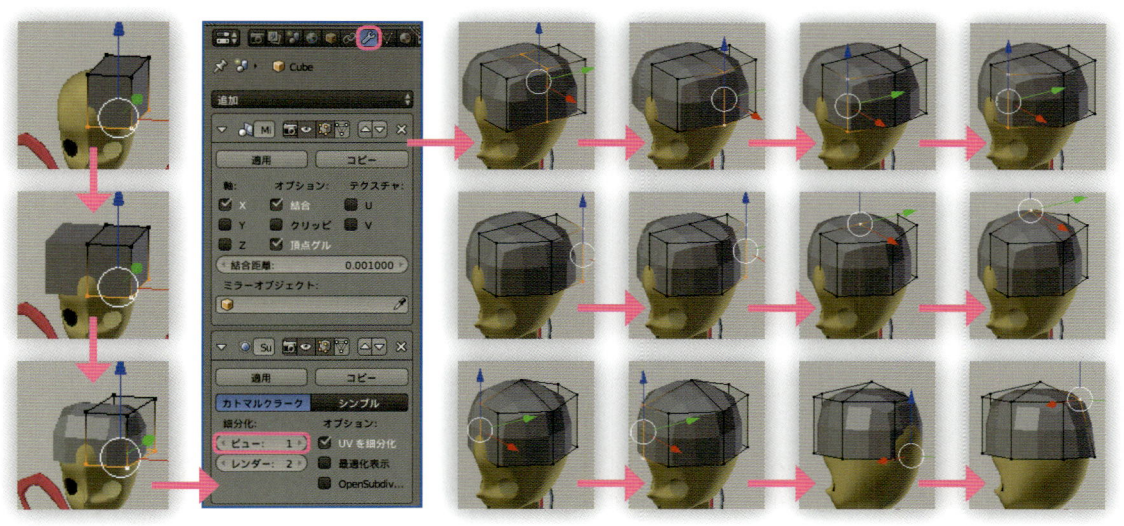

❹ モディファイアーを設定する

[プロパティ・エディター] ヘッダーの [モディファイアー] ボタンをクリックし、[ミラー] と [細分割曲面] を追加
します。ベースの形ができるまでは、[細分割曲面] の [ビュー] の数値は1のまま、かつ [編集ゲージをモディフ
ァイアーの結果に適用する] もオフのままです。モディファイアーを設定したら、立方体の辺を移動して丸い形にし
ていきます。
なお、[細分割曲面] の [編集ゲージをモディファイアーの結果に適用する] をオフにしているのは、その方が作業
しやすいためです。適宜、オンとオフを切り替えながらモデリングしましょう。

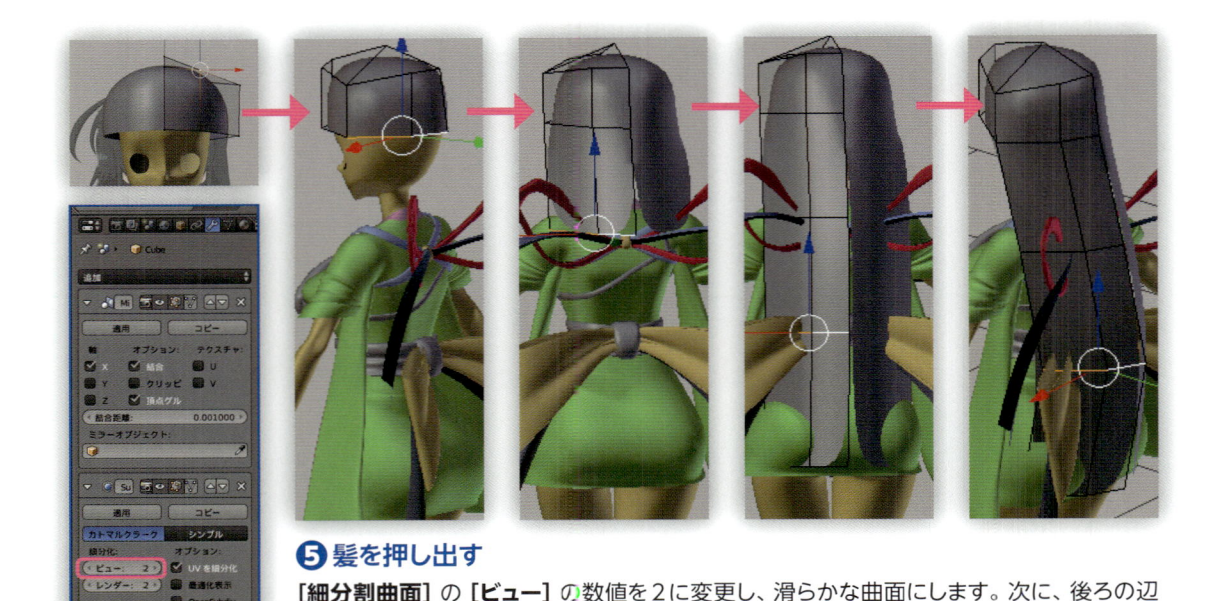

❺ 髪を押し出す

[細分割曲面] の [ビュー] の数値を2に変更し、滑らかな曲面にします。次に、後ろの辺を選択し、[押し出し] を使って分割しながら髪の毛を押し出します。

❻ 髪の分け目を作る

[ループカットとスライド] を使って、髪を縦に分割します。続いて分離させる境目の2辺を選択し、[3Dビュー・エディター] ヘッダーの [メッシュ] ⇒ [辺] ⇒ [辺を分離] をクリックします（165ページ参照）。最後に、切り離された部分の辺や頂点を移動して分け目を作ります。

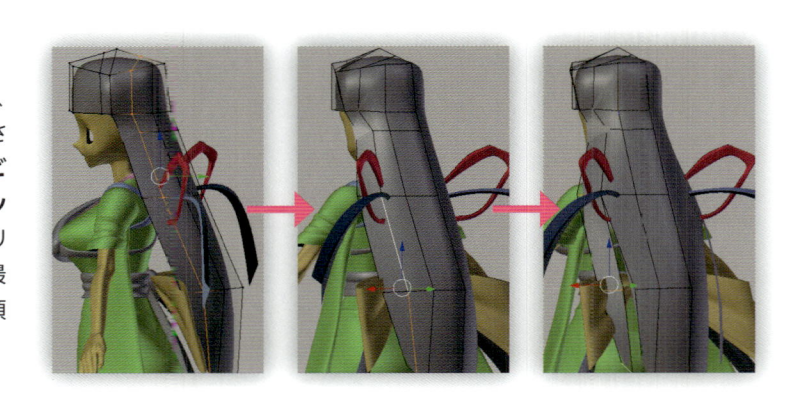

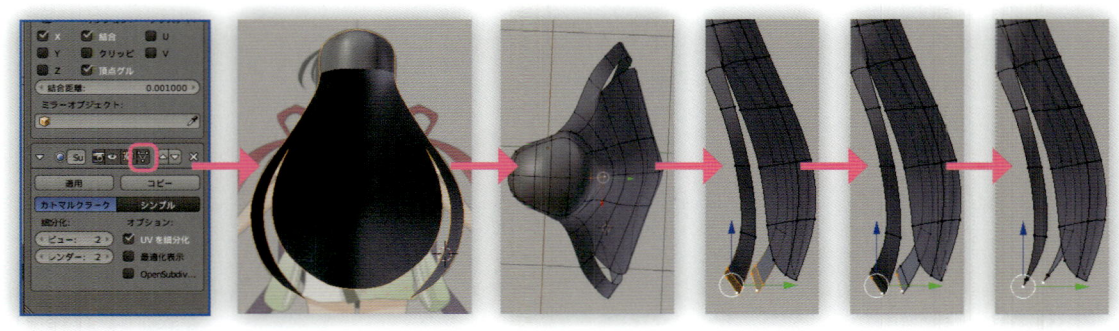

❼ 髪の形を下絵に合わせる

[細分割曲面] の [編集ゲージをモディファイアーの結果に適用する] をオンにして実体のポリゴンを非表示にし、下絵の通りに形を合わせます。次に、分け目の毛先を尖らせます。まず、[ループカットとスライド] で毛先を分割します。続いて、先端の頂点を2つ選択して [ツールシェルフ] の [トランスフォーム] パネルの [拡大縮小] をクリックもしくは [S] キーを押したら、テンキーの [0] を押して [Enter] または [Return] キーを押します。これで2つの頂点が同じ位置に移動し、先端が尖りました。

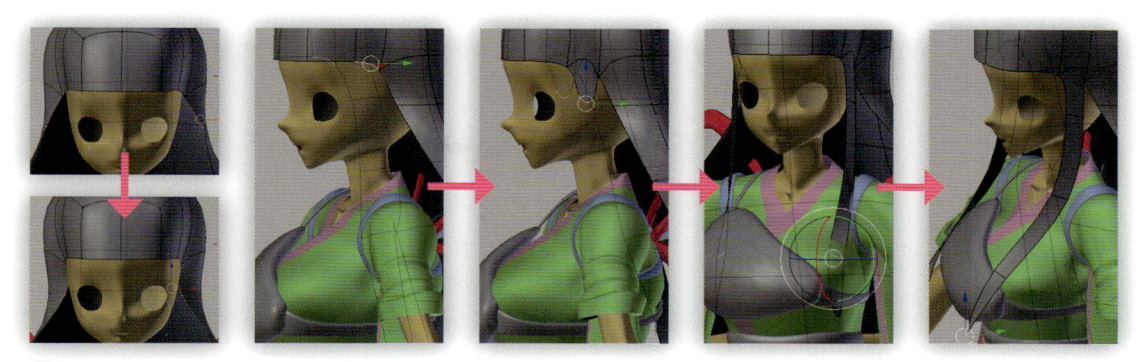

❽ こめかみから伸びる髪を作る

こめかみを伸ばしていきます。まずは、こめかみ部分の髪を顔の近くに寄せます。次に、こめかみ部分の辺を選択し、[押し出し] を使って分割しながら押し出します。途中の身体に埋まる部分は、[マニピュレーター：回転] を使って回転させて身体の外に出すようにします。

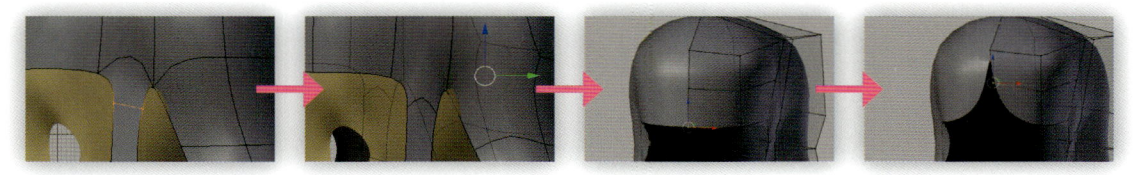

❾ 前髪の分け目を作る

こめかみの端の頂点に複数の辺がつながっていたので、その近くに [ループカットとスライド] で辺を作成し、トポロジーを修正しました。次に、前髪の中央の頂点を上に移動し、分け目を作ります。

❿ 伸びた髪を整える

こめかみから伸びている髪を下絵に合わせます。末端の部分は丸くなっているので、[ループカットとスライド] を使って分割し、丸みを抑えます。

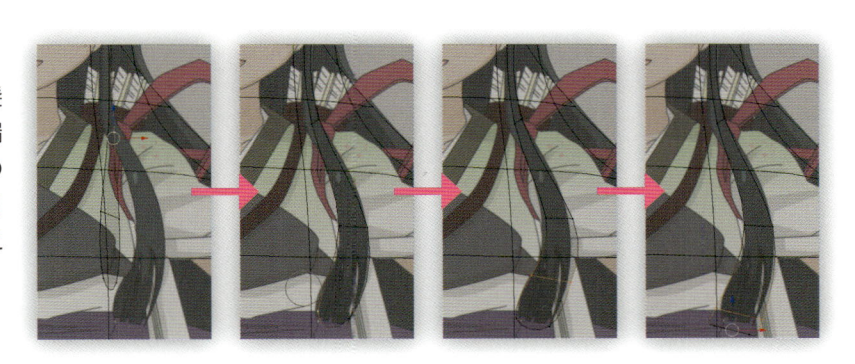

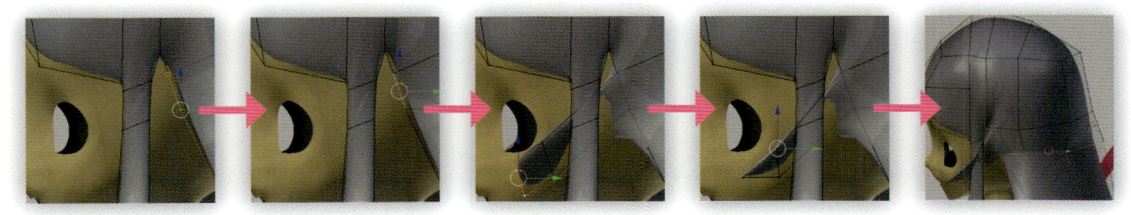

⓫ もみあげの髪を作る

前に出ているもみあげを作ります。まず、[ナイフ] で辺を分割し、押し出し用の辺を作成します。次に、作成した辺を選択し、[押し出し] を使って分割しながら伸ばします。続いて、先端の頂点を 2 つ選択し、[ツールシェルフ] の [トランスフォーム] パネルの [拡大縮小] をクリックもしくは [S] キーを押したら、テンキーの [0] を押し、[Enter] または [Return] キーを押します。最後に、もみあげの下の角が丸まっているので、[ループカットとスライド] で分割し、丸みを抑えます。

⑫ オブジェクトモードにする

前髪用の平面のオブジェクトを追加します。髪の本体とオブジェクトを分けます。[3Dビュー・エディター] ヘッダーで [オブジェクトモード] に切り替えたら、[3Dカーソル] をXYZ軸の原点に移動します。そして [3Dビュー・エディター] ヘッダーの [追加] ⇒ [メッシュ] ⇒ [平面] をクリックします。

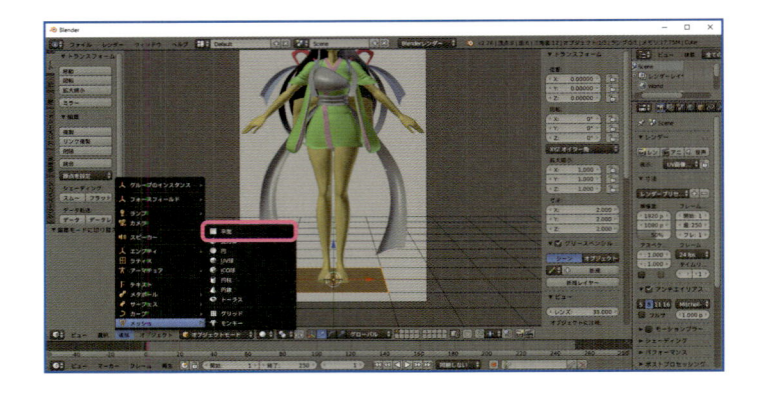

⑬ 編集モードにする

[3Dビュー・エディター] ヘッダーで [オブジェクトモード] に切り替えたら、前髪をモデリングしていきます。[オブジェクトモード] のまま、移動したり変形したりしないように、くれぐれも注意してください。

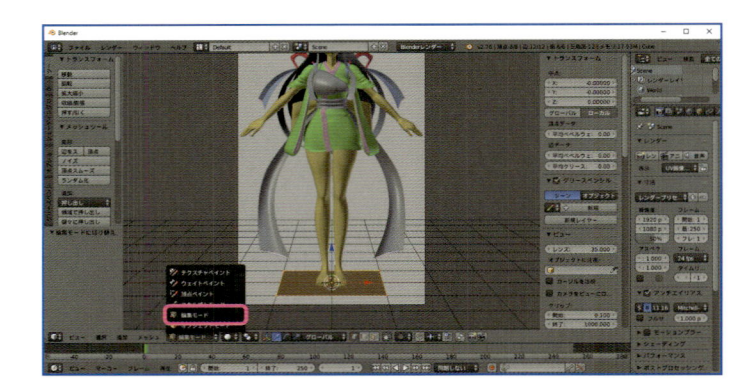

⑭ 平面オブジェクトの角度と大きさを変更する

平面は水平方向に追加されるので、90度回転させて垂直方向にします。平面を全選択したまま、[ツールシェルフ] の [トランスフォーム] パネルの [回転] をクリックし、[X] キーを押し、テンキーの [9] [0] を押します。これは、X軸に対して90度回転するという指示です。次に、[マニピュレーター] を使って平面のサイズを縮小し、前髪のところに移動します。

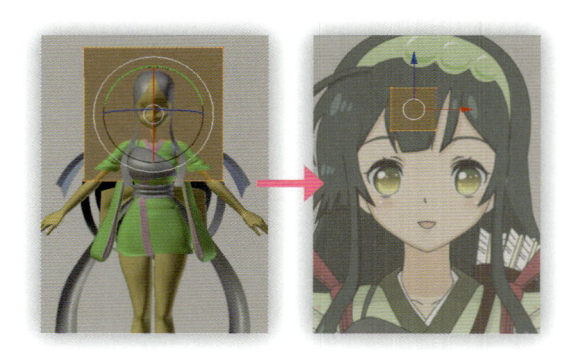

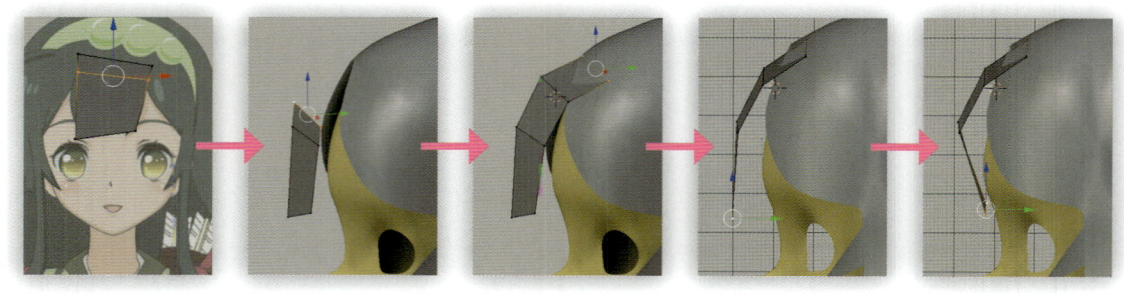

⑮ 前髪のベースを作る

まず、平面を前髪の形に変形し、[ループカットとスライド] を使って分割します。次に、前髪の上辺を選択し、[押し出し] を使って分割しながら押し出します。押し出した部分の先端は、髪の本体に埋め込むようにします。最後に、前髪の末端をヒタイに寄せます。

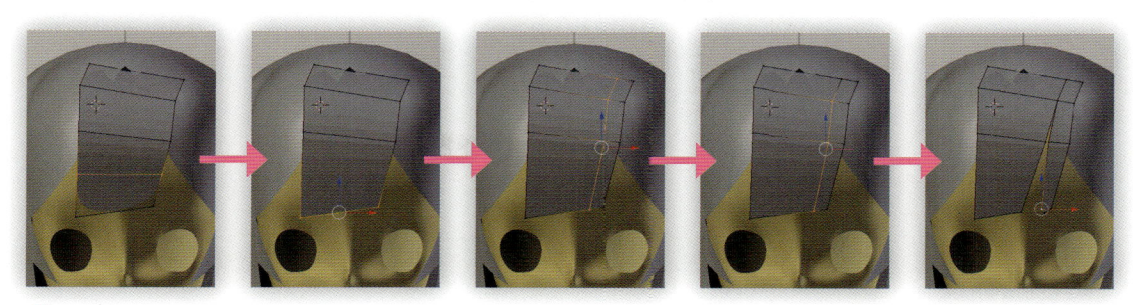

⓰ モディファイアーを設定する

前髪にモディファイアーを設定します。今回は、[ミラー] は使いません。[プロパティ・エディター] ヘッダーの [モディファイアー] ボタンをクリックし、[細分割曲面] を追加します。[細分割曲面] の [ビュー] の数値を 2 に変更し、[編集ゲージをモディファイアーの結果に適用する] をオンにしておきます。

次に、[ループカットとスライド] を使って、先端を分割してすみを抑え、さらに縦に分割します。続いて、分け目の 2 辺を選択し、[3Dビュー・エディター] ヘッダーの [メッシュ] ⇒ [辺] ⇒ [辺を分離] をクリックします。そして、頂点を移動して分け目を作ります。

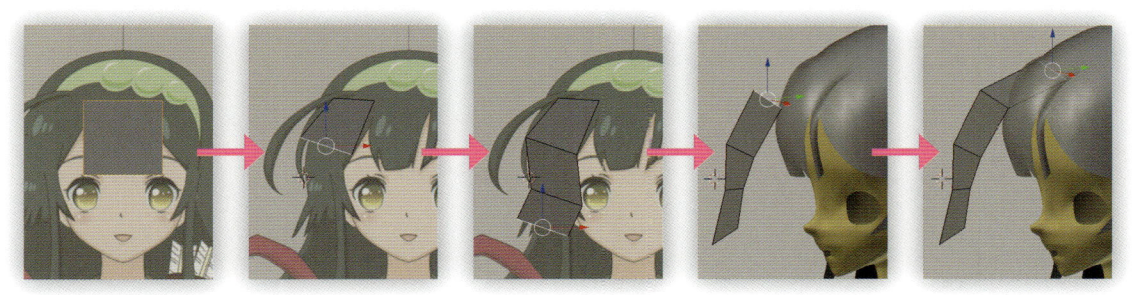

⓱ 横の前髪のベースを作る

横の前髪を作っていきます。前髪のオブジェクトと分けるので先ほどと同様に、一旦 [オブジェクトモード] に変更し、XYZ軸の原点の位置に [平面] のオブジェクトを追加します。[編集モード] に切り替えたらモデリングを始めましょう。基本的な作り方は前髪と同じです。平面を 90 度回転し、[押し出し] を使って伸ばしていきます。

⓲ モディファイアーを設定する

横の前髪にモディファイアーを設定します。[プロパティ・エディター] ヘッダーの [モディファイアー] ボタンをクリックし、[細分割曲面] を追加します。[細分割曲面] の [ビュー] の数値を 2 に変更します。モディファイアーを設定したら、前髪の先端の面を選択し、前髪を丸めます。最後に、先端が丸まっているので、[ループカットとスライド] で分割して丸みを抑えます。

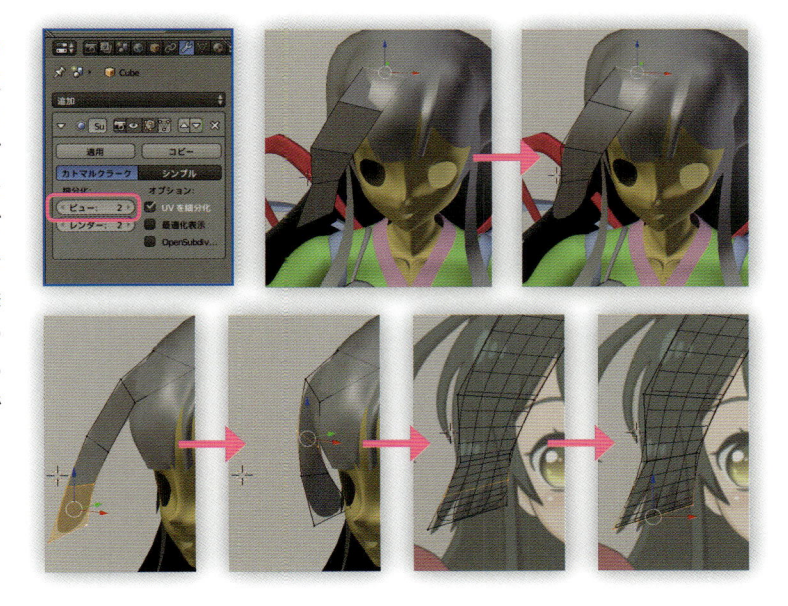

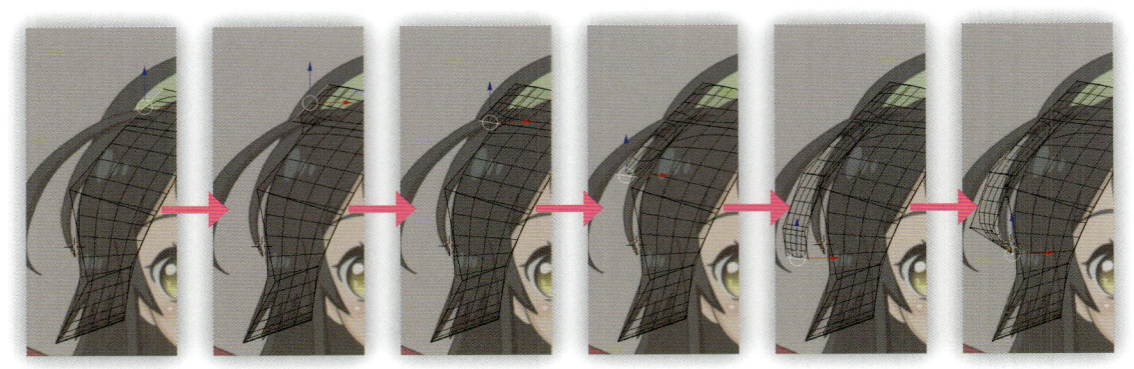

⑲ 横の前髪のクセ毛を作る

横の前髪のクセ毛を作っていきます。左上の横の辺を選択し、**[押し出し]** を使って1回押し出します。次に、押し出した面の下の辺を選択し、**[押し出し]** を使って分割しながらクセ毛を押し出します。最後に、先端の頂点を2つ選択し、**[ツールシェルフ]** の **[トランスフォーム]** パネルの **[拡大縮小]** をクリックもしくは **[S]** キーを押したら、テンキーの **[0]** を押し、**[Enter]** または **[Return]** キーを押します。

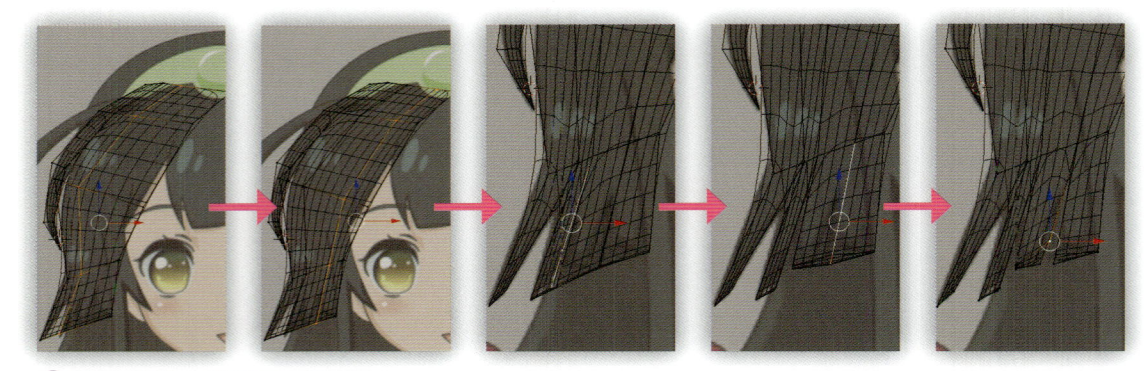

⑳ 横の前髪の分け目を作る

横の前髪の分け目を作ります。まず、**[ループカットとスライド]** を使って縦に分割します。分け目の2辺を選択し、**[3Dビュー・エディター]** ヘッダーの **[メッシュ]** ⇒ **[辺]** ⇒ **[辺を分離]** をクリックします（165ページ参照）。最後に頂点を移動し、形を整えます。

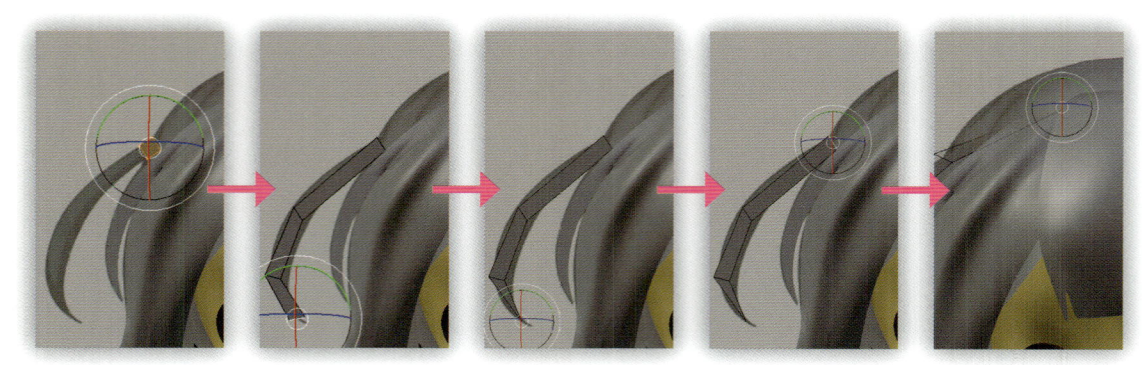

㉑ クセ毛を作る

飛び出しているクセ毛を作ります。作り方はこれまでと同じです。平面のオブジェクトを追加して、**[押し出し]** で押し出し、先端の部分を尖らせます。また、生え際は本体に埋め込むようにします。髪はカーブしているので、**[マニピュレーター：回転]** を使って形を整えてきましょう。

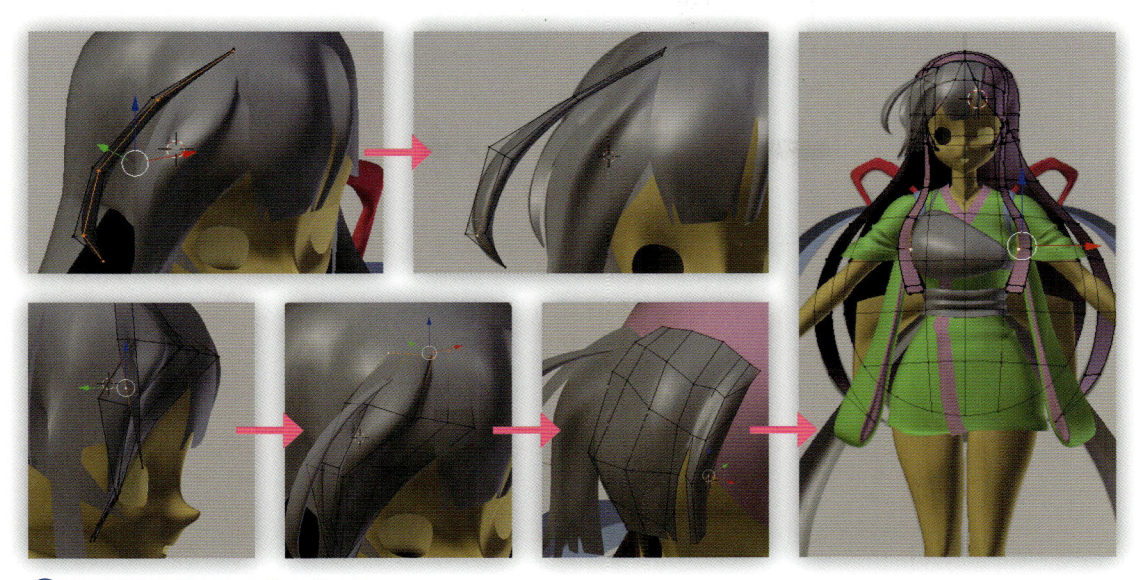

㉒ 髪のディテールを作り込む

髪の本体と、それぞれの前髪の形を細かく調整していきます。オブジェクトが分かれているので、**[アウトライナー・エディター]** で選択を切り替えながら作業します。クセ毛は、**[ループカットとスライド]** で縦に分割して丸みをつけます。また、前髪の生え際は、本体の髪となめらかにつながるように埋め込みます。最後に、身体で隠れている髪の裏側の形を整えれば完成です。

Memo

3Dモデルが完成したらモディファイアーを適用！

　3Dモデルが完成したら、各オブジェクトのモディファイアーを適用しておきます。適用するときは上から順番に適用していきましょう。階層順に適用しないと、形がおかしくなってしまう場合があります。ただし、**[細分割曲面]** のモディファイアーは残しておきましょう。

　なお、Blenderで作成した3Dモデルを、他のアプリケーションソフトにエクスポートするときは、**[細分割曲面]** の適用が必要な場合もあります。

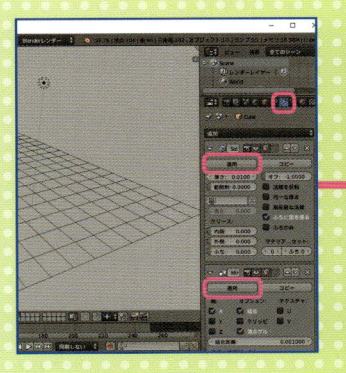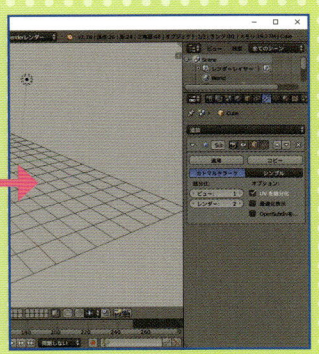

[プロパティ・エディター] ヘッダーで **[モディファイアー]** をクリックます。モディファイアーパネルの **[適用]** をクリックすると、モディファイアーの効果が実体化されます。

03 顔パーツの制作ポイント

耳、目、口を作っていきます。目のパーツは球体にせず、平面を軽く丸める程度にするとアニメ的に見えます。歯のパーツは、マウスピースのように一体型で作ります。基本的には素体に合うように作りますが、パーツの形を優先して、素体のオブジェクトの方を修正する場合もあります。

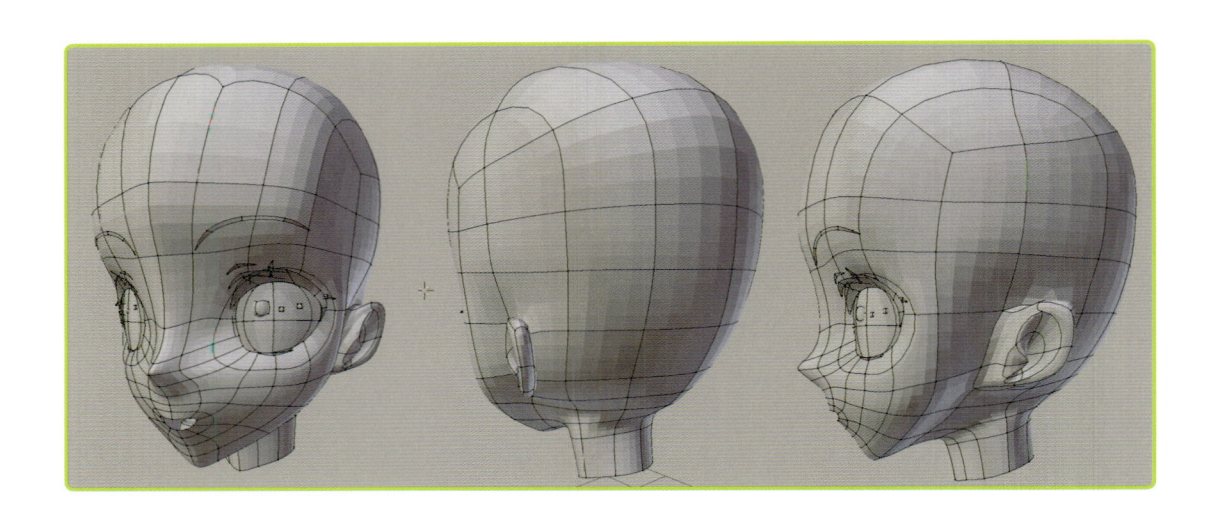

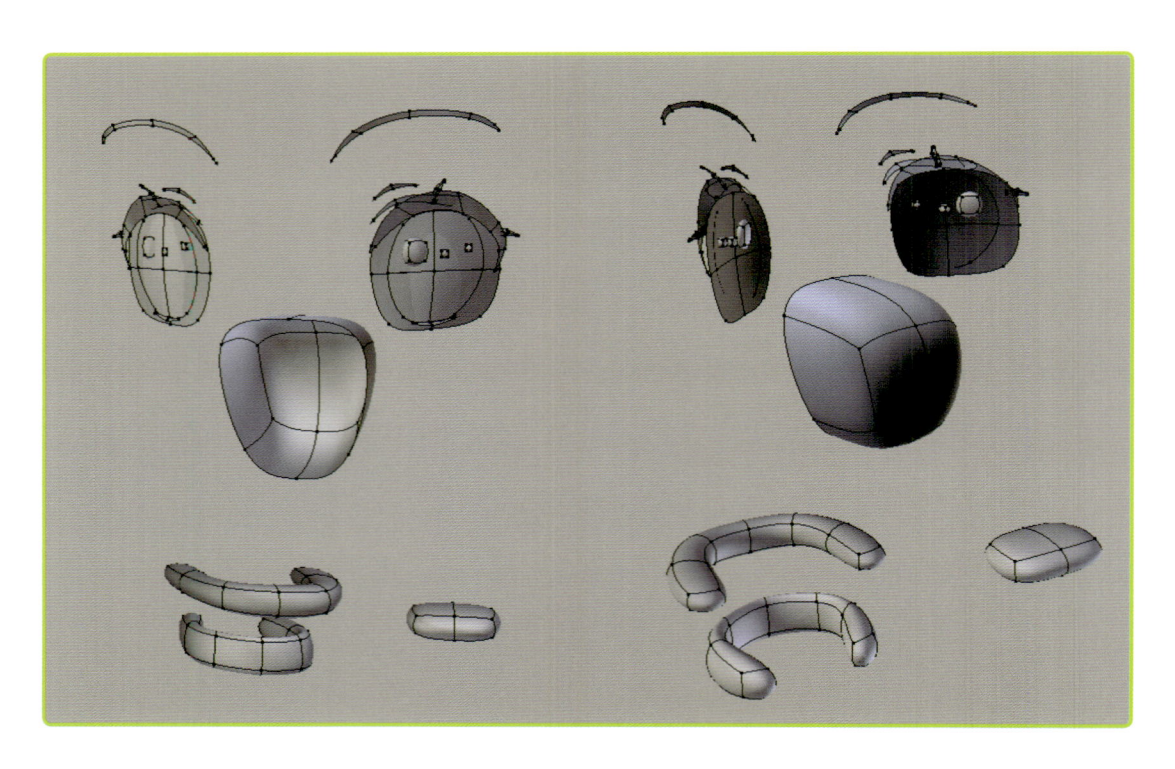

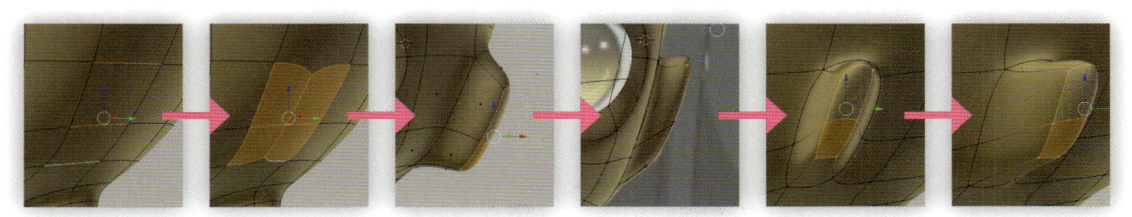

❶ 耳のベースを作る

素体の耳の位置の辺を選択し、[細分化] で分割したら、そのまま引っ張って耳を出します。一旦、下絵に合わせて耳を持ち上げ、さらに先端の面を引っ張って耳を出します。

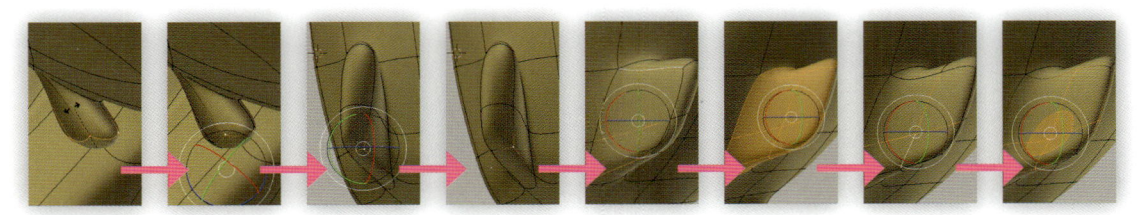

❷ 耳を分割する

耳の上部や下部を膨らませて軽く整えます。次に、耳の表と裏の辺を選択して、[細分化] で分割します。最後に、耳の表の十字辺を選択し、[細分化] で分割します。

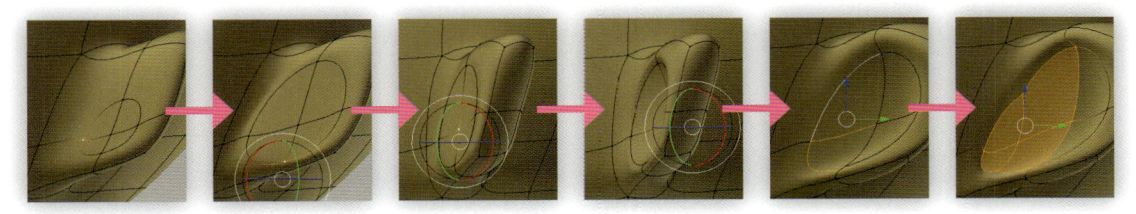

❸ 耳の凹凸を出す

頂点を移動して輪を広げます。続いて、中央を凹ませて耳輪を作ります。そして、耳の内側の左半分を [細分化] で分割します。

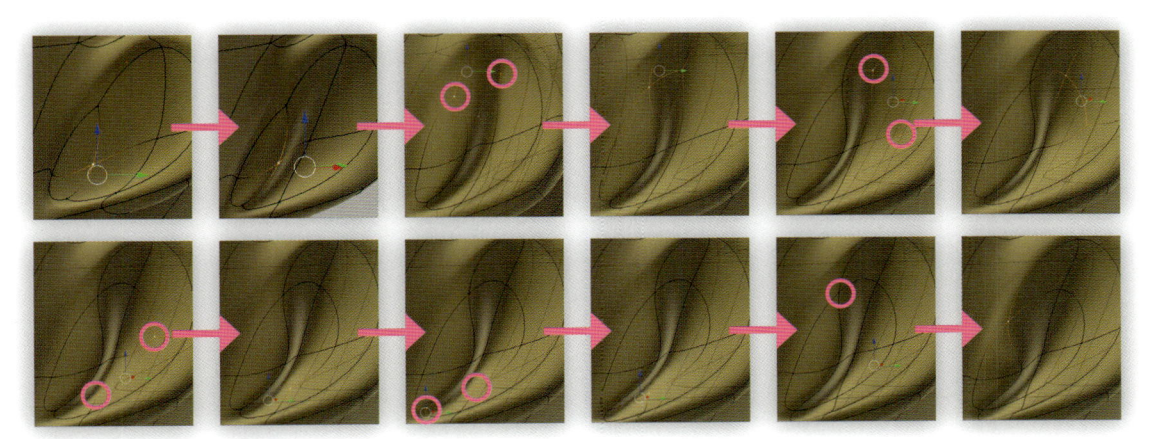

❹ 耳の内側の形を整える

頂点を寄せてシワの盛り上がりを作ります。次に、内側に円が一周できるように、辺上に頂点を追加しながらつなげていきます。最後に、左上の頂点を少し下に移動し、耳珠の凹凸を作ります。実際の耳の形はもっと複雑ですが、デフォルメされたアニメ系キャラクターならこの程度でも耳らしく見えます。

❺ 耳を仕上げる

上、後ろ、斜めから見たとき
の形を調整し、下絵に合わ
せたら耳は完成です。

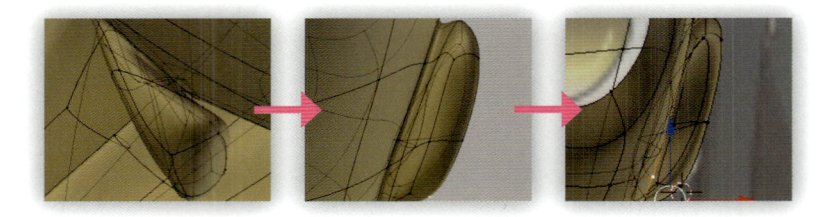

❻ オブジェクトを追加する

白目を作っていきます。オブジェク
トを分けるので、一旦 [**オブジェク
トモード**] に変更します。XYZ軸の
原点に [**平面**] のオブジェクトを追
加したら、再び [**編集モード**] に切
り替えます。

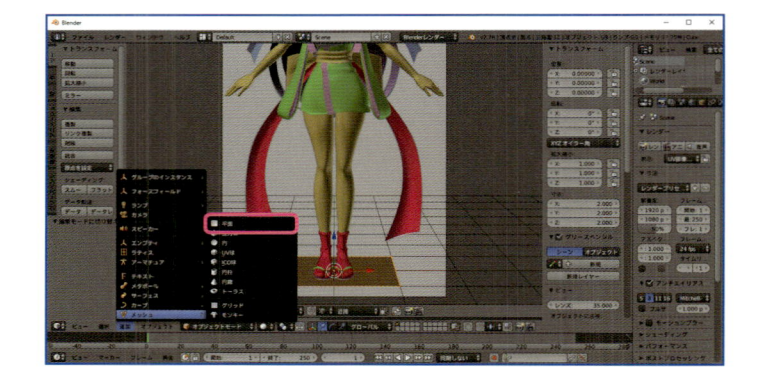

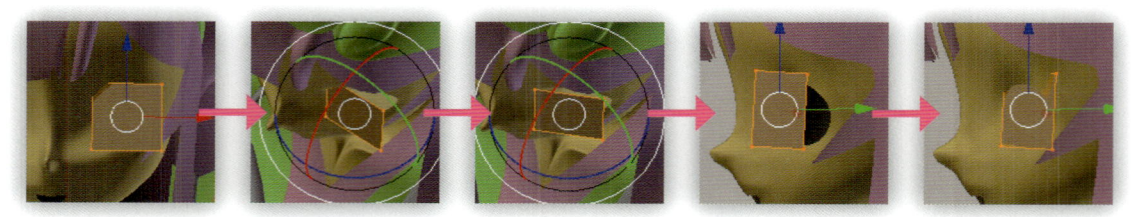

❼ オブジェクトを目の位置に配置する

平面のオブジェクトを [**マニピュレーター**] で移動、回転、縮小し、目の位置に持ってきます。少し埋め込むような
感じで配置します。

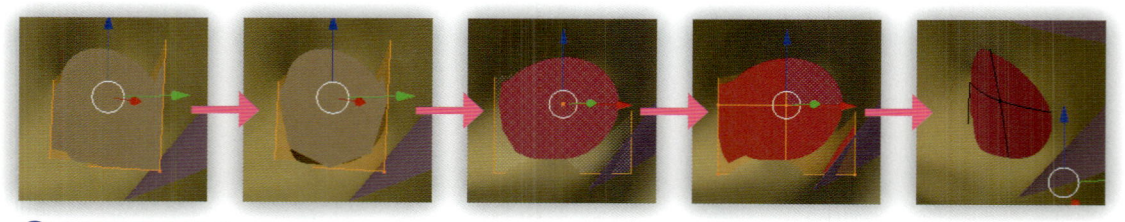

❽ 白目の形を作る

[**細分化**] を使って白目を分割し、白目の余分な部分をカーブさせて素体の中に隠れるように調整します。

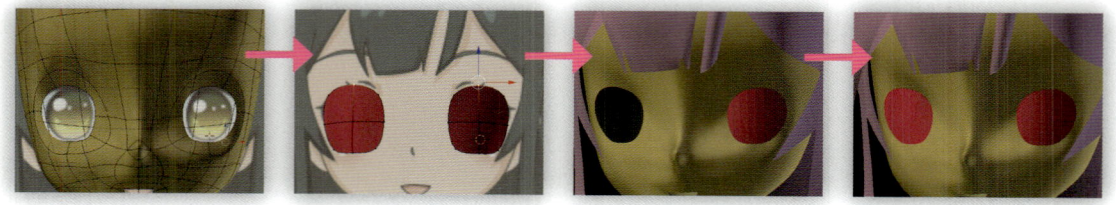

❾ モディファイアーを設定する

素体の目のまわりの形も整えながら、白目を合わせていきます。形が整ったら、[**プロパティ・エディター**] ヘッダ
ーの [**モディファイアー**] ボタンをクリックし、[**ミラー**] と [**細分割曲面**] を設定します。

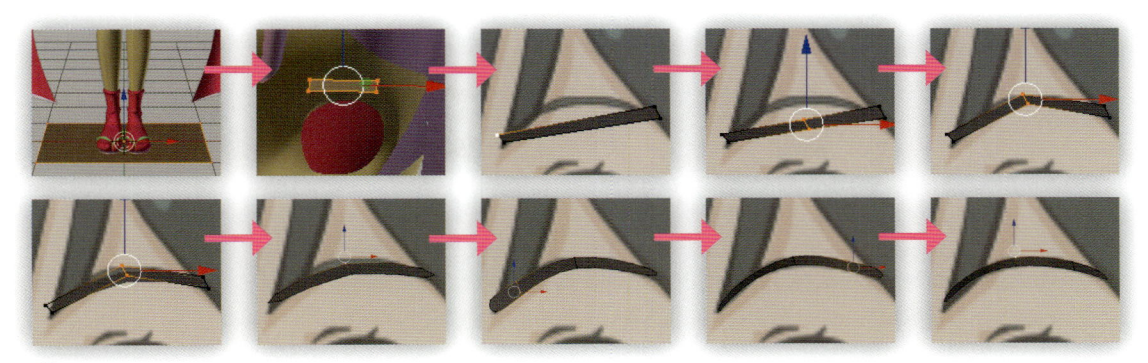

⑩ 眉毛を作る

眉毛を作っていきます。白目と別のオブジェクトにするので、一旦 **[オブジェクトモード]** に変更し、**[平面]** のオブジェクトを追加します。**[編集モード]** に切り替えて、**[マニピュレーター]** で移動、回転、縮小し、**[ループカットとスライド]** を使って分割して、形を下絵に合わせていきます。

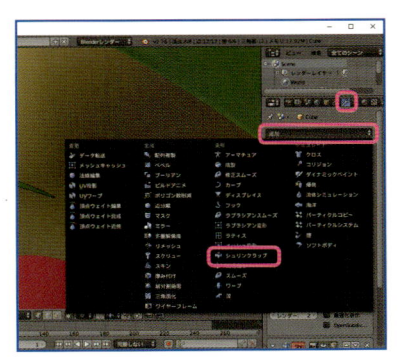

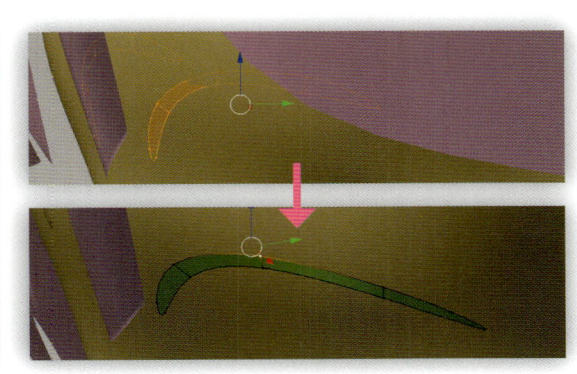

⑪ モディファイアーを設定する

素体のオブジェクトに張り付くように **[シュリンクラップ]** のモディファイアーを設定します。眉全体を選択し、**[プロパティ・エディター]** ヘッダーの **[モディファイアー]** ボタンをクリックし、**[追加]** をクリックし、**[シュリンクラップ]** を選択します。**[シュリンクラップ]** のモディファイアースタックを最上層に移動します。**[ターゲット]** の項目をクリックして素体のオブジェクトを選択し、**[表面上に保持]** にチェックを入れて、最後に **[適用]** をクリックします。眉の形と位置を整えて仕上げます。

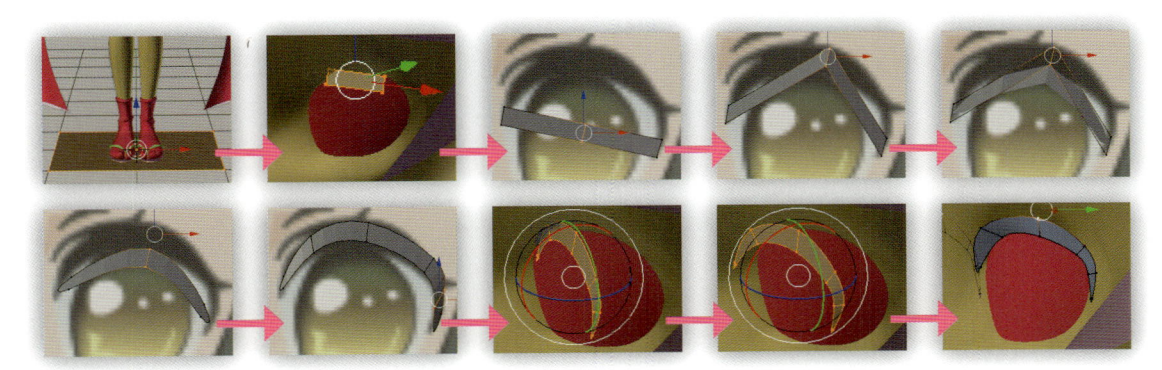

⑫ まぶたを作る

まぶたを作ります。追加するのは **[平面]** で、オブジェクトは眉毛と分けます。作り方は眉毛と同じです。

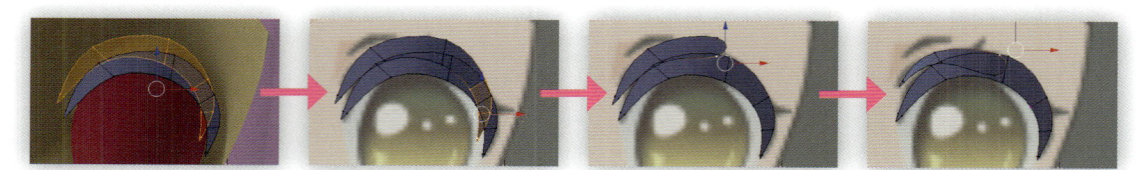

⑬ 上まつげを作る

上まつげを作ります。まぶたをコピーして作ります。まぶた全体を選択して、[ツールシェルフ] の [メッシュツール] パネルの [追加] の中にある [複製] をクリックし、さらにクリックしてコピーを確定します。上まつげの位置まで移動し、右側の面を [削除] します。最後に、下絵の通りに形を合わせて仕上げます。

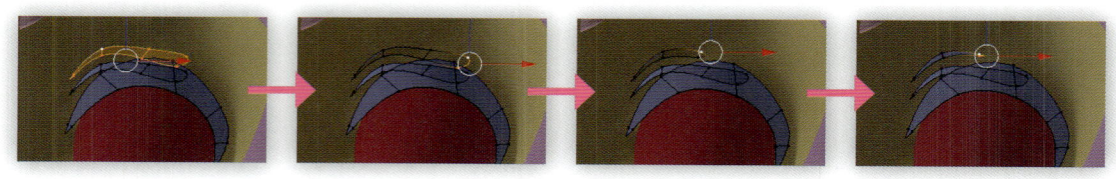

⑭ 小さな上まつげを作る

左上にある上まつげを作ります。オブジェクトは分けずに、まつげを [複製] でコピーして作ります。作り方は先ほどと同じです。最後に、右端の頂点を選択し、[S] キー、[0] キー、[Enter] または [Return] キーの順番で押し、頂点の位置を1箇所にそろえて尖らせます。

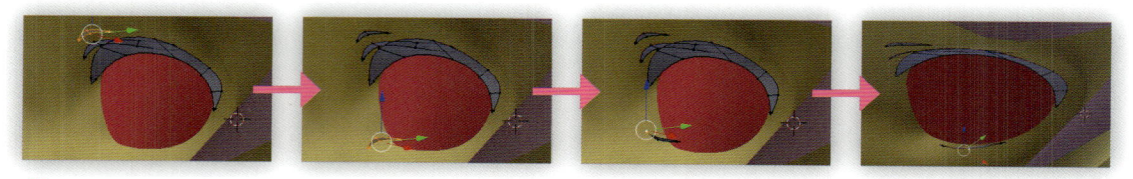

⑮ 下まつげを作る

下まつげを作ります。オブジェクトは分けずに、小さな上まつげを [複製] でコピーして作ります。作り方はこれまでと同じです。左側の頂点を移動してカーブの形を逆にし、下絵の位置に合わせます。

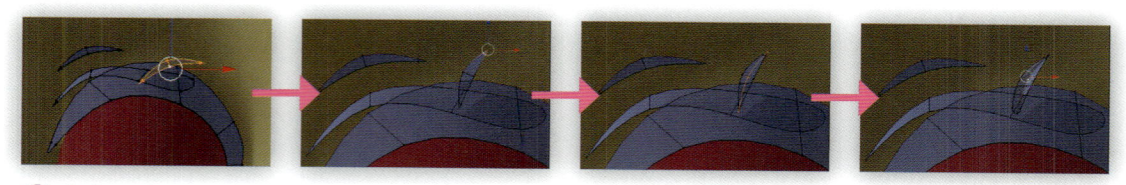

⑯ 中央の上まつげを作る

中央のまつげを作ります。オブジェクトは分けずに、小さな上まつげを [複製] でコピーして作ります。[ループカットとスライド] を使って分割し、中央の頂点を移動してふくらみを持たせて、少し立体感をつけます。

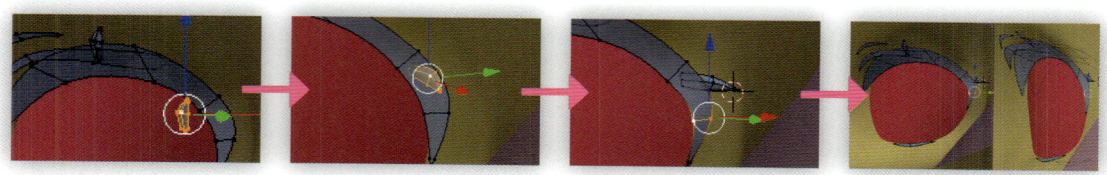

⑰ 上まつげのハネを作る

ハネはオブジェクトは分けずに、小さな上まつげを [複製] でコピーして作ります。これで目は完成ですが、ハイライトの円形のオブジェクトを別途作成しました。詳細は作例データで確認してください。

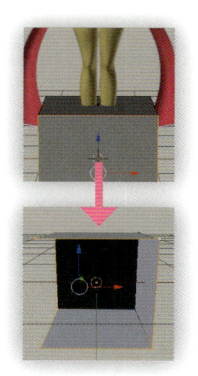
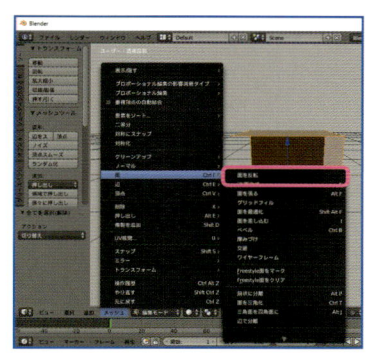
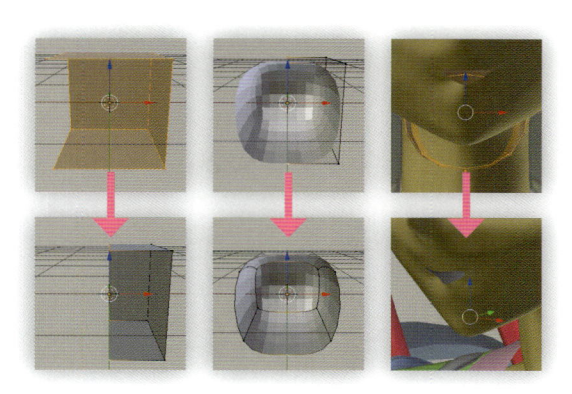

⓲ 口の中を作る

口を作っていきます。オブジェクトを分けるので、**[オブジェクトモード]** に変更して **[立方体]** を追加します。**[編集モード]** に戻したら、立方体の前面と左側面を **[削除]** します。次に、**[3Dビュー・エディター]** ヘッダーの **[メッシュ]** ⇒ **[面]** ⇒ **[面を反転]** をクリックして面を反転します。通常の面の向きのままでは口の中が陰になってしまうため、反転して口の中を表面にしました。続いて、鏡像の境界部分の頂点の **[X]** 値を0にし、**[ミラー]** の準備を行います。頂点を移動したら、**[モディファイアー]** の **[ミラー]** と **[細分割曲面]** を設定します。最後に、縮小して口の中に移動します。なお、**[マテリアル]** による色の設定方法は142ページを参照してください。

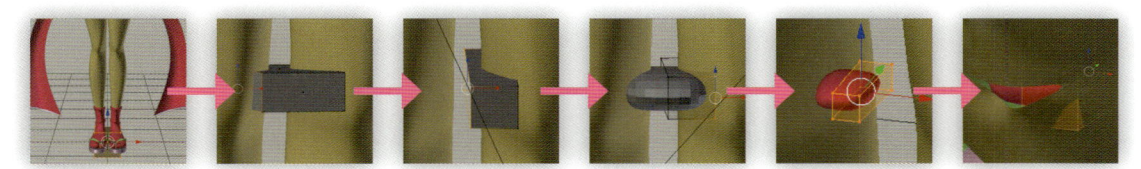

⓳ 舌を作る

舌を作っていきます。口の中とオブジェクトを分けるので、**[オブジェクトモード]** に変更して **[立方体]** を追加します。鏡像の境界部分の頂点の **[X]** 値を0にし、境界面を削除したら、**[モディファイアー]** の **[ミラー]** と **[細分割曲面]** を設定します。舌の形を整えて、口の中に配置します。

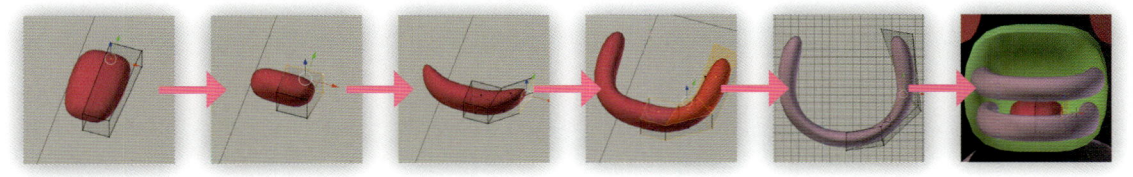

⓴ 歯を作る

舌全体を **[複製]** でコピーし、**[3Dビュー・エディター]** ヘッダーの **[メッシュ]** ⇒ **[頂点]** ⇒ **[別オブジェクトに分離]** をクリックしてオブジェクトを分けます（136ページ参照）。舌を選択して縮小し、横長にします。**[押し出し]** を使ってU字型の歯を作ります。歯が完成したら **[複製]** でコピーし、口の中に上下に配置します。

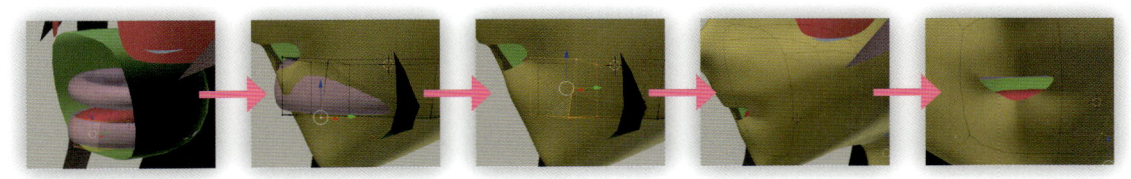

㉑ 口を仕上げる

口の中に舌と歯を配置したら、口全体が素体の口の位置に収まるように配置します。これで口も完成です。

04 その他パーツの制作ポイント

他の衣装も、これまでの身体や服の作り方と基本は同じです。草履、ヘアバンド、たすき、胸当て、帯、リボンを作るときは、平面に厚みを持たせる［厚み付け］のモディファイアーが登場します。［厚み付け］は、オブジェクトとオブジェクトの隙間を埋めたいときなどにも有効です。

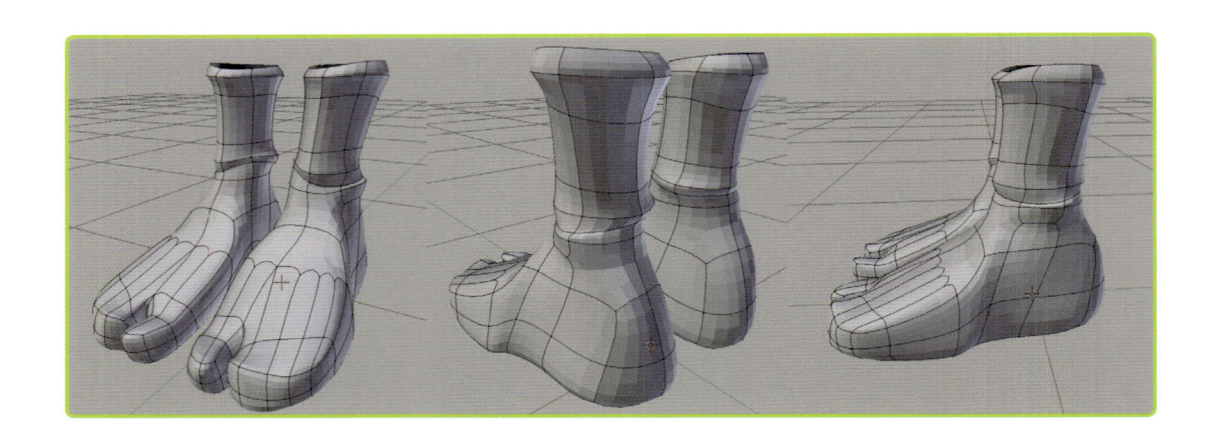

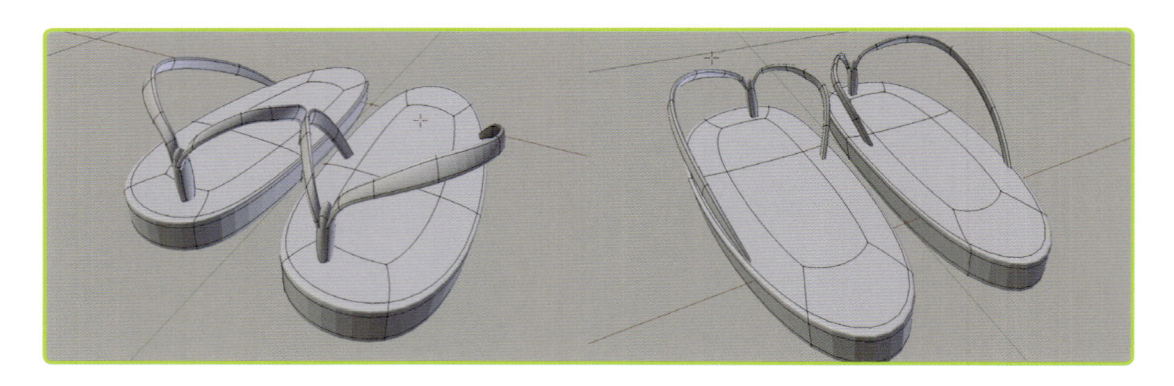

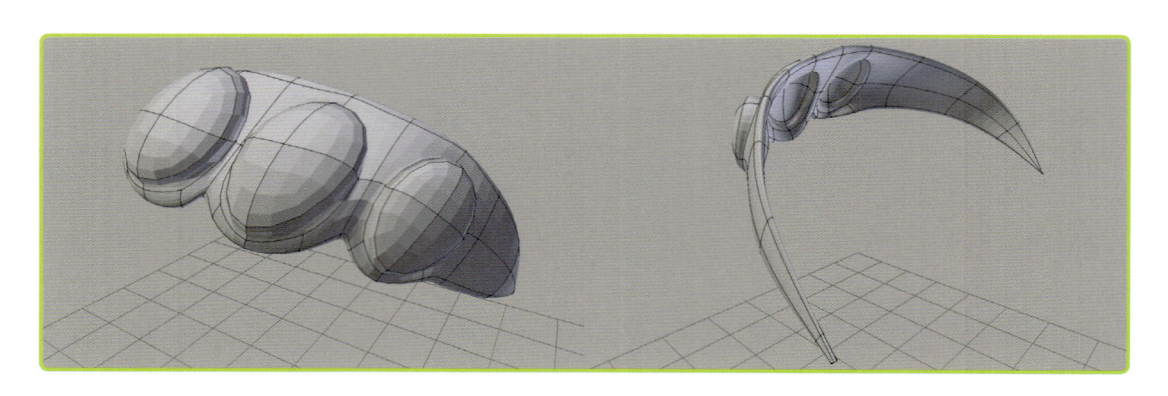

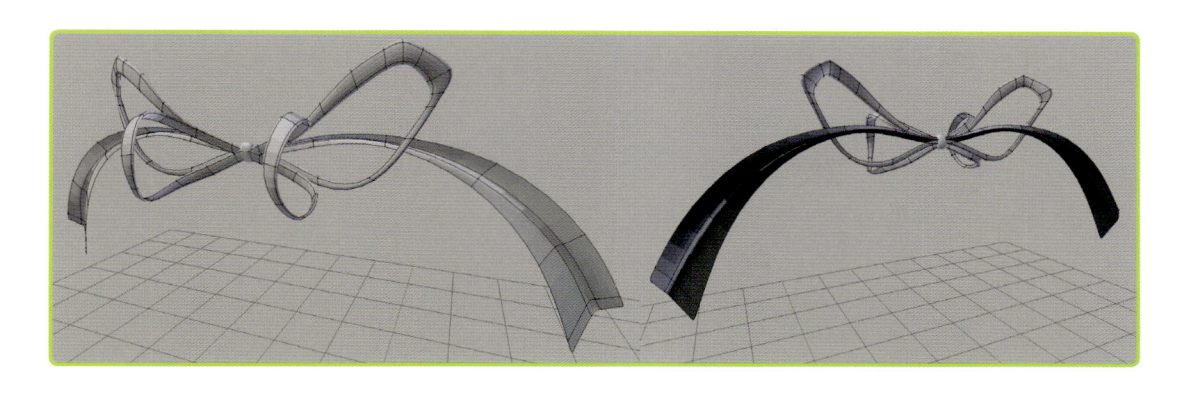

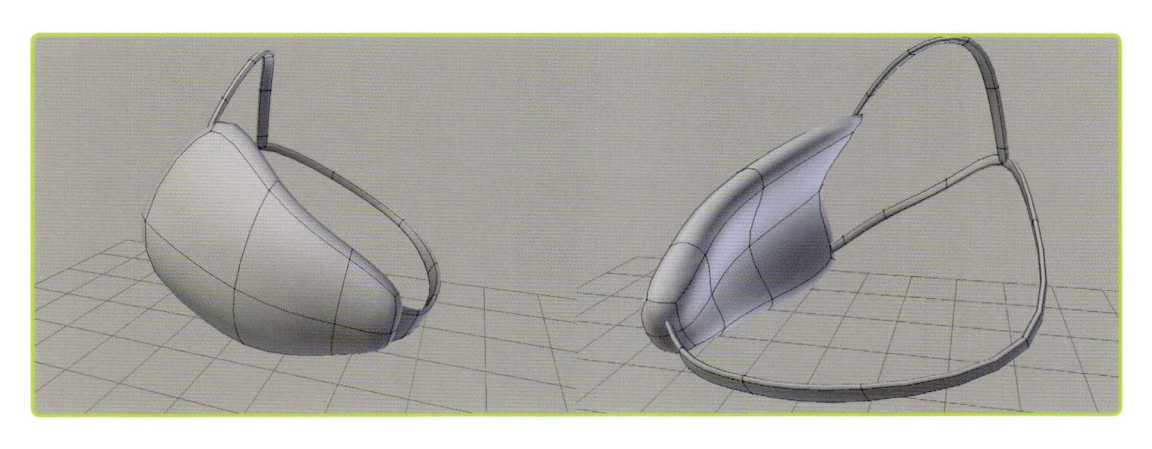

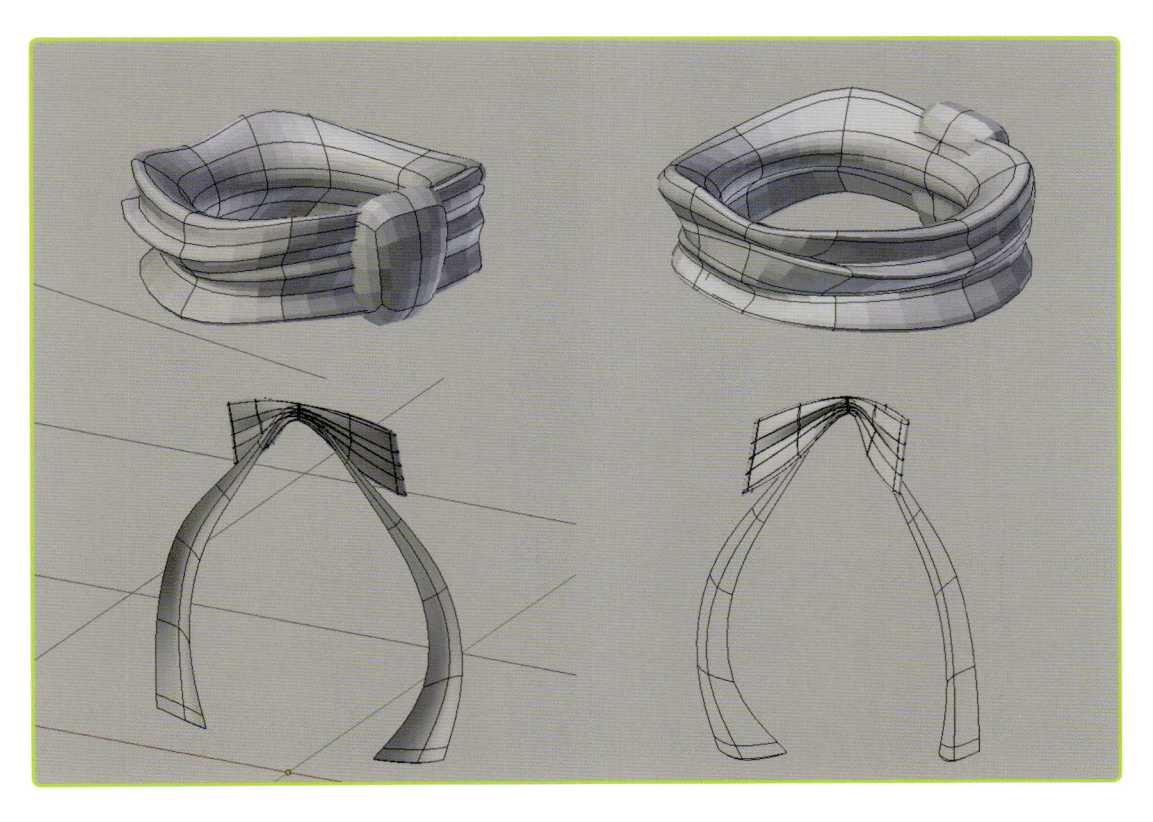

Ⅰ 足袋のポイント

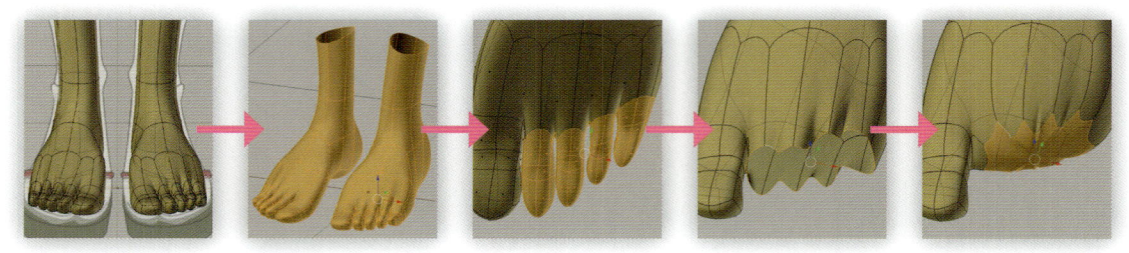

❶ 足袋のベースを作る

素体の足をコピーし、足袋のベースを作ります（185ページ参照）。不要な指先の面を選択して **[削除]** したら、穴のまわりの辺を選択して **[辺/面作成]** で穴を閉じます（118ページ参照）。

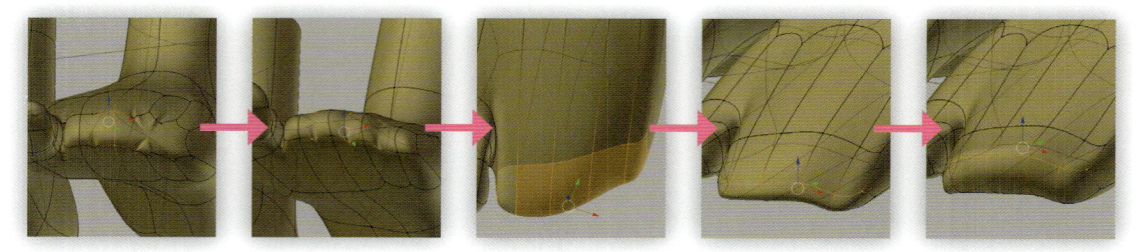

❷ 足先を修正する

[頂点の経路を連結] を使って、指のトポロジーを修正していきます。不要な頂点は **[溶解]** で消します。次に、先端の面を選択して手前に引っ張ります。最後に、足の先端を分割し、辺を持ち上げて指の厚みを出します。

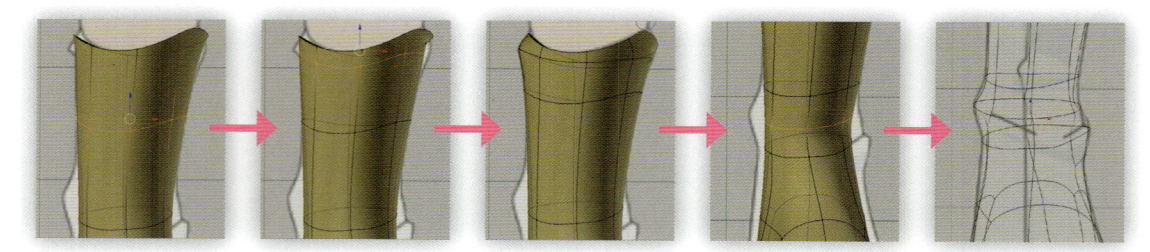

❸ 足首を修正する

[ループカットとスライド] を使って分割し、足首まわりの形を整えていきます。くるぶしも **[ループカットとスライド]** で分割し、下絵に形を合わせます。

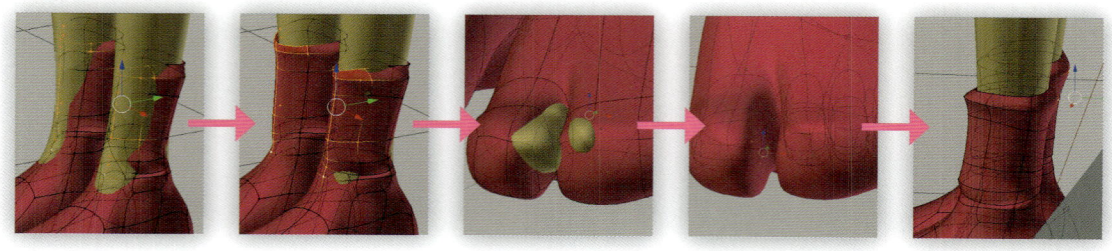

❹ 足袋の形を整える

足袋から足が出ているので、埋まっている部分の足袋の頂点を選択し、引っ張り出します。足袋の形がおかしくなるようなら、素体の足の形を修正しましょう。細部を整えて下絵に合わせたら完成です。

Ⅱ 草履のポイント

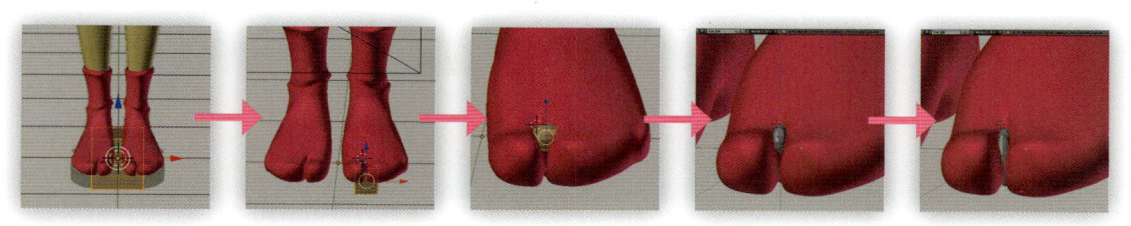

❶ 鼻緒の前坪を作る

[オブジェクトモード] で [立方体] を追加し、[編集モード] に切り替えて立方体を縮小します。次に、[モディファイアー] の [細分割曲面] を設定します。そして、前坪の下の面を選択し、下に伸ばします。

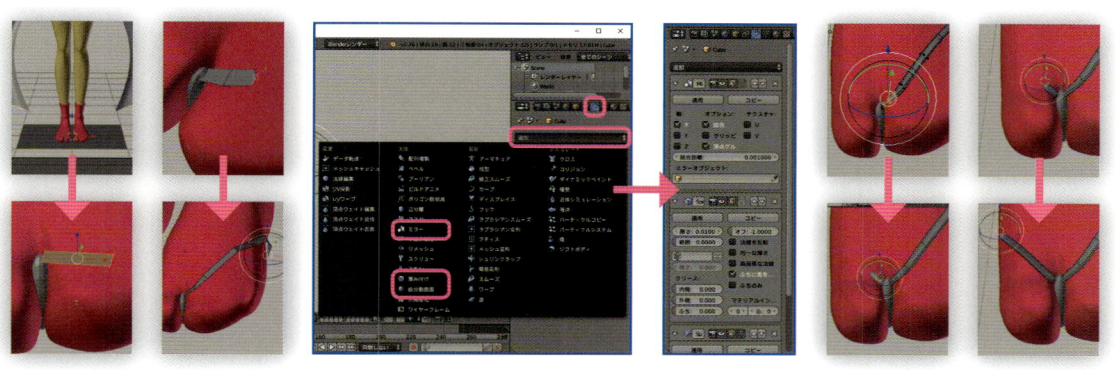

❷ 鼻緒を作る

[オブジェクトモード] で [平面] を追加し、[編集モード] に切り替えて平面を縮小します。前坪に軽く埋め込むように配置し、先端の辺を選択して [押し出し] で押し出します。次に、[モディファイアー] の [ミラー]、[厚み付け]、[細分割曲面] を設定します。鼻緒の形を整えたら、先端部分を [複製] でコピーし、逆側の鼻緒の先を作ります。先端を面を選択し、先ほどと同様に [押し出し] で押し出します。

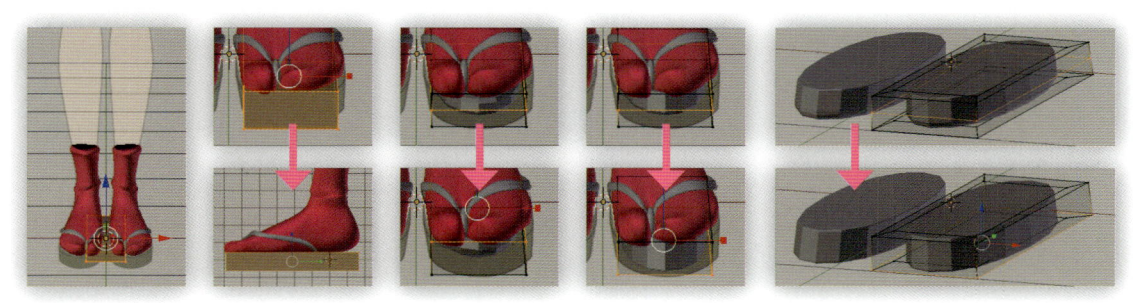

❸ 底を作る

[オブジェクトモード] で [立方体] を追加し、[編集モード] に切り替えて立方体を底の大きさにします。[ループカットとスライド] を使って角の丸みを抑えます。ここでは上下にそれぞれ2回ずつ分割しています。

❹ 草履を仕上げる

草履を下絵に合わせて形を整え、内側と外側の鼻緒を底に埋め込んだら完成です。

Ⅲ ヘアバンドのポイント

❶ ヘアバンドのベースを作る

[オブジェクトモード] で [平面] を追加し、[編集モード] に切り替えて平面を縮小します。[ループカットとスライド] で分割し、[押し出し] を使って両端の辺をそれぞれ押し出して、ヘアバンドを作ります。

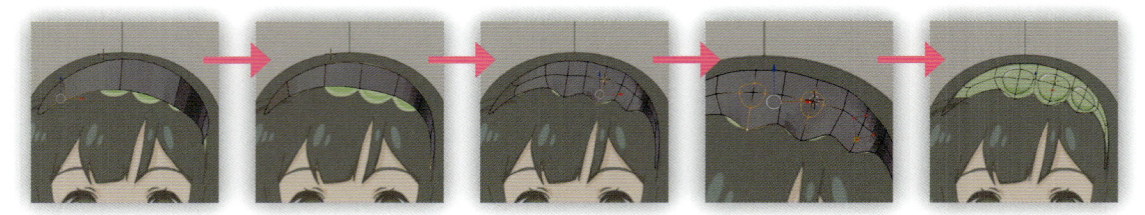

❷ 豆のベースを作る

[モディファイアー] の [細分割曲面] を設定し、[ループカットとスライド] で分割しながら下絵の通りに形を整えます。次に、トポロジーを修正しながら豆のふくらみ部分を作ります。続いて、豆の部分の十字辺の周囲を [ナイフ] を使って分割します。最後に、下絵に合うように豆の形を調整します。

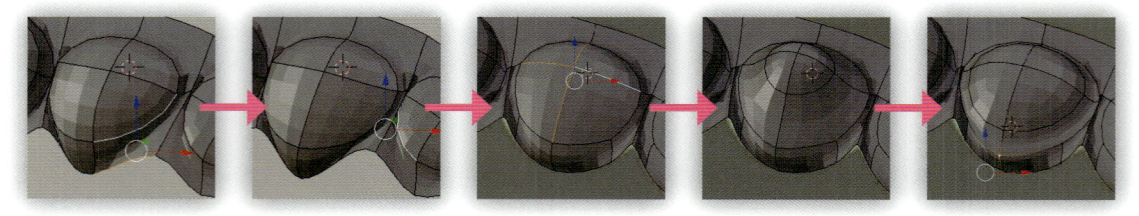

❸ 豆の形を作り込む

ヘアバンドの盛り上がっている部分に、豆が入っているような形にしていきます。横の上下の辺を選択し、[細分化] を使って分割します。豆のふくらみを整えたら、上部の十字辺を選択し、[細分化] を使って分割します。最後に、軽く段差をつけて豆の形を整えます。

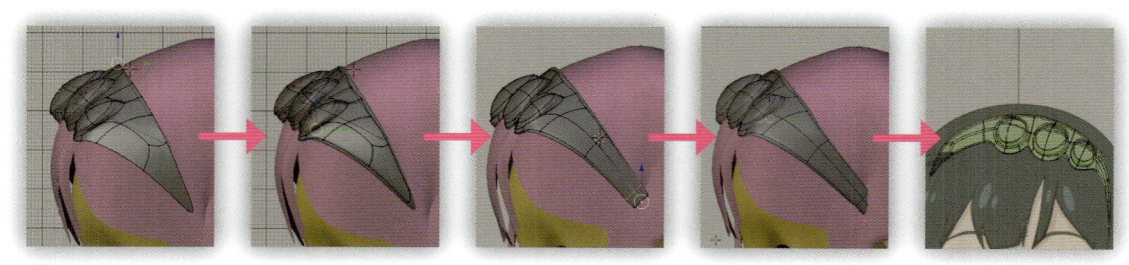

❹ モディファイアーを設定する

ヘアバンドに [モディファイアー] の [厚み付け] を設定します。[厚み付け] は [細分割曲面] よりも上層に移動しておきます。ヘアバンドの両端を髪に埋め込むように調整し、全体の形を整えたら完成です。

Ⅳ たすきのポイント

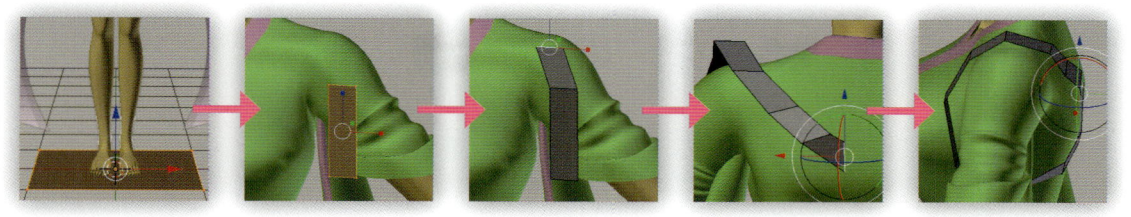

❶ たすきのベースを作る

[オブジェクトモード] で **[平面]** を追加し、**[編集モード]** に切り替えて平面を縮小します。**[押し出し]** を使って、上下の辺をそれぞれ押し出し、たすきの形を作ります。次の手順で **[ミラー]** を設定するので、背中の中心で止めるようにします。

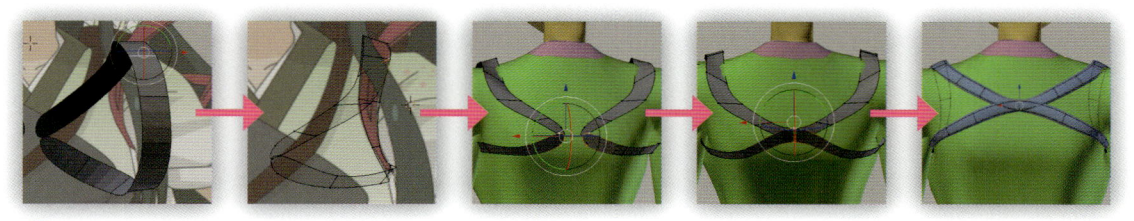

❷ モディファイアーを設定する

[モディファイアー] の **[ミラー]** と **[細分割曲面]** を設定し、下絵の通りに形を整えます。背中は、鏡像の境界になる頂点の **[X]** 値を0にし、左右をぴったり合わせます。きちんと合わさったら、**[モディファイアー]** の **[厚み付け]** を設定します。**[厚み付け]** は **[ミラー]** の直下に移動しておきます。最後に、着物にしっかり張り付いて見えるように形を整えます。

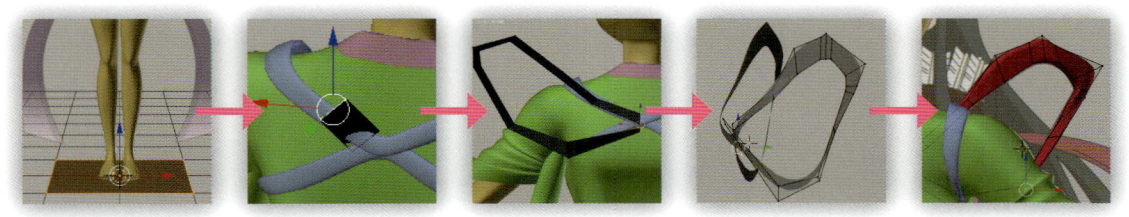

❸ リボンの輪を作る

[オブジェクトモード] で **[平面]** を追加し、**[編集モード]** に切り替えて平面を縮小します。先ほどと同様に、**[押し出し]** を使って辺を押し出し、リボンの輪の形を作ります。**[モディファイアー]** の **[ミラー]**、**[厚み付け]**、**[細分割曲面]** を設定し、下絵の通りに形を合わせます。

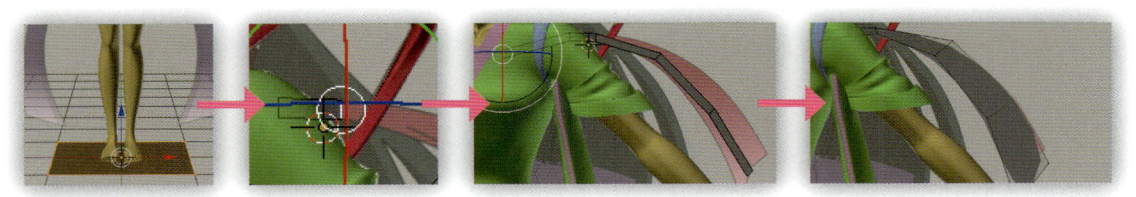

❹ リボンの足を作る

[オブジェクトモード] で **[平面]** を追加し、**[編集モード]** に切り替えて平面を縮小します。先ほどと同様に、**[押し出し]** を使って辺を押し出し、リボンの足の形を作ります。**[モディファイアー]** の **[ミラー]**、**[厚み付け]**、**[細分割曲面]** を設定し、下絵の通りに形を合わせます。

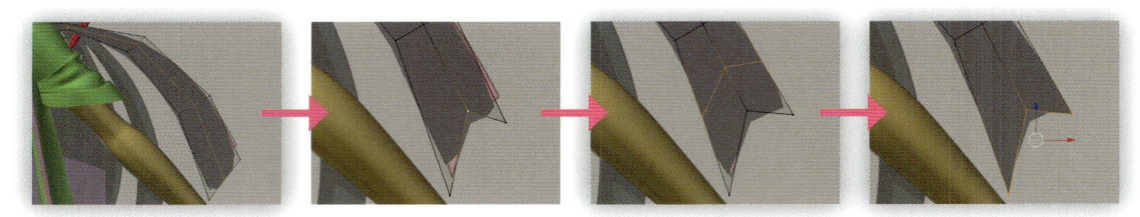

❺ リボンの足先を作る

[ループカットとスライド] で足を分割します。次に、足の先端の中央にある頂点を内側に移動します。最後に、[ループカットとスライド] を使って足の端を分割し、丸みを抑えます。

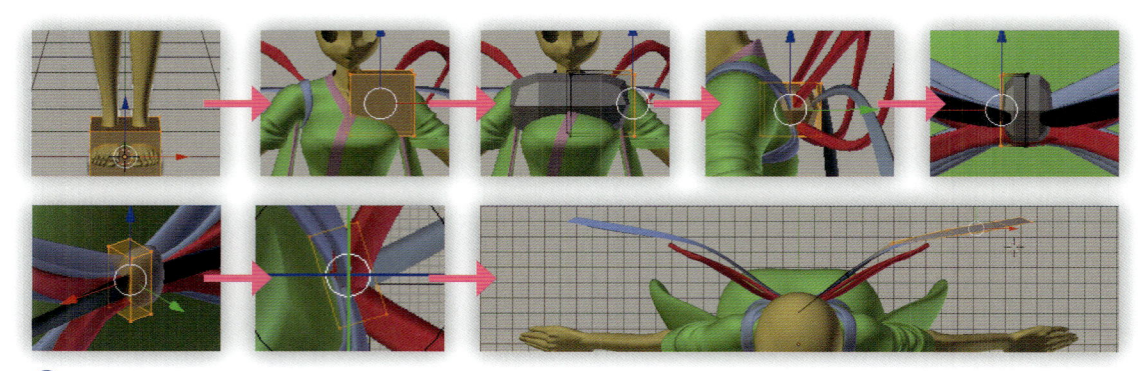

❻ たすきの結び目を作る

[オブジェクトモード] で [立方体] を追加し、[編集モード] に切り替えて立方体を縮小します。境界部分になる左側の面を削除し、鏡像の境界になる頂点の [X] 値を 0 にしておきます。[モディファイアー] の [ミラー]、[細分割曲面] を設定したら、結び目の位置に移動します。大きさと位置を調整、背中に沿うように少し傾けます。最後に、各オブジェクトをそれぞれ調整し、全体の形を整えます。

Ⅴ 胸当てのポイント

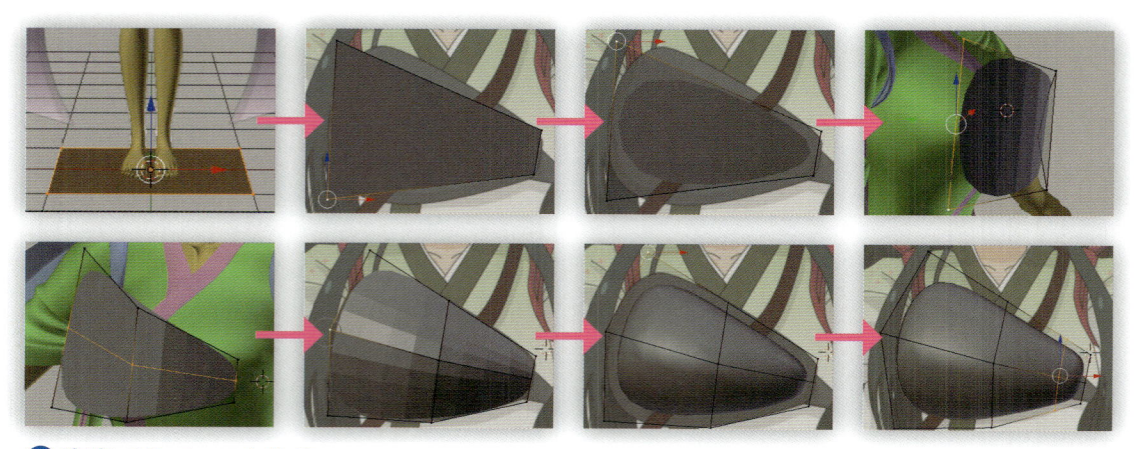

❶ 胸当てのベースを作る

[オブジェクトモード] で [平面] を追加し、[編集モード] に切り替えたら平面を縮小し、胸当ての形に合わせます。次に、[モディファイアー] の [細分割曲面] を設定し、板をカーブさせて胸の形に合わせます。続いて、[ループカットとスライド] で縦横に分割し、[モディファイアー] の [厚み付け] を設定します。[厚み付け] は、[細分割曲面] の上層に移動しておきます。最後に、[ループカットとスライド] を使って、右端の丸みを抑えます。

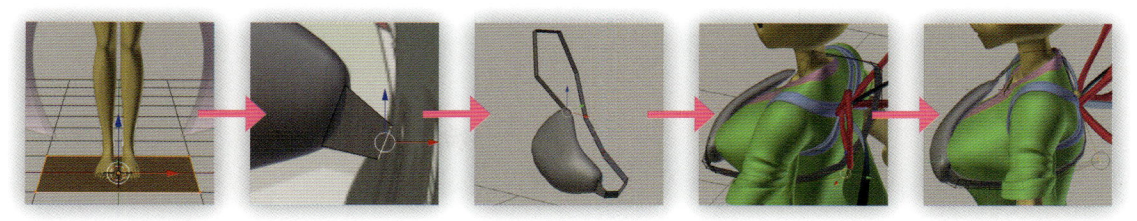

❷ 胸当ての紐を作る

[オブジェクトモード] で [平面] を追加し、[編集モード] に切り替えて平面を縮小します。胸当ての先端に配置したら先端の辺を選択し、[押し出し] を使って紐を作ります。次に、[モディファイアー] の [厚み付け]、[細分割曲面] を設定し、身体に沿うように形を調整していきます。最後に、胸当てと紐のつなぎ目を整えます。

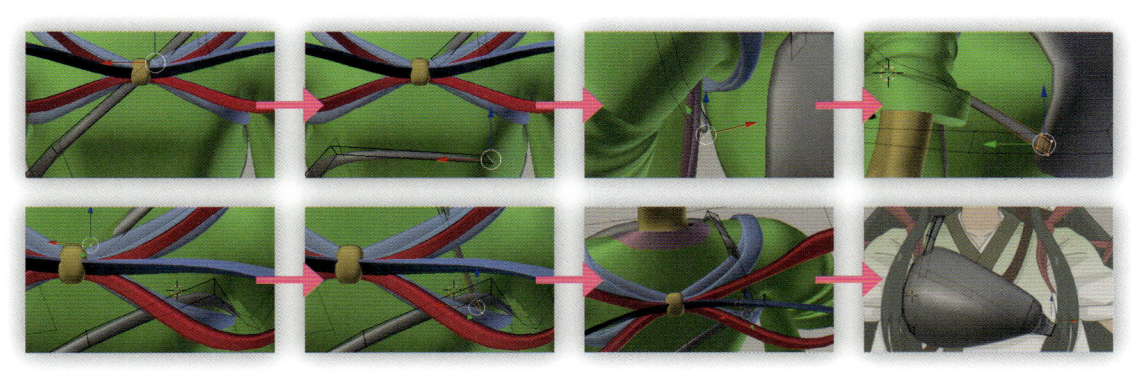

❸ 紐の流れを作り変える

胸当ての紐を二股に変更します。結び目の近くにある紐の辺を選択し、[3Dビュー・エディター] ヘッダーの [メッシュ] ⇒ [辺] ⇒ [辺を分離] をクリックします。分離できたら、下側の紐を肩胛骨の下に移動します。そして端の辺を選択し、[押し出し] を使って胸当てまで押し出します。続いて、切れたもう一方の紐の端の辺を、肩胛骨の下の紐の位置まで押し出します。最後に、全体の形を整えたら完成です。

Ⅵ 帯のポイント

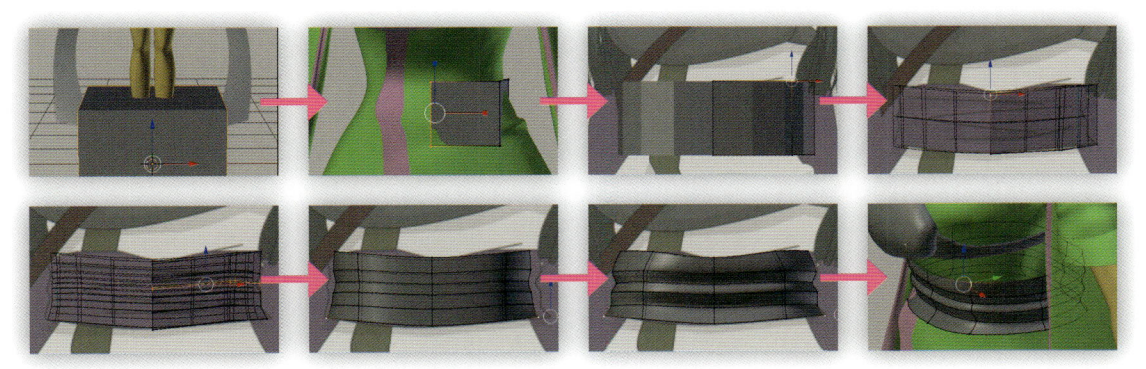

❶ 帯を作る

[オブジェクトモード] で [立方体] を追加し、[編集モード] に切り替えて立方体を縮小し、上面、底面、左側面を削除します。腰の位置まで移動し、鏡像の境界になる頂点の [X] 値を0にしたら、[モディファイアー] の [ミラー]、[細分割曲面] を設定します。下絵の通りに形を合わせます。次に、[ループカットとスライド] を使って分割し、帯のシワを作成したら、[モディファイアー] の [厚み付け] を設定します。[厚み付け] は、[細分割曲面] の上層に移動しておきます。最後に、帯の形を整えて完成です。

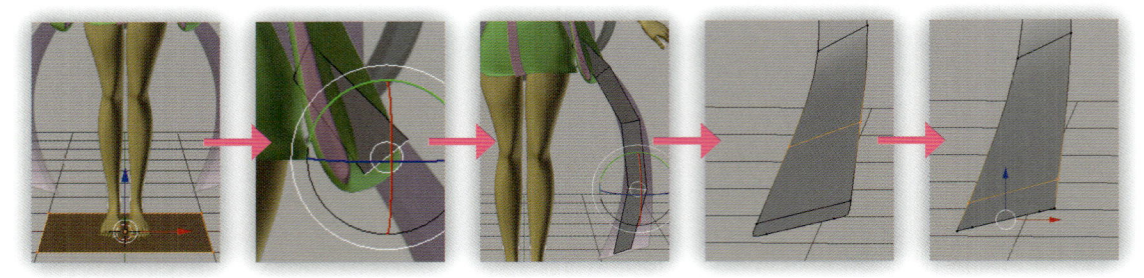

❷ リボンの足を作る

[オブジェクトモード] で [平面] を追加し、[編集モード] に切り替えて平面を縮小します。リボンの結び目の近く
に配置したら先端の辺を選択し、[押し出し] を使ってリボンの足を作ります。次に、[モディファイアー] の [ミラ
ー]、[厚み付け]、[細分割曲面] を設定し、下絵の通りに形を調整します。最後に、[ループカットとスライド] を
使って、足の先端の丸みを抑えます。

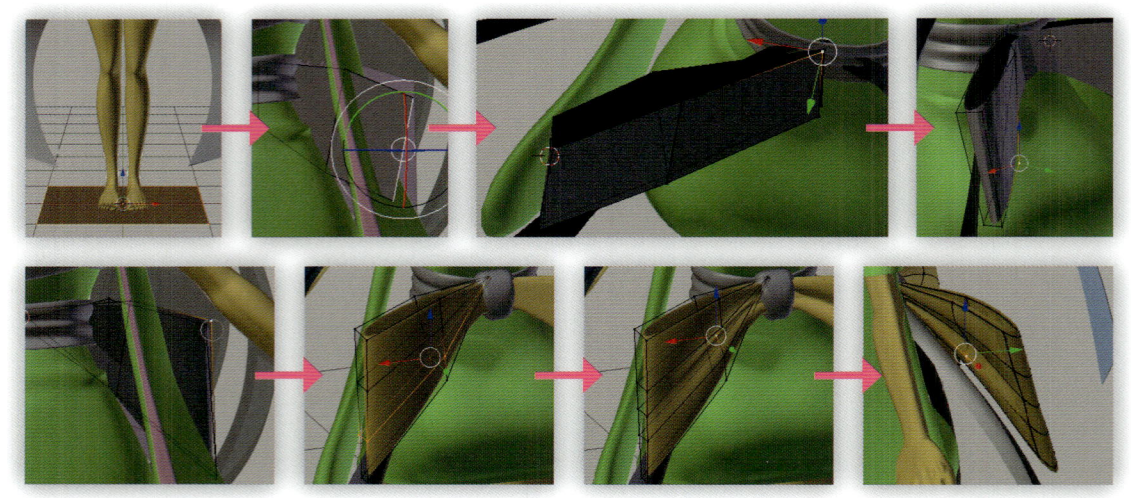

❸ リボンの輪を作る

[オブジェクトモード] で [平面] を追加し、[編集モード] に切り替えて平面を縮小します。リボンの結び目の近く
に配置したら先端の辺を選択し、[押し出し] を使ってリボンを作ります。[モディファイアー] の [ミラー]、[厚み
付け]、[細分割曲面] を設定し、下絵の通りに形を調整します。最後に、[ループカットとスライド] を使って横に
分割し、リボンの輪の表と裏にそれぞれシワを作ります。

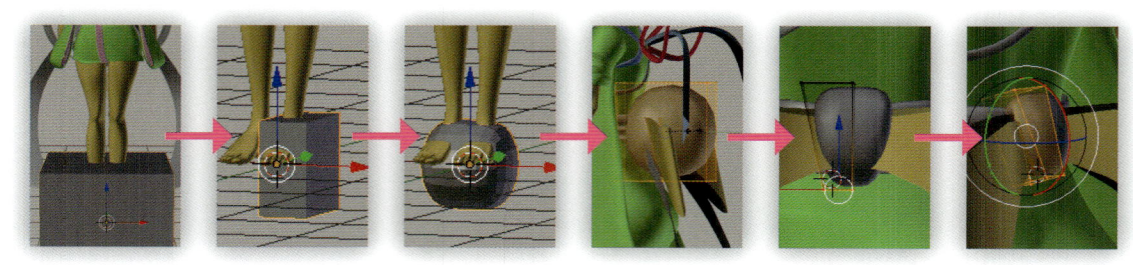

❹ リボンの結び目を作る

[オブジェクトモード] で [立方体] を追加し、[編集モード] に切り替えて立方体を縮小し、左側面を削除します。
鏡像の境界になる頂点の [X] 値を0にしたら、[モディファイアー] の [ミラー]、[細分割曲面] を設定します。結
び目の位置に移動し、結び目の形を整えます。内側に少し回転して背中に沿うように調整します。最後に、帯の各
オブジェクトの大きさや位置を調整して完成させます。

キャラクターが完成したら小物も作ってみよう!

弓入れ

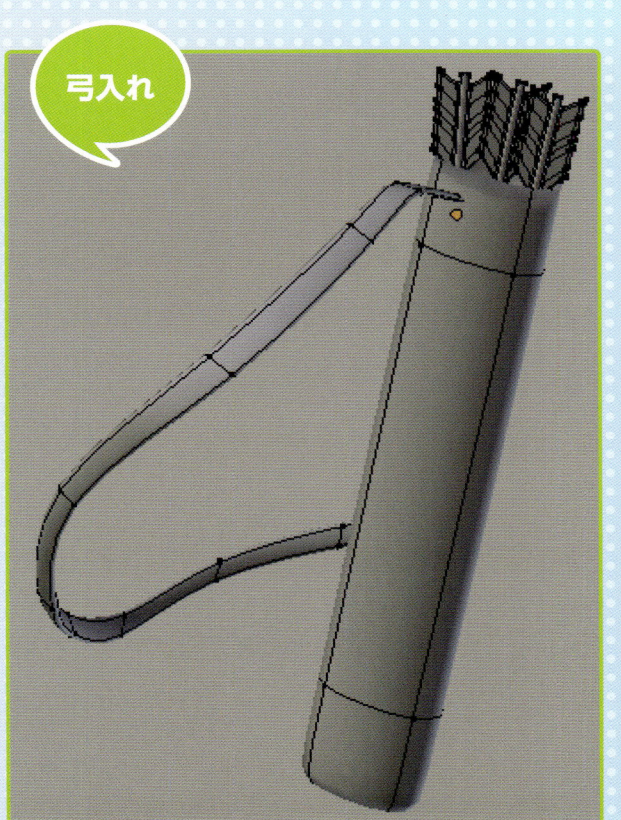

弓矢

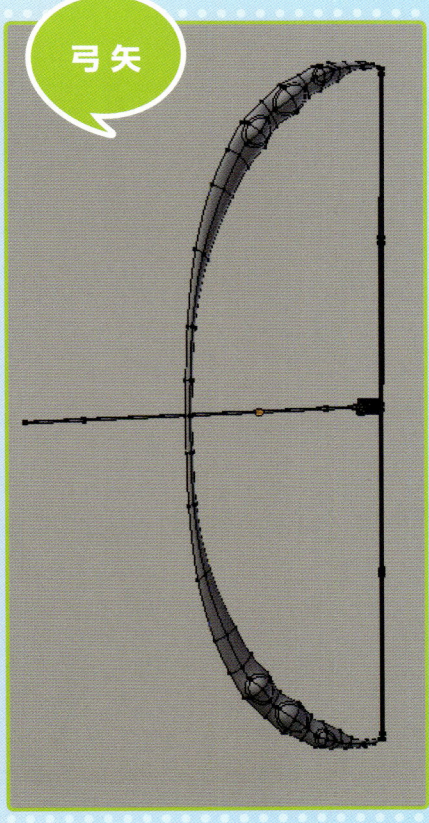

ずんだ餅

Chapter 5 色をつけてセットアップしよう!

完成した3Dモデルに色をつけて、
アーマチュアやコントローラーを設定しましょう。
アーマチュアやコントローラーはキャラクターに
ポーズをつけさせるために必要なものです。
手描きのような線も出して
「平面的な絵」のように仕上げます。
完成までもう一息ですよ！

01 色の設定

3Dモデルに色をつけるときは、UV、テクスチャ、マテリアルの3つを設定します。一般に単色はマテリアル機能で色を設定しますが、本書ではテクスチャを用いて色をつけます。後で色を変更したくなったときに、テクスチャの画像を差し替えるだけで済むので、管理が簡単です。

Ⅰ テクスチャを準備する

● アニメ用のテクスチャ

完成した3Dモデルに、おにぎりの海苔のように、模様が描かれた画像を貼り付けます。この画像をテクスチャと呼びます。今回使用するのは左側の大きな画像です。ただし、キャラクターの絵の部分は使いません。色を間違えないように、番号をつけて分かりやすくしているだけです。アニメの色指定表だと思って、確認しながら作業してください。
ちなみにゲームの場合は、画像ファイルの容量を少なくするために、余白のない、絵柄が敷き詰められたテクスチャを使うのが一般的です。

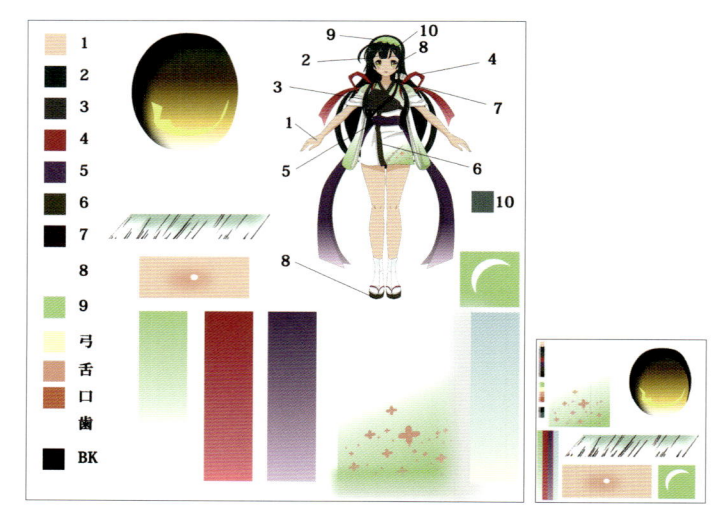

左図が今回使用するテクスチャですが、キャラクターの絵と番号の数字は使用しません。ちなみにゲームなどで使用する場合は、右図のように余白の少ないテクスチャを用意します。

Ⅱ 単色のテクスチャを設定する

❶ オブジェクトを選択する

まずはUVを設定していきます。UVとは、3次元の面情報を2次元の面情報に変換することです。服の型紙を起こす作業に似ています。[3Dビュー・エディター] ヘッダーで [オブジェクトモード] に変更し、目的のオブジェクトを右クリックで選択します。ここでは身体を選択しました。

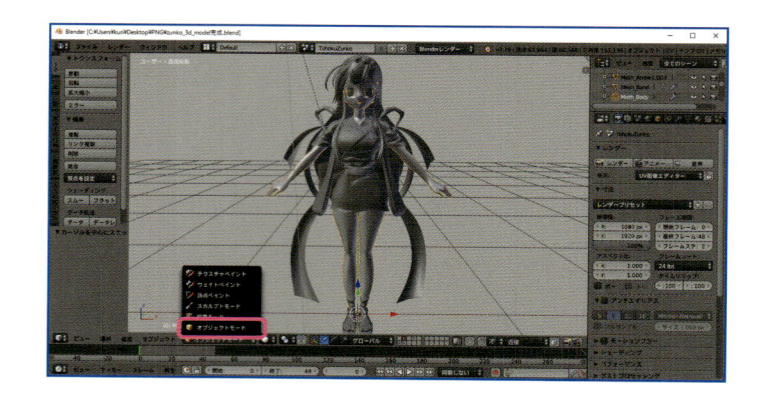

❷ データをクリックする

UVを追加します。まず、[プロパティ・エディター]ヘッダーの[データ]ボタンをクリックします。

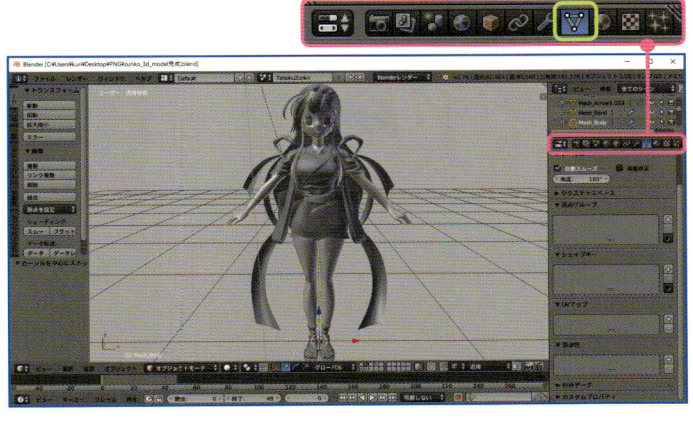

❸ UVを追加する

[UVマップ]パネルの[+]のマークをクリックしてUVを追加します。ちなみに、削除するときは目的のUVを選択して[−]をクリックします。

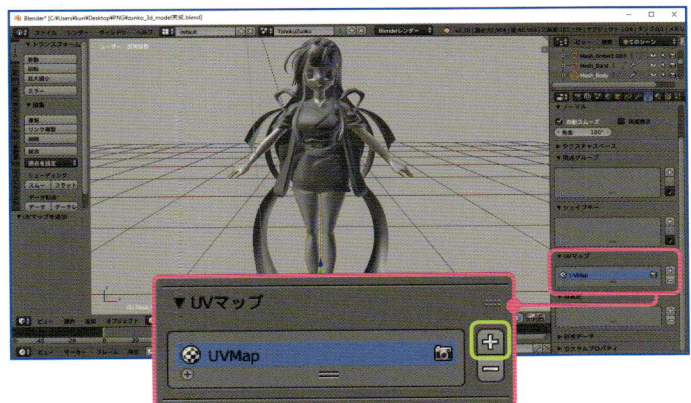

❹ UV名を変更する

追加されたUVの名前をダブルクリックして変更します。ここではColorにしました。最後の設定のときに使うので、分かりやすい名前にしておきましょう。

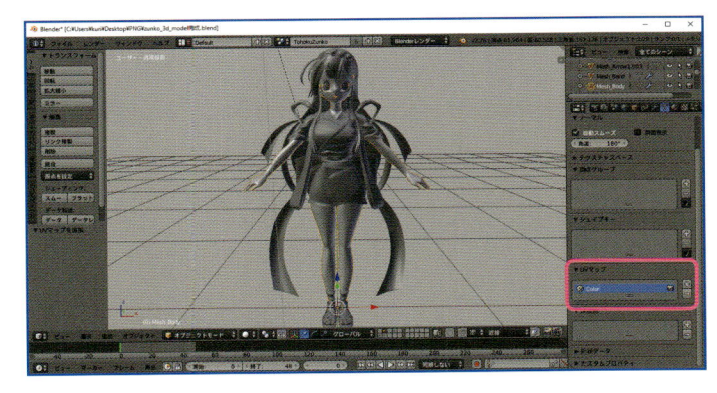

❺ スクリーンを切り替える

UVを設定するためにスクリーンレイアウトを変更します。[情報・エディター]ヘッダーで[UV Editing]を選択します。なお、もとに戻すときは[Default]を選択してください。

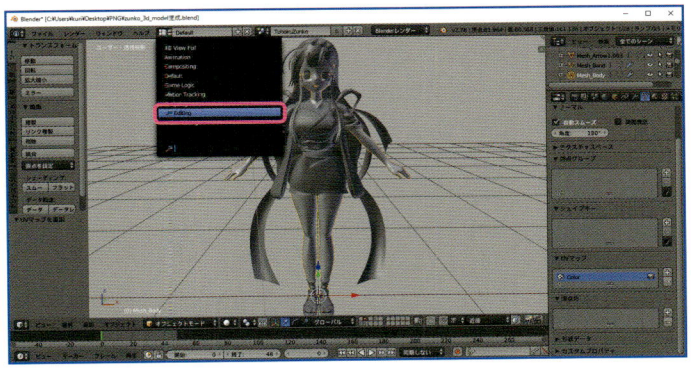

❻ スクリーンが切り替わる

スクリーンが2つに分割されて表示されました。左側に **[UV/画像・エディター]**、右側に **[3D ビュー・エディター]** が表示されています。
テクスチャを呼び出します。**[UV/画像・エディター]** ヘッダーの **[開く]** をクリックします。

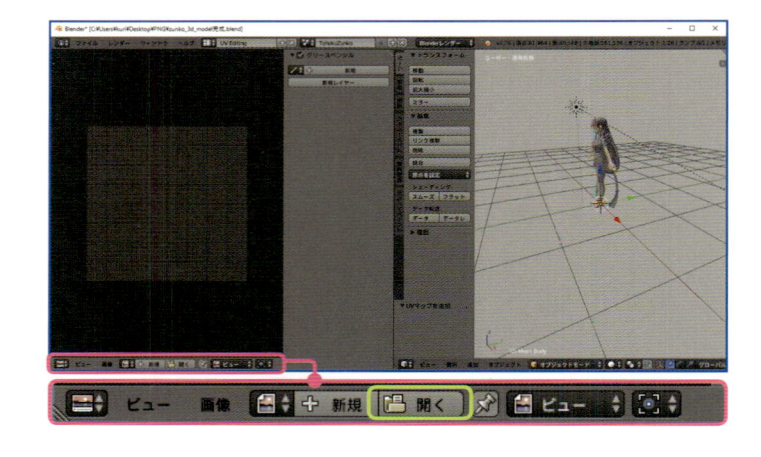

❼ テクスチャを選択する

[ファイルブラウザー・エディター] に切り替わったらテクスチャを選択します。
左側のパネルからテクスチャが保存されている場所を開き、目的のテクスチャを選択したら、**[画像を開く]** をクリックします。

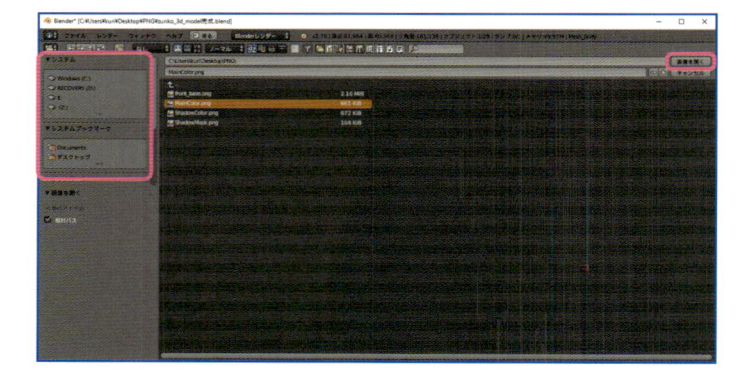

❽ テクスチャが読み込まれる

[UV/画像・エディター] にテクスチャが表示されました。このテクスチャの画像はリンクされているだけで、Blender 内に保存されたわけではありません。

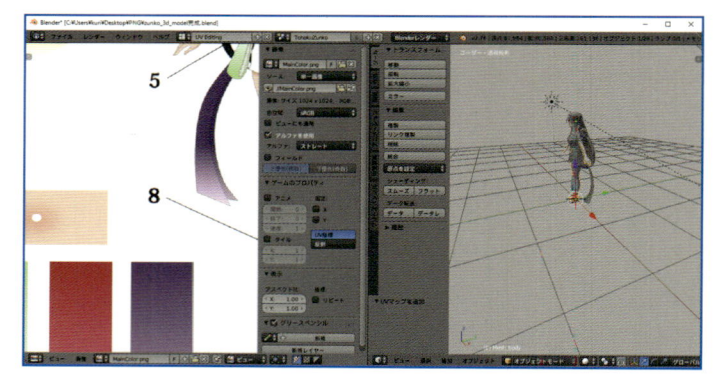

❾ ビューを切り替える

作業しやすいようにビューを変更します。ビューはどちらもマウスホイールやテンキーを使って変更できます。操作する方のエディターの画面をクリックしてアクティブにし、ビューを変更します。

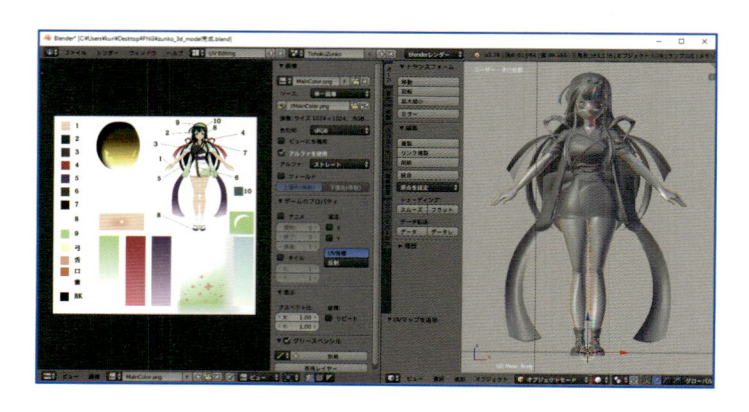

⑩ 編集モードを選択する

テクスチャを貼り付ける面を選択していきます。[**3Dビュー・エディター**] ヘッダーで [**編集モード**] を選択します。

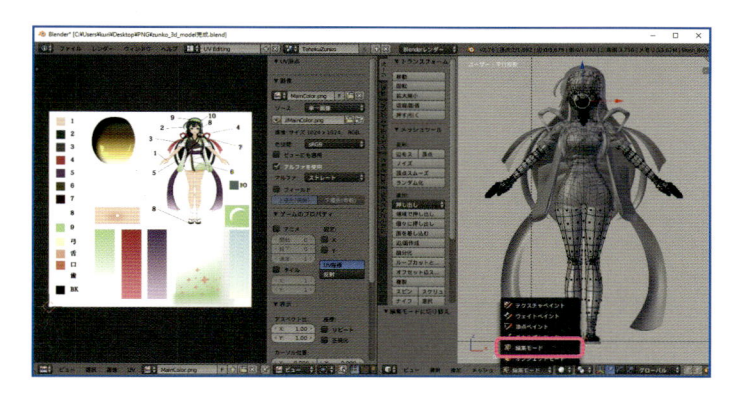

⑪ 面を選択する

[**3Dビュー・エディター**] ヘッダーで [**面選択**] をクリックします。同じ色にする部分の面を、[**Shift**] キーを押しながら右クリックで選択します。肌は全部同じ色にするため、ここでは全選択しました。

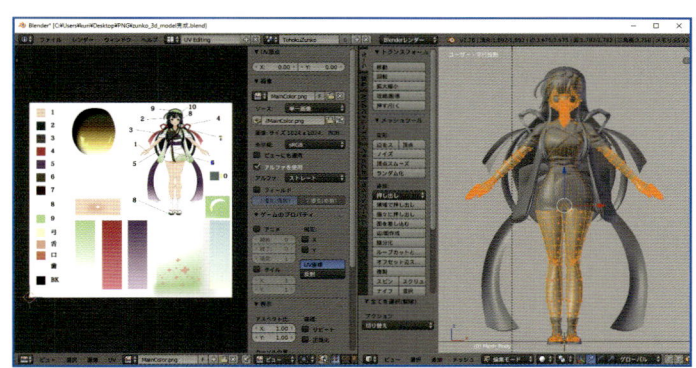

⑫ UV展開を選択する

面を選択したら、[**3Dビュー・エディター**] ヘッダーの [**メッシュ**] ⇒ [**UV展開**] ⇒ [**プロジェクション**] をクリックします。

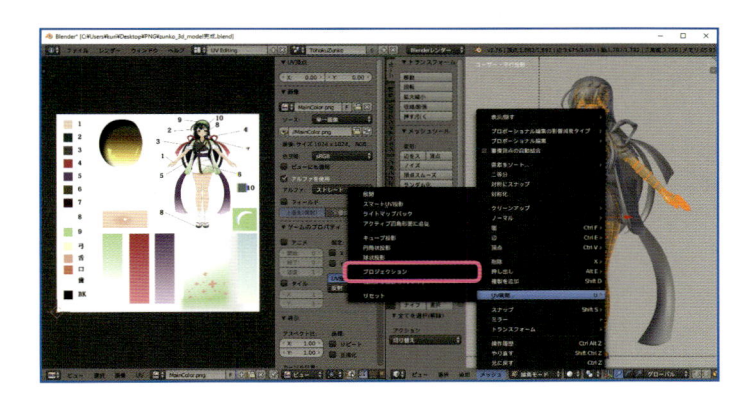

⑬ メッシュが表示される

[**UV/画像・エディター**] に表示されているテクスチャの画像の上に、UVのメッシュが表示されました。

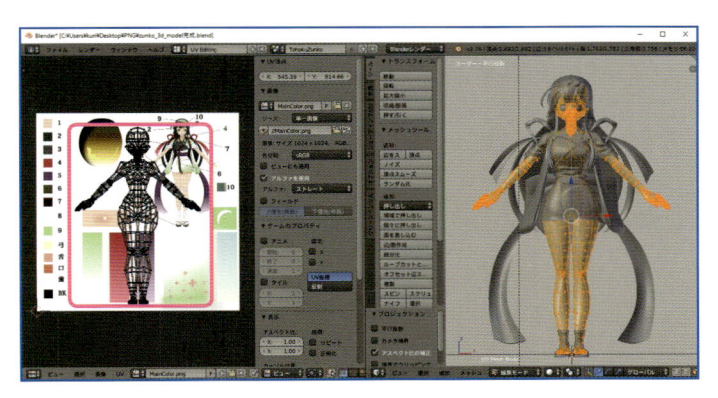

⑭ メッシュを選択する

メッシュを縮小して色見本の上に移動します。まずはメッシュを全選択します。[UV/画像・エディター]のウィンドウをクリックしてアクティブにし、[A]キーを押して全選択します。選択されない場合は、繰り返し[A]キーを押してください。

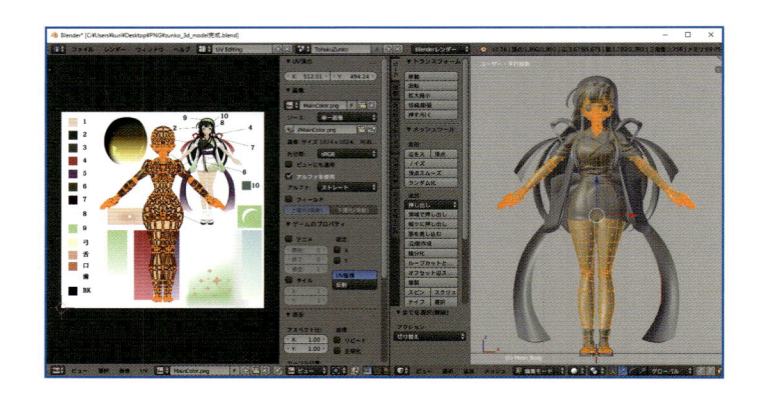

⑮ メッシュを縮小する

メッシュを色見本の大きさになるまで縮小します。[拡大縮小]の機能のショートカットキーは[S]キーです。[S]キーを押したらドラッグして小さくします。最後に、[Enter]または[Return]キーを押して縮小を確定します。

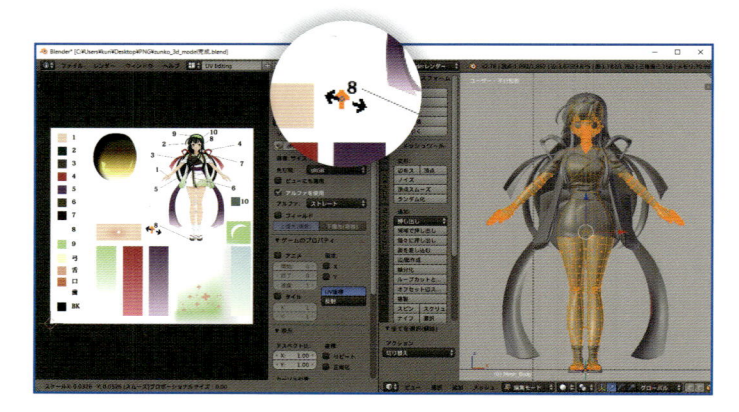

⑯ メッシュを移動する

小さくしたメッシュを目的の色見本の上に移動します。[移動]の機能のショートカットキーは[G]キーです。全選択したまま、[G]キーを押し、ドラッグして1番の色見本の上まで移動し、[Enter]または[Return]キーを押して移動を確定します。

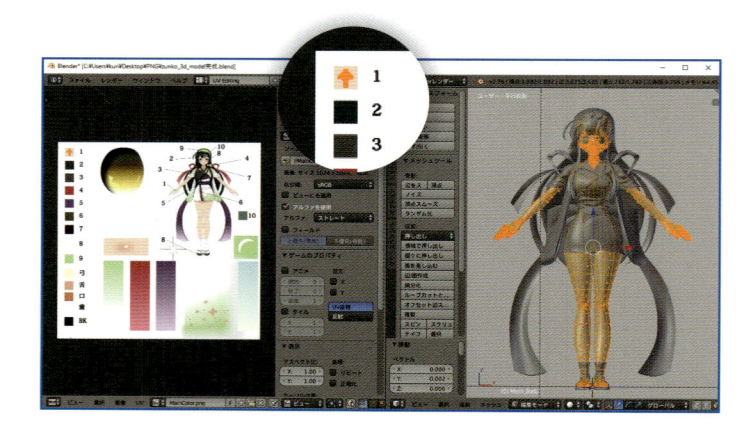

⑰ スクリーンを切り替える

メッシュを色見本の上に移動したら、肌のUVマップの完成です。スクリーンレイアウトを変更します。[情報・エディター]ヘッダーで[Default]を選択します。

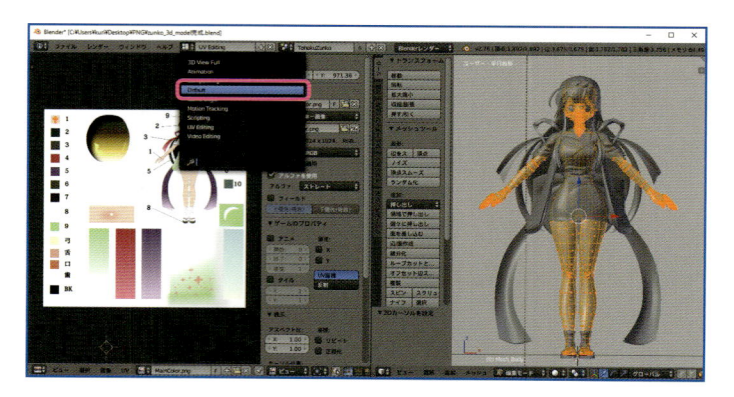

⓲ オブジェクトモードにする

続いてマテリアルを設定します。マテリアルは本来、色と陰影を設定する機能ですが、今回はテクスチャの色見本を使用するため、陰影の設定だけを行います。
まずは、**[3Dビュー・エディター]** ヘッダーで **[オブジェクトモード]** に変更します。

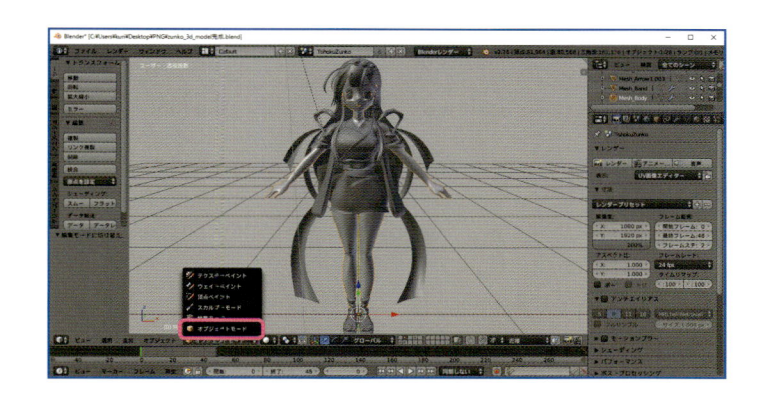

⓳ マテリアルを設定する

[プロパティ・エディター] ヘッダーの **[マテリアル]** ボタンをクリックします。次に、**[新規]** をクリックしてマテリアルを追加します。初期設定のマテリアルがある場合は、次の手順に進んでください。

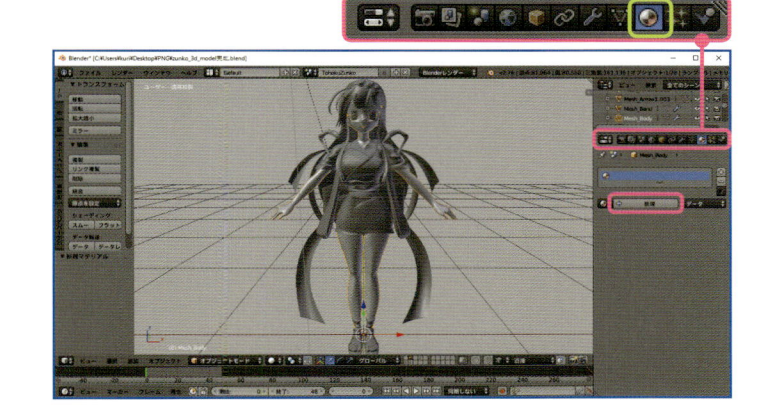

⓴ 名前を変更する

追加されたマテリアルの名前をダブルクリックして変更します。ここではテクスチャの画像ファイルと同じ名前のMainColorにしました。

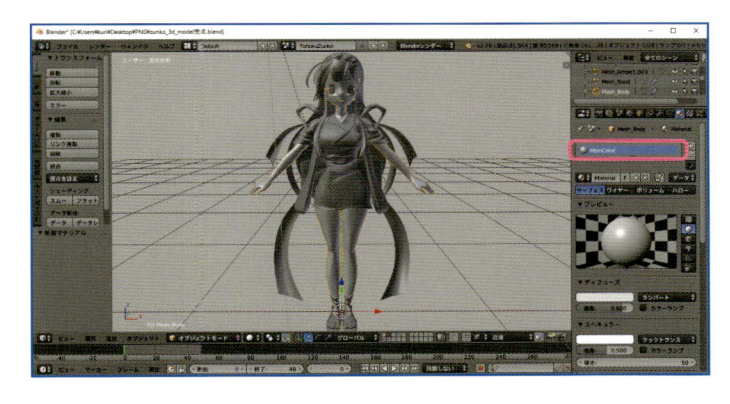

㉑ シェーディングを設定する

陰影の設定を行います。**[シェーディング]** パネルの **[陰影なし]** にチェックを入れます。これでマテリアルの設定が完了しました。

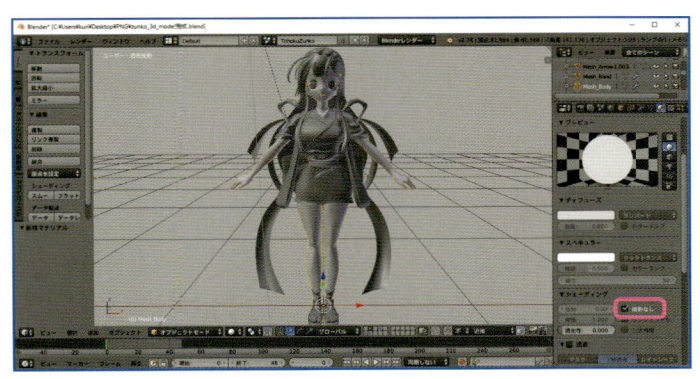

㉒ シェーディングを変更する

[3Dビュー・エディター] ヘッダーでシェーディングを [マテリアル] に変更します。ただし、まだテクスチャの登録を行っていないので色は変更されません。

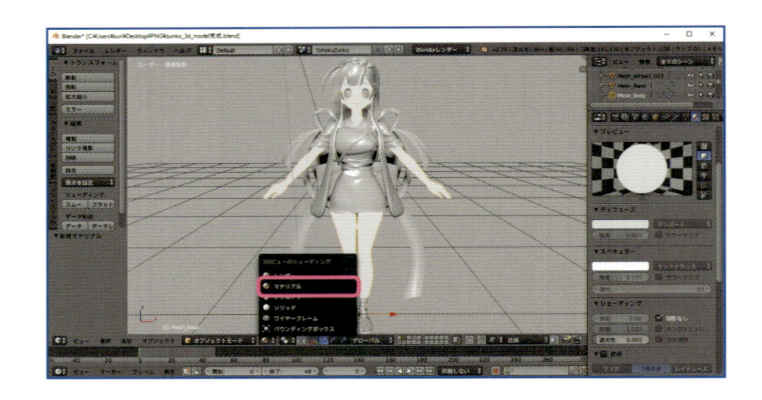

㉓ テクスチャを設定する

続いて、MainColor マテリアルにリンクするテクスチャを設定します。まず、[プロパティ・エディター] ヘッダーの [テクスチャ] ボタンをクリックします。次に、[新規] をクリックしてテクスチャを追加します。
初期設定の [Tex] が表示されている場合は、[Tex] のテクスチャを選択し、[タイプ] を [画像または動画] に変更します（下図）。

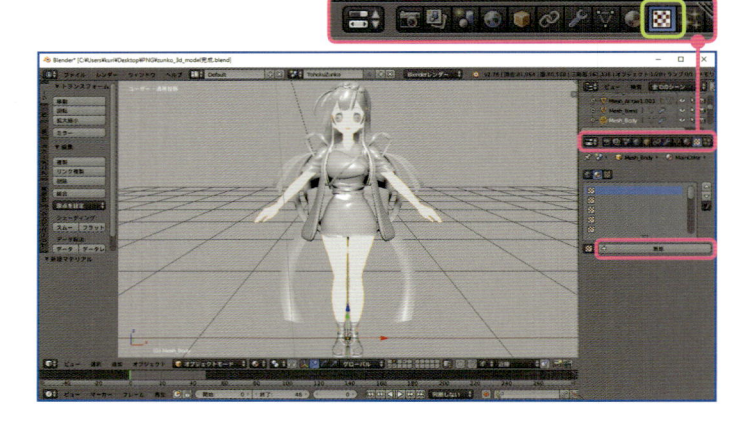

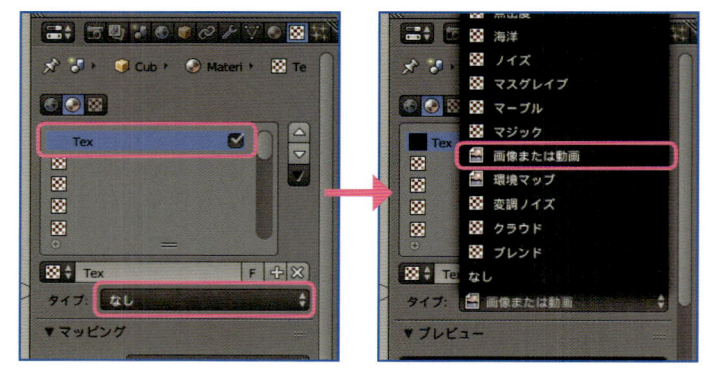

㉔ テクスチャ名を変更する

追加されたテクスチャの名前をダブルクリックして変更します。マテリアルと同じ名前にしておきます。
初期設定の [Tex] の場合も変更しておきましょう。

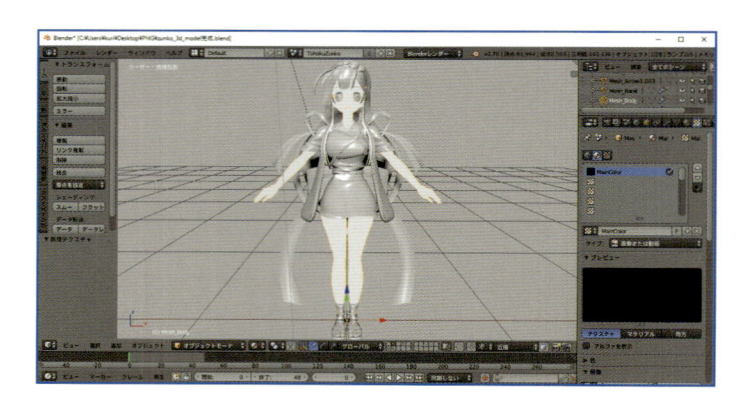

㉕ 画像を読み込む

テクスチャの画像ファイルを読み込みます。[画像] パネルの [開く] をクリックします。[ファイルブラウザー・エディター] に切り替わったらテクスチャを選択します。

もしくは、[画像] パネルの左側のアイコンをクリックすると、今まで読み込んだことのある画像ファイルが一覧表示されます（下図）。その中から選択してもOKです。

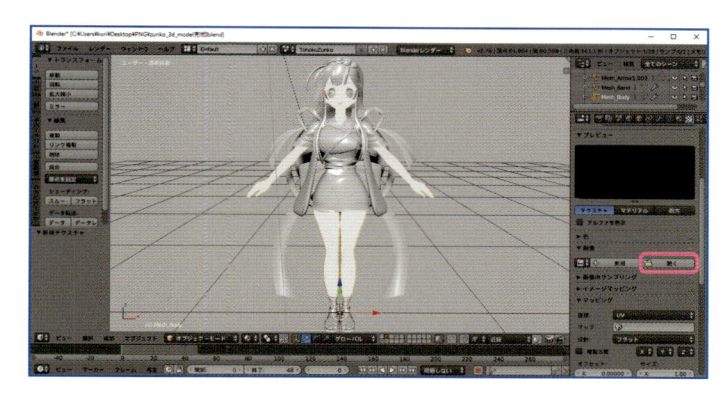

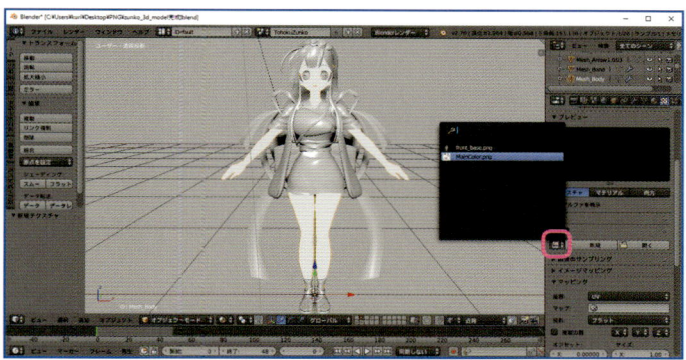

㉖ テクスチャが適用される

テクスチャが登録されて肌の色が変更されました。

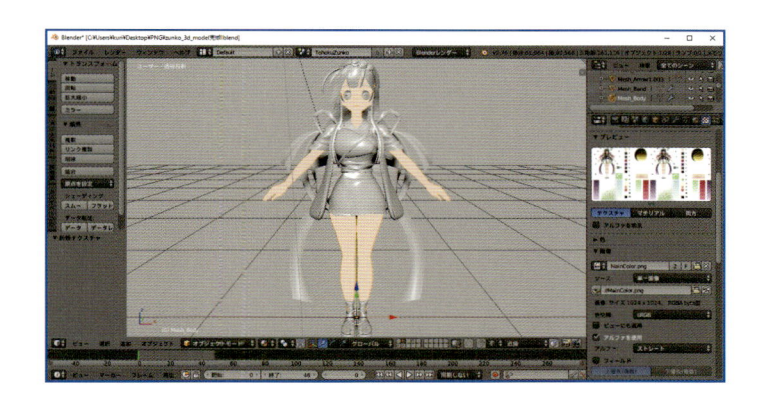

㉗ マップを設定する

最後に、テクスチャとUVを関連づけます。[マッピング] パネルの [マップ] のマップマークをクリックします。

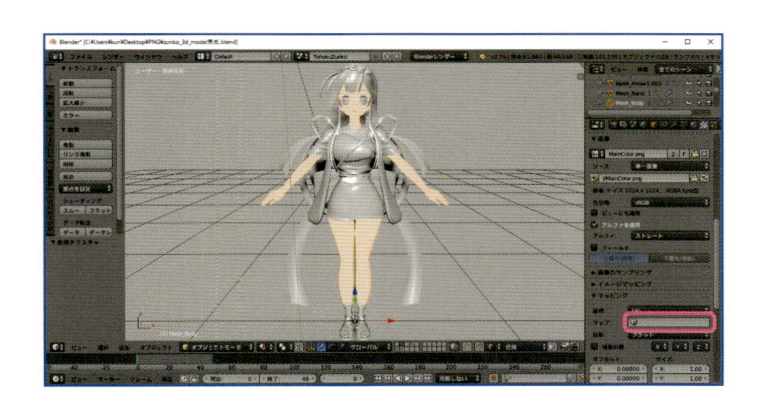

㉘ UV が登録される

最初に登録した UV 名が表示され
るので、それを選択します。

以上で色の設定は完了です。同様
の手順で、オブジェクトごとに色を
設定していきます。

なお、色が表示されない場合は、
[3D ビュー・エディター] ヘッダー
で [シェーディング] が [マテリア
ル] になっているかどうかを確認し
ましょう。

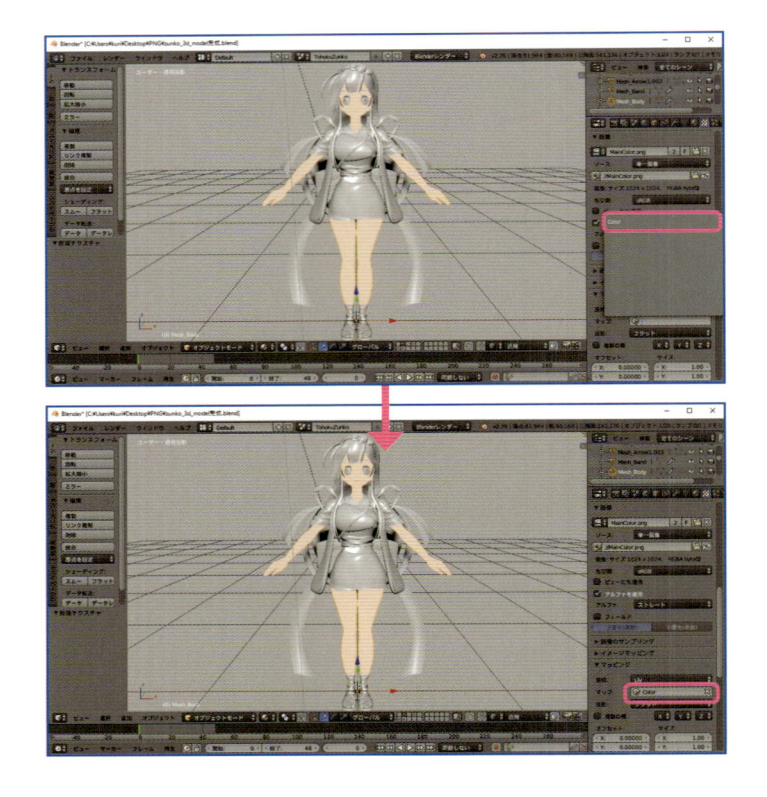

Ⅲ グラデーションのテクスチャを設定する

❶ メッシュを配置する

グラデーションの場合の設定方法
を紹介します。グラデーションの場
合は、メッシュを縦長にするのがポ
イントです。

袖のオブジェクトを選択して、UV
のメッシュを表示させます。手順は
単色の設定と同じです。

メッシュを表示したら、まず [拡大
縮小] の [S] キーを押し、次に軸を
指定する [X] キーを押し、続いて
サイズを指定する [0] キーを押し、
最後に [Enter] または [Return]
キーを押します。

メッシュが縦長になったら、[G] キ
ーを押してグラデーションの上に移
動し、[Enter] または [Return] キ
ーを押します。

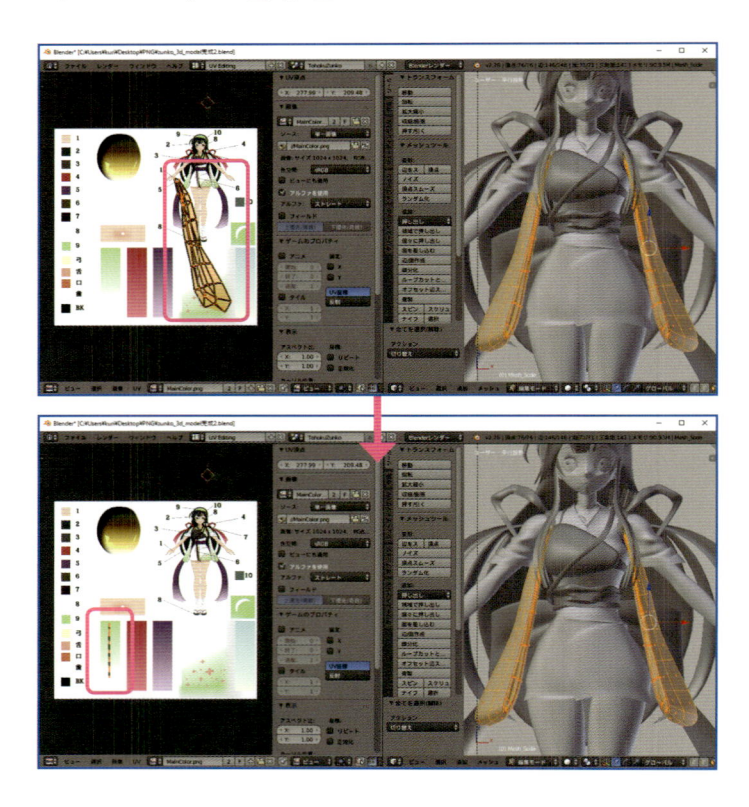

❷ グラデーションが表示される

単色と同様に［**マテリアル**］と［**テクスチャ**］を設定し、［**シェーディング**］を［**マテリアル**］にしたときの表示です。袖がグラデーションになっています。

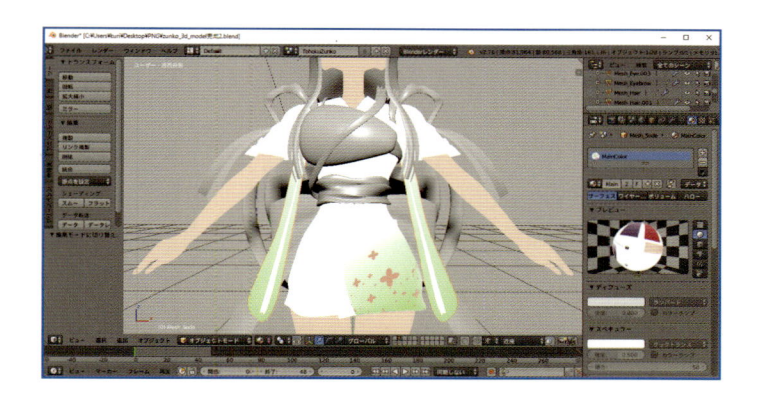

Ⅳ 模様のテクスチャを設定する

❶ メッシュを配置する

模様の設定方法を紹介します。模様の場合は、模様にメッシュの形を合わせるのがポイントです。また、同じ模様を使用する場合は、メッシュを重ねます。

目のオブジェクトを選択してUVのメッシュを表示させます。手順は単色の設定と同じです。メッシュを表示したら任意の頂点を右クリックで選択し、［**UV/画像・エディター**］ヘッダーの［**選択**］→［**リンク選択**］をクリックして、一方の目を選択します。次に、単色と同じ手順でメッシュを目の上に移動します。そして、頂点を移動して形を合わせます。同様に、もう一方の目のメッシュも重ね合わせます。

❷ 模様が表示される

単色の設定と同様に、マテリアルとテクスチャを設定し、［**シェーディング**］を［**マテリアル**］にしたときの表示です。両目の部分が目の模様になっています。

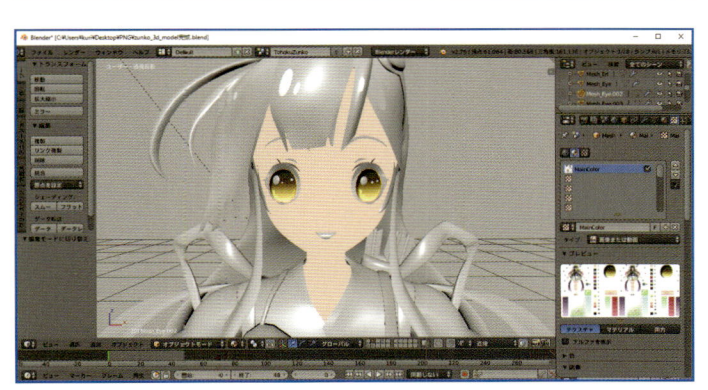

02 輪郭線の設定

狙った形や位置に輪郭線を出していくために、頂点カラーを利用します。頂点カラーは、3Dモデルに直接ブラシで色を塗る機能です。塗り分けして、色の境目に輪郭線を表示させるように設定します。線を出す部分は単色で塗りわけ、線を出さない部分はグラデーションにします。

Ⅰ 線を出す部分を塗り分ける

❶ 頂点色を設定する

[3Dビュー・エディター] ヘッダーで [オブジェクトモード] に変更し、[シェーディング] を [マテリアル] に変更し、さらに作業するオブジェクトのみを表示しておきます。
次に、頂点色を追加します。[プロパティ・エディター] ヘッダーの [データ] ボタンをクリックします。[頂点] パネルの [+] マークをクリックします。

❷ マテリアルを設定する

[プロパティ・エディター] ヘッダーの [マテリアル] ボタンをクリックします。マテリアルを選択し、下にある [+] マークをクリックします。新しいマテリアルが追加されると、自動的に名前が変わります。マテリアルの名前を変更しましょう。ここではVertexColorにしました。
ちなみに、[マテリアルスロット] を追加する場合は、右側の [+] マークをクリックします。

❸ テクスチャを削除する

VertexColor マテリアルへのテクスチャのリンクを削除します。[**プロパティ・エディター**] ヘッダーの [**テクスチャ**] ボタンをクリックし、次にテクスチャを選択し、[**✕**] マークをクリックします。なお、テクスチャのリンク名を完全に削除したいときは、[**Shift**] キーを押しながら [**✕**] マークを押して Blender を再起動します。

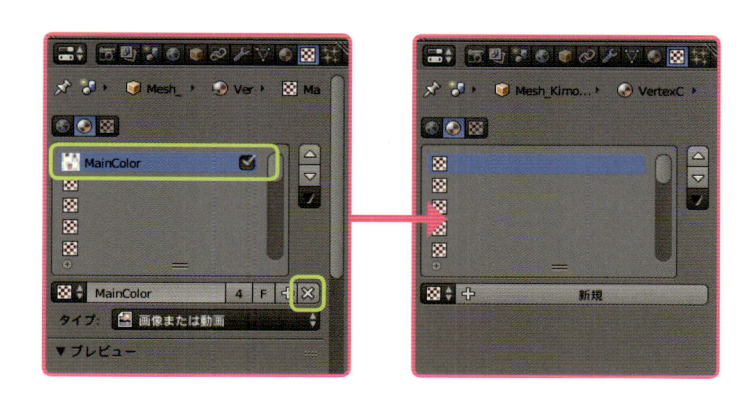

❹ オプションを設定する

[**頂点ペイントモード**] での作業前に、頂点色が画面に表示されるように設定します。[**プロパティ・エディター**] ヘッダーの [**マテリアル**] ボタンをクリックします。[**オプション**] パネルの [**頂点カラーペイント**] にチェックを入れます。

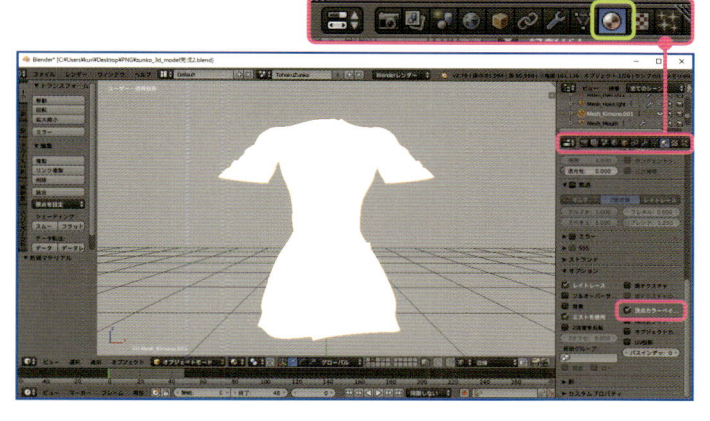

❺ 頂点ペイントモードにする

[**3D ビュー・エディター**] ヘッダーで [**頂点ペイントモード**] に変更します。これで 3D モデルに直接色を塗れるようになりました。

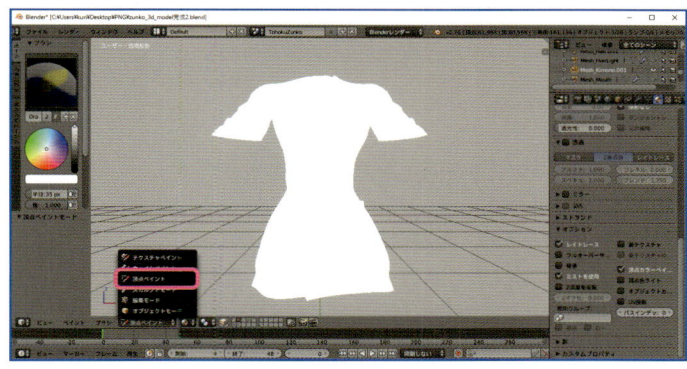

❻ 面選択モードを選択する

[**3D ビュー・エディター**] ヘッダーに [**ペイントマスク用の面選択モード**] が表示されるので、クリックしてオンにします。

なお、塗る前にもう一度 [**シェーディング**] が [**レンダー**] になっているか確認しましょう。[**ソリッド**] になっていると色に陰影が反映されて、[**スポイト**] で拾う色が変わってしまうので注意してください。

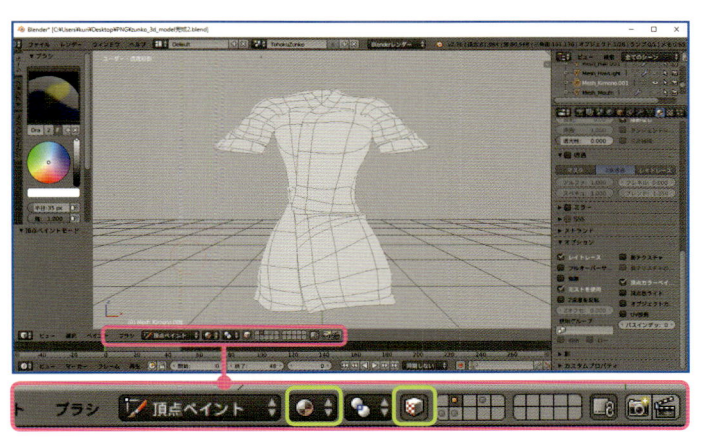

❼ 面を選択する

塗りつぶす面を、[Shift] キーを押
しながら右クリックで選択します。
なお、ここでは説明用に分かりやす
い色で塗りますが、実際の作例の
3D モデルは 232 ページのように
塗っています。

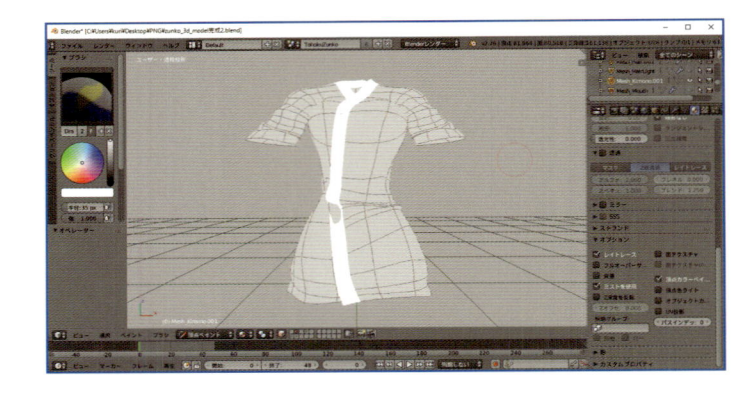

❽ 選択した面を塗りつぶす

[ツールシェルフ] の [ブラシ] パネ
ルのカラーピッカーで色をクリック
して選択します。次に、[3D ビュ
ー・エディター] ヘッダーの [ペイ
ント] ⇒ [頂点色を設定] をクリック
します。選択した部分が塗りつぶさ
れました。

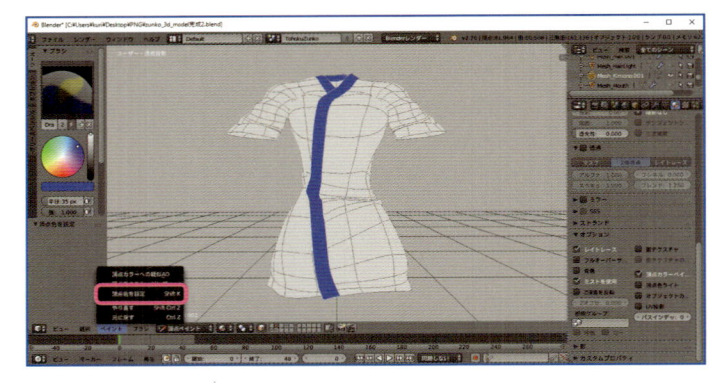

❾ 色を拾う

塗った部分から色を拾うときは [ス
ポイト] の機能を使います。まず、
拾いたい色の面を右クリックして選
択します。次に、[ツールシェルフ]
の [ブラシ] パネルの [描画色] を
クリックします。続いて、表示され
た画面で [スポイト] マークをクリッ
クします。最後に、選択した面をク
リックして色を拾います。

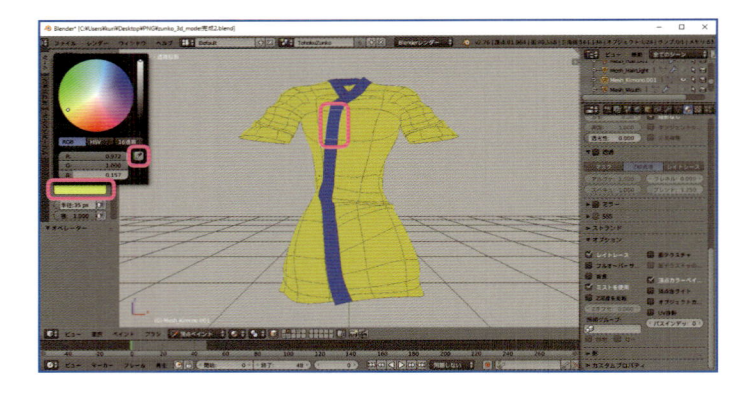

❿ 描画色が変更される

選択した面をクリックすると [描画
色] の色が変更されます。
なお、面を選択せずにスポイトで色
を拾ってしまうと、色味が微妙に変
わってしまうので注意してください。

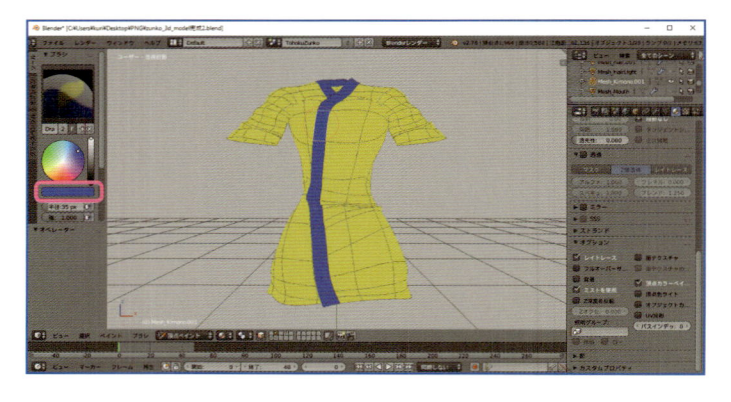

⓫ ブラシで塗る

グラデーションで塗る場合は、目的の面を右クリックで選択し、ドラッグして塗ります。色がつかない場合は頂点付近をドラッグしてください。また、ブラシのサイズは、**[ブラシ]** パネルの **[半径]** で調整できます。

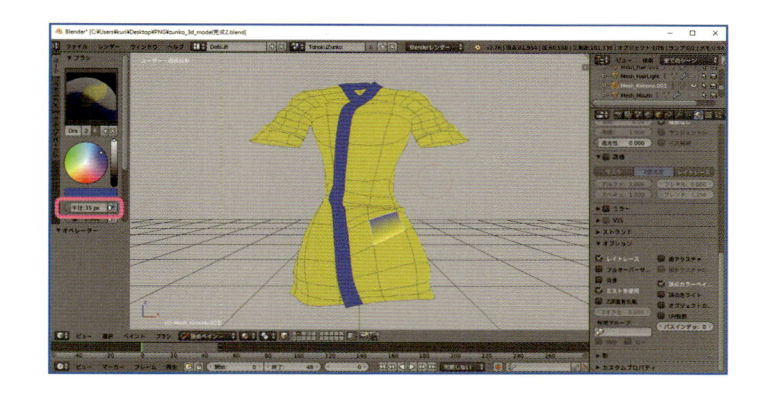

⓬ 塗った部分をぼかす

次は、塗った部分をぼかす方法です。**[ツールシェルフ]** の **[ブラシ]** パネルの **[ブラシ]** をクリックし、表示されたメニューから **[F Blur]** を選択します。ちなみに、**[F Draw]** がもとの塗り用ブラシです。使うブラシは **[F Draw]** と **[F Blur]** の2つです。

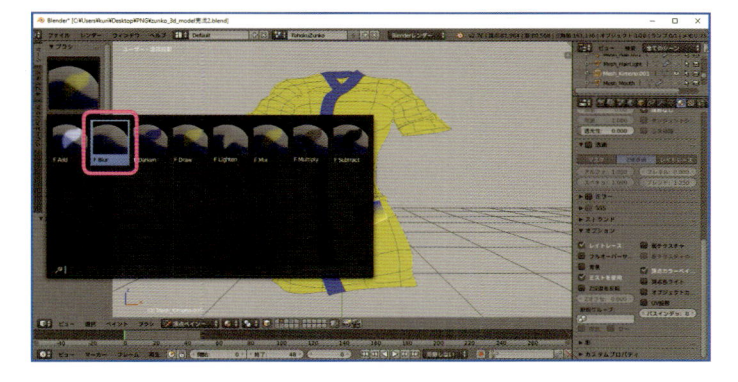

⓭ 面を選択する

[Shift] キーを押しながら、ぼかす部分の面と、その周囲の面を右クリックで選択します。周囲の面を選択しないと、ぼかせないので注意してください。選択していない面は、ぼかしの影響を受けません。

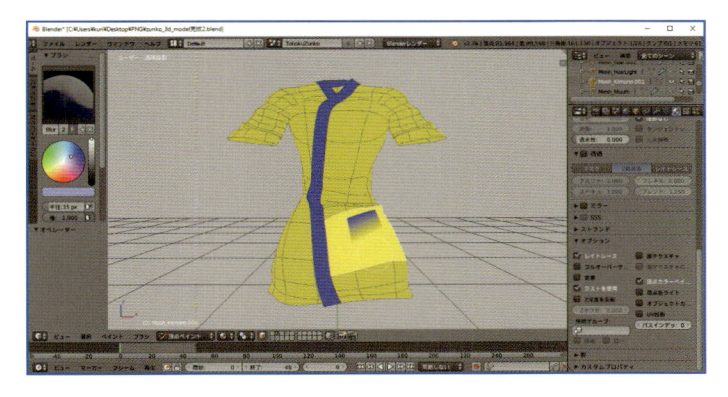

⓮ 色をぼかす

ドラッグで色をのばし、ぼかします。このような感じで、平塗りとグラデーションを塗っていきましょう。

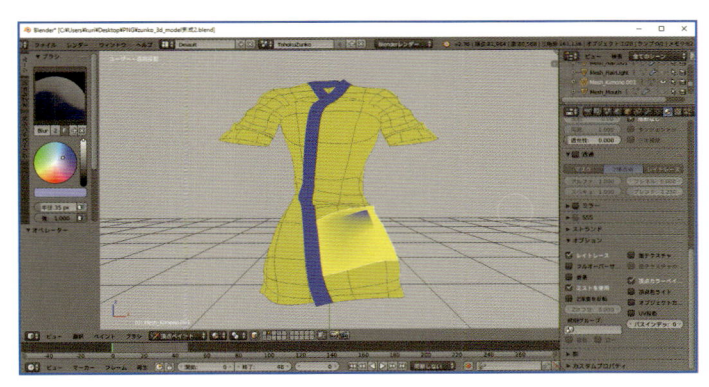

⑮ 3Dモデルに色を塗る

右下図は塗り分けた完成図です。また、左下図は塗り分けによって表示される線画です。

通常の色塗りと違って、同じ色にする部分を同じ色で塗るわけではありません。色と色の境界部分に線が表示されるので、それを踏まえて色の設計を考えます。

例えば、緑と赤の面が隣接している場合は、緑と赤の面の境界に線が表示されます。しかし、赤と赤の面が隣接している場合は、赤と赤の面の境界に線は表示されません。そのため、線を出したい部分は、異なる色で塗り分ける必要があります。逆に線を出したくない部分は、ぼかして色の境界をあいまいにします。

作例では、重なったときを踏まえて左右も塗り分けています。特に手・指は重なることが多いので必ず塗り分けましょう。また、シワの線を出さない部分はぼかすようにします。

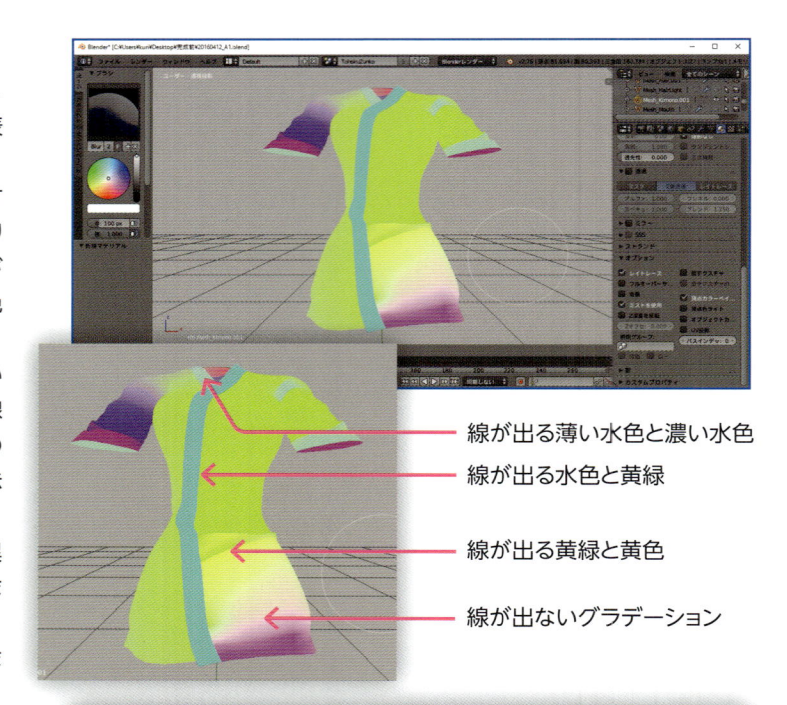

線が出る薄い水色と濃い水色

線が出る水色と黄緑

線が出る黄緑と黄色

線が出ないグラデーション

Ⅱ ノードを設定する

❶ レンダーレイヤーを設定する

レンダリング結果に、設定した2つのマテリアル（テクスチャと頂点色）を同時に反映させる設定を行います。レンダーレイヤーを使用します。[プロパティ・エディター] ヘッダーの [レンダーレイヤー] ボタンをクリックします。

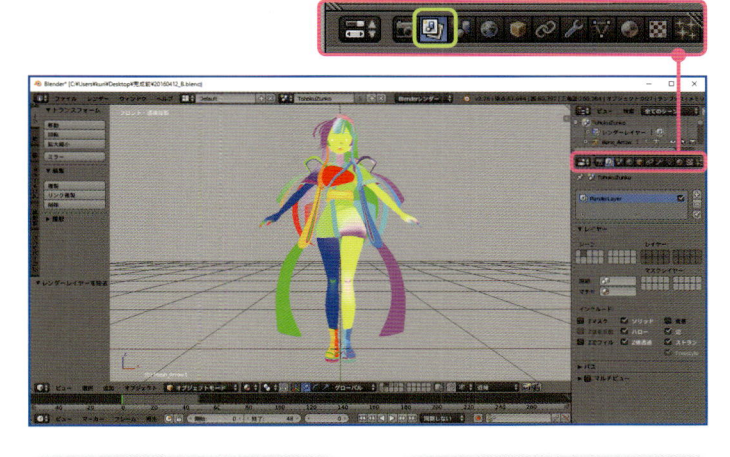

❷ レンダーレイヤーを追加する

まず、右側の [+] マークをクリックし、レンダーレイヤーを2つ作成します。次に、レンダーレイヤーの名前を変更します。マテリアル名と同じ名前にしておくと分かりやすいでしょう。

続いて、それぞれのレンダーレイヤーにマテリアルをリンクさせます。まずMainColorレンダーレイヤーを選択し、次にレイヤーパネルの [マテリ（マテリアル）] をクリックし、最後に表示されたメニューからMainColorのマテリアルを選択します。同様の手順で、VtertexColorのレンダーレイヤーを選択し、VtertexColorのマテリアルを選択します。

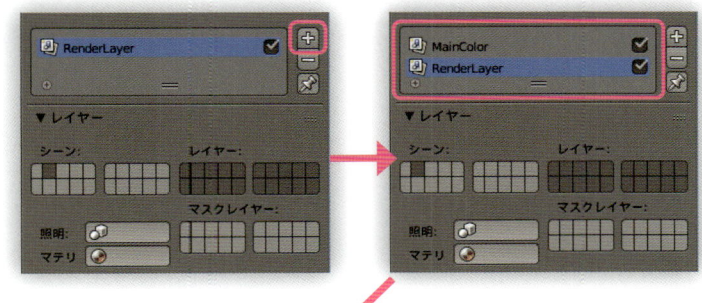

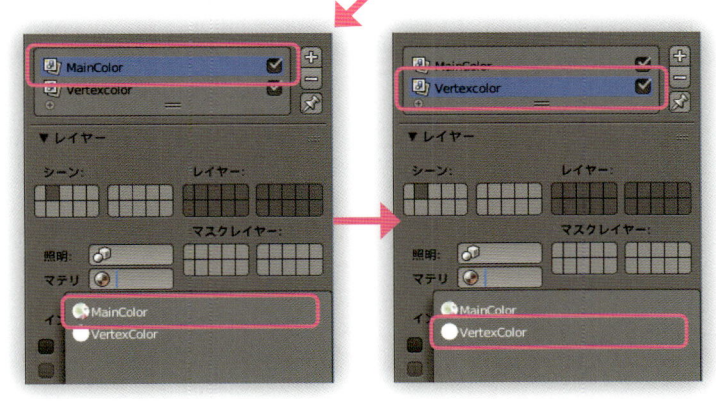

❸ レンダリングする

レンダーレイヤーの設定が終わったら、[情報・エディター] ヘッダーの [レンダー] ⇒ [画像をレンダリング] をクリックします。レンダリング結果が表示されます。

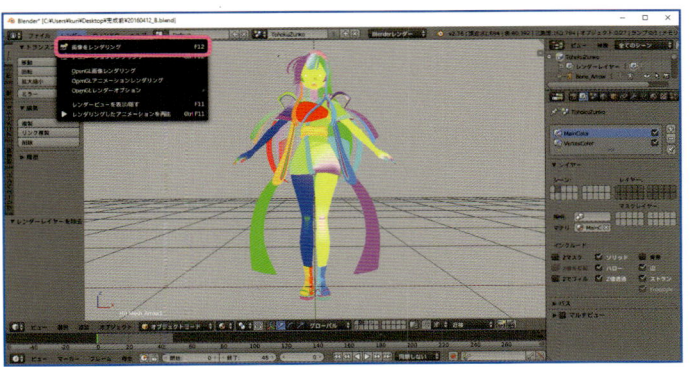

❹ ノード・エディターにする

[ノード] の機能を使って、輪郭線を非破壊的に合成していきます。[3Dビュー・エディター] と [タイムライン・エディター] の境界部分をドラッグし、ウィンドウサイズを変更します。次に、[タイムライン・エディター] ヘッダーの左端のアイコンをクリックし、[ノード・エディター] を選択します。

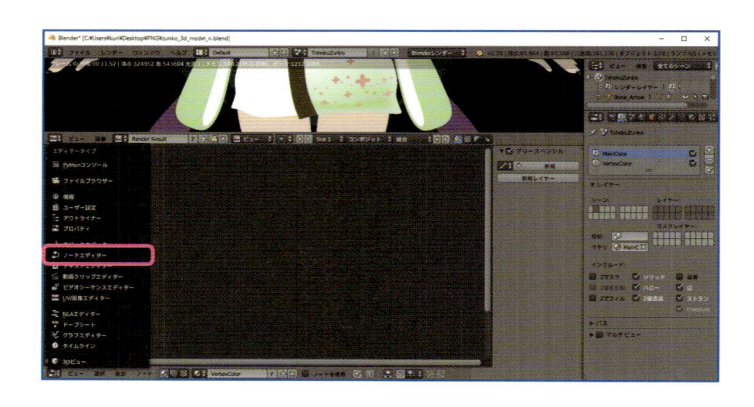

❺ ノードを設定する

[ノード・エディター] でノードを設定していきます。まず、[ノード・エディター] ヘッダーで [コンポジティング] をクリックし、同じくヘッダーで [ノードを使用] にチェックを入れます。

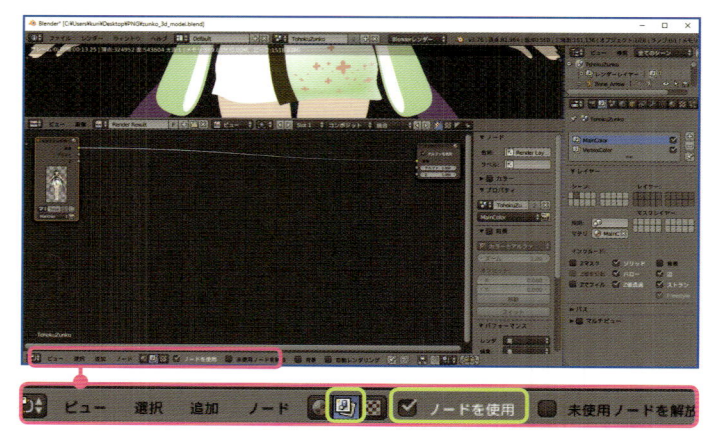

❻ レンダーレイヤーを変更する

初期設定では、[レンダーレイヤー] と [コンポジット] のノードが表示されています。[レンダーレイヤー] ノードで設定しているレイヤーをVtertexColorに変更します。ここに表示されるのは、先の手順で設定したレンダーレイヤーの名前です。

❼ ノードを追加する

ノードを追加していきます。まずは、[ノード・エディター] ヘッダーの [追加] ⇒ [フィルター] ⇒ [フィルター] をクリックします。

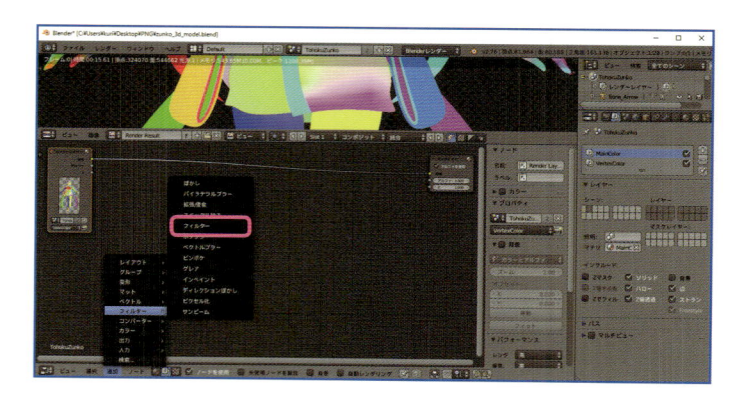

❽ ノードを配置する

[レンダーレイヤー] ノードと [コンポジット] ノードがつながっている線上をクリックして、追加したノードを配置します。自動的に3つのノードがつながります。つながらなかった場合は、つながる位置にノードをドラッグで移動します。

❾ ノードを変更する

[フィルター] ノードを、[キルシュ] または [ソーベル] に変更します。ここでは [キルシュ] を選択していますが、どちらでもかまいません。選択したメニューによって線の加減が変わってきます。

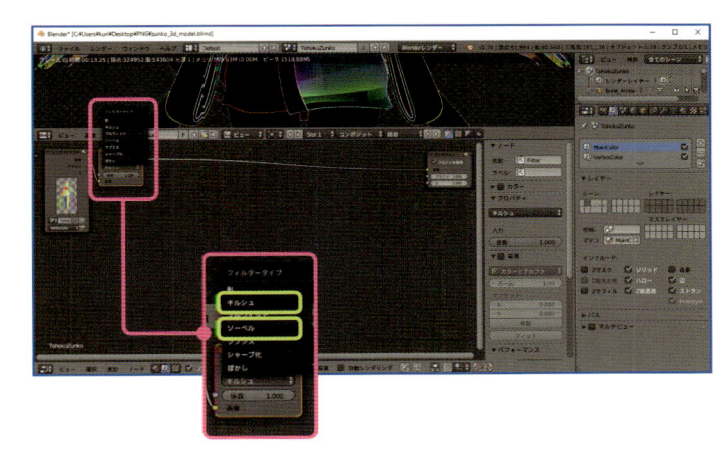

❿ ノードを追加する

輪郭線を調整するための新たなノードを追加します。[ノード・エディター] ヘッダーの [追加] ⇒ [コンバーター] ⇒ [カラーランプ] をクリックします。

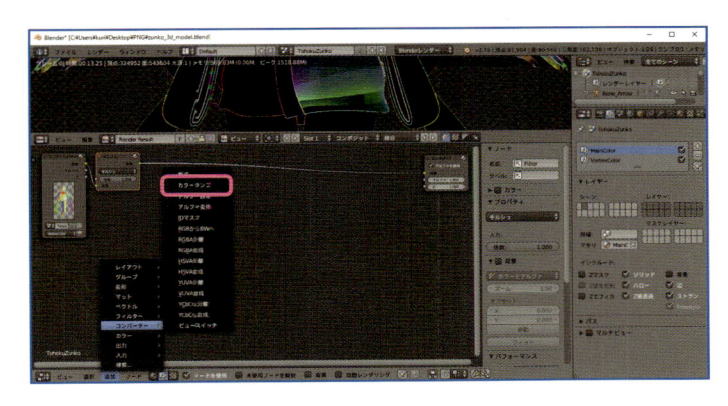

⓫ ノードを配置する

[キリシュ] ノードと [コンポジット] ノードの間に、追加したノードをドラッグして配置します。[カラーランプ] のグラデーションを変更すると輪郭線を調整できますが、最後にまた調整するので、そのままでもかまいません。グラデーションは、右側の [プロパティ] パネルでも変更できます。

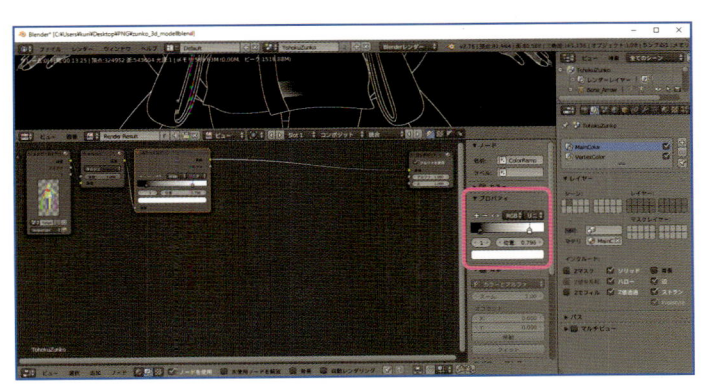

⓬ ノードを追加する

白と黒を反転させる新たなノードを
追加します。[**ノード・エディター**]
ヘッダーの [**追加**] ⇒ [**カラー**] ⇒
[**反転**] をクリックします。

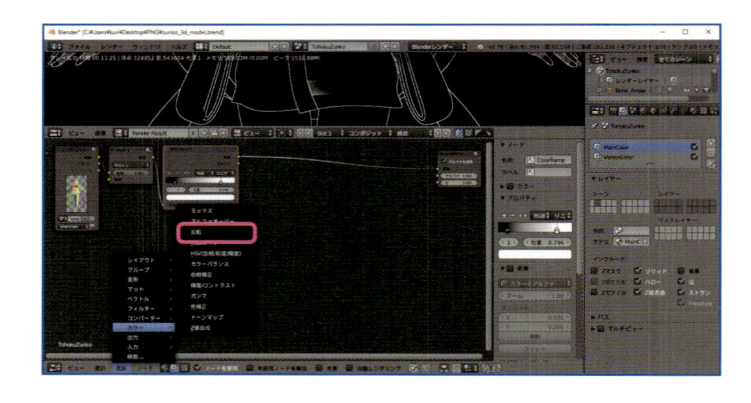

⓭ ノードを配置する

[**反転**] ノードと [**コンポジット**] ノ
ードの間に、追加したノードをドラッ
グして配置します。

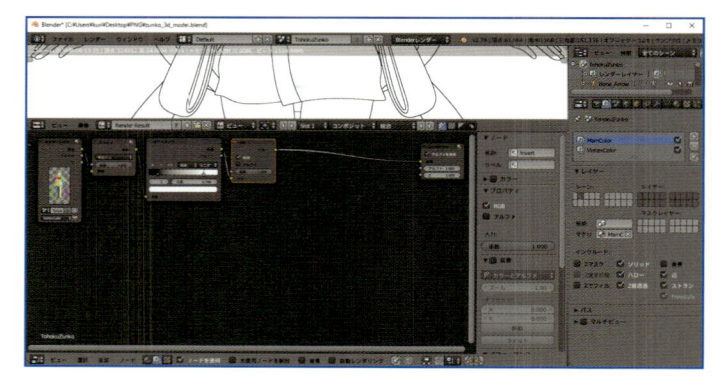

⓮ ノードを追加する

色を掛け合わせるためのノードを追
加します。[**ノード・エディター**] ヘ
ッダーの [**追加**] ⇒ [**カラー**] ⇒ [**ミ
ックス**] をクリックします。

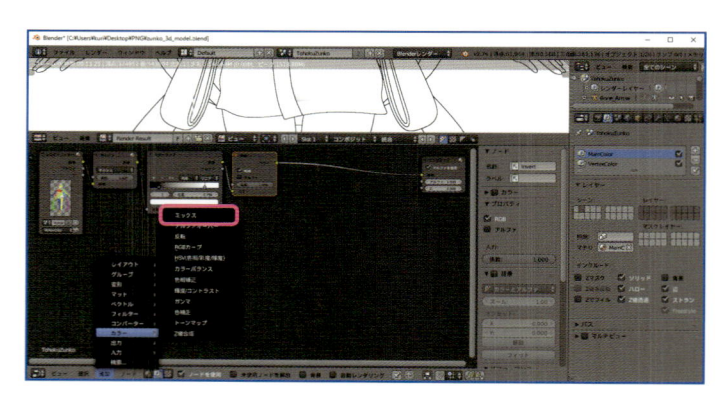

⓯ ノードを配置する

[**ミックス**] ノードと [**コンポジット**]
ノードの間に、追加したノードをドラ
ッグして配置します。

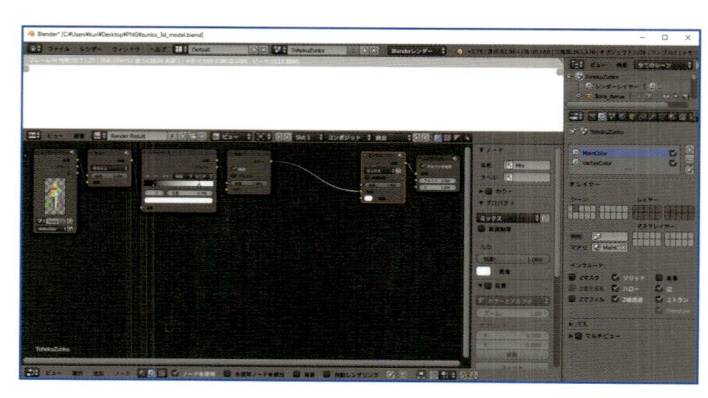

ⓖ ノードを追加する

MainColorレンダーレイヤー用のノードを追加します。[ノード・エディター] ヘッダーの [追加] ⇒ [入力] ⇒ [レンダーレイヤー] をクリックします。

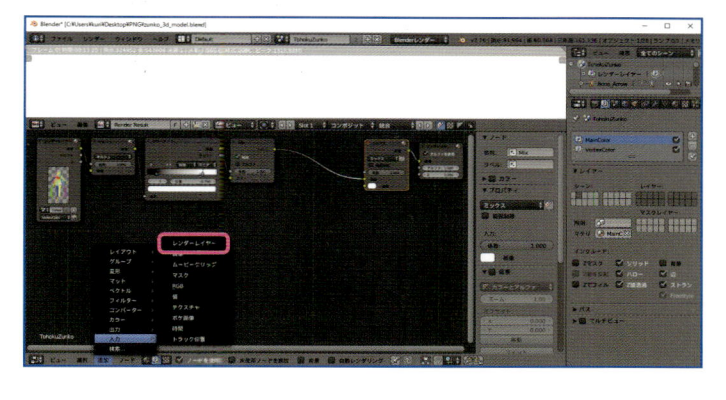

ⓗ ノードを配置する

ひとまず [ミックス] ノードの近くに置いておきます。ここでは上に持ってきました。まだ線はつなげません。[レンダーレイヤー] ノードで設定しているレイヤーをMainColorに変更します。

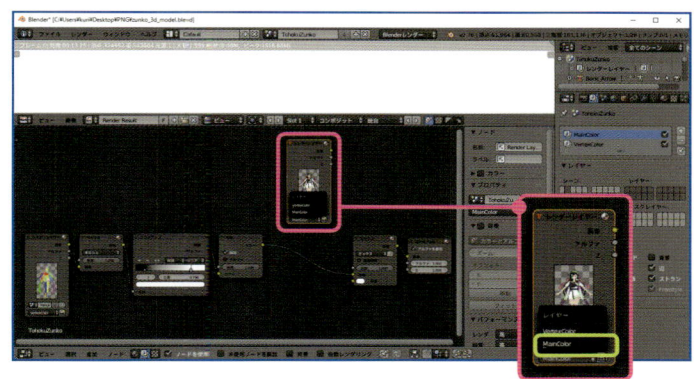

ⓘ ノードをつなげる

[レンダーレイヤー] ノードの端にある [画像] の点から、[ミックス] ノードの端にある [画像] の点へ、線を描くようにドラッグすると、2つのノードつなげることができます。

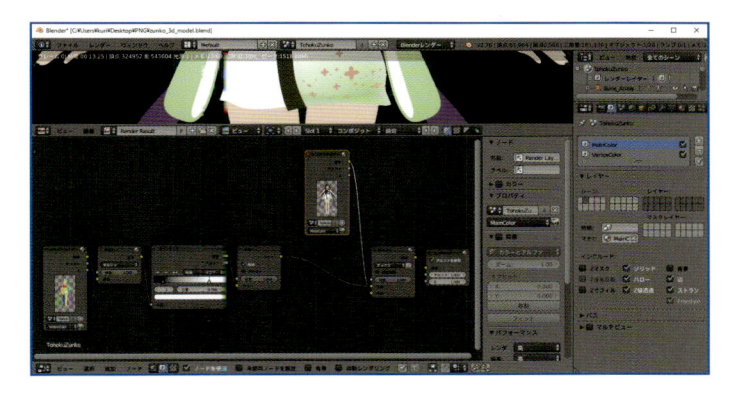

ⓙ ノードを変更する

[ミックス] ノードを [乗算] に変更します。
これで、MainColorのレイダーレイヤーとVtertexColorのレイダーレイヤーの色を掛け合わせるノード図の完成です。

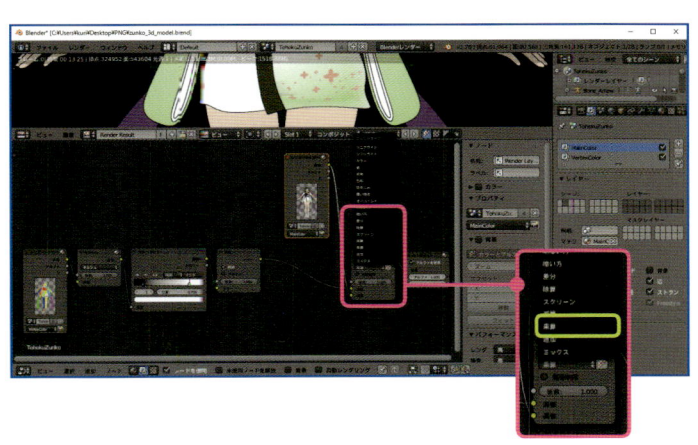

⑳ ノードを選択する

次に、頂点の奥行きの数値を、輪郭線の濃さに変換して表示させるノード図を作成します。

ノードの一部をコピーします。[**キルシュ**] ノードと [**カラーランプ**] ノードと [**反転**] ノードを、[**Shift**] キーを押しながらクリックして選択します。

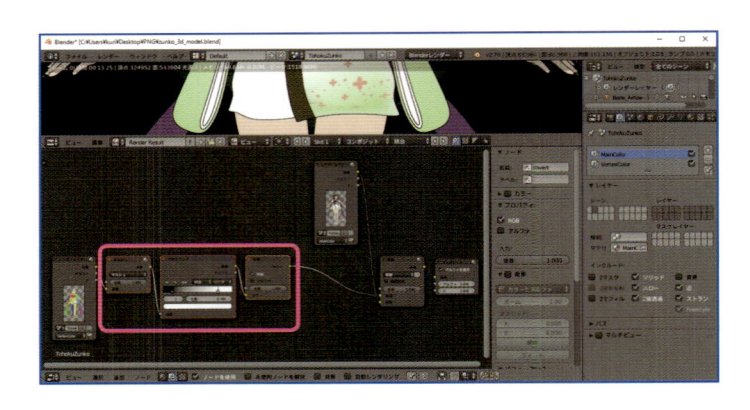

㉑ ノードをコピーする

[**ノード・エディター**] ヘッダーの [**ノード**] ⇒ [**複製**] をクリックします。

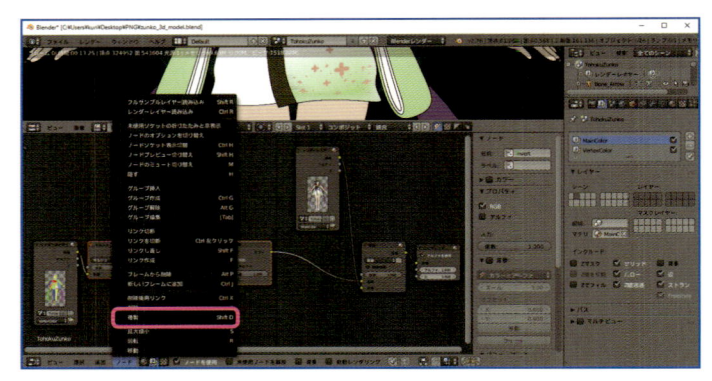

㉒ ノードを貼り付ける

ノードをコピーしたら、任意の位置をクリックして配置します。ノードの位置はドラッグで移動できます。ノードの置く場所がない場合は、右側や下側にあるスクロールバーを動かして、置くスペースを確保してからコピーしましょう。

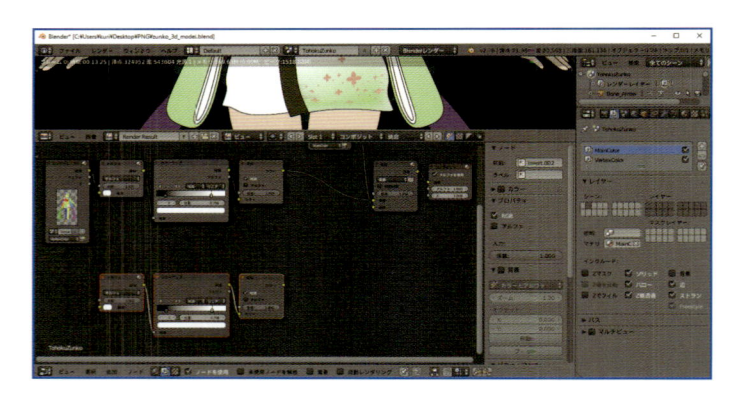

㉓ ノードを追加する

ノードを追加します。[**ノード・エディター**] ヘッダーの [**追加**] ⇒ [**ベクトル**] ⇒ [**正規化**] をクリックします。

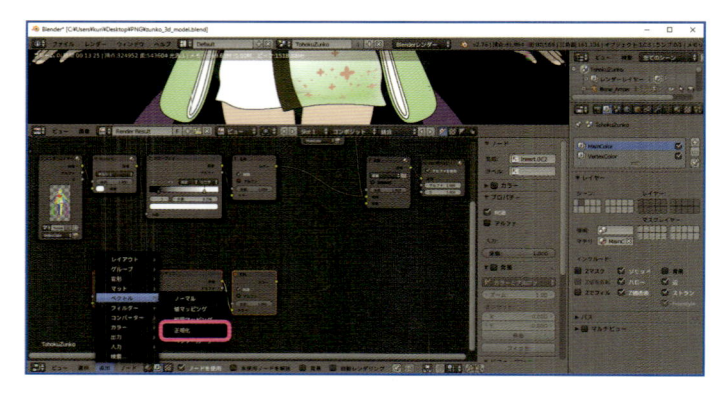

㉔ ノードを配置する

コピーした方の [**キルシュ**] ノード
の左側に配置します。

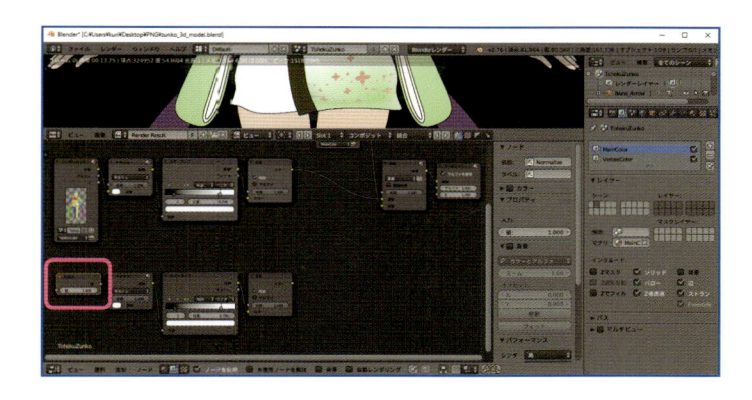

㉕ ノードをつなげる

[**正規化**] ノードの端にある [**値**] の
点から、[**キルシュ**] ノードの端にあ
る [**画像**] の点へ、線を描くように
ドラッグし、2つのノードつなげます。
これで、色を使った輪郭線のノード
図と、奥行き情報を使った輪郭線の
ノード図が作成できました。

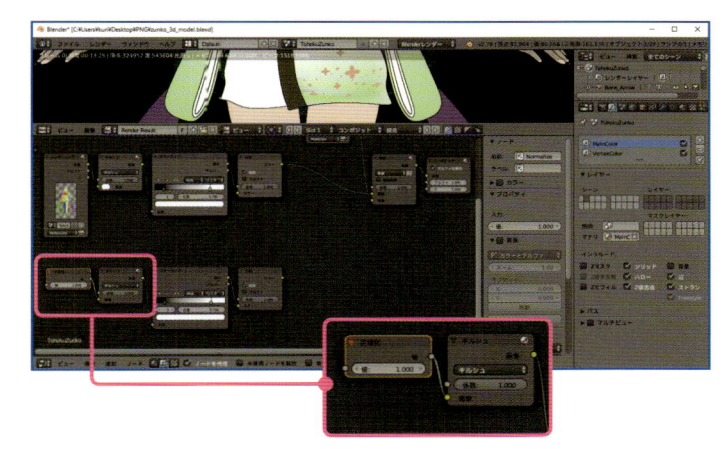

㉖ ノードを追加する

ここからは、2つのノード図をつな
げて一つに統合していく作業を行
います。
まずは、合わせるためのノードを追
加します。[**ノード・エディター**] ヘ
ッダーの [**追加**] ⇒ [**カラー**] ⇒ [**ミ
ックス**] をクリックします。

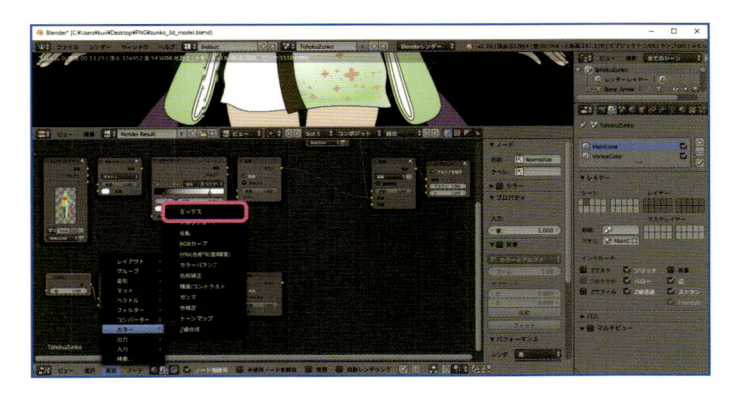

㉗ ノードを配置する

2つの [**反転**] ノードの近くに配置
します。

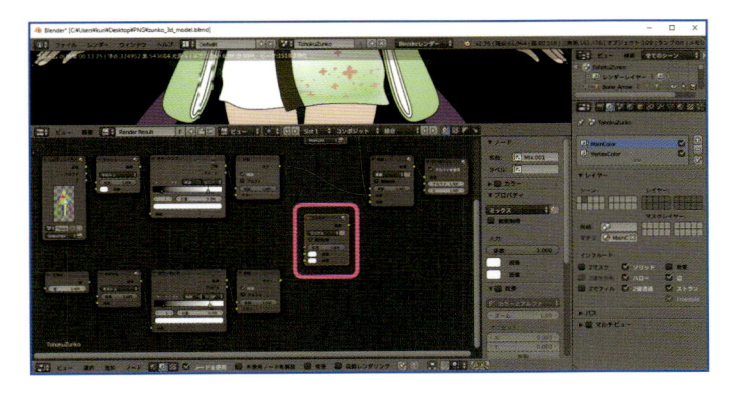

㉘ ノードをつなげる

コピーした方の [反転] ノードの端にある [カラー] の点から、[ミックス] ノードの端にある [画像] の点へ、線を描くようにドラッグし、2つのノードつなげます。

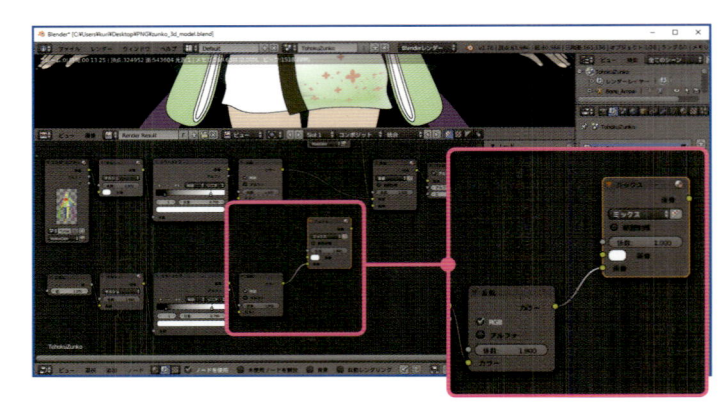

㉙ ノードをつなげ直す

もとの [反転] ノードの端にある [カラー] の点から、[ミックス] ノードの端にある [画像] の点へ、線を描くようにドラッグし、2つのノードつなげます。その結果、[反転] ノードと [乗算] ノードをつないでいた線は消えました。

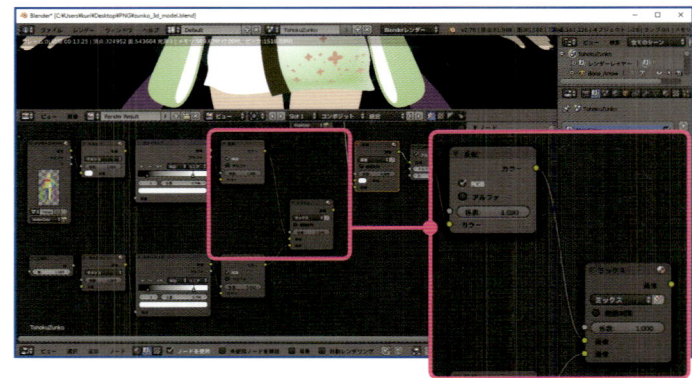

㉚ ノードをつなげる

[ミックス] ノードの端にある [画像] の点から、[乗算] ノードの端にある [画像] の点へ、線を描くようにドラッグし、2つのノードつなげます。[乗算] ノードに2つの線がつながりました。
これで2つのノード図がつながりました。

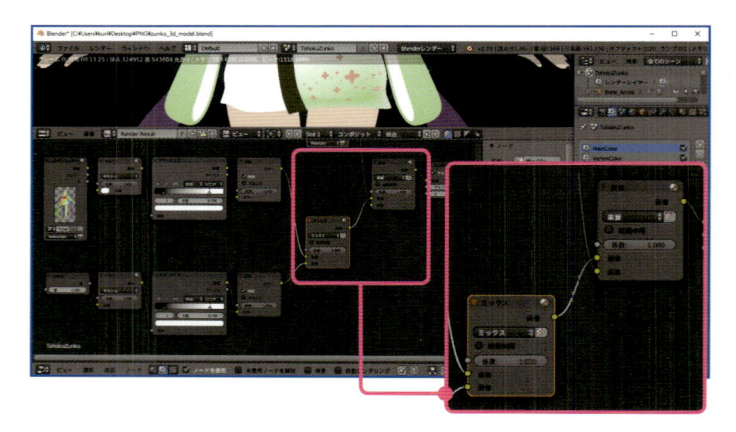

㉛ ノードを変更する

[ミックス] ノードを [乗算] に変更します。

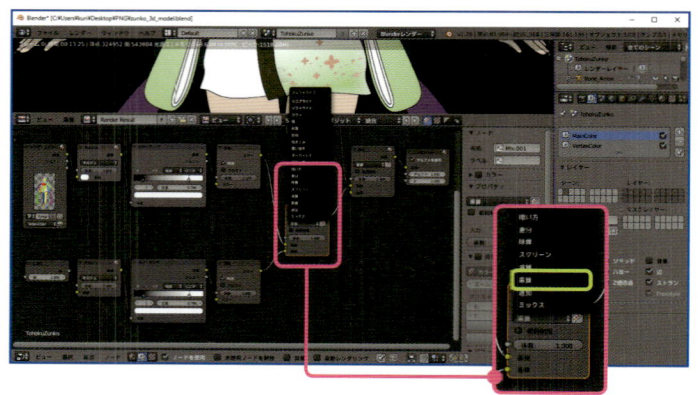

㉜ ノードをつなげる

[レイヤーレンダー] ノードの端に
ある [Z] の点から、[正規化] ノー
ドの端にある [値] の点へ、線を描
くようにドラッグし、2つのノードつ
なげます。
以上で、基本的な輪郭線は完成で
す。

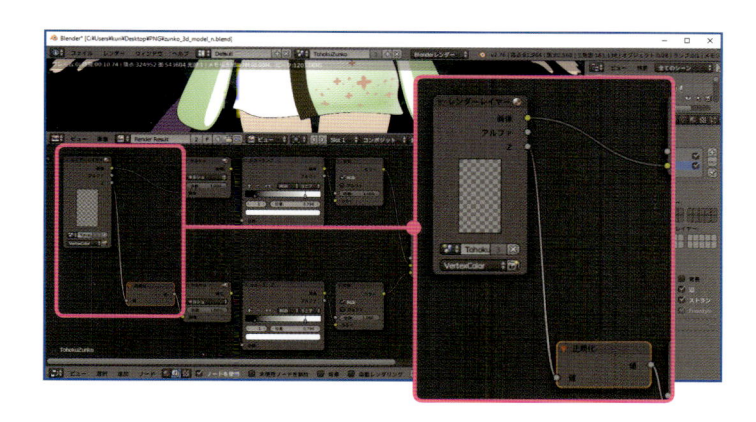

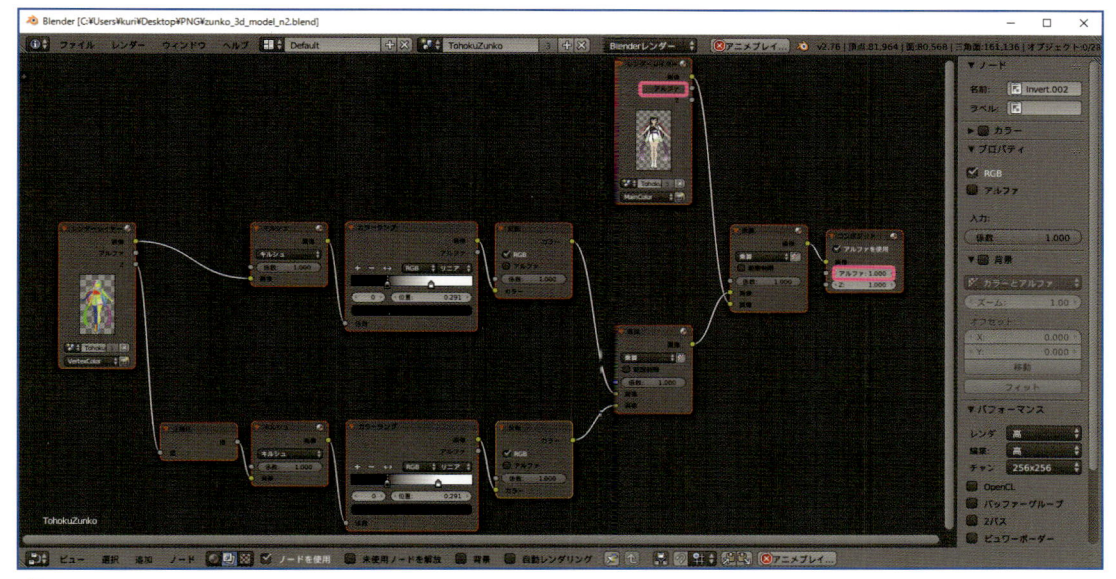

㉝ グラデーションを再調整する

最後に、レンダリング結果を見ながら [カラーランプ] ノードのグラデーションを調整します。なお、3Dモデルを
背景透明画像として書き出す場合には、[レンダーレイヤー] の端にある [アルファ] の点と、[コンポジット] の端
にある [アルファ:1.000] の点をつなげます。また、作例のダウンロードデータでは、陰色やマスク用のテクスチ
ャを追加し、より高度なノード図を設計して色や輪郭線を出しています（242ページ参照）。

㉞ 再度レンダリングする

ノードを設定した後で再びレンダリ
ングするときは、[情報・エディター]
ヘッダーの [レンダー] ⇒ [画像を
レンダリング] をクリックします。ま
た、もとのビューに切り替えるとき
は、同じくヘッダーの [レンダー]
⇒ [レンダービューを表示/隠す]
をクリックします。

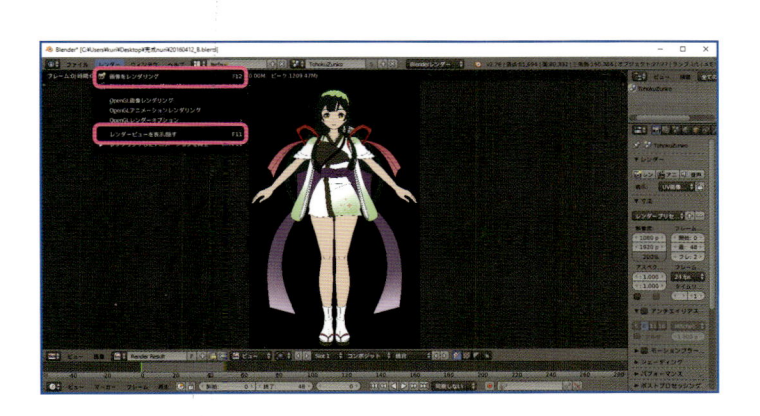

色と輪郭線の高度なテクニック

本書では、一般に固有色と呼ばれるMainColorと、頂点カラーで塗り分けたマテリアルを用いて、色や輪郭線を出す手法を紹介しましたが、作例のダウンロードデータでは、さらに陰色のマテリアルと、マスク用のマテリアルを設定し、全部で4つのレンダーレイヤーを設定して、複雑な色や輪郭線を出しています。それにともなってノード図も複雑になっています。ShadowMaskのマテリアルには、陰用テクスチャと [ライト] による影をミックスしたマテリアルを使用しています。

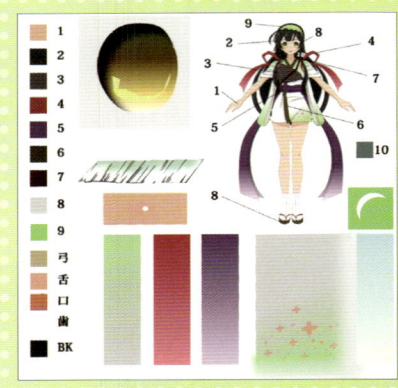

陰色用のテクスチャ

ライトで出ない陰を出すための陰用テクスチャ

MainColor
（ノーマル色）

ShadowColor
（陰色）

Vertex Color
（頂点カラー）

ShadowMask
（マスク用）

●全体を合成した [コンポジットノード]

Memo

ノードを使った頂点カラーの左右塗り分け

輪郭線を出すために頂点カラーペイントで塗り分けますが、そのときに左右異なる色で塗り分けるのは結構大変です。そこで、左右対象にカラーで塗った頂点色と、色を反転させるためにモノクロで塗った頂点色を用意し、2つのデータを掛け合わせて、左右反転の色を出すという手法もあります。この場合は、ノードの機能を使って2つの頂点色のデータを合成します。

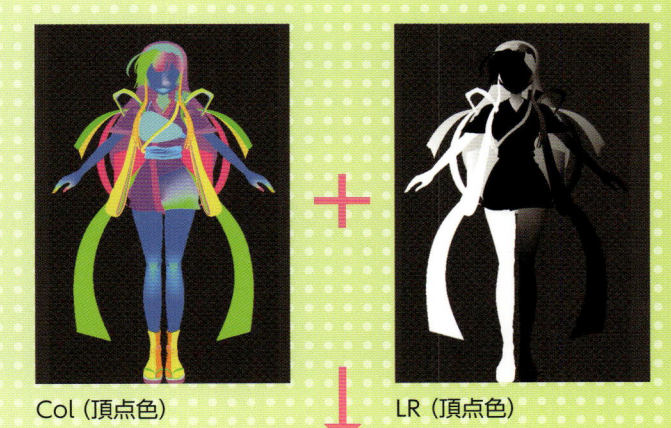

Col（頂点色）　　　＋　　　LR（頂点色）

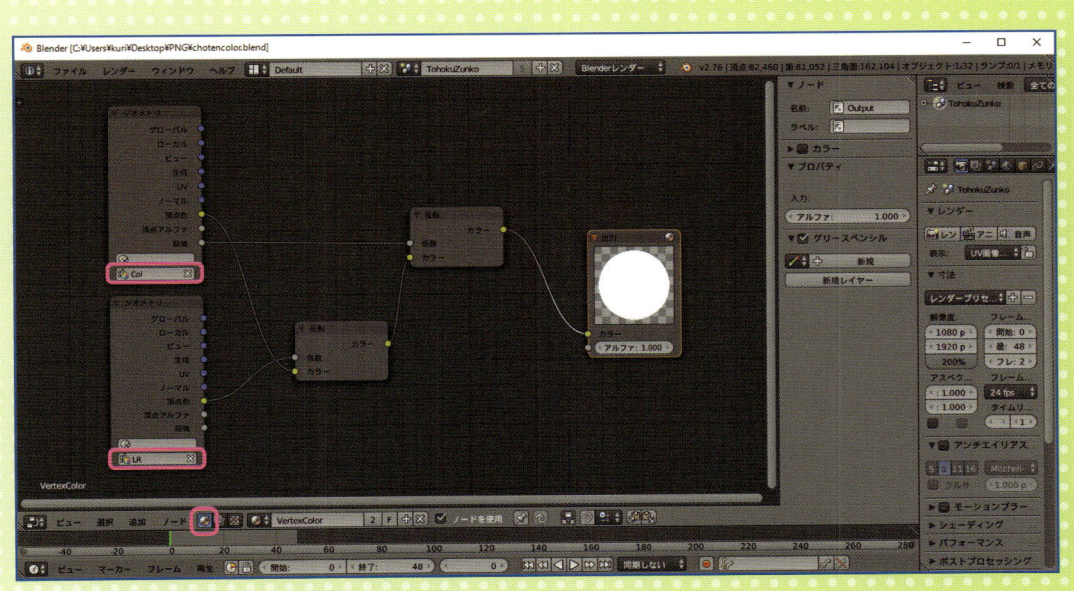

● 2つの頂点カラーを合成した［シェーダーノード］

03 アーマチュアの設定

ポーズをつけるためにアーマチュアを設定します。アーマチュアはボーンで構成されるオブジェクトで、3Dモデルに差し込む針金のようなものです。アーマチュアは動きのパーツごとに分けて作成します。また、3Dモデルとアーマチュアのレイヤーは、別々にしておくと管理がラクです。

I アーマチュアを作成する

❶ レイヤーを選択する

[3Dビュー・エディター] ヘッダーで [オブジェクトモード] に変更し、[3Dカーソル] をXYZ軸の原点に移動します（26ページ参照）。
また、オブジェクトとボーンは別のレイヤーにしておきます。[3Dビュー・エディター] ヘッダーで、[Shift] キーを押しながら表示させるレイヤーを選択し、一番最後にボーンを追加する空のレイヤーを選択します。

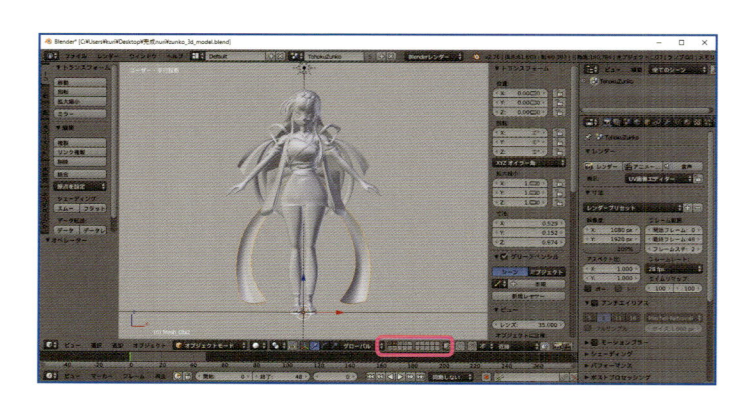

❷ アーマチュアを追加する

アーマチュアを追加します。[3Dビュー・エディター] ヘッダーの [追加] ⇒ [アーマチュア] ⇒ [単一ボーン] をクリックします。[3Dカーソル] の位置にボーンが追加されます。
ちなみに、八面体一つ一つをボーンを呼び、ボーンが集まった一連の集合体をアーマチュアと呼びます。またボーンは、細くなっている方を [テール]、太くなっている方を [ヘッド] と呼びます。

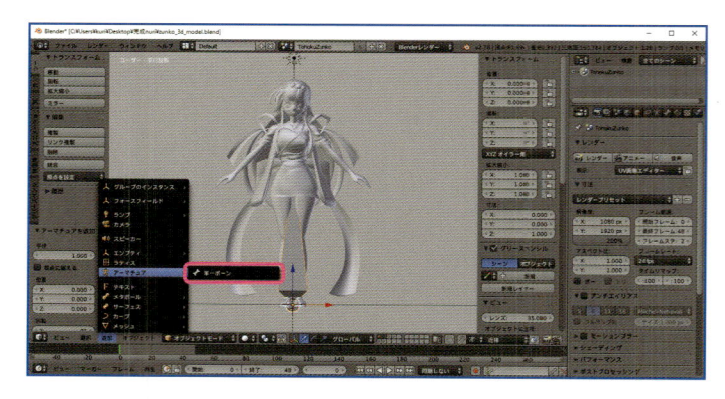

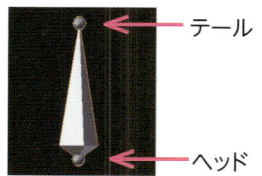

テール

ヘッド

❸ レントゲンを設定する

初期設定では、アーマチュアがオブ
ジェクトに埋まって見えないので、
表示を変更します。アーマチュアを
選択したまま、[**プロパティ・エディ
ター**] ヘッダーの [**データ**] ボタン
をクリックし、[**表示**] パネルの [**レ
ントゲン**] にチェックを入れます。

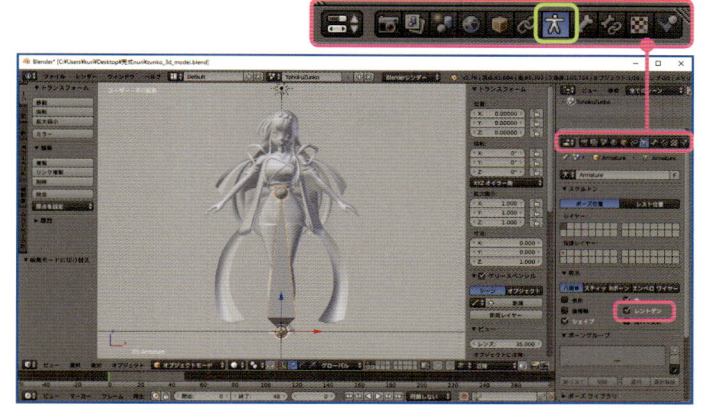

❹ 編集モードに変更する

アーマチュアを編集していきます。
まずは、アーマチュアを右クリック
で選択し、[**3Dビュー・エディター**]
ヘッダーで [**編集モード**] に変更し
ます。

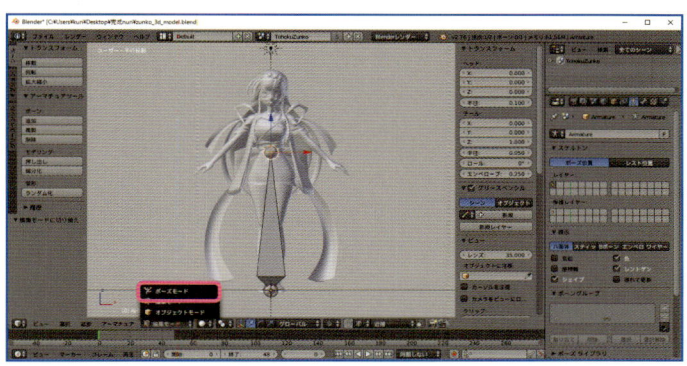

❺ ボーンのミラーを設定する

ボーンを増やす前に、ボーンがミラ
ーになるように設定します。[**ツー
ル・シェルフ**] の左側にある [**オプ
ション**] タブをクリックし、[**アーマ
チュアオプション**] の [**X軸ミラー**]
にチェックを入れます。

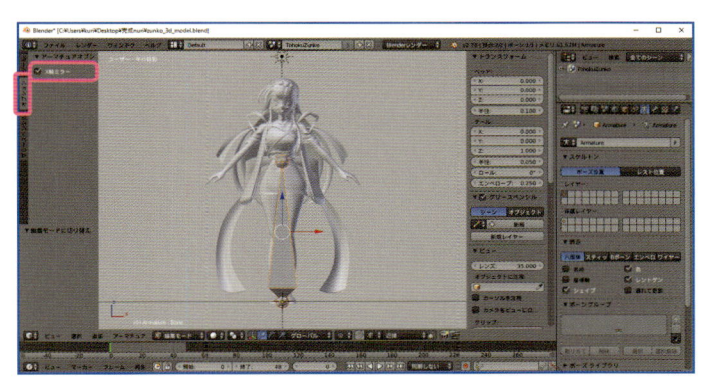

❻ ボーンを縮小する

ボーンのサイズが大きいので小さく
します。まず、ボーンの中央を右ク
リックして全体を選択します。次に、
[**3Dビュー・エディター**] ヘッダー
で [**マニピュレーター：拡大縮小**]
を選択したら、[**マニピュレーター**]
の中央の白い円をドラッグして縮小
します。

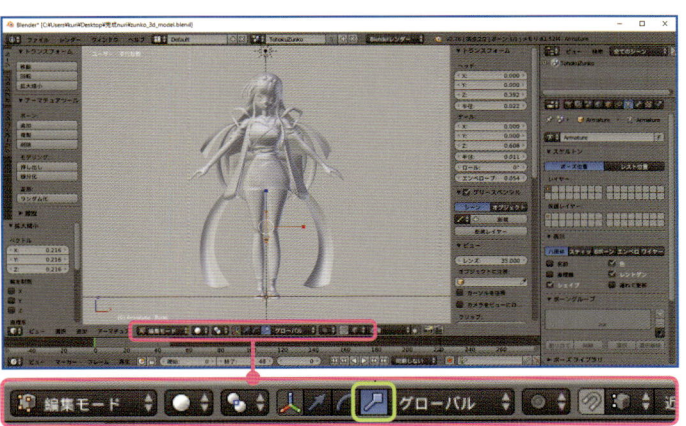

❼ ボーンを移動する

ボーンを全選択したまま、[**3D ビュー・エディター**] ヘッダーで [**マニピュレーター：移動**] を選択し、[**マニピュレーター**] の青い矢印をドラッグして、スタート地点の腰骨付近の位置まで移動します。

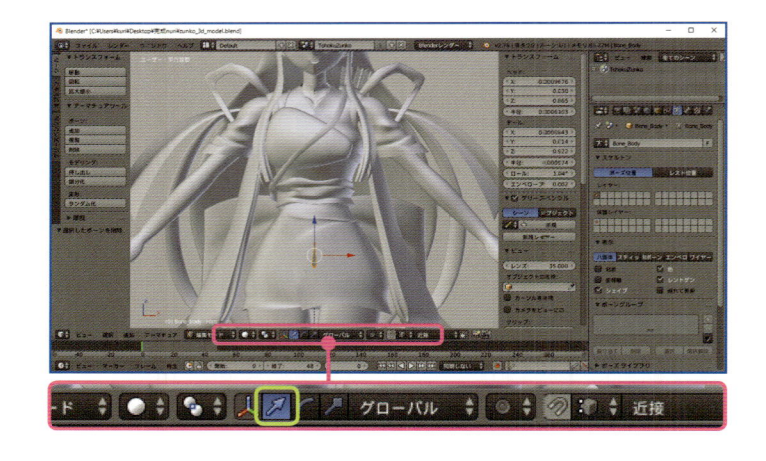

❽ 先端を選択する

モデリングするときに使った [**押し出し**] の機能を使って、ボーンを押し出していきます。

まず、ボーンの先端の [**テール**] または [**ヘッド**] を右クリックで選択します。次に、[**ツールシェルフ**] の [**アーマチュアツール**] パネルの [**モデリング**] の中にある [**押し出し**] をクリックします。

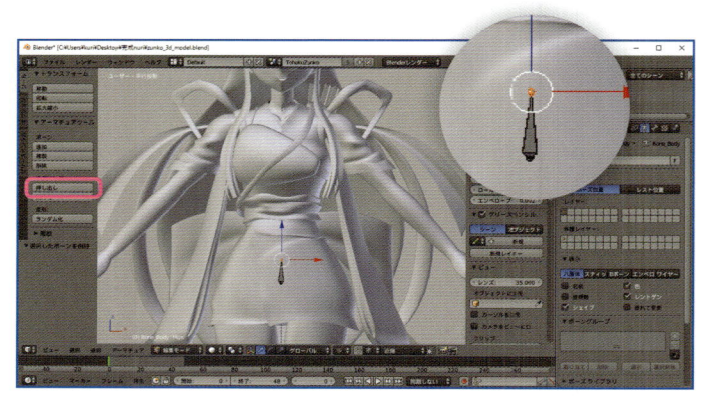

❾ ボーンを押し出す

マウスポインターを [**3D ビューポート**] に移動すると、ボーンが現れますが、右クリックして自由拡大を一旦キャンセルします。その後すぐに [**マニピュレーター**] の青い矢印をドラッグし、軸の方向にボーンを押し出します。

以上の手順で、XYZ軸の方向にボーンを押し出しできます。同じ手順を繰り返してアーマチュアを作成します。

なお、ショートカットキーで操作を行う場合は、[**押し出し**] の [**E**] キーを押し、方向を示す [**X**] または [**Y**] または [**Z**] キーを押し、ドラッグでボーンを押し出し、最後にクリックで確定します。

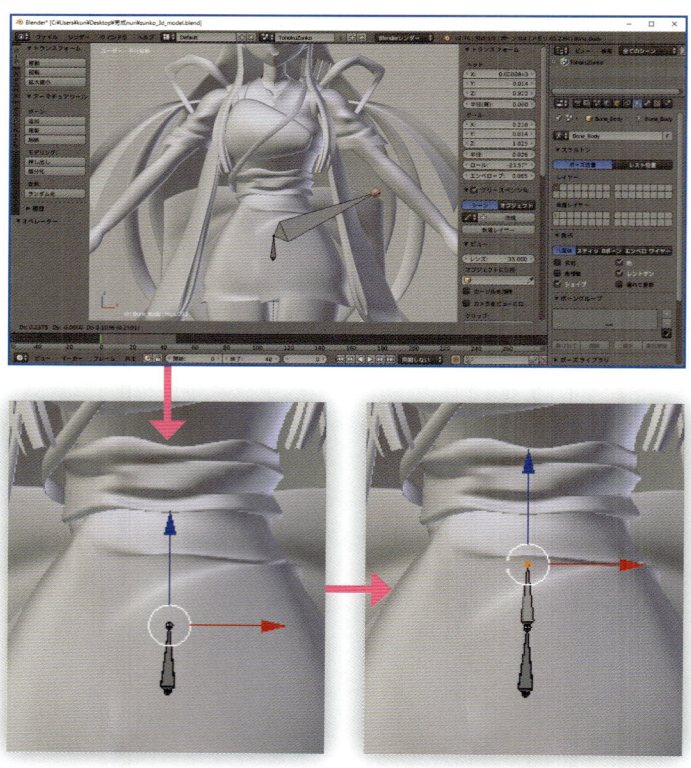

⑩ ボーンを押し出す

必要な分だけボーンを押し出します。上半身の目安のボーンは、仙骨〜腰椎、腰椎〜ウエスト、ウエスト〜アンダーバスト、アンダーバスト〜鎖骨です。ボーンは、曲がる方向に、少しへの字になるように埋め込むのがポイントです。

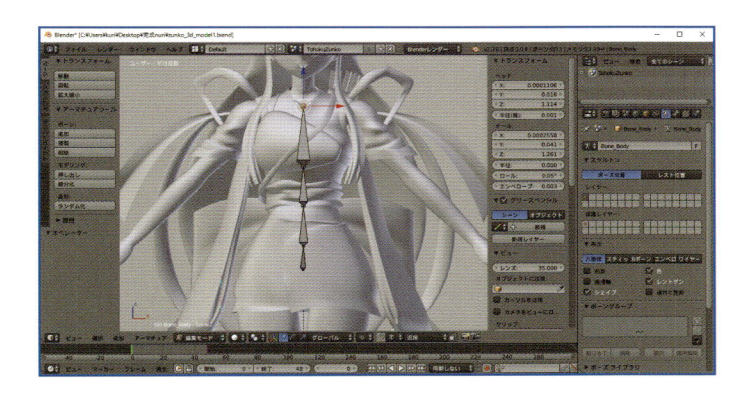

Ⅱ ボーンを分岐する

❶ 押し出しを選択する

ボーンを分岐するときの方法を紹介します。まず、先端のボーンの[**テール**]を右クリックで選択します。次に、[**ツールシェルフ**]の[**アーマチュアツール**]パネルの[**モデリング**]の中にある[**押し出し**]をクリックします。

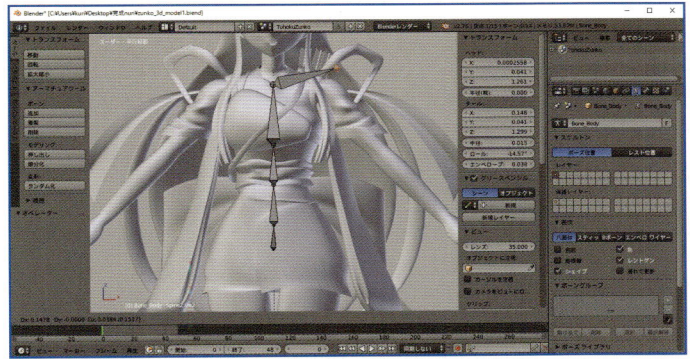

❷ 押し出しをキャンセルする

マウスポインターを[**3Dビューポート**]に移動し、ボーンが現れたら右クリックして自由拡大を一旦キャンセルします。

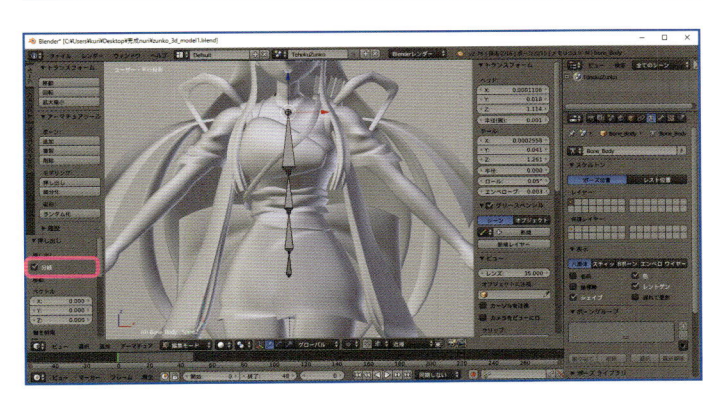

❸ 分岐を設定する

[**ツールシェルフ**]の下に表示された[**押し出し**]パネルの[**分岐**]にチェックを入れます。これで分岐できるようになりました。

❹ 一方のボーンを押し出す

[**マニピュレーター**] の赤い矢印を
ドラッグします。左右にボーンが作
成されますが、これはミラーであっ
て、分岐ではありません。もう一つ
の分岐のボーンは、この後の手順
で押し出します。

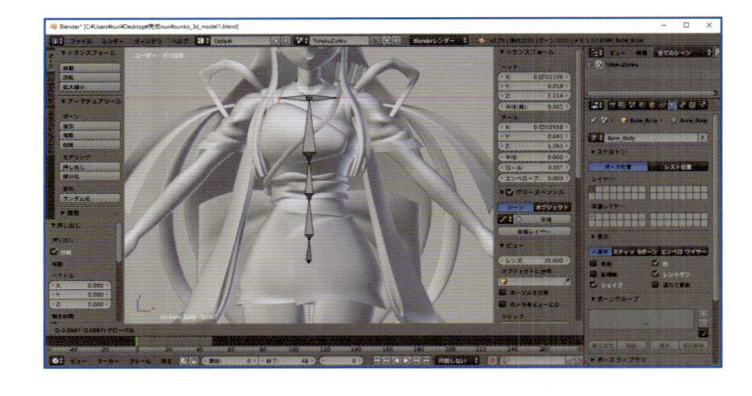

❺ 押し出しを選択する

分岐地点の [**ヘッド**] を、もう一度
右クリックして選択します。次に、
[**ツールシェルフ**] の [**アーマチュア
ツール**] パネルの [**モデリング**] の
中にある [**押し出し**] をクリックしま
す。

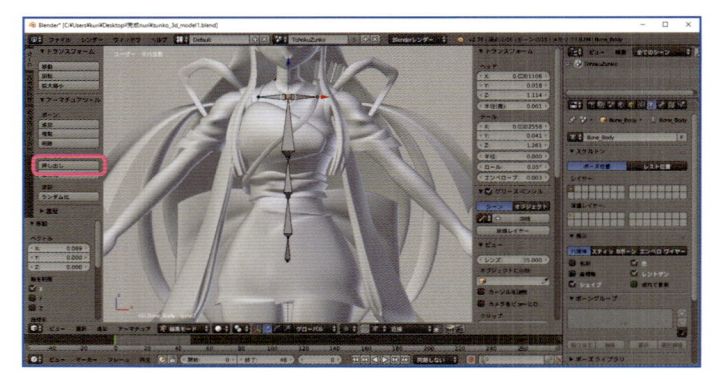

❻ 分岐のボーンを押し出す

ボーンが現れたら、右クリックして
自由拡大を一旦キャンセルします。
その後すぐに [**マニピュレーター**]
の青い矢印をドラッグし、ボーンを
押し出します。
以上で分岐の作業は完了です。分
岐させるときは、途中で [**押し出し**]
パネルの [**分岐**] にチェックを入れ
るのを忘れないようにしましょう。

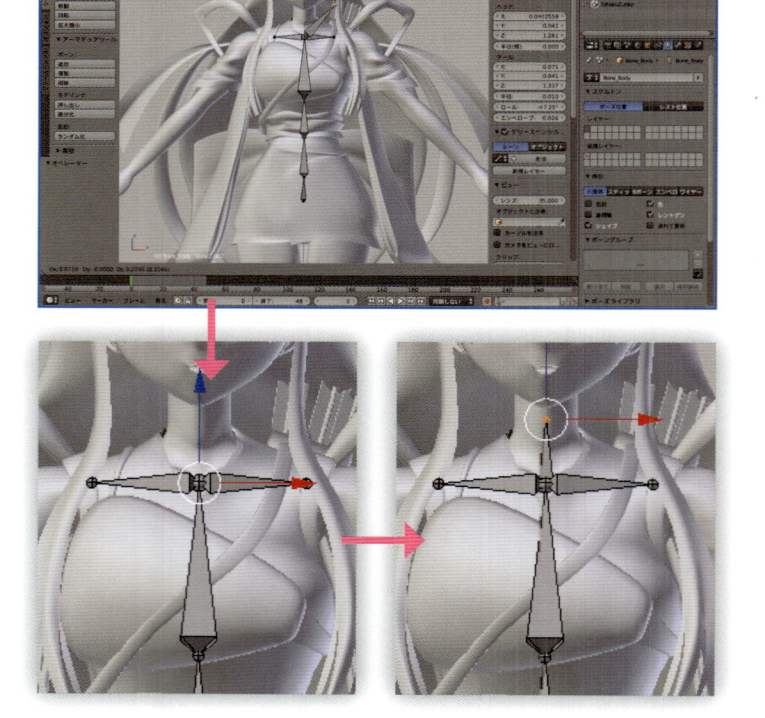

III ボーンの表示接続を解除する

❶ ボーンを選択する

自由に動かしたいときは、ボーンの表示接続を解除します。ボーンの中央を右クリックして選択します。次に、[プロパティ・エディター] ヘッダーの [ボーン] ボタンをクリックします。

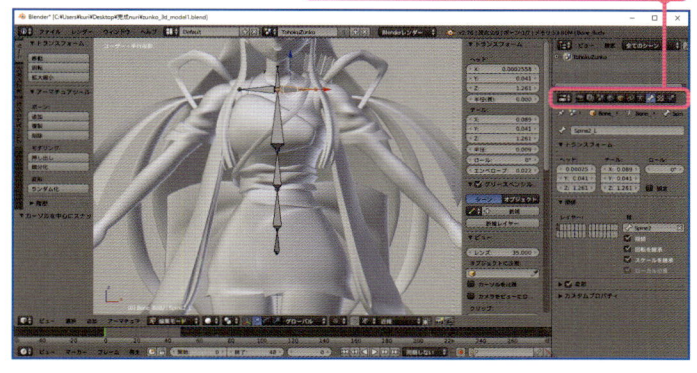

❷ 接続を外す

[関係] パネルの [接続] のチェックを外します。これでボーンのつながりを維持したまま、自由な位置に移動させることができます。

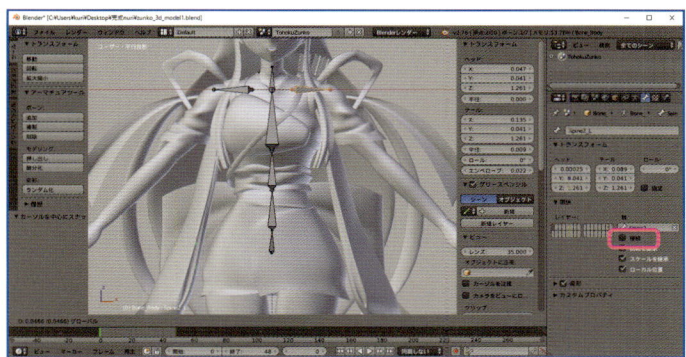

IV ボーンの表示を切り替える

❶ ボーンを選択する

ボーンの表示方法にはいくつかあり、状況に応じて切り替えることができます。
任意のボーンの中央を右クリックで選択し、[プロパティ・エディター] ヘッダーの [データ] ボタンをクリックします。

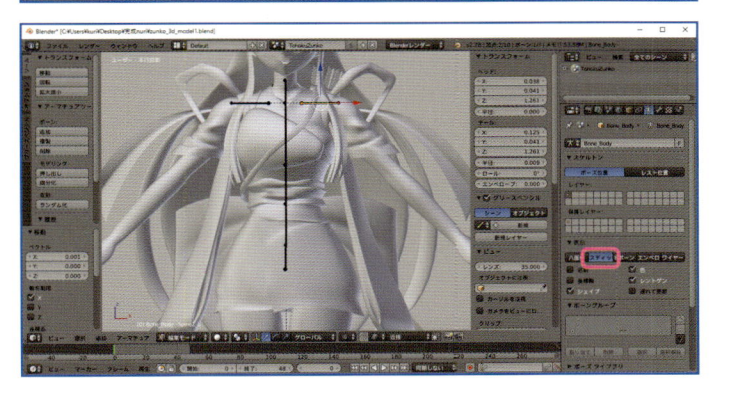

❷ スティックを選択する

[表示] パネルの [スティック] をクリックします。つながっているボーンのすべてが、スティック表示に切り替わりました。なお、もとの表示に戻すときは、隣にある [八面体] をクリックします。

Ⅴ アーマチュアとボーンの名前を変更する

❶ 名前を変更する

アーマチュアが完成したら、それぞれのボーンの名前を変更します。目的のボーンの中央を右クリックして選択します。続いて、[プロパティシェルフ] の [アイテム] パネルの立方体マークの項目にアーマチュア名を、骨マークの項目にボーン名を入力します。アーマチュアの名前は、任意のボーンで1回入力すればOKです。

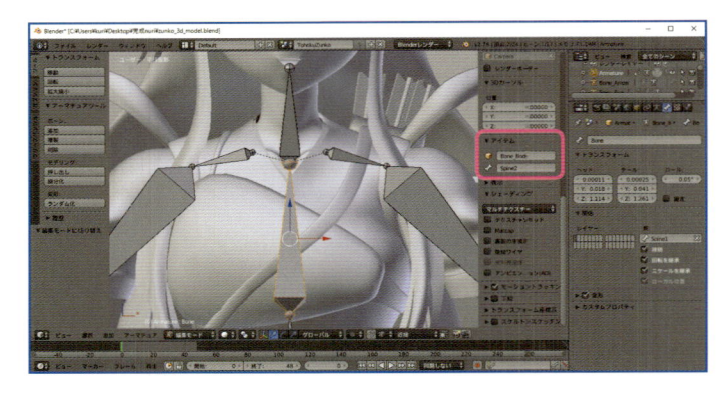

❷ 名前を表示する

ボーンにつけた名前を表示させるときは、任意のボーンの中央を右クリックで選択し、[プロパティ・エディター] ヘッダーの [データ] ボタンをクリックします。[表示] パネルの [名前] にチェックを入れます。

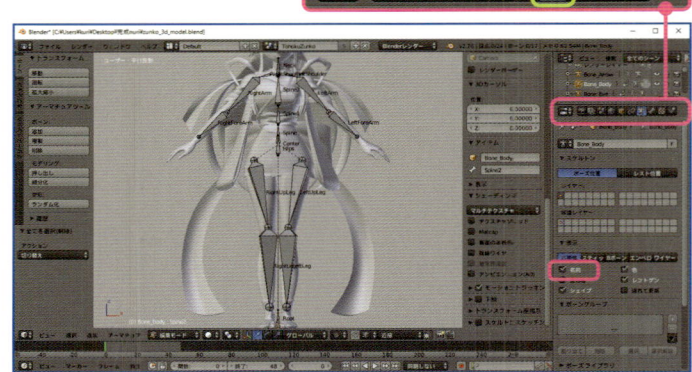

Attention!!

ボーンの名前にはLとRをつける

左右の同じ部位にあるボーンには、ボーンの名前の先頭または末尾に、左右を指示する [L] [Left] または [R] [Right] を入れておくと、Blenerが左右の関係性を自動認識してくれます。例えば、同じ部位の左側のボーンには [LeftUpLeg]、右側のボーンには [RightUpLeg] のように名前をつけます。

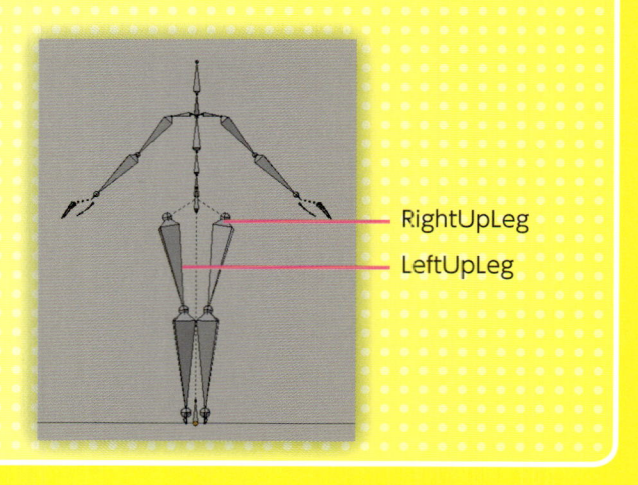

RightUpLeg

LeftUpLeg

Ⅵ 分岐したボーンの親子関係を設定する

❶ 分岐したボーンを選択する

分岐元と分岐先のボーンに親子関係を設定します。親子関係を設定すると、ポーズをつけるときに連動して動きます。一方の分岐先のボーンの中央を右クリックで選択し、[プロパティ・エディター] ヘッダーの [ボーン] ボタンをクリックします。

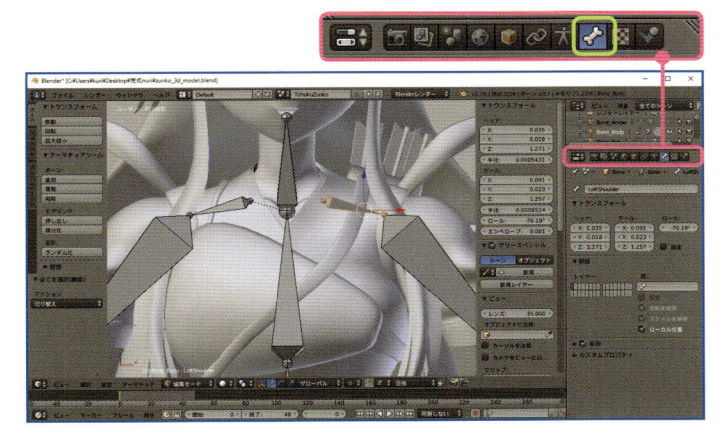

❷ ボーンの名前を選択する

[関係] パネルの [親] の入力欄をクリックすると、ボーンの名前が一覧表示されます。その中から、分岐元のボーンの名前を選択します。この例では、赤で囲んだボーンが分岐元です。
もう一方の分岐先のボーンにも、同じように [親] を設定します。分岐元のボーンは同じです。

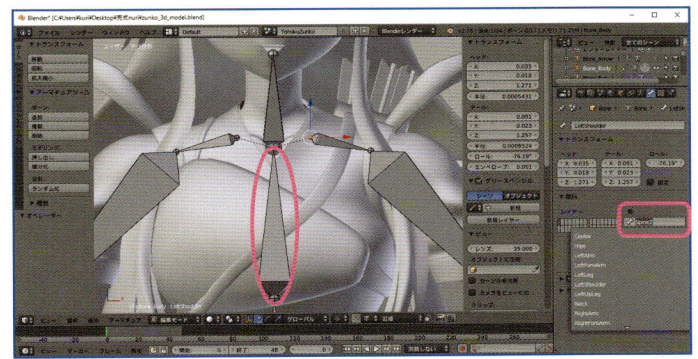

Ⅶ 全身制御用のアーマチュアを作成する

❶ 制御用ボーンを作成する

アーマチュアは連動して動かすパーツごとに作成し、またボーンは身体の曲がる部分を目安にして区切るのが基本です。各パーツのアマチュアが完成したら、最後に、全身制御用のアーマチュアを足元に、全身回転用のアーマチュアを腰に配置します。全身用は、左右の足(脚)を連動させるためのもので、回転用は反り返るようなときに使うものです。全身用のボーンには「Root」、回転用のボーンには「Center」という名前をつけました。

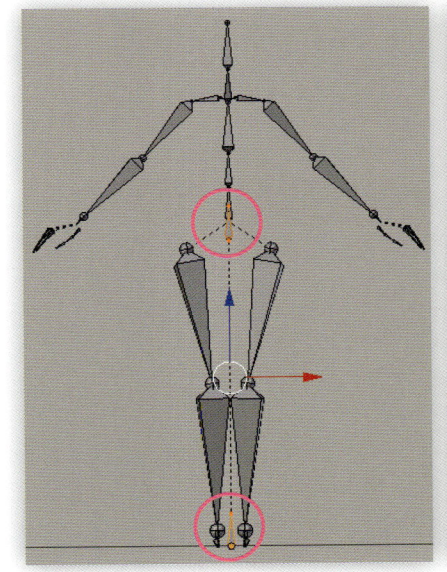
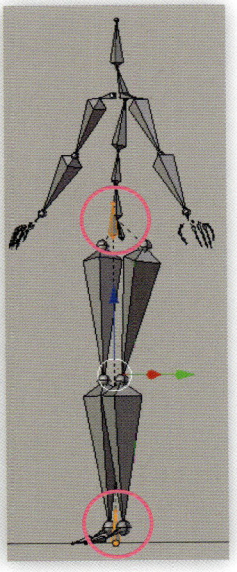

❷ 親子関係を変更する

ボーンの親子関係を変更します。[プロパティ・エディター] ヘッダーの [ボーン] ボタンをクリックします。まず、一番最初に作った腰のボーンを右クリックで選択し、[関係] パネルの [親] で、回転用ボーンの「Center」を選択します。次に、回転用ボーンを右クリックで選択し、同様に [関係] パネルの [親] で全身用ボーンの「Root」を選択します。

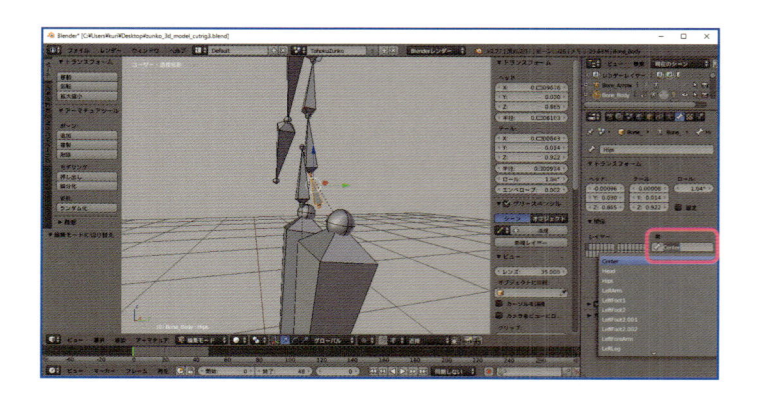

Ⅷ 頂点ウエイトを自動で設定する

❶ オブジェクトを非表示にする

3D モデルの各頂点と各ボーンを関連づける [頂点ウエイト] を設定していきます。選択ミスが多くなるので、作業するオブジェクトだけを表示させて、それ以外のオブジェクトは非表示にしておきます。[3D ビュー・エディター] ヘッダーで [オブジェクトモード] であることを確認し、表示させるオブジェクトを、[Shift] キーを押しながら右クリックで選択します。同じくヘッダーの [オブジェクト] ⇒ [表示/隠す] ⇒ [選択していないものを隠す] をクリックします。選択していたオブジェクトだけが表示されます。

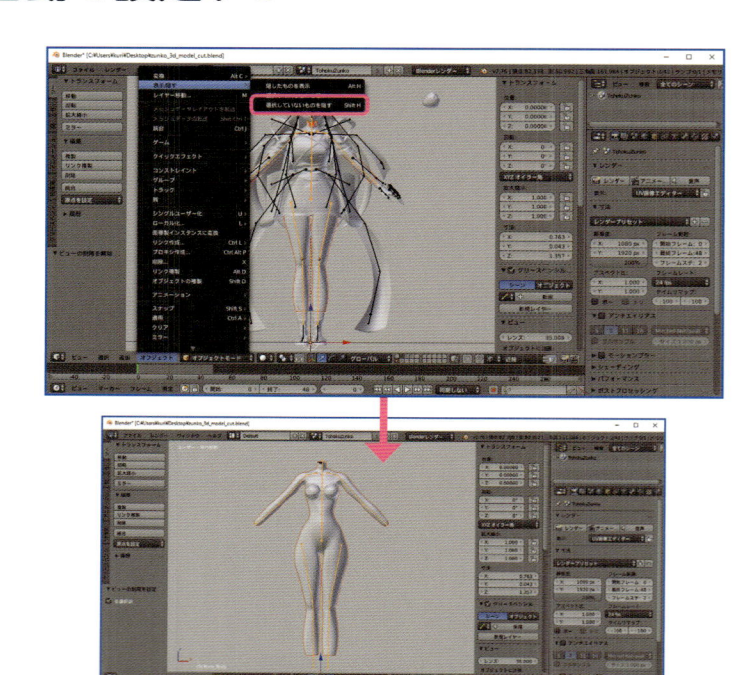

❷ ウエイトを選択する

まずは自動でウエイトを設定します。[Shift] キーを押しながら 3D モデルを選択し、さらにアーマチュアを選択します。[3D ビュー・エディター] ヘッダーの [オブジェクト] ⇒ [親] ⇒ [アーマチュア変形] の [自動のウエイトで] をクリックします。

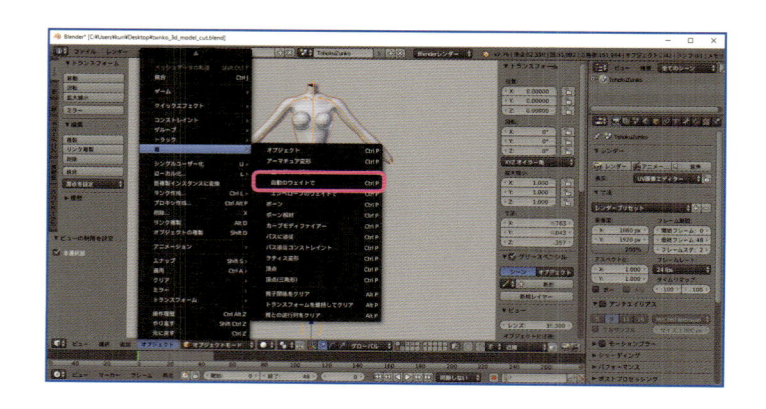

❸ 再度ウエイトを選択する

さらに表示されたメニューで、[アーマチュア変形] の [自動のウエイトで] をクリックします。

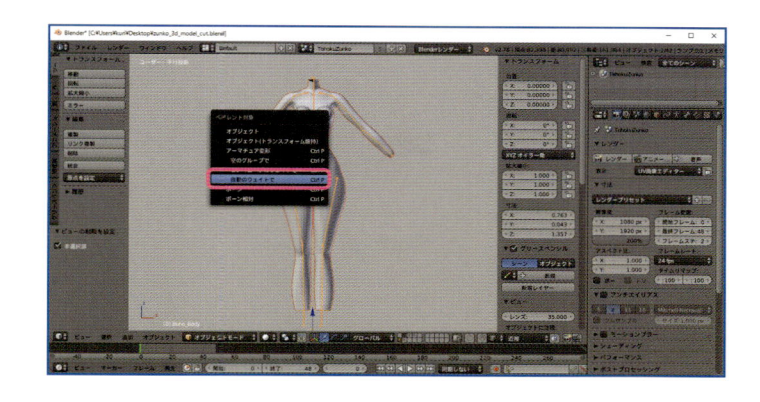

❹ モディファイアーを設定する

自動ウエイトを使うと、[アーマチュア] のモディファイアーが追加されます。モディファイアーの順番を変更します。3Dモデルを右クリックで選択し、[プロパティ・エディター] ヘッダーの [モディファイアー] ボタンをクリックします。

続いて、[アーマチュア] のモディファイアーパネルヘッダーにある [▲] マークをクリックし、一番上に移動します。[ミラー] のモディファイアーがある場合は、その直下に移動します。

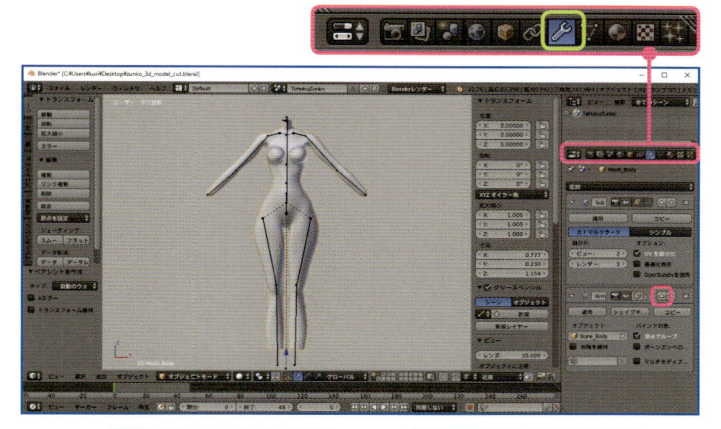

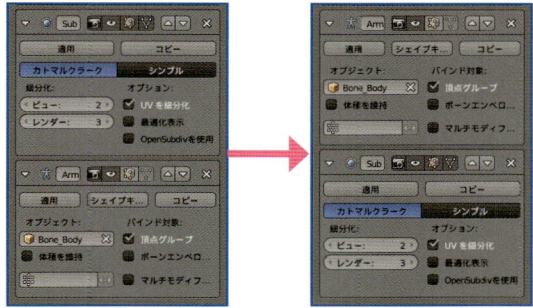

Ⅸ 頂点ウエイトを手動で調整する

❶ ポーズモードを選択する

[ウエイトペイント] の機能を使って、個別にウエイト値を調整していきます。まず、ボーンの名前を表示させます（250ページ参照）。次に、アーマチュアを右クリックで選択し、[3Dビュー・エディター] ヘッダーで [ポーズモード] を選択します。

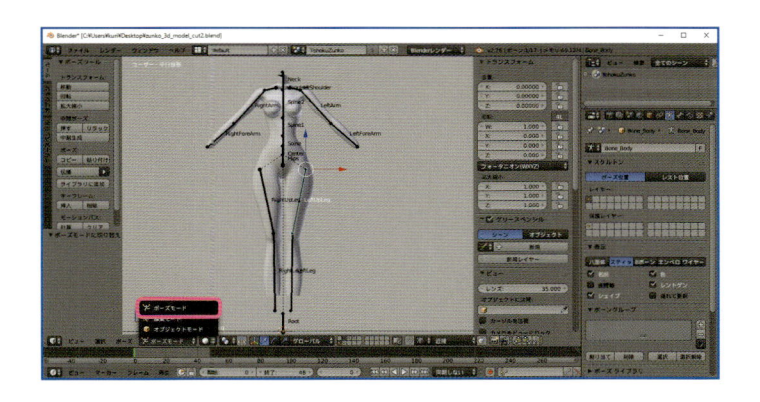

❷ ポーズをつける

3Dモデルにポーズをつけて、おかしな曲がり方をしていないかどうかを確認します。

[3Dビュー・エディター] ヘッダーで **[マニピュレーター：回転]** をクリックしたら、ボーンを右クリック＆ドラッグして変形し、クリックで確定します。

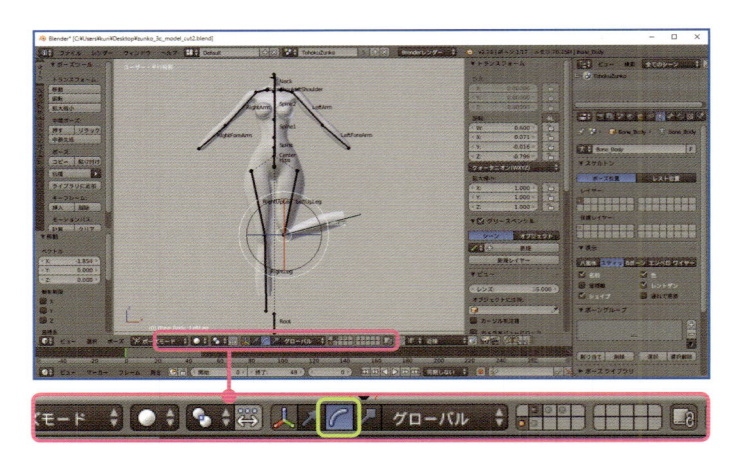

❸ ウエイトペイントに変更する

ポーズをつけたら3Dモデルを右クリックで選択し、**[3Dビュー・エディター]** ヘッダーで **[ウエイトペイント]** を選択します。

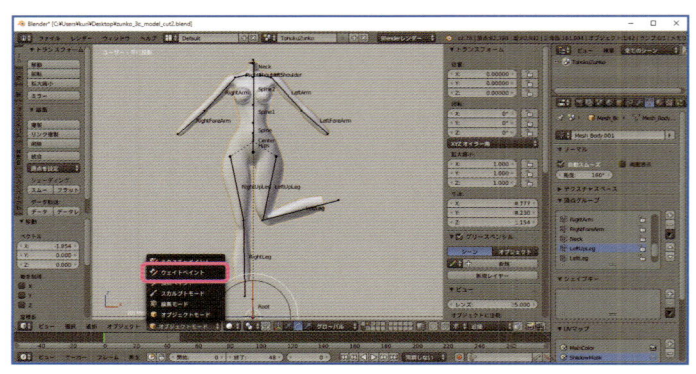

❹ ミラーを設定する

ウエイト値が反対側にも反映されるようにミラーを設定します。**[ツールシェルフ]** の **[オプションタブ]** をクリックし、**[Xミラー]** にチェックを入れます。

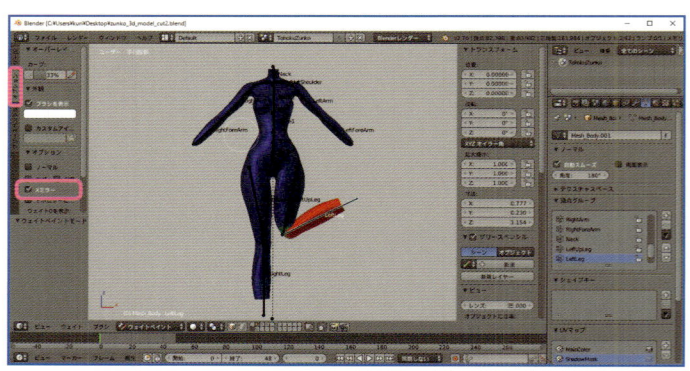

❺ 頂点選択を選択する

[3Dビュー・エディター] ヘッダーで **[ペイントマスク用の頂点選択]** をクリックします。

おかしな曲がり方をしている部分の近くの頂点のウエイト値を、手動で調整していきます。

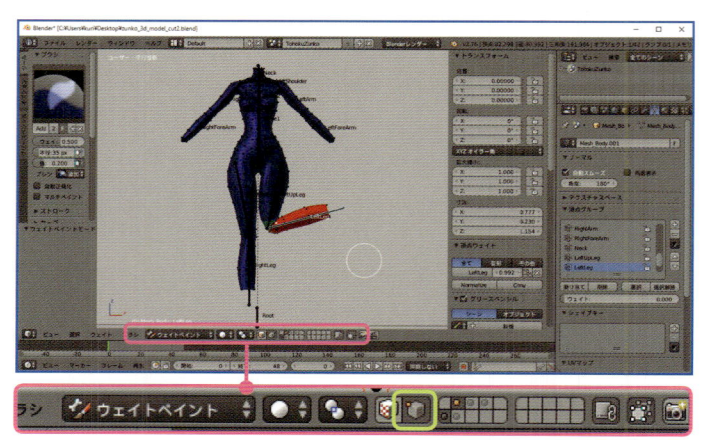

❻ 頂点を選択する

右クリックして目的の頂点を選択します。ウエイト値は、[**プロパティシェルフ**] の [**頂点ウエイト**] パネルで確認できます。選択中の頂点に影響を与えているボーンの一覧と、その影響度合いが数値で表示されています。

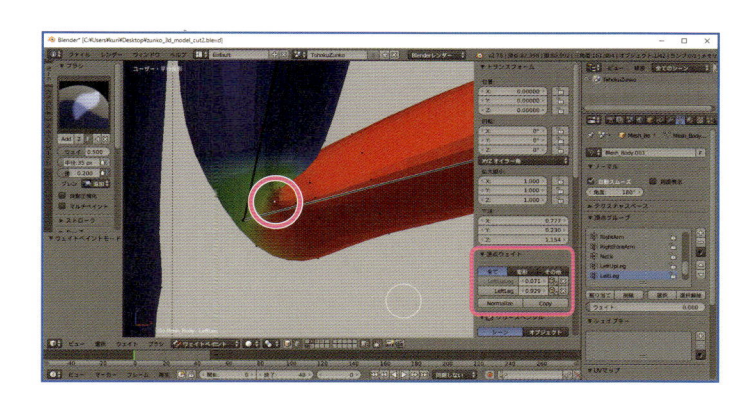

❼ ウエイト値を変更する

頂点の近くに2つのボーンがある場合は、2つのボーンからの影響を受けるように、ウエイト値を0.5ずつに変更します。数値を変更すると変形します。変形の具合を見ながら、周辺の頂点のウエイト値も調整していきます。

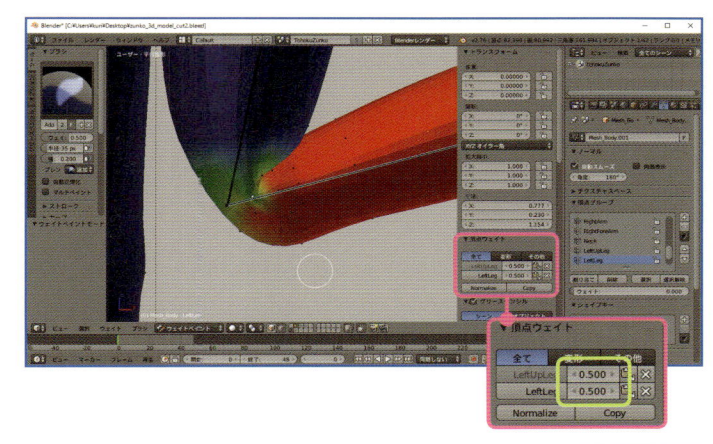

❽ 頂点を選択する

少し離れた部分の頂点は、0.5ずつ分配するのではなく、一方のボーンのみに関連づけます。まずは、少し離れた部分の頂点を右クリックで選択します。

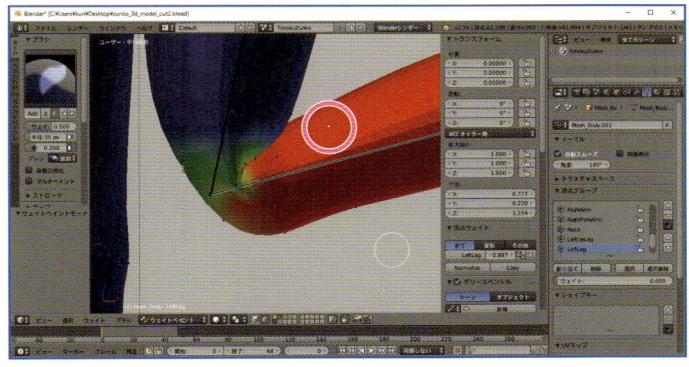

❾ ウエイト値を変更する

[**プロパティシェルフ**] の [**頂点ウエイト**] パネルに表示されているボーンの中で、最も近い位置にあるボーンのウエイト値を1にし、それ以外をすべて0にします。
以上が、ウエイト値の基本の変更です。なお、関連づけるボーンを増やす場合は、256ページを参照してください。

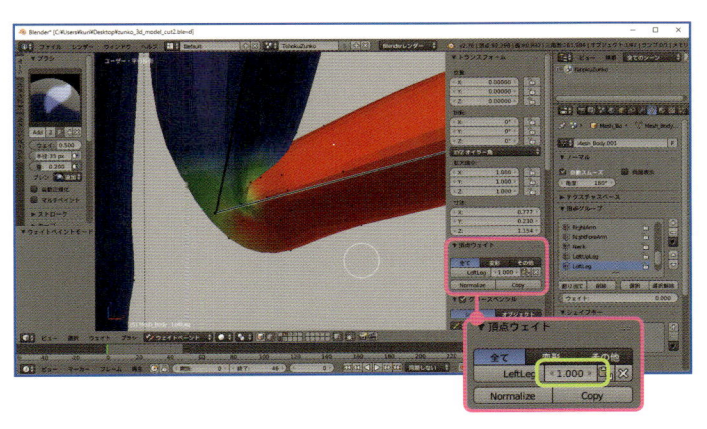

⑩ 貼り付ける頂点を選択する

任意の頂点の数値を、他の頂点の数値にコピーする方法を紹介します。一番最後に選択した頂点の数値がコピーされます。
まずは貼り付け先の頂点を [Shift] キーを押しながらクリックして選択します。

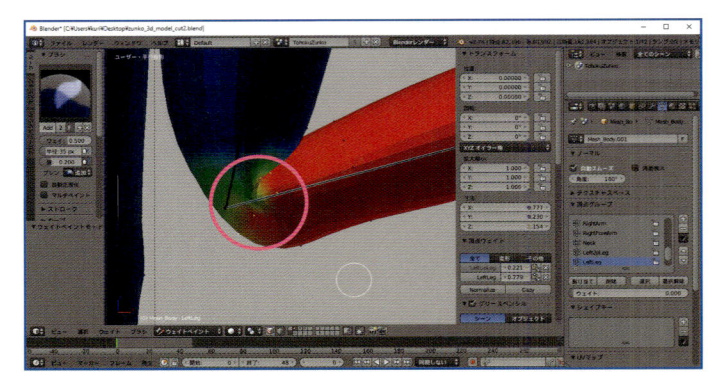

⑪ コピーする頂点を選択する

貼り付け先の頂点をすべて選択したら、最後にコピー元になる頂点を選択に加えます。

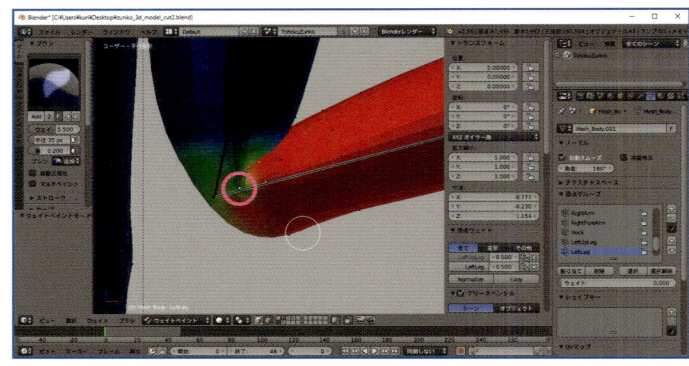

⑫ ウエイト値をコピーする

[プロパティシェルフ] の [頂点ウエイト] パネルにある [Copy] をクリックします。これで貼り付けの完了です。

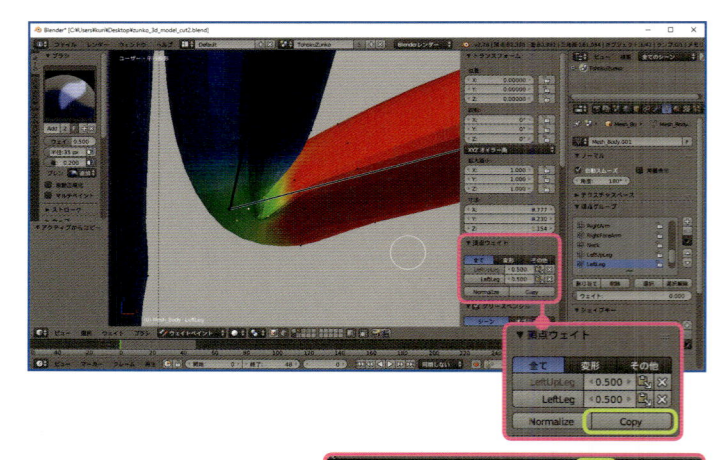

⑬ 増やすボーンを選択する

関連づけするボーンを追加する方法を紹介します。目的の頂点を右クリックで選択したら、[プロパティ・エディター] ヘッダーの [データ] ボタンをクリックします。[頂点グループ] パネルにボーンの名前が一覧表示されています。関連させたいボーンの名前を選択し、[割り当て] をクリックします。

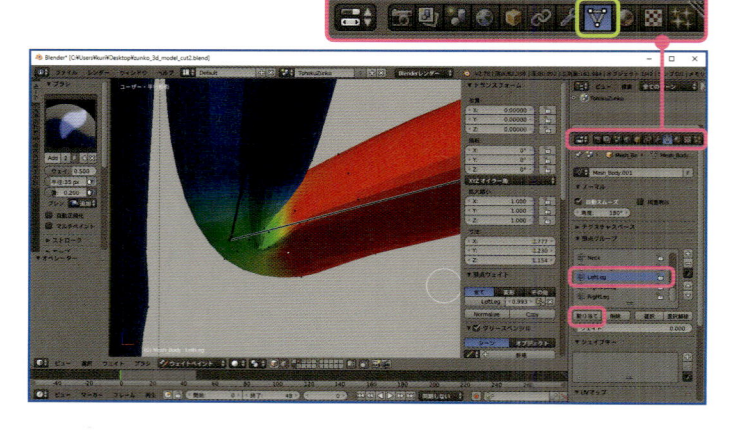

⑭ ボーンを追加する

[プロパティシェルフ] の [頂点ウエイト] パネルに、選択したボーンの名前が追加されたら、ボーンのウエイト値を変更します。なお、削除するときは、右側の [×] マークをクリックすると削除できます。

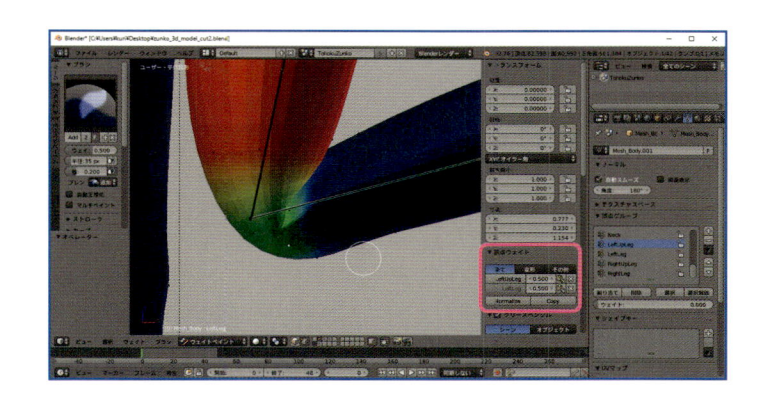

ⓧ ポーズを元に戻す

❶ オブジェクトモードにする

頂点ウエイトの調整が終わったら、3Dモデルのポーズを戻します。もとに戻す操作は、[ポーズモード]で行います。
まずは [3Dビュー・エディター] ヘッダーで [オブジェクトモード] を選択します。

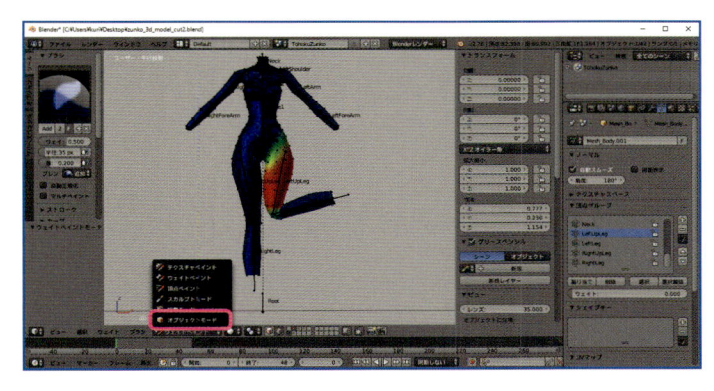

❷ ポーズモードに変更する

オブジェクトモードになったら、ボーンを右クリックで選択します。続いて、[3Dビュー・エディター] ヘッダーで [ポーズモード] を選択します。

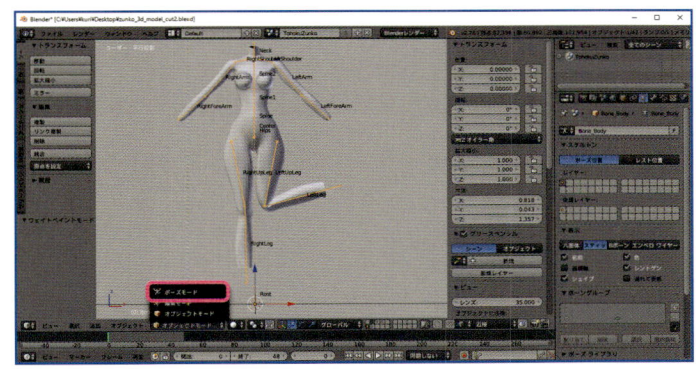

❸ クリアのすべてを選択する

[3Dビュー・エディター] ヘッダーの [ポーズ] ⇒ [トランスフォームをクリア] ⇒ [すべて] をクリックします。これでポーズが戻りました。

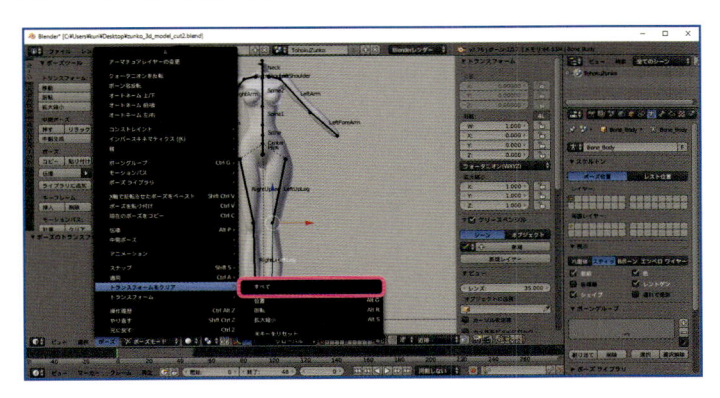

04 コントローラーの設定

コントローラーは、アーマチュアを動かす操り人形の糸のようなもので、より細かな動きの制御が可能になります。ただし、3DモデルをMMDやUnityで使う場合は、この手法は使いません。専用プラグインを用いて設定したり、MMDに橋渡しをする中間ソフトで設定したりします。

❶ 編集モードに変更する

ここでは説明用に3Dモデルは表示していませんが、表示してもOKです。作業するアーマチュアを表示させたら、アーマチュアを右クリックで選択し、[3Dビュー・エディター]ヘッダーで[編集モード]に変更します。

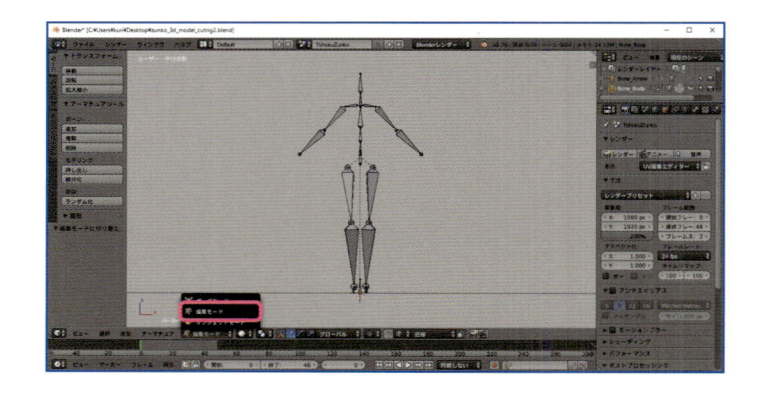

❷ 足のボーンを選択する

足にコントローラーを設定し、ヒザが曲がるようにしていきます。コントローラーとして、ボーンのオブジェクトを使います。まずは[Shift]キーを押しながら、2つの足のボーンを右クリックで選択します。

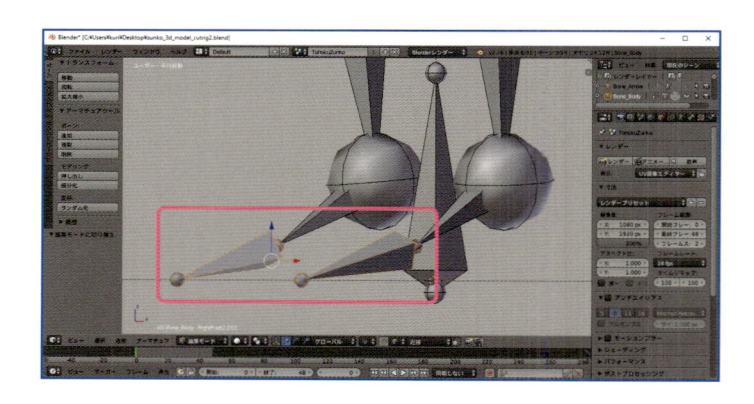

❸ ボーンをコピーする

選択したボーンをコピーします。[3Dビュー・エディター]ヘッダーの[アーマチュア]⇒[複製]をクリックします。

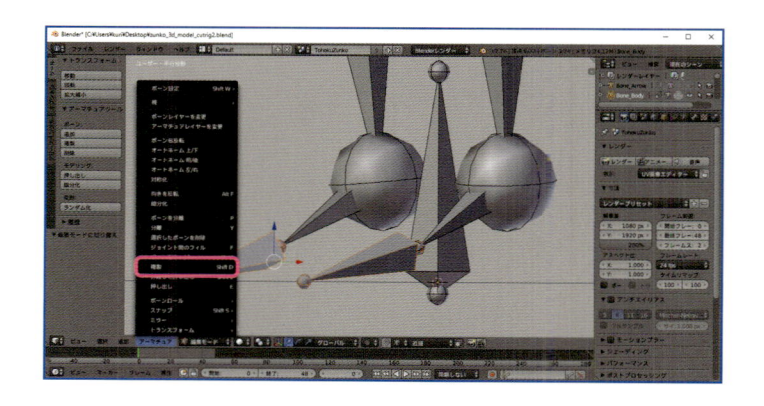

❹ コピーしたボーンを移動する

[Y] キーを押したらドラッグし、足の後ろに移動したらクリックして確定します。だいたいでかまわないので、コピー元の足の近くに置きましょう。なお、[Y] キーは、Y軸に水平に移動させるために押しています。

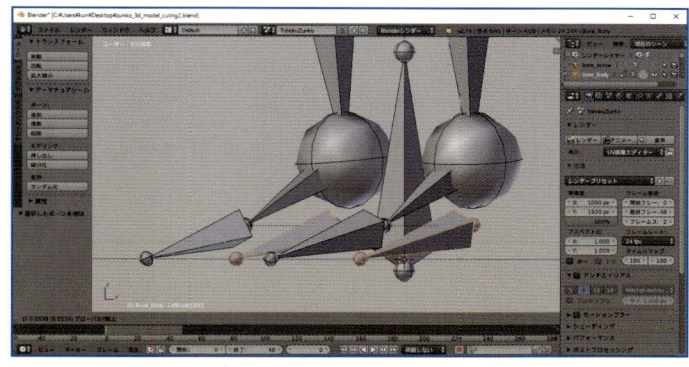

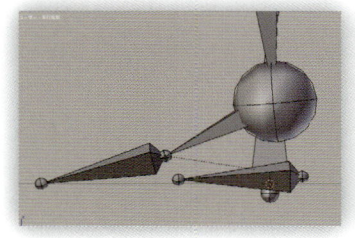
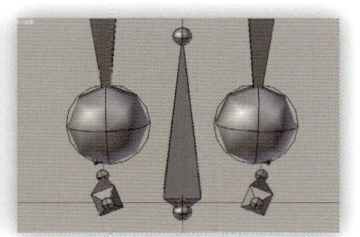

❺ 親子関係を変更する

コピーしたボーンはコントローラとして使うので、全身制御用のボーンと関連づけます。ボーンの親子関係を変更しましょう。

まず、コントローラー用のボーンを右クリックで選択します。次に、[プロパティ・エディター] ヘッダーの [ボーン] ボタンをクリックします。最後に、[関係] パネルの [親] で、全身制御用に作成したボーンを選択します（251ページ参照）。作例では「Root」という名前になっています。親子関係が変更されると、破線のつながりが変わります。

同様に、もう一方のコピーしたボーンの親子関係も変更しておきます。

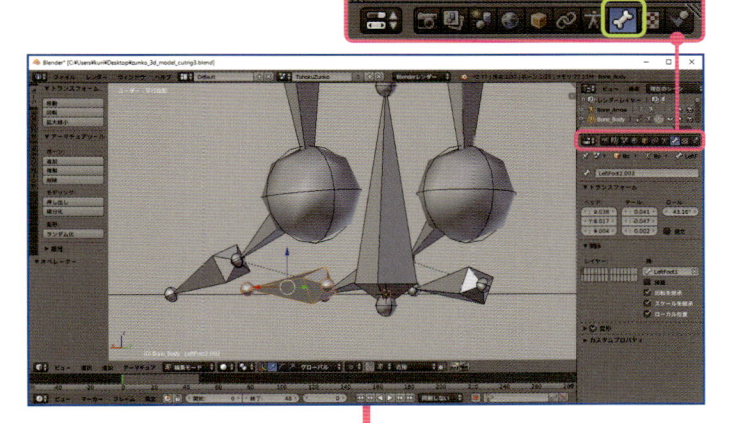

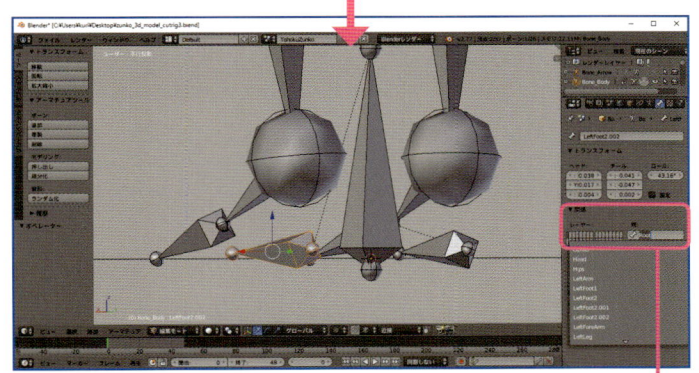

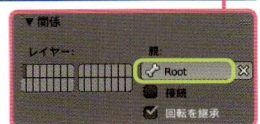

❻ ポーズモードに切り替える

両方ともボーンの親子関係を解除
したら、ポーズモードに変更します。
[3Dビュー・エディター] ヘッダー
で [ポーズモード] を選択します。

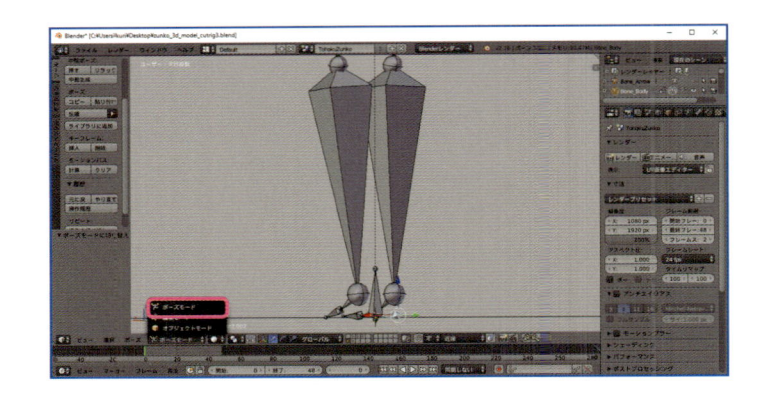

❼ ボーンの名前を変更する

コントローラー用のボーンに名前を
つけます。[N] キーを押して [プロ
パティシェルフ] を表示させます。
右クリックでボーンを選択し、[アイ
テム] パネルの骨マークのところに
名前を入力します。左側のボーン
はLeftFoot_Ctl、右側のボーンは
RightFoot_Ctlにしました。

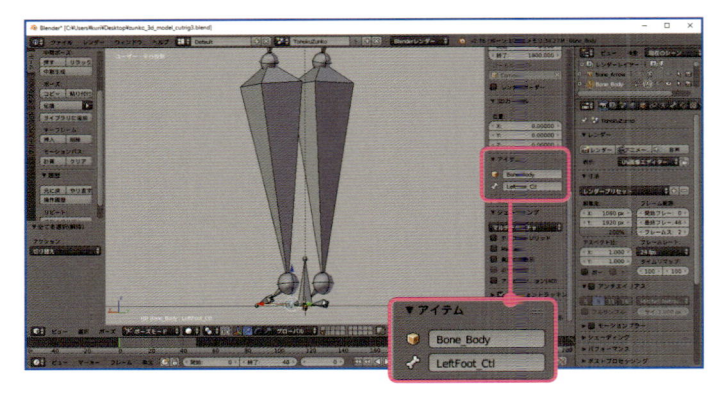

❽ ボーンを選択する

コントローラーを関連づけるボーン
を選択します。まず、[プロパティ・
エディター] ヘッダーの [ボーンコ
ンストレイント] ボタンをクリックし
ます。次に、関連づけるヒザ下の脚
のボーンを右クリックして選択しま
す。

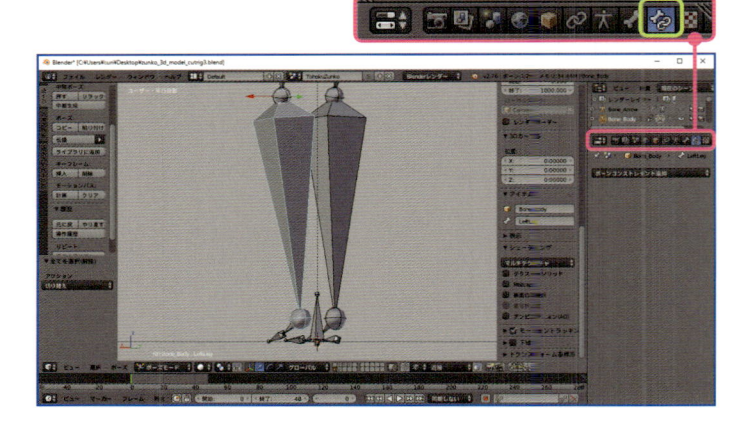

❾ コンストレイントを追加する

[ボーンコンストレイントを追加] を
クリックし、表示されたメニューで
[インバースキネマティクス (IK)]
をクリックします。

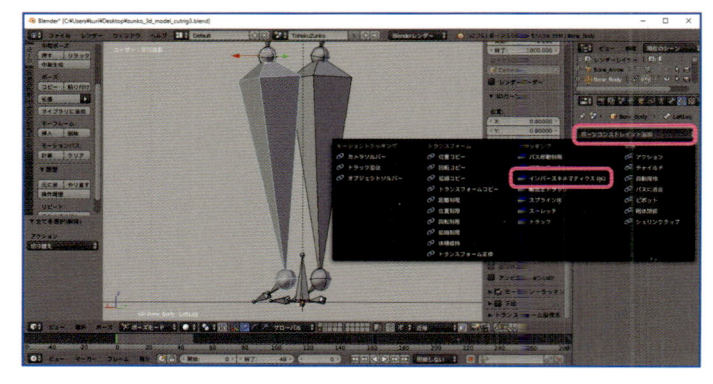

⑩ アーマチュアを設定する

まずは、関連づけするアーマチュアを設定します。**[ターゲット]** の立方体のマークをクリックすると、アーマチュアの一覧が表示されるので、選択しているボーンのアーマチュアの名前をクリックします。作例の場合は「BornBody」です。

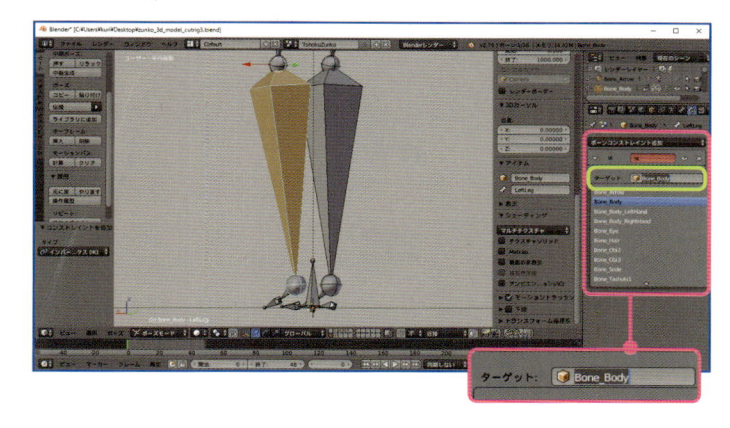

⑪ ボーンを選択する

次に、アーマチュアを動かすコントローラーのボーンを設定します。**[ボーン]** の骨マークをクリックすると、ボーンの一覧が表示されます。先ほど名前をつけた「LeftFoot_Ctl」を選択します。

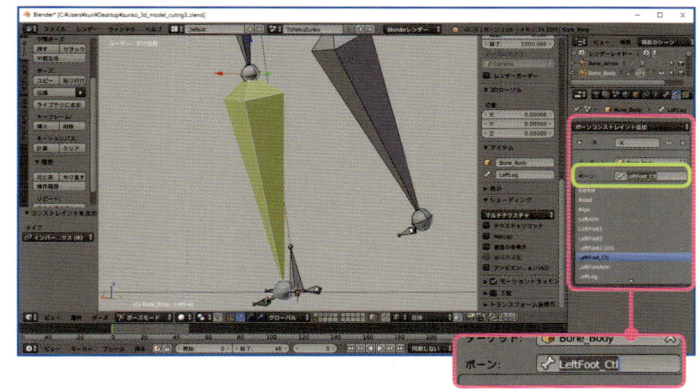

⑫ チェーンの長さを設定する

最後に、**[チェーンの長さ]** に2を入力します。この2は、選択中のボーンを含む、制御するボーンの数です。制御できるのは、選択中のボーンから **[ヘッド]** 方向のボーンのみになります。
同様の手順で、もう一方のヒザ下のボーンにも **[インバースキネマティクス (IK)]** を設定します。

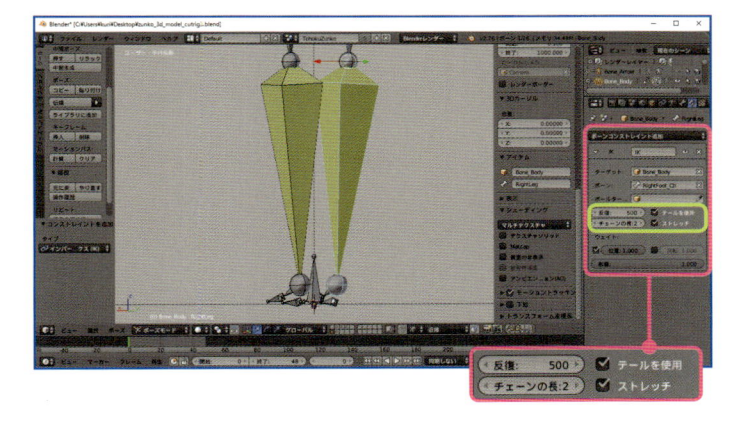

⑬ ポーズをつける

これでヒザが曲がるようになりました。コントローラーを右クリックで選択し、ドラッグして動きを確認します。
同様に、他の部分のコントローラーも設定していきます。

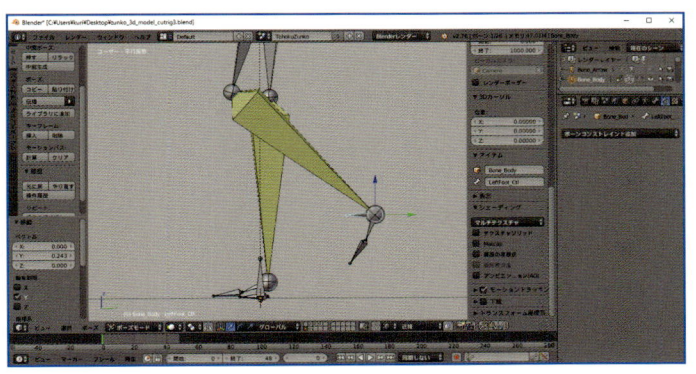

05 レンダリングと画像の書き出し

レンダリングは完成図を表示させる機能です。3Dビュー・エディターのシェーディングの中のレンダーは、簡易的なレンダリング結果です。実際にレンダリングするときは、情報・エディターのメニューから行います。またレンダリング結果は、カメラビューで見たときのポーズになります。

❶ レンダリングを選択する

キャラクターモデルを静止画として書き出すときは、3Dモデルの[シェーディング]を[スムーズ]に変更しておきます（179ページ参照）。テンキーの[0]を押して確認し、OKであれば[情報・エディター]ヘッダーの[レンダー]⇒[画像のレンダリング]をクリックします。

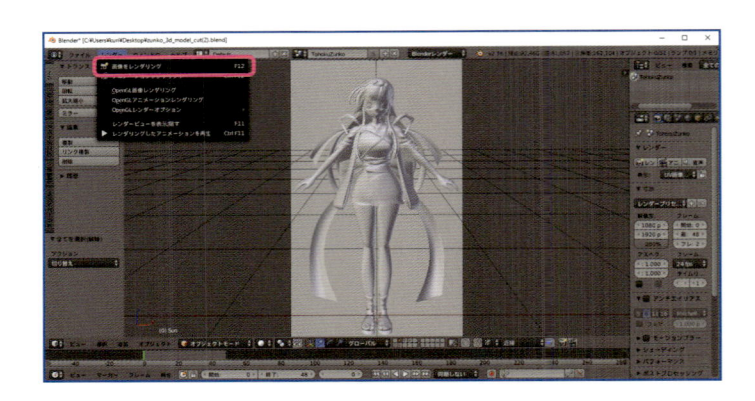

❷ レンダリング結果を確認する

レンダリングされた結果が表示されます。問題がなければ画像として書き出します。[UV/画像・エディター]ヘッダーの[画像]⇒[画像を別名保存]をクリックします。

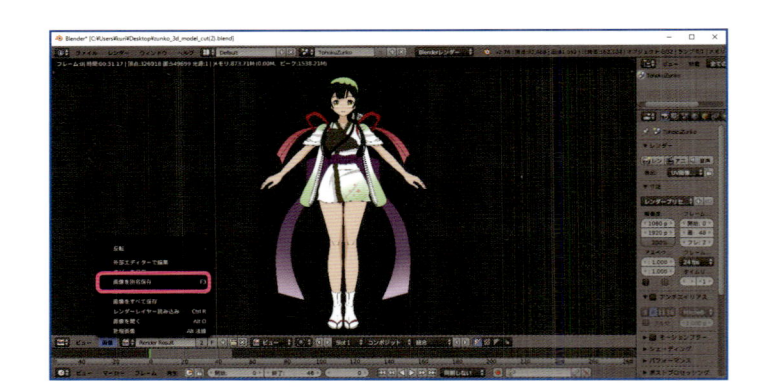

❸ 画像を保存する

[ファイルブラウザー・エディター]に切り替わります。左側の[システム]パネルなどから画像の保存先を選択したら、[画像を別名保存]パネルで[PNG]をクリックして画像フォーマットを選択します。最後に、右上の[画像を別名保存]をクリックします。

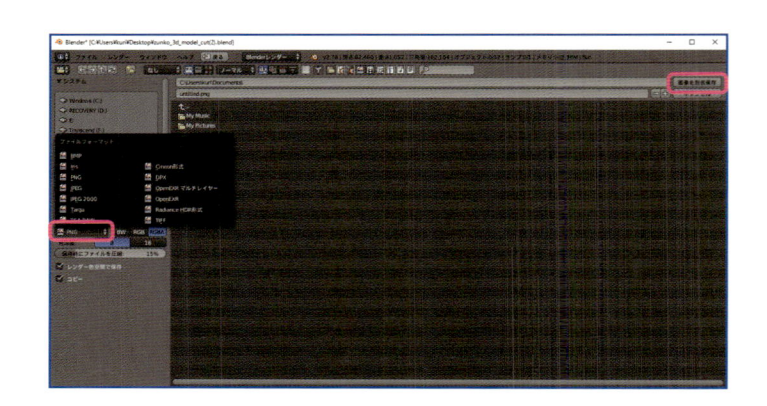

索 引

● 榊 正宗

1973年福岡県生まれ。3DCGクリエイター。専門学校講師。朗読少女の開発、東北ずん子の企画、伊勢神宮PV制作監修を手掛ける。多数のゲームやTVアニメのCG制作に参加。

● 江戸村ににこ

イラストレーター。「東北ずん子」のキャラクターデザイナー。

● 東北ずん子

東北を支援するために生まれたキャラクター。高校2年生。必殺技はずんだアロー。夢は秋葉原にずんだカフェ、ずんだショップを作ること。
http://zunko.jp/

東北ずん子で覚える！
アニメキャラクターモデリング

| 2016年5月30日 | 初版 第1刷発行 |
| 2019年5月25日 | 第3刷発行 |

著　　　者	榊 正宗
装　　　丁	マニアッカーズデザイン
本文デザイン・組版	マーリンクレイン
執 筆 協 力	ボーンデジタル書籍編集部
発 行 人	村上 徹
発行・発売	株式会社ボーンデジタル
	〒102-0074 東京都千代田区九段南1-5-5 九段サウスサイドスクエア
	電話 03-5215-8671 ／ FAX 03-5215-8667
	http://www.borndigital.co.jp/
印刷・製本	シナノ書籍印刷株式会社